精通 Go 语言
（第 2 版）

[美] 米哈里斯·托卡洛斯　著

刘晓雪　译

清华大学出版社

北　京

内容简介

本书详细阐述了与 Go 语言相关的基本解决方案，主要包括 Go 语言和操作系统，理解 Go 语言的内部机制，处理 Go 语言中的基本数据类型，组合类型的使用，利用数据结构改进 Go 代码，Go 包和函数，反射和接口，UNIX 系统编程，Go 语言中的并发编程——协程、通道和管道，Go 语言的并发性——高级话题，代码测试、优化和分析，网络编程基础知识，网络编程——构建自己的服务器和客户端，Go 语言中的机器学习等内容。此外，本书还提供了相应的示例、代码，以帮助读者进一步理解相关方案的实现过程。

本书适合作为高等院校计算机及相关专业的教材和教学参考书，也可作为相关开发人员的自学用书和参考手册。

北京市版权局著作权合同登记号 图字：01-2020-6423

Copyright © Packt Publishing 2019.First published in the English language under the title
Mastering Go,Second Edition.
Simplified Chinese-language edition © 2021 by Tsinghua University Press.All rights reserved.

本书中文简体字版由 Packt Publishing 授权清华大学出版社独家出版。未经出版者书面许可，不得以任何方式复制或抄袭本书内容。

本书封面贴有清华大学出版社防伪标签，无标签者不得销售。
版权所有，侵权必究。举报：010-62782989，beiqinquan@tup.tsinghua.edu.cn。

图书在版编目（CIP）数据

精通 Go 语言 /（美）米哈里斯•托卡洛斯著；刘晓雪译. —2 版. —北京：清华大学出版社，2021.11
书名原文：Mastering Go,Second Edition
ISBN 978-7-302-59485-7

Ⅰ. ①精… Ⅱ. ①米… ②刘… Ⅲ. ①程序语言—程序设计 Ⅳ. ①TP312

中国版本图书馆 CIP 数据核字（2021）第 228258 号

责任编辑：	贾小红
封面设计：	刘 超
版式设计：	文森时代
责任校对：	马军令
责任印制：	曹婉颖

出版发行：清华大学出版社
网　　址：http://www.tup.com.cn, http://www.wqbook.com
地　　址：北京清华大学学研大厦 A 座　　邮　编：100084
社 总 机：010-62770175　　邮　购：010-62786544
投稿与读者服务：010-62776969, c-service@tup.tsinghua.edu.cn
质量反馈：010-62772015, zhiliang@tup.tsinghua.edu.cn

印 装 者：三河市东方印刷有限公司
经　　销：全国新华书店
开　　本：185mm×230mm　　印　张：46.5　　字　数：929 千字
版　　次：2021 年 11 月第 1 版　　印　次：2021 年 11 月第 1 次印刷
定　　价：159.00 元

产品编号：087341-01

译 者 序

  Go 是未来的高性能系统语言，而本书将帮助读者成为一名高效的 Go 专家级程序员，并讨论如何在真实的生产系统中实现 Go 语言。对于已经了解 Go 语言基础的程序员，本书提供了示例、模式和清晰的解释，进而帮助读者深入理解 Go 语言，并将其应用到编程工作中。

  本书涵盖了 Go 的细节内容，在类型和结构、包、并发性、网络编程、编译器设计、优化等方面提供了深入的指导。同时，每章的结尾都包含相关的练习和资源，以帮助读者充分理解所学的新知识。另外，本书还包含了一个全新的内容，即 Go 语言中的机器学习，并通过简单的回归和聚类、分类、神经网络和异常检测探讨基础统计技术。其他章节的扩展应用还涵盖了 Docker 和 Kubernetes、Git、WebAssembly、JSON 等内容。

  在本书的翻译过程中，除刘晓雪外，张博、刘璋、刘祎、张华臻等人也参与了部分翻译工作，在此一并表示感谢。

  由于译者水平有限，难免有疏漏和不妥之处，恳请广大读者批评指正。

译 者

前　　言

本书旨在帮助读者成为一名更加优秀的 Go 语言开发者。

本书涵盖了许多令人激动的主题，包括与 Go 语言机器学习相关的新增章节，以及与 Viper 和 Cobra Go 包、gRPC、Docker 镜像协同操作、YAML 文件协同操作、go/scanner 和 go/token 包协同操作、从 Go 语言中生成 WebAssembly 代码相关的信息和示例。

适用读者

本书适用于希望进一步提升编程水平的中级 Go 程序员和 Go 语言编程爱好者；此外，本书也适用于具有一定编程经验的使用其他语言的开发人员，他们希望了解 Go 语言，但并不打算从 for 循环开始从头学起。

本书内容

第 1 章首先将介绍 Go 语言的历史和优点，随后将描述 godoc 应用程序并解释如何编译和执行 Go 程序。接下来，本章将考查如何显示输出结果、获取用户输入内容、与程序的命令行参数协调工作、使用日志文件。最后，本章还将讨论错误处理机制，该机制在 Go 语言中饰演了重要的角色。

第 2 章首先将讨论 Go 垃圾收集及其操作方式，随后将介绍不安全的代码、unsafe 包、如何在 Go 语言程序中调用 C 语言代码、如何从 C 语言程序中调用 Go 代码。随后，本章将依次展示 defer 关键字的用法、strace(1) 和 dtrace(1) 实用程序。在本章其余部分中，我们还将学习如何获取与 Go 环境相关的信息、Go 汇编器的使用以及如何从 Go 语言中生成 WebAssembly。

第 3 章将讨论 Go 语言提供的数据类型，其中包括数组、切片、映射、Go 指针、常量、循环，以及与日期和时间的协同工作方式。读者不应错过本章中的精彩内容。

第 4 章在介绍元组、字符串、rune、字节切片和字符串字面值之前首先将考查 Go 语言结构和关键字 struct。本章其余内容则将阐述正则表达式和模式匹配、switch 语句、strings 包、math/big 包、Go 语言中的键-值开发、XML 协同工作方式以及 JSON 文件。

第 5 章将讨论当 Go 语言提供的结构不适用于特定问题时,如何开发自己的数据结构,包括二叉树、哈希表、链表、队列、栈及其优点。除此之外,本章还将讲解 container 标准 Go 语言包中结构的应用,以及如何使用 Go 语言破解 Sudoku 谜语以及生成随机数。

第 6 章将讨论包和函数,包括 init() 函数、syscall 标准 Go 包、text/template 包和 html/template 包。另外,本章还将进一步展示 go/scanner、go/parser 和 go/token 高级包的使用。不难发现,本章将极大地提升 Go 语言开发人员的编程技能。

第 7 章将讨论 Go 语言中 3 个高级概念,即反射、接口和类型方法。除此之外,本章还将介绍 Go 语言的面向对象功能,以及如何利用 Delve 调试 Go 程序。

第 8 章将讨论 Go 语言中的系统编程,其中涉及与命令行参数协同工作的 flag 包、处理 UNIX 信号、文件输入和输出、bytes 包、io.Reader 和 io.Writer 接口,以及 Viper 和 Cobra Go 包的使用。

第 9 章将讨论协程、通道和管道,这也是实现并发的 Go 语言方式。此外,本章还将学习进程、线程和协程之间的差别、sync 包和 Go 调度器的操作方式。

第 10 章将在第 9 章的基础上继续探讨协程和通道。读者将学习更多关于 Go 调度器、共享内存、互斥体、sync.Mutex 类型和 sync.RWMutex 类型方面的知识。本章最后一部分内容将阐述工作池,以及如何监测竞争条件。

第 11 章将介绍代码测试机制、代码优化和代码分析、交叉编译、生成文档 Go 代码基准测试、创建示例函数、查找不可访问的 Go 代码。

第 12 章将介绍 net/http 包,以及如何在 Go 语言中开发 Web 客户端和 Web 服务,此外还包括 http.Response、http.Request、http.Transport 结构的使用和 http.NewServeMux 类型。读者甚至还将学习如何在 Go 语言中开发一个完整的站点。进一步讲,本章将学习如何读取网络接口的配置信息,以及如何在 Go 语言中执行 DNS 查找。除此之外,我们还将学习如何在 Go 语言的基础上使用 gRPC。

第 13 章将讨论如何与 HTTPS 流量协同工作、利用 net 包提供的各项功能在 Go 语言中创建 UDP 和 TCP 服务器和客户端。本章其他主题还包括创建 RPC 客户端和服务器、在 Go 语言中开发 TCP 并发服务器和读取原始网络包。

第 14 章将介绍 Go 语言中的机器学习,包括分类、聚类、异常检测、异常值、神经网络、TensorFlow,以及 Go 语言中与 Apache Kafka 的协同工作方式。

本书可被划分为 3 个逻辑部分。其中,第 1 部分内容深入考查某些重要的 Go 语言概念,包括用户输入和输出、下载外部 Go 语言包、编译 Go 代码、从 Go 语言程序中调用 C 代码、从 Go 语言中创建 WebAssembly、使用 Go 语言的基本类型和 Go 语言的复合类型。

第 2 部分内容包括第 5～7 章，主要处理包和模块中的 Go 语言代码组织问题、Go 语言的项目设计以及 Go 语言中的某些高级特性。

第 3 部分内容包括第 8～14 章，主要处理 Go 语言中的一些可操作问题。其中，第 8～11 章将讨论 Go 语言中的系统编程、Go 语言中的并发编程、代码测试、优化和分析；第 12～14 章将介绍网络编程和 Go 语言中的机器学习。

本书内容涉及 Go 和 WebAssembly、基于 Go 语言的 Docker、利用 Viper 和 Cobra 包创建专业的命令行工具、解析 JSON 和 YAML 记录、矩阵计算、与 Sudoku 协调工作、go/scanner 和 go/token 包、处理 git(1) 和 GitHub、atomic 包、gRPC 和 Go 语言以及 HTTPS。

本书示例程序短小而完整，旨在阐述相关概念。这包含两方面的优点：首先，读者在学习某种技术时无须查看冗长的代码列表；其次，当创建自己的应用程序和实用程序时，读者可使用这些代码作为起始点。

提示：

我们已经了解到容器和 Docker 的重要性，因而本书中包括的各种 Go 执行文件示例均在 Docker 镜像中加以使用——Docker 镜像可方便地部署服务器应用程序。

技术需求

当运行本书示例程序时，我们需要一台基于 UNIX 环境的计算机，同时安装较新版本的 Go 语言，其中包括运行 Mac OS X、macOS 或 Linux 的机器。另外，本书提供的大多数代码也将在 Microsoft Windows 机器上运行。

为了从本书中获得更多开发技能，建议读者尽可能地在自己的程序中实现每章中的知识点，并查看相应的操作结果。除此之外，读者还应完成每章结尾的练习题，或者找出自己的编程问题。

下载示例代码文件

读者可访问 www.packt.com 并通过个人账户下载本书的示例代码文件。无论读者在何处购买了本书，均可访问 www.packt.com/support，经注册后我们会直接将相关文件通过电子邮件的方式发送给您。

下载代码文件的具体操作步骤如下。

（1）访问 www.packt.com 并注册。

（2）选择 SUPPORT 选项卡。

（3）单击 Code Downloads & Errata。

（4）在 Search 搜索框中输入书名，然后按照屏幕上的说明操作。

当文件下载完毕后，可利用下列软件的最新版本解压或析取文件夹中的内容。

- ❑ WinRAR/7-Zip（Windows 环境）。
- ❑ Zipeg/iZip/UnRarX（Mac 环境）。
- ❑ 7-Zip/PeaZip（Linux 环境）。

另外，本书的代码包也托管于 GitHub 上，对应网址为 https://github.com/PacktPublishing/Mastering-Go-Second-Edition。若代码被更新，现有的 GitHub 库也会保持同步更新。

读者还可访问 https://github.com/PacktPublishing/并从对应分类中查看其他代码包和视频内容。

下载彩色图像

我们还提供了与本书相关的 PDF 文件，其中包含书中所用截图/图表的彩色图像，读者可访问 https://static.packt-cdn.com/downloads/9781838559335.pdf 进行下载。

图标表示提示信息和操作技巧。

读者反馈和客户支持

欢迎读者对本书提出建议或意见并予以反馈。

对此，读者可向 customercare@packtpub.com 发送邮件，并以书名作为邮件标题。

勘误表

尽管我们希望做到尽善尽美，但错误依然在所难免。如果读者发现谬误之处，无论是文字错误抑或是代码错误，还望不吝赐教。对此，读者可访问 http://www.packtpub.com/

submit-errata，选取对应书籍，单击 Errata Submission 超链接，输入并提交相关问题的详细内容。

版权须知

一直以来，互联网上的版权问题从未间断，Packt 出版社对此类问题异常重视。若读者在互联网上发现本书任意形式的副本，请告知我们网络地址或网站名称，我们将对此予以处理。关于盗版问题，读者可发送邮件至 copyright@packtpub.com。

若读者针对某项技术具有专家级的见解，抑或计划撰写书籍或完善某部著作的出版工作，则可访问 authors.packtpub.com。

问题解答

若读者对本书有任何疑问，均可发送邮件至 questions@packtpub.com，我们将竭诚为您服务。

目　　录

第 1 部分

第 1 章　Go 语言和操作系统 3
1.1　Go 语言的历史 3
1.2　Go 语言的未来 4
1.3　Go 语言的优点 4
  1.3.1　Go 语言是否完美 5
  1.3.2　预处理器 5
  1.3.3　godoc 实用程序 6
1.4　编译 Go 代码 7
1.5　执行 Go 代码 8
1.6　两条 Go 语言规则 8
1.7　下载和使用外部的 Go 包 10
1.8　UNIX stdin、stdout 和 stderr 12
1.9　输出结果 12
1.10　使用标准输出 14
1.11　获取用户输入 16
  1.11.1　:=和= 16
  1.11.2　从标准输入中读取 17
  1.11.3　与命令行参数协同工作 18
1.12　错误的输出结果 20
1.13　写入日志文件中 22
  1.13.1　日志级别 22
  1.13.2　日志工具 23
  1.13.3　日志服务器 23
  1.13.4　将信息发送至日志文件的 Go 程序 24
  1.13.5　log.Fatal()函数 26
  1.13.6　log.Panic()函数 27

1.13.7 写入自定义日志文件中 29
1.13.8 在日志项中输出行号 31
1.14 Go 语言中的错误处理机制 32
　1.14.1 错误数据类型 33
　1.14.2 错误处理机制 35
1.15 使用 Docker 37
1.16 练习和链接 42
1.17 本章小结 43

第 2 章 理解 Go 语言的内部机制 45
2.1 Go 编译器 45
2.2 垃圾收集 47
　2.2.1 三色算法 49
　2.2.2 Go 垃圾收集器的更多内容 52
　2.2.3 映射、切片和 Go 垃圾收集器 53
　2.2.4 不安全的代码 57
　2.2.5 unsafe 包 58
　2.2.6 unsafe 包的另一个示例 59
2.3 从 Go 程序中调用 C 代码 60
　2.3.1 利用同一文件从 Go 程序中调用 C 代码 60
　2.3.2 利用单独的文件从 Go 程序中调用 C 代码 61
　2.3.3 C 代码 61
　2.3.4 Go 代码 62
　2.3.5 混合 Go 和 C 代码 63
2.4 从 C 代码中调用 Go 函数 64
　2.4.1 Go 包 65
　2.4.2 C 代码 66
2.5 defer 关键字 67
2.6 panic()和 recover()函数 71
2.7 两个方便的 UNIX 实用程序 74
　2.7.1 strace 工具 74
　2.7.2 dtrace 工具 75
2.8 Go 环境 76

目　录

- 2.9　go env 命令 …… 78
- 2.10　Go 汇编器 …… 79
- 2.11　节点树 …… 80
- 2.12　go build 的更多内容 …… 86
- 2.13　生成 WebAssembly 代码 …… 88
  - 2.13.1　WebAssembly 简介 …… 88
  - 2.13.2　WebAssembly 的重要性 …… 89
  - 2.13.3　Go 和 WebAssembly …… 89
  - 2.13.4　示例 …… 89
  - 2.13.5　使用生成后的 WebAssembly 代码 …… 90
- 2.14　一般的 Go 编码建议 …… 92
- 2.15　练习和链接 …… 93
- 2.16　本章小结 …… 93

第 3 章　处理 Go 语言中的基本数据类型 …… 95
- 3.1　数字数据类型 …… 95
  - 3.1.1　整数 …… 96
  - 3.1.2　浮点数 …… 96
  - 3.1.3　复数 …… 96
  - 3.1.4　Go 2 中的数字字面值 …… 98
- 3.2　Go 语言中的循环 …… 99
  - 3.2.1　for 循环 …… 99
  - 3.2.2　while 循环 …… 99
  - 3.2.3　range 关键字 …… 100
  - 3.2.4　多种 Go 循环示例 …… 100
- 3.3　Go 语言中的数组 …… 102
  - 3.3.1　多维数组 …… 102
  - 3.3.2　数组的缺点 …… 105
- 3.4　Go 语言中的切片 …… 105
  - 3.4.1　在切片上执行基本的操作 …… 106
  - 3.4.2　自动扩展 …… 108
  - 3.4.3　字节切片 …… 109
  - 3.4.4　copy()函数 …… 109

- 3.4.5 多维切片 112
- 3.4.6 切片的另一个示例 112
- 3.4.7 利用 sort.Slice()函数对切片进行排序 114
- 3.4.8 向切片中附加一个数组 116
- 3.5 Go 语言中的映射 117
  - 3.5.1 存储至 nil 映射中 119
  - 3.5.2 何时应使用映射 120
- 3.6 Go 语言中的常量 120
- 3.7 Go 语言中的指针 124
- 3.8 时间和日期 127
  - 3.8.1 与时间协同工作 128
  - 3.8.2 解析时间 129
  - 3.8.3 与日期协同工作 130
  - 3.8.4 解析日期 130
  - 3.8.5 修改日期和时间格式 132
- 3.9 度量 Go 语言中的命令和函数的执行时间 133
- 3.10 度量 Go 语言垃圾收集器的操作 135
- 3.11 Web 链接和练习 136
- 3.12 本章小结 136

第4章 组合类型的使用 137
- 4.1 关于组合类型 137
- 4.2 Go 语言中的结构 137
  - 4.2.1 指向结构的指针 140
  - 4.2.2 Go 语言中的 new 关键字 142
- 4.3 Go 语言中的元组 142
- 4.4 Go 语言中的正则表达式和模式匹配 144
  - 4.4.1 理论知识简介 144
  - 4.4.2 简单的示例 144
  - 4.4.3 高级示例 147
  - 4.4.4 匹配 IPv4 地址 150
- 4.5 Go 语言中的字符串 154
  - 4.5.1 rune 156

4.5.2　unicode 包 158
　　4.5.3　strings 包 159
4.6　switch 语句 163
4.7　计算高精度 Pi 值 167
4.8　生成 Go 语言中的键-值存储 170
4.9　Go 语言和 JSON 格式 175
　　4.9.1　读取 JSON 数据 175
　　4.9.2　保存 JSON 数据 177
　　4.9.3　使用 Marshal()和 Unmarshal()函数 179
　　4.9.4　解析 JSON 数据 181
　　4.9.5　Go 语言和 XML 183
　　4.9.6　读取 XML 文件 186
　　4.9.7　自定义 XML 格式 188
4.10　Go 语言和 YAML 格式 189
4.11　附加资源 190
4.12　练习和 Web 链接 190
4.13　本章小结 191

第 2 部分

第 5 章　利用数据结构改进 Go 代码 195
5.1　图和节点 195
5.2　度量算法的复杂度 196
5.3　二叉树 196
　　5.3.1　实现 Go 语言中的二叉树 197
　　5.3.2　二叉树的优点 199
5.4　Go 语言中的哈希表 200
　　5.4.1　实现 Go 语言中的哈希表 201
　　5.4.2　实现查找功能 204
　　5.4.3　哈希表的优点 204
5.5　Go 语言中的链表 205
　　5.5.1　实现 Go 语言中的链表 206
　　5.5.2　链表的优点 209

5.6 Go 语言中的双向链表 210
    5.6.1 实现 Go 语言中的双向链表 211
    5.6.2 双向链表的优点 214
5.7 Go 语言中的队列 214
5.8 Go 语言中的栈 218
5.9 container 包 221
    5.9.1 使用 container/heap 221
    5.9.2 使用 container/list 224
    5.9.3 使用 container/ring 226
5.10 在 Go 语言中生成随机数 227
5.11 生成安全的随机数 233
5.12 执行矩阵计算 234
    5.12.1 矩阵的加法和减法 235
    5.12.2 矩阵乘法 237
    5.12.3 矩阵的除法 241
    5.12.4 计算数组维度 246
5.13 求解数独谜题 247
5.14 附加资源 251
5.15 本章练习 251
5.16 本章小结 252

第 6 章 Go 包和函数 253
6.1 Go 包 253
6.2 Go 语言中的函数 254
    6.2.1 匿名函数 254
    6.2.2 返回多个值的函数 255
    6.2.3 命名函数的返回值 257
    6.2.4 包含指针参数的函数 258
    6.2.5 返回指针的函数 259
    6.2.6 返回其他函数的函数 260
    6.2.7 接收其他函数作为参数的函数 262
    6.2.8 可变参数函数 263
6.3 开发自己的 Go 包 264

  6.3.1 编译 Go 包 266
  6.3.2 私有变量和函数 267
  6.3.3 init()函数 267
 6.4 Go 模块 269
  6.4.1 创建并使用 Go 模块 270
  6.4.2 使用同一 Go 模块的不同版本 278
  6.4.3 Go 模块在 Go 语言中的存储位置 279
  6.4.4 go mod vendor 命令 280
 6.5 创建较好的 Go 包 281
 6.6 syscall 包 282
 6.7 go/scanner、go/parser 和 go/token 包 286
  6.7.1 go/ast 包 287
  6.7.2 go/scanner 包 287
  6.7.3 go/parser 包 289
  6.7.4 操作示例 292
  6.7.5 利用给定的字符串长度查找变量名 293
 6.8 文本和 HTML 模板 298
  6.8.1 生成文本输出 299
  6.8.2 构建 HTML 输出结果 301
 6.9 附加资源 308
 6.10 练习 309
 6.11 本章小结 309

第 7 章 反射和接口 311
 7.1 类型方法 311
 7.2 Go 接口 313
 7.3 编写自己的接口 316
  7.3.1 使用 Go 接口 316
  7.3.2 使用 switch 语句和数据类型 318
 7.4 反射 320
  7.4.1 简单的反射示例 321
  7.4.2 高级反射示例 323
  7.4.3 反射的缺点 326

	7.4.4 reflectwalk 库	326
7.5	Go 语言中的面向对象编程	329
7.6	Git 和 GitHub 简介	332
	7.6.1 使用 Git	332
	7.6.2 git status 命令	333
	7.6.3 git pull 命令	333
	7.6.4 git commit 命令	333
	7.6.5 git push 命令	334
	7.6.6 与分支协同工作	334
	7.6.7 与文件协同工作	335
	7.6.8 .gitignore 文件	336
	7.6.9 使用 git diff 命令	336
	7.6.10 与标签协同工作	337
	7.6.11 git cherry-pick 命令	338
7.7	使用 Delve 进行调试	339
7.8	附加资源	343
7.9	本章练习	344
7.10	本章小结	344

第 3 部分

第 8 章 UNIX 系统编程ˌ347

8.1	UNIX 进程	348
8.2	flag 包	348
8.3	viper 包	353
	8.3.1 简单的 viper 示例	353
	8.3.2 从 flag 到 viper 包	354
	8.3.3 读取 JSON 配置文件	356
	8.3.4 读取 YAML 配置文件	358
8.4	cobra 包	360
	8.4.1 简单的 cobra 示例	361
	8.4.2 创建命令行别名	366
8.5	io.Reader 和 io.Writer 接口	369

- 8.6 bufio 包 ... 369
- 8.7 读取文本文件 ... 370
  - 8.7.1 逐行读取文本文件 ... 370
  - 8.7.2 逐个单词读取文本文件 ... 372
  - 8.7.3 逐个字符读取文本文件 ... 374
  - 8.7.4 从 /dev/random 中读取 ... 376
- 8.8 读取特定的数据量 ... 377
- 8.9 二进制格式的优点 ... 379
- 8.10 读取 CSV 文件 ... 380
- 8.11 写入文件中 ... 383
- 8.12 加载和保存磁盘上的数据 ... 386
- 8.13 再访 strings 包 ... 389
- 8.14 bytes 包 ... 391
- 8.15 文件权限 ... 392
- 8.16 处理 UNIX 信号 ... 394
  - 8.16.1 处理两个信号 ... 394
  - 8.16.2 处理全部信号 ... 397
- 8.17 Go 语言中的 UNIX 管道编程 ... 399
- 8.18 syscall.PtraceRegs ... 401
- 8.19 跟踪系统调用 ... 403
- 8.20 用户 ID 和组 ID ... 408
- 8.21 Docker API 和 Go 语言 ... 409
- 8.22 附加资源 ... 412
- 8.23 本章练习 ... 413
- 8.24 本章小结 ... 413

第 9 章 Go 语言中的并发编程——协程、通道和管道 ... 415

- 9.1 进程、线程和协程 ... 415
  - 9.1.1 Go 调度器 ... 416
  - 9.1.2 并发和并行 ... 416
- 9.2 协程 ... 417
  - 9.2.1 创建一个协程 ... 417
  - 9.2.2 创建多个协程 ... 418

9.3 等待协程结束 420
9.4 通道 424
9.4.1 写入通道 424
9.4.2 从通道中读取数据 426
9.4.3 从关闭的通道中读取 427
9.4.4 作为函数参数的通道 428
9.5 管道 429
9.6 竞态条件 433
9.7 Go 语言和 Rust 语言并发模型的比较 435
9.8 Go 语言和 Erlang 语言并发模型的比较 435
9.9 附加资源 436
9.10 本章练习 436
9.11 本章小结 436

第 10 章 Go 语言的并发性——高级话题 437
10.1 再访 Go 调度器 437
10.2 select 关键字 440
10.3 协程超时 443
10.3.1 协程超时第 1 部分 443
10.3.2 协程超时第 2 部分 445
10.4 再访 Go 通道 447
10.4.1 信号通道 448
10.4.2 缓冲通道 448
10.4.3 nil 通道 450
10.4.4 通道的通道 452
10.4.5 指定协程的执行顺序 454
10.4.6 如何使用协程 457
10.5 共享内存和共享变量 458
10.5.1 sync.Mutex 类型 458
10.5.2 忘记解锁互斥体 461
10.5.3 sync.RWMutex 类型 463
10.5.4 atomic 包 466
10.5.5 基于协程的共享内存 468

10.6 重访 Go 语句 470
10.7 缓存竟态条件 473
10.8 context 包 479
    10.8.1 context 包的高级示例 483
    10.8.2 context 包的另一个示例 488
    10.8.3 worker 池 490
10.9 附加资源 494
10.10 本章练习 494
10.11 本章小结 495

第 11 章 代码测试、优化和分析 497
11.1 优化 498
11.2 优化 Go 代码 499
11.3 分析 Go 代码 499
    11.3.1 net/http/pprof 标准包 499
    11.3.2 简单的分析示例 500
    11.3.3 方便的外部包 508
    11.3.4 Go 分析器的 Web 界面 510
11.4 go tool trace 实用程序 514
11.5 测试 Go 代码 518
    11.5.1 针对现有 Go 代码编写测试 519
    11.5.2 测试代码的覆盖率 523
11.6 利用数据库后端测试 HTTP 服务器 526
    11.6.1 testing/quick 包 533
    11.6.2 测试时间过长或无法结束 537
11.7 Go 代码基准测试 540
11.8 简单的基准测试示例 540
11.9 缓冲写入的基准测试 546
11.10 查找程序中不可访问的 Go 代码 551
11.11 交叉编译 552
11.12 生成示例函数 554
11.13 从 Go 代码到机器代码 556
11.14 生成 Go 代码文档 559

11.15	使用 Docker 镜像	564
11.16	附加资源	566
11.17	本章练习	567
11.18	本章小结	568

第 12 章 网络编程基础知识 569

12.1	net/http、net 和 http.RoundTripper	569
	12.1.1 http.Response 结构	570
	12.1.2 http.Request 结构	570
	12.1.3 http.Transport 结构	571
12.2	TCP/IP	572
12.3	IPv4 和 IPv6	573
12.4	nc(1)命令行实用程序	573
12.5	读取网络接口的配置	574
12.6	在 Go 语言中执行 DNS 查找	578
	12.6.1 获取域的 NS 记录	581
	12.6.2 获取域的 MX 记录	582
12.7	在 Go 语言中创建 Web 服务器	583
	12.7.1 使用 atomic 包	587
	12.7.2 分析一个 HTTP 服务器	589
	12.7.3 创建一个站点	594
12.8	HTTP 跟踪机制	604
12.9	在 Go 语言中创建一个 Web 客户端	610
12.10	HTTP 连接超时	615
	12.10.1 SetDeadline()函数	617
	12.10.2 在服务器端设置超时时间	618
	12.10.3 其他超时方式	620
12.11	Wireshark 和 tshark 工具	621
12.12	gRPC 和 Go	622
	12.12.1 定义接口定义文件	622
	12.12.2 gRPC 客户端	624
	12.12.3 gRPC 服务器	626
12.13	附加资源	628

12.14	本章练习	629
12.15	本章练习	630

第 13 章 网络编程——构建自己的服务器和客户端 ... 631
- 13.1 与 HTTPS 流量协同工作 ... 631
  - 13.1.1 生成证书 ... 631
  - 13.1.2 HTTPS 客户端 ... 632
  - 13.1.3 简单的 HTTPS 服务器 ... 634
  - 13.1.4 开发 TLS 服务器和客户端 ... 636
- 13.2 net 标准包 ... 639
- 13.3 开发一个 TCP 客户端 ... 640
- 13.4 开发一个 TCP 服务器 ... 643
- 13.5 开发一个 UDP 客户端 ... 648
- 13.6 部署 UDP 服务器 ... 650
- 13.7 并发 TCP 服务器 ... 653
- 13.8 创建 TCP/IP 服务器的 Docker 镜像 ... 663
- 13.9 远程过程调用（RPC） ... 665
  - 13.9.1 RPC 客户端 ... 666
  - 13.9.2 RPC 服务器 ... 667
- 13.10 底层网络编程 ... 669
- 13.11 本章资源 ... 677
- 13.12 本章练习 ... 677
- 13.13 本章小结 ... 678

第 14 章 Go 语言中的机器学习 ... 679
- 14.1 计算简单的统计属性 ... 679
- 14.2 回归 ... 683
  - 14.2.1 线性回归 ... 683
  - 14.2.2 实现线性回归 ... 684
  - 14.2.3 绘制数据 ... 686
- 14.3 分类 ... 690
- 14.4 聚类 ... 694
- 14.5 异常检测 ... 697
- 14.6 神经网络 ... 700

14.7 离群值分析 702
14.8 与 TensorFlow 协同工作 705
14.9 与 Apache Kafka 协同工作 710
14.10 附加资源 715
14.11 本章练习 716
14.12 本章小结 716
14.13 接下来的工作 716

第 1 部分

- 第 1 章　Go 语言和操作系统
- 第 2 章　理解 Go 语言的内部机制
- 第 3 章　处理 Go 语言中的基本数据类型
- 第 4 章　组合类型的使用

第 1 章　Go 语言和操作系统

本章将针对初学者简要地介绍 Go 语言中的相关主题，而经验丰富的 Go 开发人员则可将本章视为 Go 语言基础知识的复习内容。由于本章内容的可操作性，因此理解问题的最佳方式是不断对其进行尝试。这里，"尝试"意味着亲自编写 Go 代码、试错并从中吸取经验，不要让错误消息和 bug 阻挡我们前进的步伐。

本章主要涉及以下主题。
- Go 编程语言的历史和未来。
- Go 语言的优点。
- 编译 Go 代码。
- 执行 Go 代码。
- 两条 Go 语言规则。
- 下载和使用外部的 Go 包。
- UNIX 标准输入、输出和错误。
- 在屏幕上输出数据。
- 获取用户输入。
- 将数据输出至标准错误中。
- 与日志文件协同工作。
- 使用 Docker 编译和执行 Go 源文件。
- Go 语言中的错误处理机制。

1.1　Go 语言的历史

Go 是一种现代的、通用的、开源的编程语言，并于 2009 年年底正式发布。Go 语言最初是一个谷歌内部项目，这意味着该语言始于一个实验项目，并受到许多其他编程语言的启发，包括 C、Pascal、Alef 和 Oberon。职业程序员 Robert Griesemer、Ken Thomson 和 Rob Pike 则是 Go 语言的精神教父。

Go 语言针对专业程序员而打造，他们希望构建可靠、健壮和高效的软件。除语法和标准函数外，Go 语言还内置了丰富的标准库。

在本书编写时，Go 语言最新的稳定版本是 1.13。然而，即使当前版本已经更新，本书中的内容并不会受到太多影响。

当首次安装 Go 时，读者可访问 https://golang.org/dl/。然而，不同的 UNIX 版本可能包含了现成的 Go 编程语言安装包，读者可根据个人喜欢的包管理器获取 Go。

1.2　Go 语言的未来

Go 语言社区已经在讨论 Go 语言的下一个版本，称作 Go 2，但具体内容目前尚未确定。

当前 Go 1 团队的想法是，Go 2 的发展应受到社区的驱动。虽然这是一个不错的思路，但众多人士尝试在某个编程语言上制订重要决策终究是一件非常危险的事情。不要忘记，Go 语言最初是由少数精英人士作为内部项目进行设计和开发的。

Go 2 中某些正在酝酿的重大变化包括泛型、包版本机制以及改进的错误处理机制。所有这些新特性仍处于讨论之中，我们不必过多地为此而担心，无论怎样，制订 Go 语言的未来发展方向依然是值得的。

1.3　Go 语言的优点

Go 语言包含诸多优点，其中一些优点是 Go 语言所独有的，而另一些优点也是其他编程语言所共有的。

Go 语言的显著优点和特性如下。

- ❑ Go 是一种现代编程语言，它易于阅读和理解，并由专家级的程序员打造。
- ❑ Go 语言针对"快乐"程序员量身而定，因为"快乐"的程序员往往能够编写出更加优质的代码。
- ❑ Go 编译器能够输出具有可操作性的警告和错误消息，可以帮助我们处理实际的问题。简而言之，Go 编译器的帮助功能主要体现在，不会显示包含大量不得要领的输出结果。
- ❑ Go 语言具有可移植性，尤其是在多台 UNIX 机器之间。
- ❑ Go 语言支持过程式、并发式、分布式编程。
- ❑ Go 语言支持垃圾收集，因而无须处理内存分配和释放问题。
- ❑ Go 语言不包含预处理器，但支持高速编译。最终，Go 语言也可用作脚本语言。
- ❑ Go 语言可构建 Web 应用程序，并针对测试功能提供简单的 Web 服务器。

- 标准 Go 语言库提供了多个包，可简化开发人员的工作。除此之外，标准 Go 语言库中的函数均经过 Go 开发人员的事先测试和调试，这意味着，大多数时候，这些函数不会包含 bug。
- 默认状态下，Go 语言使用静态链接，也就是说，所生成的二进制文件可方便地被传输至运行相同操作系统的其他机器上。最终，一旦 Go 程序成功编译并生成可执行文件，就无须再担心库、依赖关系和不同的库版本等问题。
- 开发、调试和测试 Go 应用程序时无须使用图形用户界面（GUI），Go 语言支持命令行形式，这也是许多 UNIX 开发人员喜爱这种语言的原因之一。
- Go 语言支持 Unicode。这意味着，无须针对多种语言中的输出字符编写额外的代码。
- Go 语言保持概念的正交性，而正交特征比许多重叠特征工作得更好。

1.3.1　Go 语言是否完美

编程语言很难尽善尽美，Go 语言也不例外。然而，一种可能是一些编程语言在某些领域表现良好；另一种可能则是开发人员具有某种语言偏好。就个人而言，我并不喜欢 Java。虽然我曾经喜欢过 C++语言，但那也是过去的事情了。作为一种编程语言，C++语言过于复杂。在我看来，Java 代码并不优美。

Go 语言的缺点如下。

- Go 语言并不直接支持面向对象程序设计，这对于那些习惯了以面向对象方式编程的开发人员来说是一个问题，尽管如此，我们仍可在 Go 语言中通过组合机制模拟继承。
- 对于某些人来说，Go 语言永远无法替代 C 语言。
- 对于系统编程来说，C 语言仍快于其他编程语言，这是因为 UNIX 是采用 C 语言编写的。

无论如何，Go 依然不失为一种优秀的语言，如果花费一定的时间学习这种语言并使用这种语言编写程序，它不会令你失望。

1.3.2　预处理器

如前所述，Go 语言并未设置预处理器，但这并非一件坏事。预处理器是一个程序，处理输入数据并生成输出结果。随后，该输出结果可用作另一个程序的输入内容。在编程语言上下文中，预处理器的输入表示为源代码，在作为输入被提交至编程语言的编译器之前，这些源代码经由预处理器进行处理。

预处理器的最大缺点是，它对底层语言或其语法一无所知。这意味着，当使用预处理器时，由于预处理器可能修改原始代码的逻辑和语义，因此无法确定代码的最终版本是否为所需内容。

包含预处理器的编程语言包括 C、C++、Ada 和 PL/SQL。C 预处理器处理以#开始的代码行，即指令或预处理指令。如前所述，指令和预处理指令并不是 C 编程语言中的一部分。

1.3.3　godoc 实用程序

Go 发行版内置了大量的工具，以简化程序员的工作任务，godoc 实用程序便是其中之一。该程序无须连接互联网即可查看现有 Go 函数和包文档。

godoc 实用程序既可以作为一个普通的命令行应用程序被执行，在终端上显示其输出，也可以作为一个启动 Web 服务器的命令行应用程序被执行。对于后者，我们需要一个 Web 浏览器查看 Go 文档内容。

> 💡 **提示：**
> 当输入 godoc 且未包含任何参数时，将会看到一个 godoc 支持的命令行选项列表。

第 1 种方式类似于使用 man(1)命令，但只是针对 Go 函数和包。因此，为了进一步查看与 fmt 包的 Printf()函数相关的信息，可执行下列命令。

```
$ go doc fmt.Printf
```

类似地，可通过运行下列命令查看与整个 fmt 包相关的信息。

```
$ go doc fmt
```

第 2 种方式则需要执行包含-http 参数的 godoc 命令。

```
$ godoc -http=:8001
```

上述命令中的数字值（即 8001）表示 HTTP 将要监听的端口号。当然，我们也可以选择任意可用的端口号，前提是拥有正确的权限。需要注意的是，端口号 0～1023 已被限制使用，且仅供根用户使用，因而应避免选择此类端口号，而是选择未被其他进程使用的端口号。

这里可忽略上述命令中的等号，并用空格代替，对应的等价命令如下所示。

```
$ godoc -http :8001
```

随后可在浏览器中访问 http://localhost:8001/pkg/，进而获取可用的 Go 包列表并浏览其文档内容。

1.4 编译 Go 代码

本节将学习如何编译 Go 代码。好消息是，可通过命令行方式编译 Go 代码，且无须使用图形应用程序。进一步讲，Go 并不关心自主程序的源文件名称，只要包名是 main 且其中存在一个 main() 函数即可。其原因在于，main() 函数为程序执行的开始之处。也就是说，单一项目的文件中不可包含多个 main() 函数。

下面将利用名为 aSourceFile.go 的程序执行第一个 Go 程序的编译过程，该程序包含下列 Go 代码。

```go
package main
import (
    "fmt"
)

func main() {
    fmt.Println("This is a sample Go program!")
}
```

需要注意的是，Go 社区偏好将 Go 源文件命名为 source_file.go，而非 aSourceFile.go。无论选择哪种方式，保持一致即可。

当编译 aSourceFile.go 文件并生成静态链接可执行文件时，需要执行下列命令。

```
$ go build aSourceFile.go
```

随后将得到一个名为 aSourceFile 的新可执行文件（该文件需要被执行）。

```
$ file aSourceFile
aSourceFile: Mach-O 64-bit executable x86_64
$ ls -l aSourceFile
-rwxr-xr-x 1 mtsouk staff 2007576 Jan 10 21:10 aSourceFile
$ ./aSourceFile
This is a sample Go program!
```

可以看出，aSourceFile 文件的尺寸相对较大，其原因在于静态链接，这意味着它不需要任何外部库来运行。

1.5 执行 Go 代码

除此之外，还存在另一种方法可执行 Go 代码，且不会生成永久的可执行文件——该方法仅生成一些中间文件，这些文件随后会自动被删除。

💡 **提示：**
这里所展示的方法可像 Python、Ruby 或 Perl 等脚本编程语言一样使用 Go 语言。

当运行 aSourceFile.go 文件且无须生成可执行文件时，需要执行下列命令。

```
$ go run aSourceFile.go
This is a sample Go program!
```

可以看到，上述命令的输出结果与之前方法完全一致。

💡 **提示：**
此处应留意 go run。其间，Go 编译器仍需生成一个可执行文件，但我们无法看到这一过程。该文件自动被执行并在程序结束后自动被删除（或许可执行文件无须保留）。

本书一般采用 go run 执行示例代码。与运行 go build 并随后运行可执行文件相比，该命令更加简单。另外，go run 在程序结束其执行过程后不会在硬盘上遗留任何文件。

1.6 两条 Go 语言规则

Go 语言定义了严格的编码规则，这可帮助我们避免代码中的一些错误和 bug；同时也使得代码在 Go 社区内易于阅读。本节将探讨两种需要了解的 Go 语言规则。

如前所述，Go 编译器可提供相应的帮助并简化开发人员的工作。Go 编译器的主要目标是编译和提升 Go 代码的质量。

1. 使用 Go 包，否则不要包含该包

Go 语言针对包的使用制订了严格的规则。因此，不能仅包含可能认为需要使用的包，但在后续操作过程中并未使用该包。

考查下列原生程序，该程序被保存为 packageNotUsed.go 文件。

```
package main
```

```go
import (
    "fmt"
    "os"
)

func main() {
    fmt.Println("Hello there!")
}
```

💡 **提示：**

在本书中，读者将会看到许多错误消息、错误的环境和警告信息。需要注意的是，查看这些无法编译的代码也是十分有用的，有时甚至比阅读成功编译的代码更具价值。Go 编译器通常会显示有用的错误消息和警告信息，这很可能有助于处理某种错误环境，因而不要低估这些错误消息和警告信息的价值。

当执行 packageNotUsed.go 文件时，将会看到下列错误消息，且程序将无法得到执行。

```
$ go run packageNotUsed.go
# command-line-arguments
./packageNotUsed.go:5:2: imported and not used: "os"
```

如果从程序的 import 列表中移除 os 包，packageNotUsed.go 即可成功编译，读者可对此进行尝试。

虽然现在不是讨论打破 Go 规则的最佳时机，但有一个方法可以绕过这一限制条件。考查下列 Go 代码，对应代码被保存于 packageNotUsedUnderscore.go 文件中。

```go
package main

import (
    "fmt"
    _ "os"
)

func main() {
    fmt.Println("Hello there!")
}
```

在 import 列表中，在包名前使用下画线字符将不会在编译过程中产生错误消息，即使该包将不会在程序中被使用。

```
$ go run packageNotUsedUnderscore.go
Hello there!
```

> **提示：**
> 关于 Go 语言如何规避这一规则，读者可参考第 6 章。

2. 仅存在一种花括号格式

考查下列名为 curly.go 文件的 Go 程序。

```go
package main

import (
    "fmt"
)

func main()
{
    fmt.Println("Go has strict rules for curly braces!")
}
```

虽然上述代码看起来并无问题，但如果尝试执行它，其结果令人失望。这是因为结果将显示以下语法错误消息，且代码将无法编译，因此无法运行，如下所示。

```
$ go run curly.go
# command-line-arguments
./curly.go:7:6: missing function body for "main"
./curly.go:8:1: syntax error: unexpected semicolon or newline before {
```

上述错误消息的官方解释是，Go 语言需要使用分号作为语句的结束标记；必要时，编译器将会自动插入所需的分号。因此，左花括号（{）另起一行会使 Go 编译器在上一行（func main()）的结尾处插入一个分号，这便是错误消息的原因。

1.7　下载和使用外部的 Go 包

虽然标准 Go 库中涵盖了丰富的内容，但有些时候仍需要下载外部 Go 包，并使用其中的相关功能。本节将讨论如何下载外部 Go 包，并将其置于 UNIX 机器中。

> **提示：**
> 记住，虽然 Go 模块（这是一个仍在开发中的 Go 新功能）可能会改变与外部 Go 代码间的协调工作方式，但 Go 包的下载处理过程（并将其置于计算机上）仍保持不变。

> **提示：**
> 第 6 章将介绍与 Go 包和 Go 模块相关的更多内容。

考查下列 Go 原生程序，该程序被保存为 getPackage.go 文件。

```
package main
import (
    "fmt"
    "github.com/mactsouk/go/simpleGitHub"
)
func main() {
    fmt.Println(simpleGitHub.AddTwo(5, 6))
}
```

上述程序使用了外部包，其中，import 命令之一使用了一个互联网地址。此处，外部包被称作 simpleGitHub，且被位于 github.com/mactsouk/go/simpleGitHub 处。

当尝试立刻执行 getPackage.go 文件时，显示结果令人失望，如下所示。

```
$ go run getPackage.go
getPackage.go:5:2: cannot find package
"github.com/mactsouk/go/simpleGitHub" in any of:
    /usr/local/Cellar/go/1.9.1/libexec/src/github.com/mactsouk/go/simpleGitHub (from $GOROOT)
    /Users/mtsouk/go/src/github.com/mactsouk/go/simpleGitHub (from $GOPATH)
```

因此，需要获得计算机上所遗失的包。当下载该包时，需要执行下列命令。

```
$ go get -v github.com/mactsouk/go/simpleGitHub
github.com/mactsouk/go (download)
github.com/mactsouk/go/simpleGitHub
```

随后可在下列目录中查看到下载文件。

```
$ ls -l ~/go/src/github.com/mactsouk/go/simpleGitHub/
total 8
-rw-r--r-- 1 mtsouk staff 66 Oct 17 21:47 simpleGitHub.go
```

然而，go get 命令也会编译包。相关文件位于下列位置处。

```
$ ls -l ~/go/pkg/darwin_amd64/github.com/mactsouk/go/simpleGitHub.a
-rw-r--r-- 1 mtsouk staff 1050 Oct 17 21:47
/Users/mtsouk/go/pkg/darwin_amd64/github.com/mactsouk/go/simpleGitHub.a
```

接下来即可顺利执行 getPackage.go 文件，如下所示。

```
$ go run getPackage.go
11
```

我们还可以删除下载后的 Go 包中的中间文件，如下所示。

```
$ go clean -i -v -x github.com/mactsouk/go/simpleGitHub
cd /Users/mtsouk/go/src/github.com/mactsouk/go/simpleGitHub
rm -f simpleGitHub.test simpleGitHub.test.exe
rm -f /Users/mtsouk/go/pkg/darwin_amd64/github.com/mactsouk/go/
simpleGitHub.a
```

类似地，还可在使用 go clean 命令之后，通过 rm(1) UNIX 命令删除本地下载的整个 Go 包进而删除其 Go 源，如下所示。

```
$ go clean -i -v -x github.com/mactsouk/go/simpleGitHub
$ rm -rf ~/go/src/github.com/mactsouk/go/simpleGitHub
```

在执行了上述第一条命令后，我们则需要再次下载 Go 包。

1.8　UNIX stdin、stdout 和 stderr

每个 UNIX 操作系统都对其进程启用 3 个文件。记住，UNIX 将所有内容（甚至是打印机或鼠标）均视为文件。

UNIX 使用文件描述符（正整数值）作为文件访问的内部表示，该方案优于长路径表示法。

因此，默认状态下，UNIX 系统支持 3 个特定的标准文件名，即/dev/stdin、/dev/stdout 和/dev/stderr，同时也可利用文件描述符 0、1、2 分别进行访问。另外，这 3 个文件描述符也分别被称作标准输入、标准输出和标准错误。不仅如此，在 macOS 机器上，文件描述符 0 可作为/dev/fd/0 进行访问；在 Debian Linux 机器上还可作为/dev/fd/0 和/dev/pts/0 进行访问。

具体来说，Go 采用 os.Stdin 访问标准输入，使用 os.Stdout 访问标准输出，使用 os.Stderr 访问标准错误。虽然我们仍可使用/dev/stdin、/dev/stdout、/dev/stderr 或关联的文件描述符访问同一设备，但 os.Stdin、os.Stdout 和 os.Stderr 则是 Go 语言提供的更加安全且兼具可移植性的良好方法。

1.9　输 出 结 果

类似于 UNIX 和 C 语言，Go 语言提供了多种方式可在屏幕上输出结果。本节所涉及的全部输出函数都需要使用 fmt Go 标准包，并在 printing.go 文件中予以展示（该文件被分为两部分内容加以讨论）。

在 Go 语言中，最简单的输出方式是使用 fmt.Println()和 fmt.Printf()函数。相应地，fmt.Printf()函数与 C 语言中的 printf(3)具有诸多相似之处。除 fmt.Println()函数外，还可使用 fmt.Print()函数。fmt.Print()和 fmt.Println()函数间的主要差别在于，后者在每次被调用时都会自动添加一个换行符。

另一方面，fmt.Println()和 fmt.Printf()之间的最大差别在于，后者针对输出内容需要一个格式说明符，类似于 C 语言中的 printf(3)函数。这意味着，控制权增加，但需要编写更多的代码。Go 语言将这些格式说明符称作"动词"。关于动词的更多信息，读者可访问 https://golang.org/pkg/fmt/。

如果在输出前需要执行某些格式化操作，或者需要排列多个变量，那么 fmt.Printf()函数可能是一种较好的选择方案。然而，如果仅需要输出单一变量，则可选择 fmt.Print()或 fmt.Println()函数，这取决于是否需要添加一个换行符。

printing.go 文件的第 1 部分内容包含下列 Go 代码。

```
package main

import (
    "fmt"
)

func main() {
    v1 := "123"
    v2 := 123
    v3 := "Have a nice day\n"
    v4 := "abc"
```

在上述部分内容中包含了 fmt 包的 import 操作，以及 4 个 Go 变量定义。这里，v3 中的\n 表示换行符。然而，如果仅需要在输出结果中插入一个换行，则可调用无任何参数的 fmt.Println()函数，而非 fmt.Print("\n")。

printing.go 文件的第 2 部分内容包含下列 Go 代码。

```
    fmt.Print(v1, v2, v3, v4)
    fmt.Println()
    fmt.Println(v1, v2, v3, v4)
    fmt.Print(v1, " ", v2, " ", v3, " ", v4, "\n")
    fmt.Printf("%s%d %s %s\n", v1, v2, v3, v4)
}
```

上述部分内容利用 fmt.Println()、fmt.Print()和 fmt.Printf()函数输出 4 个变量，进而可较好地理解函数间的差异。

当执行 printing.go 文件时，对应结果如下所示。

```
$ go run printing.go
123123Have a nice day
abc
123 123 Have a nice day
abc
123 123 Have a nice day
abc
123123 Have a nice day
abc
```

从上述输出结果可以看到，fmt.Println()函数在其参数间添加了一个空格，这一点与 fmt.Print()函数有所不同。

最终，fmt.Println(v1, v2)语句等价于 fmt.Print(v1," ", v2, "\n")语句。

除 fmt.Println()、fmt.Print()和 fmt.Printf()函数外（这也是最简单的屏幕输出函数），还存在一系列以字母 S 开头的函数，包括 fmt.Sprintln()、fmt.Sprint()和 fmt.Sprintf()。这些函数用于根据给定格式生成字符串。

最后，还存在一系列以字母 F 开头的函数，包括 fmt.Fprintln()、fmt.Fprint()和 fmt.Fprintf()，这些函数通过 io.Writer 执行文件写入操作。

提示：

关于 io.Writer 和 io.Reader 接口，读者可参考第 8 章。

接下来将讨论如何利用标准输出显示数据，这也是 UNIX 环境中较为常见的操作。

1.10 使用标准输出

标准输出与屏幕输出具有相似之处。然而，标准输出可能需要使用 fmt 包之外的函数，这也是单独讲解标准输出的主要原因。

相关技术将在 stdOUT.go 文件中予以展示，该文件包含了 3 部分内容。stdOUT.go 文件的第 1 部分内容如下所示。

```
package main

import (
```

```
    "io"
    "os"
)
```

因此，stdOUT.go 将使用 io 包，而不是 fmt 包。这里，io 包用于读取程序的命令行参数，以及访问 os.Stdout。

stdOUT.go 文件的第 2 部分内容包含下列 Go 代码。

```
func main() {
    myString := ""
    arguments := os.Args
    if len(arguments) == 1 {
        myString = "Please give me one argument!"
    } else {
        myString = arguments[1]
    }
```

其中，myString 变量加载输出至屏幕上的文本内容。这里，文本内容可能是程序的第 1 个参数；或者，如果程序被执行时不包含任何命令行参数，则对文本消息进行硬编码。

stdOUT.go 文件的第 3 部分内容如下所示。

```
    io.WriteString(os.Stdout, myString)
    io.WriteString(os.Stdout, "\n")
}
```

在当前示例中，io.WriteString()函数的工作方式与 fmt.Print()函数相同，但接收两个参数。其中，第 1 个参数为写入的文件，即 os.Stdout；第 2 个参数则为一个字符串变量。

💡 提示：

严格地讲，io.WriteString()函数的第 1 个参数应为 io.Writer，而第 2 个参数应为一个字节切片。但在当前示例中，字符串变量工作良好。关于切片的更多内容，读者可参考第 3 章。

执行 stdOUT.go 文件，将得到下列输出结果。

```
$ go run stdOUT.go
Please give me one argument!
$ go run stdOUT.go 123 12
123
```

上述输出结果表明，当第 1 个参数为 os.Stdout 时，io.WriteString()函数将其第 2 个参数的内容发送至屏幕上。

1.11 获取用户输入

具体来说，存在 3 种主要的用户输入获取方式，即读取程序的命令行参数、向用户请求输入、读取外部文件。本节将讨论前两种方式，第 8 章将介绍第 3 种方式。

1.11.1 :=和=

下面首先讲解:=的使用方式及其与=之间的差别。这里，:=的官方名称是短赋值语句。短赋值语句可用于替代隐式类型的 var 声明。

> **提示：**
>
> Go 语言较少使用 var。在 Go 程序中，var 关键字常用于声明全局变量，以及声明不包含初始值的变量。前者的原因在于，位于函数代码外部的每条语句需要以关键字 func 或 var 开始。这意味着，短赋值语句无法用于函数外部，即无效位置。

:=操作符的工作方式如下所示。

```
m := 123
```

上述语句的结果可描述为，名为 m 的新整数变量包含数值 123。

然而，如果尝试在已声明的变量上使用:=，那么将无法通过编译，并包含下列错误消息。

```
$ go run test.go
# command-line-arguments
./test.go:5:4: no new variables on left side of :=
```

这里的问题是，如果希望从某个函数中获得两个或多个值，并且打算针对其中一个值使用现有的变量，情况又当如何？是使用:=还是=？答案非常简单，应使用:=，对应示例代码如下所示。

```
i, k := 3, 4
j, k := 1, 2
```

由于变量 j 在第 2 条语句中首次使用，所以应使用:=，尽管 k 已经在第 1 条语句中被定义完毕。

尽管讨论这些无关紧要的事情似乎很无聊，但从长远角度来看，了解它们会使我们避免各种类型的错误。

1.11.2 从标准输入中读取

stdIN.go 文件展示了从标准输入中读取数据，该文件将被分为两部分内容加以讨论。stdIN.go 文件的第 1 部分内容如下所示。

```
package main

import (
    "bufio"
    "fmt"
    "os"
)
```

上述代码首次使用了 bufio 包。

提示：
关于 bufio 的更多内容，读者可参考第 8 章。

虽然 bufio 被广泛地用于文件输入和输出，但本书中也经常会看到 os 包的身影，其原因在于，os 包包含了许多方便的函数，其常见功能是提供一种 Go 程序的命令行参数的访问方式（os.Args）。

os 包的官方描述为，它提供了执行 OS 操作的相关函数，涉及文件的创建、删除、文件和目录的重命名、UNIX 权限的查找以及文件和目录的其他特征。os 包与平台无关，这也是 os 包的主要优点。简而言之，os 包的函数可工作于 UNIX 和 Microsoft Windows 机器上。

stdIN.go 文件的第 2 部分内容包含下列 Go 代码。

```
func main() {
    var f *os.File
    f = os.Stdin
    defer f.Close()

    scanner := bufio.NewScanner(f)
    for scanner.Scan() {
        fmt.Println(">", scanner.Text())
    }
}
```

在上述代码中，首先使用标准输入 os.Stdin 作为参数调用 bufio.NewScanner()，该调用将返回一个 bufio.Scanner 变量并用于 Scan() 函数中，进而实现逐行的 os.Stdin 读取操作。随后，被读取的每一行将在获取下一行之前输出至屏幕上。需要注意的是，程序输出的每一行均始于>字符。

执行 stdIN.go 文件将生成下列输出结果。

```
$ go run stdIN.go
This is number 21
> This is number 21
This is Mihalis
> This is Mihalis
Hello Go!
> Hello Go!
Press Control + D on a new line to end this program!
> Press Control + D on a new line to end this program!
```

根据 UNIX 方式，可按 Ctrl+D 快捷键终止从标准输入中的数据读取操作。

> 💡 **提示：**
> 当讨论 UNIX 管道时，stdIN.go 和 stdOUT.go 文件中的 Go 代码将十分有用，因而应引起足够的重视。关于 UNIX 管道，读者可参考第 8 章。

1.11.3 与命令行参数协同工作

本节主要讨论 cla.go 文件中的 Go 代码，相关内容将被分为 3 部分讲解。该程序主要计算命令行参数的最小和最大值。

cla.go 文件的第 1 部分内容如下所示。

```
package main

import (
    "fmt"
    "os"
    "strconv"
)
```

此处需要重点了解的是，获取命令行参数需要使用 os 包。除此之外，还需要使用另一个 strconv 包，进而将命令行参数（字符串）转换为算术数据类型。

cla.go 文件的第 2 部分内容如下所示。

```
func main() {
    if len(os.Args) == 1 {
        fmt.Println("Please give one or more floats.")
        os.Exit(1)
    }

    arguments := os.Args
    min, _ := strconv.ParseFloat(arguments[1], 64)
    max, _ := strconv.ParseFloat(arguments[1], 64)
```

这里，cla.go 文件通过检查 os.Args 查看是否包含命令行参数，其原因在于，程序至少需要一个命令行参数。需要注意的是，os.Args 是一个包含字符串值的 Go 切片。切片中的第 1 个元素为可执行程序的名称。因此，当初始化 min 和 max 变量时，需要使用字符串类型 os.Args 切片的第 2 个参数（索引值为 1）。

这里有一点十分重要，用户未必会提供我们期望的有效浮点数，无论是有意还是无意的。目前，我们还未曾讨论 Go 语言中的错误处理机制，cla.go 文件假定所有的命令行参数均具有正确的、可接收的格式。最终，cla.go 文件通过下列语句忽略 strconv.ParseFloat() 函数返回的 error 值。

```
n, _ := strconv.ParseFloat(arguments[i], 64)
```

上述语句通知 Go，仅需获取 strconv.ParseFloat() 函数返回的第 1 个值，且忽略第 2 个 error 变量值（即向其分配一个下画线字符）。这里，下画线字符（也称作空标识符）可视为 Go 语言丢弃某个值的方式。如果 Go 函数返回多个值，则可多次使用空标识符。

> **提示：**
> 忽略全部或部分 Go 函数的返回值，特别是 error 值，是一项十分危险的技术，应避免在产品级代码中予以使用。

cla.go 文件的第 3 部分 Go 代码如下所示。

```
    for i := 2; i < len(arguments); i++ {
        n, _ := strconv.ParseFloat(arguments[i], 64)

        if n < min {
            min = n
        }
        if n > max {
            max = n
        }
    }
```

```
        fmt.Println("Min:", min)
        fmt.Println("Max:", max)
}
```

此处使用了 for 循环访问 os.Args 切片中的全部元素(之前被赋予 arguments 变量)。执行 cla.go 文件将生成下列输出结果。

```
$ go run cla.go -10 0 1
Min: -10
Max: 1
$ go run cla.go -10
Min: -10
Max: -10
```

正如期望的那样,当接收错误的输入内容后,程序难以实现正常的操作。一种较差的情况是,当处理程序的命令行参数时,程序不输出告知用户的任何警告信息,如下所示。

```
$ go run cla.go a b c 10
Min: 0
Max: 10
```

1.12　错误的输出结果

本节讨论向 UNIX 标准错误(error)中发送数据,这也是区分实际值和错误输出的一种 UNIX 方式。

stdERR.go 文件展示了 Go 语言中标准错误的具体应用,该文件将被分为两部分内容加以讨论。由于标准错误的写入机制需要使用与其相关的文件描述符,因此 stdERR.go 文件中的 Go 代码将在 stdOUT.go 文件的基础上完成。

stdERR.go 文件的第 1 部分内容如下所示。

```
package main

import (
    "io"
    "os"
)
func main() {
    myString := ""
    arguments := os.Args
```

```
    if len(arguments) == 1 {
        myString = "Please give me one argument!"
    } else {
        myString = arguments[1]
    }
```

截至目前，stdERR.go 文件基本等同于 stdOUT.go 文件。

stdERR.go 文件的第 2 部分内容如下所示。

```
    io.WriteString(os.Stdout, "This is Standard output\n")
    io.WriteString(os.Stderr, myString)
    io.WriteString(os.Stderr, "\n")
}
```

此处调用 io.WriteString()两次以写入标准错误（os.Stderr）中，并再调用一次 io.WriteString()以写入标准输出（os.Stdout）中。

执行 stdERR.go 文件将得到下列输出结果。

```
$ go run stdERR.go
This is Standard output
Please give me one argument!
```

上述输出结果无法区分写入标准输出中的数据和写入标准错误中的数据，该操作有时十分有用。然而，如果使用 bash(1) Shell，则可通过相关技巧区分标准输出数据和标准错误数据。几乎所有的 UNIX Shell 均通过自身方式提供了这一功能。

当使用 bash(1)时，可将标准错误输出重定向至某个文件中，如下所示。

```
$ go run stdERR.go 2>/tmp/stdError
This is Standard output
$ cat /tmp/stdError
Please give me one argument!
```

💡 提示：

UNIX 程序或系统调用名称后的数字是指其页面所属的手册章节。虽然大多数名称仅可在手册页中找到一次（这意味着无须放置章节号），但也存在某些名称位于多个章节中，因为它们具有多种含义，如 crontab(1)和 crontab(5)。因此，当尝试检索包含多种含义的、某个名称的手册页而未指定其章节号时，将获得包含最小章节号的条目。

类似地，还可将错误输出重定向至/dev/null 设备上，进而丢弃错误输出，这类似于通知 UNIX 对其完全忽略。

```
$ go run stdERR.go 2>/dev/null
This is Standard output
```

上述两个示例将标准错误的文件描述符分别重定向至一个文件和/dev/null中。如果需要将标准输出和标准错误保存至同一个文件中，则可将标准错误（2）的描述符重定向至标准输出（1）的文件描述符中。下列命令显示了这一操作，该操作在UNIX系统中十分常见。

```
$ go run stdERR.go >/tmp/output 2>&1
$ cat /tmp/output
This is Standard output
Please give me one argument!
```

最后，可将标准输出和标准错误发送至/dev/null中，如下所示。

```
$ go run stdERR.go >/dev/null 2>&1
```

1.13 写入日志文件中

log包可将日志消息发送至UNIX机器的系统日志服务中；而syslog包则是log包的一部分内容，可定义Go程序使用的日志级别和日志工具。

通常情况下，UNIX操作系统的大多数日志文件均位于/var/log目录下。然而，许多常见服务的日志文件则根据其配置内容而存储，如Apache和Nginx。

一般来讲，与在屏幕上写入同一输出相比，采用日志文件写入一些信息可被视为一种较好的做法，其中包含两个原因：首先，输出内容一般被存储于文件中且不会丢失；其次，可利用UNIX工具处理日志文件，如grep(1)、awk(1)和sed(1)，而在消息输出至终端窗口后通常无法实现这一类操作。

log包定义了多个函数可将输出发送至UNIX机器的系统服务器上，相关函数包括log.Printf()、log.Print()、log.Println()、log.Fatalf()、log.Fatalln()、log.Panic()、log.Panicln()和log.Panicf()。

提示：

日志函数可非常方便地调试程序，特别是采用Go语言编写的服务器进程，因而应引起足够的重视。

1.13.1 日志级别

日志级别被定义为一个数值，该数值指定了日志项的严重程度。其中，日志项包含了不同的级别，如debug、info、notice、warning、err、crit、alert和emerg（严重程度逐级增加）。

1.13.2 日志工具

日志工具类似于日志信息的一个类别。日志工具值可以是 auth、authpriv、cron、daemon、kern、lpr、mail、mark、news、syslog、user、UUCP、local0、local1、local2、local3、local4、local5、local6 或 local7 之一，并定义于/etc/syslog.conf 文件、/etc/rsyslog.conf 文件或另一个相应的文件中（取决于 UNIX 机器上系统日志所用的服务器进程）。

这意味着，如果未定义日志工具并因此对其进行处理，那么向其中发送的日志消息可能会被忽略并因此而丢失。

1.13.3 日志服务器

UNIX 机器包含独立的服务器进程，负责接收日志数据并将其写入日志文件中。相应地，存在各种日志服务器并工作于 UNIX 机器上。然而，仅两种日志服务器可用于大多数 UNIX 版本中，即 syslogd(8)和 rsyslogd(8)。

在 macOS 机器上，对应的进程名称为 syslogd(8)。另外，大多数 Linux 机器则采用 rsyslogd(8)，这可视为 syslogd(8)（消息日志的原始 UNIX 系统实用工具）改进后的稳定版本。

除了所使用的 UNIX 版本和日志所用服务器进程名称有所不同之外，日志机制在每台 UNIX 机器上均以相同方式进行，因而不会影响所编写的 Go 代码。

rsyslogd(8)的配置文件通常命名为 rsyslog.conf 并位于/etc 下。rsyslog.conf 配置文件的内容（不包含注释行和以$开头的行）如下所示。

```
$ grep -v '^#' /etc/rsyslog.conf | grep -v '^$' | grep -v '^\$'
auth,authpriv.*                 /var/log/auth.log
*.*;auth,authpriv.none          -/var/log/syslog
daemon.*                        -/var/log/daemon.log
kern.*                          -/var/log/kern.log
lpr.*                           -/var/log/lpr.log
mail.*                          -/var/log/mail.log
user.*                          -/var/log/user.log
mail.info                       -/var/log/mail.info
mail.warn                       -/var/log/mail.warn
mail.err                        /var/log/mail.err
news.crit                       /var/log/news/news.crit
news.err                        /var/log/news/news.err
```

```
news.notice                          -/var/log/news/news.notice
*.=debug;\
    auth,authpriv.none;\
    news.none;mail.none              -/var/log/debug
*.=info;*.=notice;*.=warn;\
    auth,authpriv.none;\
    cron,daemon.none;\
    mail,news.none                   -/var/log/messages
*.emerg                       :omusrmsg:*
daemon.*;mail.*;\
    news.err;\
    *.=debug;*.=info;\
    *.=notice;*.=warn            |/dev/xconsole
local7.* /var/log/cisco.log
```

在将日志信息发送至/var/log/cisco.log 中时，需要使用 local7 日志工具。其中，工具名称后的星号通知日志服务器捕捉进入 local7 日志工具中的每个日志级别，并将其写入/var/log/cisco.log 中。

syslogd(8)服务器包含了类似的配置文件（通常为/etc/syslog.conf）。在 macOS High Sierra 上，/etc/syslog.conf 文件几乎不包含任何内容，并已被/etc/asl.conf 所替代。无论如何，/etc/syslog.conf、/etc/rsyslog.conf 和/etc/asl.conf 背后的逻辑内容是相同的。

1.13.4 将信息发送至日志文件的 Go 程序

logFiles.go 文件中的 Go 代码解释了写入系统日志文件中的 log 和 log/syslog 包的使用方式。logFiles.go 文件将被分为 3 部分内容加以介绍。

> 提示：
> log/syslog 包并未在 Go 语言的 Microsoft Windows 版本上实现。

logFiles.go 文件的第 1 部分内容如下所示。

```
package main

import (
    "fmt"
    "log"
    "log/syslog"
    "os"
    "path/filepath"
)
```

```
func main() {
    programName := filepath.Base(os.Args[0])
    sysLog, err := syslog.New(syslog.LOG_INFO|syslog.LOG_LOCAL7,
programName)
```

syslog.New()函数的第 1 个参数定义为优先权，即日志工具和日志级别的组合。因此，优先权 LOG_NOTICE | LOG_MAIL（参见前述示例）将把通知日志级别消息发送至 MALL 日志工具中。

最终，上述代码利用 info 日志级别将默认日志设置为 local7 日志工具。syslog.New() 函数的第 2 个参数表示作为消息发送器并在日志上显示的进程名称。一般来讲，较好的做法是使用可执行文件的真实名称，以便日后可方便地在日志文件中查找所需信息。

logFiles.go 文件的第 2 部分内容包含下列 Go 代码。

```
if err != nil {
    log.Fatal(err)
} else {
    log.SetOutput(sysLog)
}
log.Println("LOG_INFO + LOG_LOCAL7: Logging in Go!")
```

在对 syslog.New()函数的调用完毕后，还需要检查该函数返回的 error 变量以确保一切正常。若是（即 error 变量值等于 nil 时），则调用 log.SetOutput()函数设置默认日志记录器的输出目的地，在当前示例中为之前生成的日志记录器 sysLog。随后可使用 log.Println() 函数将信息发送至日志服务器上。

logFiles.go 文件的第 3 部分内容包含下列代码。

```
    sysLog, err = syslog.New(syslog.LOG_MAIL, "Some program!")
    if err != nil {
        log.Fatal(err)
    } else {
        log.SetOutput(sysLog)
    }

    log.Println("LOG_MAIL: Logging in Go!")
    fmt.Println("Will you see this?")
}
```

最后一部分内容表明，我们可多次修改程序中的日志配置内容，但仍可使用 fmt.Println()函数在屏幕上显示输出结果。

执行 logFiles.go 文件将在 Debian Linux 机器屏幕上生成下列输出结果。

```
$ go run logFiles.go
Broadcast message from systemd-journal@mail (Tue 2017-10-17 20:06:08
EEST):
logFiles[23688]: Some program![23688]: 2017/10/17 20:06:08 LOG_MAIL:
Logging in Go!
Message from syslogd@mail at Oct 17 20:06:08 ...
Some program![23688]: 2017/10/17 20:06:08 LOG_MAIL: Logging in Go!
Will you see this?
```

在 macOS High Sierra 机器上执行相同的 Go 代码将生成下列输出结果。

```
$ go run logFiles.go
Will you see this?
```

记住，大多数 UNIX 机器将日志信息存储于多处，本节所采用的 Debian Linux 机器也是如此。最终，logFiles.go 文件将其输出结果发送至多处，并可通过下列 Shell 命令予以验证。

```
$ grep LOG_MAIL /var/log/mail.log
Oct 17 20:06:08 mail Some program![23688]: 2017/10/17 20:06:08 LOG_MAIL:
Logging in Go!
$ grep LOG_LOCAL7 /var/log/cisco.log
Oct 17 20:06:08 mail logFiles[23688]: 2017/10/17 20:06:08 LOG_INFO +
LOG_LOCAL7: Logging in Go!
$ grep LOG_ /var/log/syslog
Oct 17 20:06:08 mail logFiles[23688]: 2017/10/17 20:06:08 LOG_INFO +
LOG_LOCAL7: Logging in Go!
Oct 17 20:06:08 mail Some program![23688]: 2017/10/17 20:06:08 LOG_MAIL:
Logging in Go!
```

上述输出结果表明，log.Println("LOG_INFO + LOG_LOCAL7: Logging in Go!")语句的消息分别被写入/var/log/cisco.log 和/var/log/syslog 中，而 log.Println("LOG_MAIL: Logging in Go!")语句的消息则被写入/var/log/syslog 和/var/log/mail.log 中。

注意，如果 UNIX 机器的日志服务器未被配置为捕获全部日志工具，那么发送至其中的某些日志项可能会在没有任何警告的情况下被丢弃。

1.13.5　log.Fatal()函数

本节将以实战方式考查 log.Fatal()函数。如果出现了异常情况并且希望在报告完毕后尽快退出程序，即可使用 log.Fatal()函数。

log.Fatal()函数定义于 logFatal.go 文件中，该文件包含了下列 Go 代码。

```go
package main

import (
    "fmt"
    "log"
    "log/syslog"
)

func main() {
    sysLog, err := syslog.New(syslog.LOG_ALERT|syslog.LOG_MAIL, "Some program!")
    if err != nil {
        log.Fatal(err)
    } else {
        log.SetOutput(sysLog)
    }

    log.Fatal(sysLog)
    fmt.Println("Will you see this?")
}
```

执行 log.Fatal()函数将生成下列输出结果。

```
$ go run logFatal.go
exit status 1
```

不难发现，log.Fatal()函数在 log.Fatal()调用点处终止了程序，这也是无法从 fmt.Println("Will you see this?")语句中看到输出结果的原因。

然而，由于 syslog.New()函数调用的参数，一个日志项被添加至与邮件相关的日志文件中，即/var/log/mail.log 文件。

```
$ grep "Some program" /var/log/mail.log
Jan 10 21:29:34 iMac Some program![7123]: 2019/01/10 21:29:34 &{17 Some program! iMac.local {0 0} 0xc00000c220}
```

1.13.6　log.Panic()函数

有些时候，我们希望得知与程序故障相关的尽可能详细的信息。

对此，可能会考虑使用 log.Panic()函数，即 logPanic.go 文件中 Go 代码所使用的日志函数。

logPanic.go 文件的 Go 代码如下所示。

```go
package main

import (
    "fmt"
    "log"
    "log/syslog"
)

func main() {
    sysLog, err := syslog.New(syslog.LOG_ALERT|syslog.LOG_MAIL, "Some program!")
    if err != nil {
        log.Fatal(err)
    } else {
        log.SetOutput(sysLog)
    }

    log.Panic(sysLog)
    fmt.Println("Will you see this?")
}
```

在 macOS Mojave 机器上执行 logPanic.go 文件将生成下列输出结果。

```
$ go run logPanic.go
panic: &{17 Some program! iMac.local {0 0} 0xc0000b21e0}
goroutine 1 [running]:
log.Panic(0xc00004ef68, 0x1, 0x1)
    /usr/local/Cellar/go/1.11.4/libexec/src/log/log.go:326 +0xc0
main.main()
    /Users/mtsouk/Desktop/mGo2nd/Mastering-Go-Second-Edition/ch01/logPanic.go:17 +0xd6
exit status 2
```

当采用 Go 1.3.3 在 Debian Linux 上运行同一程序时，将生成下列输出结果。

```
$ go run logPanic.go
panic: &{17 Some program! mail {0 0} 0xc2080400e0}
goroutine 16 [running]:
runtime.panic(0x4ec360, 0xc208000320)
    /usr/lib/go/src/pkg/runtime/panic.c:279 +0xf5
log.Panic(0xc208055f20, 0x1, 0x1)
```

```
        /usr/lib/go/src/pkg/log/log.go:307 +0xb6
main.main()
        /home/mtsouk/Desktop/masterGo/ch/ch1/code/logPanic.go:17 +0x169
goroutine 17 [runnable]:
runtime.MHeap_Scavenger()
        /usr/lib/go/src/pkg/runtime/mheap.c:507
runtime.goexit()
        /usr/lib/go/src/pkg/runtime/proc.c:1445
goroutine 18 [runnable]:
bgsweep()
        /usr/lib/go/src/pkg/runtime/mgc0.c:1976
runtime.goexit()
        /usr/lib/go/src/pkg/runtime/proc.c:1445
goroutine 19 [runnable]:
runfinq()
        /usr/lib/go/src/pkg/runtime/mgc0.c:2606
runtime.goexit()
        /usr/lib/go/src/pkg/runtime/proc.c:1445
exit status 2
```

log.Panic()函数的输出结果包含了额外的底层信息，且有助于解决 Go 代码中出现的某些问题。

类似于 log.Fatal()函数，log.Panic()函数将向相应的日志文件中添加一个日志项，并即刻终止 Go 程序。

1.13.7　写入自定义日志文件中

有些时候，我们仅需要在所选文件中写入日志数据，其中包含多种原因，如写入调试信息（在不干扰系统日志文件的前提下有时过于复杂）、使自己的日志数据独立于系统日志，进而将其传输或存储于数据库中，以及利用不同的格式存储数据。本节将介绍如何实现自定义日志文件的写入操作。

这里，Go 实用程序为 customLog.go 文件，而所用的日志文件为/tmp/mGo.log。
customLog.go 文件中的 Go 代码被分为 3 部分内容加以讨论。其中，第 1 部分内容如下所示。

```
package main

import (
    "fmt"
    "log"
```

```
    "os"
)

var LOGFILE = "/tmp/mGo.log"
```

这里，日志文件的路径通过名为 LOGFILE 的全局变量硬编码至 customLog.go 文件中。在本章中，该日志文件位于/tmp 目录中，对于数据存储来说，这并不是一个常见的位置。通常情况下，/tmp 目录在系统每次重启后为空。此时，这也使得我们无须使用根权限执行 customLog.go 文件，也无须将不必要的文件置于系统目录中。如果决定在真实的应用程序中使用 customLog.go 文件代码，应对路径进行适当的修改。

customLog.go 文件的第 2 部分内容如下所示。

```
func main() {
    f, err := os.OpenFile(LOGFILE, os.O_APPEND|os.O_CREATE|os.O_WRONLY, 0644)

    if err != nil {
        fmt.Println(err)
        return
    }
    defer f.Close()
```

这里通过 UNIX 文件权限（0644）和 os.OpenFile()函数创建了新的日志文件。
customLog.go 文件的第 3 部分内容如下所示。

```
    iLog := log.New(f, "customLogLineNumber ", log.LstdFlags)

    iLog.SetFlags(log.LstdFlags)
    iLog.Println("Hello there!")
    iLog.Println("Another log entry!")
}
```

当查看 log 包的文档页面（即 https://golang.org/pkg/log/）时，将会看到 SetFlags()函数可针对当前记录器设置输出标志（选项）。LstdFlags 定义的默认值是 Ldate 和 Ltime，这意味着，将在日志文件中写入的每个日志项中获取当前日期和时间。

执行 customLog.go 文件将生成不可见的输出结果。然而，执行两次该文件后，/tmp/mGo.log 的内容如下所示。

```
$ go run customLog.go
$ cat /tmp/mGo.log
customLog 2019/01/10 18:16:09 Hello there!
customLog 2019/01/10 18:16:09 Another log entry!
```

```
$ go run customLog.go
$ cat /tmp/mGo.log
customLog 2019/01/10 18:16:09 Hello there!
customLog 2019/01/10 18:16:09 Another log entry!
customLog 2019/01/10 18:16:17 Hello there!
customLog 2019/01/10 18:16:17 Another log entry!
```

1.13.8 在日志项中输出行号

本节将讨论如何利用 customLogLineNumber.go 文件输出源文件的行号，该文件所执行的相关语句将日志项写入日志文件中。customLogLineNumber.go 文件将被分为两部分内容加以讨论，该文件的第 1 部分内容如下所示。

```
package main

import (
    "fmt"
    "log"
    "os"
)

var LOGFILE = "/tmp/mGo.log"

func main() {
    f, err := os.OpenFile(LOGFILE, os.O_APPEND|os.O_CREATE|os.O_WRONLY, 0644)

    if err != nil {
        fmt.Println(err)
        return
    }
    defer f.Close()
```

截至目前，customLogLineNumber.go 文件中的代码与 customLog.go 文件中的代码相比并无特别之处。

customLogLineNumber.go 文件的第 2 部分内容如下所示。

```
    iLog := log.New(f, "customLogLineNumber ", log.LstdFlags)
    iLog.SetFlags(log.LstdFlags | log.Lshortfile)
    iLog.Println("Hello there!")
    iLog.Println("Another log entry!")
}
```

这里，关键之处在于 iLog.SetFlags(log.LstdFlags | log.Lshortfile)语句，除 log.LstdFlags 外，该语句还包含了 log.Lshortfile。第 2 个标志将添加完整的文件名，以及在日志项自身中输出日志项的 Go 语句行号。

执行 customLogLineNumber.go 文件将生成不可见的输出结果。然而，在执行两次 customLogLineNumber.go 文件之后，/tmp/mGo.log 日志文件的内容如下所示。

```
$ go run customLogLineNumber.go
$ cat /tmp/mGo.log
customLogLineNumber 2019/01/10 18:25:14 customLogLineNumber.go:26: Hello there!
customLogLineNumber 2019/01/10 18:25:14 customLogLineNumber.go:27: Another log entry!
$ go run customLogLineNumber.go
$ cat /tmp/mGo.log
customLogLineNumber 2019/01/10 18:25:14 customLogLineNumber.go:26: Hello there!
customLogLineNumber 2019/01/10 18:25:14 customLogLineNumber.go:27: Another log entry!
customLogLineNumber 2019/01/10 18:25:23 customLogLineNumber.go:26: Hello there!
customLogLineNumber 2019/01/10 18:25:23 customLogLineNumber.go:27: Another log entry!
```

不难发现，命令行实用程序使用较长的名称使得日志文件难以阅读。

> **提示：**
> 第 2 章将学习如何使用 defer 关键字，并采用更加优雅的方式输出 Go 函数的日志消息。

1.14 Go 语言中的错误处理机制

错误和错误处理机制是 Go 语言中两个非常重要的话题。Go 语言非常擅长处理错误消息，同时包含了一个独立的错误数据类型，即 error。这也表明，如果感觉 Go 语言尚不够完善，那么我们也可以创建自己的错误消息。

当开发自己的 Go 包时，很可能需要创建和处理自己的错误内容。

注意，持有一个错误条件仅是其一，而决定如何应对错误条件则是一项完全不同的操作。简而言之，并不是所有的条件均以同等方式被创建。这意味着，某些错误条件可能要求立即停止程序的执行过程，而其他错误情形则要求在继续执行程序的同时输出一条警告消息以供用户查看。这取决于开发人员利用常识确定如何处理程序获得的每项错误值。

💡 **提示：**

Go 语言中的错误不同于其他编程语言中的异常或错误，它们被定义为一个普通对象，并像其他值那样可以从函数或方法中返回。

1.14.1 错误数据类型

在许多情况下，当开发自己的 Go 应用程序时，我们可能需要处理新的错误情形。对此，error 数据类型可帮助我们定义自己的错误内容。

本节主要介绍如何创建自己的 error 变量。可以看到，为了创建一个新的 error 变量，需要调用 Go 语言 errors 标准包中的 New()函数。

这里所展示的 Go 示例代码位于 newError.go 文件中，该文件将被分为两部分内容加以讨论。newError.go 文件的第 1 部分内容如下所示。

```go
package main

import (
    "errors"
    "fmt"
)

func returnError(a, b int) error {
    if a == b {
        err := errors.New("Error in returnError() function!")
        return err
    } else {
        return nil
    }
}
```

在上述代码中，首先可以看到 Go 函数的定义（而非 main()函数）。这一新的本地函数的名称为 returnError()。除此之外，还可以看到一个实用函数 errors.New()，该函数接收一个字符串值作为参数。最后，如果不存在错误报告，则函数 returnError()返回 nil，否则返回 error 变量。

💡 **提示：**

第 6 章将介绍更多的 Go 函数类型。

newError.go 文件的第 2 部分内容如下所示。

```go
func main() {
    err := returnError(1, 2)
    if err == nil {
        fmt.Println("returnError() ended normally!")
    } else {
        fmt.Println(err)
    }

    err = returnError(10, 10)
    if err == nil {
        fmt.Println("returnError() ended normally!")
    } else {
        fmt.Println(err)
    }

    if err.Error() == "Error in returnError() function!" {
        fmt.Println("!!")
    }
}
```

如上述代码所示,大多数时候,我们需要检查 error 变量是否等于 nil,进而采取相关的操作。此外,代码还显示了 errors.Error()函数的应用,该函数将 error 变量转换为一个字符串变量,进而可比较 error 变量和字符串变量。

提示:
将错误消息发送至 UNIX 机器上的日志服务可被视为一种较好的做法,当 Go 程序是一个服务器或其他较为重要的程序时尤其重要。然而,本书代码并未遵循这一原则,进而防止采用不必要的数据填写日志文件。

执行 newError.go 文件将生成下列输出结果。

```
$ go run newError.go
returnError() ended normally!
Error in returnError() function!
!!
```

如果未将 error 变量转换为 string 变量,并尝试在 error 变量和 string 变量间进行比较,那么 Go 编译器将生成下列错误消息。

```
# command-line-arguments
./newError.go:33:9: invalid operation: err == "Error in returnError()
function!" (mismatched types error and string)
```

1.14.2 错误处理机制

错误处理机制是 Go 语言中一个非常重要的特性，几乎所有的 Go 函数都返回一个错误消息或 nil，这也是执行一个函数时是否存在错误条件的 Go 处理方式。或许读者已经厌倦了下列 Go 代码。

```
if err != nil {
    fmt.Println(err)
    os.Exit(10)
}
```

💡 **提示：**
读者不要将错误处理机制和输出错误结果混淆，因为二者完全不同。具体而言，前者需要处理解决错误条件的 Go 代码，后者则需要处理标准错误文件描述符的写入问题。

上述代码将生成的错误消息输出至屏幕上，并利用 os.Exit()函数退出程序。注意，还可通过 main()函数中的 return 关键字退出程序。一般来讲，从 main()以外的函数中调用 os.Exit()函数通常被视为一种不好的做法。main()以外的函数往往会在退出之前返回错误消息，而这一般由调用函数处理。

如果希望将错误消息发送至日志服务，而非屏幕中，则可对上述 Go 代码稍作调整，如下所示。

```
if err != nil {
    log.Println(err)
    os.Exit(10)
}
```

最后，当出现重大错误并希望退出当前程序时，还可对上述代码进行如下调整。

```
if err != nil {
    panic(err)
    os.Exit(10)
}
```

这里，panic()函数是一个 Go 语言内建函数，它可以立即终止程序的执行并启动对应的处理机制。若 panic()函数调用过于频繁，则需要重新审视 Go 代码的实现过程。相应地，人们通常会尽力防止出现重大事故，且更倾向于采用相应的错误处理机制。

在第 2 章中将会看到，Go 语言还提供了 recover()函数，以及 panic()函数和 recover()函数间的协同工作方式。

下面将要讨论的 Go 程序不仅处理标准 Go 函数生成的错误消息，而且还定义了自身的错误消息。该程序的名称为 errors.go 文件，该文件将被分为 5 部分内容加以介绍。可以看到，通过检查命令行参数是否为可接收的浮点数，errors.go 实用程序尝试对 cla.go 程序的功能加以改进。

errors.go 文件的第 1 部分内容如下所示。

```go
package main

import (
    "errors"
    "fmt"
    "os"
    "strconv"
)
```

这一部分内容包含了应有的 import 语句。

errors.go 文件的第 2 部分内容包含了下列 Go 代码。

```go
func main() {
    if len(os.Args) == 1 {
        fmt.Println("Please give one or more floats.")
        os.Exit(1)
    }

    arguments := os.Args
    var err error = errors.New("An error")
    k := 1
    var n float64
```

此处创建了一个名为 err 的新 error 变量，以便利用自定义值初始化该变量。

errors.go 文件的第 3 部分内容如下所示。

```go
for err != nil {
    if k >= len(arguments) {
        fmt.Println("None of the arguments is a float!")
        return
    }
    n, err = strconv.ParseFloat(arguments[k], 64)
    k++
}

min, max := n, n
```

上述代码也是程序中最具技巧性的一部分内容。如果第 1 个命令行参数并不是适宜的浮点数,那么还需要继续检查下一个参数,该过程持续进行,直至获取正确的命令行参数。如果命令行参数不存在正确的格式,那么 errors.go 程序将终止并在屏幕上输出一条消息。全部检测机制体现为,检查 strconv.ParseFloat()返回的 error 值;而所有这些代码仅是为了 min 和 max 变量的正确初始化。

errors.go 文件的第 4 部分内容包含下列 Go 代码。

```
for i := 2; i < len(arguments); i++ {
    n, err := strconv.ParseFloat(arguments[i], 64)
    if err == nil {
    if n < min {
        min = n
    }
    if n > max {
        max = n
    }
    }
}
```

这里仅处理了全部正确的命令行参数,进而获取其中的最小和最大浮点值。

errors.go 文件的第 5 部分内容处理 min 和 max 变量的当前值输出问题,如下所示。

```
    fmt.Println("Min:", min)
    fmt.Println("Max:", max)
}
```

在 errors.go 文件的 Go 代码中可以看到,与程序的实际功能相比,大多数代码与错误处理机制相关。然而,大多数用 Go 语言开发的现代软件以及大多数其他编程语言都是如此。

当执行 errors.go 文件时,可以看到以下类型的输出结果。

```
$ go run errors.go a b c
None of the arguments is a float!
$ go run errors.go b c 1 2 3 c -1 100 -200 a
Min: -200
Max: 100
```

1.15　使用 Docker

本章将学习如何使用 Docker 镜像,并于其中编译和执行 Go 代码。

或许读者已有所了解,Docker 中的一切事物均始于一个 Docker 镜像。相应地,我们可从头开始构建自己的 Docker 镜像,或者始于一个现有的 Docker 镜像。对此,可从 Docker Hub 处下载 Docker 基础镜像,进而在该 Docker 镜像中构建 Hello World!程序的 Go 语言版本。

Dockerfile 的内容如下所示。

```
FROM golang:alpine

RUN mkdir /files
COPY hw.go /files
WORKDIR /files
RUN go build -o /files/hw hw.go
ENTRYPOINT ["/files/hw"]
```

第 1 行代码定义了将要使用的 Docker 镜像。其余的 3 个命令则分别在 Docker 镜像中创建一个新目录、将当前用户目录中的文件(hw.go)复制至 Docker 镜像中、修改 Docker 镜像的当前工作目录。另外,最后两个命令还将从 Go 源文件中生成一个二进制可执行文件,并在运行 Docker 镜像时指定将要执行的二进制文件的路径。

接下来的问题是,如何使用 Dockerfile?如果名为 hw.go 的文件已存在于当前工作目录中,则可按照下列方式构建新的 Docker 镜像。

```
$ docker build -t go_hw:v1 .
Sending build context to Docker daemon 2.237MB
Step 1/6 : FROM golang:alpine
alpine: Pulling from library/golang
cd784148e348: Pull complete
7e273b0dfc44: Pull complete
952c3806fd1a: Pull complete
ee1f873f86f9: Pull complete
7172cd197d12: Pull complete
Digest: sha256:198cb8c94b9ee6941ce6d58f29aadb855f64600918ce602cdeacb018ad77d647
Status: Downloaded newer image for golang:alpine
 ---> f56365ec0638
Step 2/6 : RUN mkdir /files
 ---> Running in 18fa7784d82c
Removing intermediate container 18fa7784d82c
 ---> 9360e95d7cb4
Step 3/6 : COPY hw.go /files
 ---> 680517bc4aa3
```

```
Step 4/6 : WORKDIR /files
 ---> Running in f3f678fcc38d
Removing intermediate container f3f678fcc38d
 ---> 640117aea82f
Step 5/6 : RUN go build -o /files/hw hw.go
 ---> Running in 271cae1fa7f9
Removing intermediate container 271cae1fa7f9
 ---> dc7852b6aeeb
Step 6/6 : ENTRYPOINT ["/files/hw"]
 ---> Running in cdadf286f025
Removing intermediate container cdadf286f025
 ---> 9bec016712c4
Successfully built 9bec016712c4
Successfully tagged go_hw:v1
```

这里，新创建的 Docker 镜像名称为 go_hw:v1。

如果 golang:alpine Docker 镜像已存在于当前的计算机上，那么上述命令的输出结果如下所示。

```
$ docker build -t go_hw:v1 .
Sending build context to Docker daemon 2.237MB
Step 1/6 : FROM golang:alpine
 ---> f56365ec0638
Step 2/6 : RUN mkdir /files
 ---> Running in 982e6883bb13
Removing intermediate container 982e6883bb13
 ---> 0632577d852c
Step 3/6 : COPY hw.go /files
 ---> 68a0feb2e7dc
Step 4/6 : WORKDIR /files
 ---> Running in d7d4d0c846c2
Removing intermediate container d7d4d0c846c2
 ---> 6597a7cb3882
Step 5/6 : RUN go build -o /files/hw hw.go
 ---> Running in 324400d532e0
Removing intermediate container 324400d532e0
 ---> 5496dd3d09d1
Step 6/6 : ENTRYPOINT ["/files/hw"]
 ---> Running in bbd24840d6d4
    Removing intermediate container bbd24840d6d4
 ---> 5a0d2473aa96
```

```
Successfully built 5a0d2473aa96
Successfully tagged go_hw:v1
```

另外，可通过下列方式验证 go_hw:v1 Docker 镜像是否存在于当前的机器上。

```
$ docker images
REPOSITORY       TAG        IMAGE ID         CREATED              SIZE
go_hw            v1         9bec016712c4     About a minute ago   312MB
golang           alpine     f56365ec0638     11 days ago          310MB
```

hw.go 文件的内容如下所示。

```
package main

import (
    "fmt"
)
func main() {
    fmt.Println("Hello World!")
}
```

我们可以按照下列方式使用本地计算机上的 Docker 镜像。

```
$ docker run go_hw:v1
Hello World!
```

除此之外，还存在一些其他较为复杂的方式来执行 Docker 镜像，但对于此类本地 Docker 镜像，这也是一种最为简单的使用方式。

如果愿意的话，还可以在互联网上的 Docker 注册表中存储（push）一个 Docker 镜像，以便以后可以从那里对其进行检索（pull）。

Docker Hub 即是这样一个地方，读者可方便地创建一个免费的 Docker Hub 账户。因此，在创建了 Docker Hub 账户后，可以在 UNIX 机器上执行下列命令，并将相关镜像存储至 Docker Hub 上。

```
$ docker login
Authenticating with existing credentials...
Login Succeeded
$ docker tag go_hw:v1 "mactsouk/go_hw:v1"
$ docker push "mactsouk/go_hw:v1"
The push refers to repository [docker.io/mactsouk/go_hw]
bdb6946938e3: Pushed
99e21c42e35d: Pushed
0257968d27b2: Pushed
```

```
e121936484eb: Pushed
61b145086eb8: Pushed
789935042c6f: Pushed
b14874cfef59: Pushed
7bff100f35cb: Pushed
v1: digest:
sha256:c179d5d48a51b74b0883e582d53bf861c6884743eb51d9b77855949b5d91dd
e1 size: 1988
```

其中,第 1 条命令是登录 Docker Hub,且该命令仅可被执行一次。docker tag 命令用于指定本地镜像在 Docker Hub 上的名称,并且应该在 docker push 命令之前执行。最后一条命令将所需 Docker 镜像发送至 Docker Hub 中,因而生成了较为丰富的输出内容。如果令 Docker 镜像公开,那么任何人都可检索并使用该镜像。

另外,我们还可通过多种方式从本地 UNIX 机器上删除一个或多个 Docker 镜像,其中一种方式是使用 Docker 镜像的 IMAGE ID,如下所示。

```
$ docker rmi 5a0d2473aa96 f56365ec0638
Untagged: go_hw:v1
Deleted:
sha256:5a0d2473aa96bcdafbef92751a0e1c1bf146848966c8c971f462eb1eb242d2a6
Deleted:
sha256:5496dd3d09d13c63bf7a9ac52b90bb812690cdfd33cfc3340509f9bfe6215c48
Deleted:
sha256:598c4e474b123eccb84f41620d2568665b88a8f176a21342030917576b9d82a8
Deleted:
sha256:6597a7cb3882b73855d12111787bd956a9ec3abb11d9915d32f2bba4d0e92ec6
Deleted:
sha256:68a0feb2e7dc5a139eaa7ca04e54c20e34b7d06df30bcd4934ad6511361f2cb8
Deleted:
sha256:c04452ea9f45d85a999bdc54b55ca75b6b196320c021d777ec1f766d115aa514
Deleted:
sha256:0632577d852c4f9b66c0eff2481ba06c49437e447761d655073eb034fa0ac333
Deleted:
sha256:52efd0fa2950c8f3c3e2e44fbc4eb076c92c0f85fff46a07e060f5974c1007a9
Untagged: golang:alpine
Untagged:
golang@sha256:198cb8c94b9ee6941ce6d58f29aadb855f64600918ce602cdeacb018a
d77d647
Deleted:
sha256:f56365ec0638b16b752af4bf17e6098f2fda027f8a71886d6849342266cc3ab7
Deleted:
sha256:d6a4b196ed79e7ff124b547431f77e92dce9650037e76da294b3b3aded709bdd
```

```
Deleted:
sha256:f509ec77b9b2390c745afd76cd8dd86977c86e9ff377d5663b42b664357c3522
Deleted:
sha256:1ee98fa99e925362ef980e651c5a685ad04cef41dd80df9be59f158cf9e52951
Deleted:
sha256:78c8e55f8cb4c661582af874153f88c2587a034ee32d21cb57ac1fef51c6109e
Deleted:
sha256:7bff100f35cb359a368537bb07829b055fe8e0b1cb01085a3a628ae9c187c7b8
```

> **提示：**
> Docker 是一个巨大且十分重要的主题，本书多个章节均会涉及这一主题。

1.16 练习和链接

- Go 语言网站：https://golang.org/。
- Docker 网站：https://www.docker.com/。
- Docker Hub 网站：https://hub.docker.com/。
- Go 2 Draft Designs：https://blog.golang.org/go2draft。
- 浏览 Go 语言文档：https://golang.org/doc。
- log 包文档：https://golang.org/pkg/log/。
- log/syslog 包文档：https://golang.org/pkg/log/syslog/。
- os 包文档：https://golang.org/pkg/os/。
- https://golang.org/cmd/gofmt/是 gofmt 工具的文档页面，用于格式化 Go 代码。
- 尝试编一个 Go 程序，并计算命令行参数（有效数字）之和。
- 编写一个程序，计算浮点数的平均值，对应的浮点数作为命令行参数给出。
- 编写一个 Go 程序并持续读取整数，直至遇到输入的单词 END。
- 试调整 customLog.go 文件，并将其日志数据同时写入两个日志文件中（某些内容可能需要参考第 8 章）。
- 当在 Mac 机器上工作时，可访问 http://macromates.com 查看 TextMate 编辑器；或者访问 https://www.barebones.com/products/bbedit 查看 BBEdit 编辑器。
- 访问 https://golang.org/pkg/fmt 查看 fmt 包的文档页面，并学习与动词和函数相关的更多内容。
- 访问 https://blog.golang.org/why-generics 学习与 Go 语言和泛型相关的更多内容。

1.17 本章小结

本章讨论了许多有趣的 Go 语言话题，包括编译 Go 代码，处理 Go 语言中标准输入、标准输出和标准错误，处理命令行参数，屏幕输出，使用 UNIX 系统的日志服务、错误处理机制以及与 Go 语言相关的一些综合信息。将所有这些话题均可视为与 Go 语言相关的基本内容。

第 2 章将讨论与 Go 语言相关的内部机制，包括 Go 编译器、垃圾收集、从 Go 语言中调用 C 代码、defer 关键字、panic()函数、recover()函数、Go 汇编器和 WebAssembly。

第 2 章 理解 Go 语言的内部机制

第 1 章所学习的 Go 语言特性十分有用并会贯穿于本书的全部内容。然而，我们仍需要进一步理解后台运行机制，以及 Go 语言幕后的操作方式。

本章将学习 Go 语言的垃圾收集机制及其工作方式。除此之外，我们还将介绍如何从 Go 程序中调用 C 代码，这在某些场合下十分必要。由于 Go 语言是一种功能强大的编程语言，因此这一情况并不多见。

除此之外，我们还将学习如何从 C 程序中调用 Go 代码，以及如何使用 panic()函数、recover()函数和 defer 关键字。

本章主要涉及以下主题。

- Go 编译器。
- Go 语言中垃圾收集器的工作方式。
- 如何检测垃圾收集器的操作。
- unsafe 包。
- 从 Go 程序中调用 C 代码。
- 从 C 程序中调用 Go 函数。
- 简单但具有一定技巧性的关键字 defer。
- panic()和 recover()函数。
- strace(1) Linux 实用程序。
- FreeBSD 系统（包括 macOS Mojave）中的 dtrace(1)实用程序。
- 查找 Go 环境信息。
- Go 汇编器。
- Go 语言创建的节点树。
- Go 创建的 WebAssembly 代码。

2.1 Go 编译器

Go 编译器借助于工具 go 执行，与仅生成可执行文件相比，Go 编译器完成了大量的工作。

> 💡 **提示：**
> 本节中使用的 unsafe.go 文件不包含任何代码——相关命令可工作于任何有效的 Go 源文件上。

我们可利用 go tool compile 命令编译 Go 源文件，将得到一个对象文件，该文件包含了.go 扩展名。下列内容显示了 macOS Mojave 机器上的输出结果。

```
$ go tool compile unsafe.go
$ ls -l unsafe.o
-rw-r--r-- 1 mtsouk staff 6926 Jan 22 21:39 unsafe.o
$ file unsafe.o
unsafe.o: current ar archive
```

对象文件包含了对象代码，即大多数时候无法直接执行的浮动（relocatable）格式的机器码。浮动格式最大的优点是在链接阶段占用较少的内存空间。

在执行 go tool compile 时使用-pack 命令行标志将会得到归档文件，而非对象文件，如下所示。

```
$ go tool compile -pack unsafe.go
$ ls -l unsafe.a
-rw-r--r-- 1 mtsouk staff 6926 Jan 22 21:40 unsafe.a
$ file unsafe.a
unsafe.a: current ar archive
```

归档文件是一个包含了一个或多个文件的二进制文件，并主要用于将多个文件分组为单一文件。ar 即是 Go 语言所使用的归档文件格式之一。

我们可列出.a 归档文件的具体内容，如下所示。

```
$ ar t unsafe.a
__.PKGDEF
_go_.o
```

go tool compile 命令的另一个有用的命令行标志是-race，该标志用于检测竞争条件。关于竞争条件以及为何要防止竞争条件出现，读者可参考第 10 章。

在本章结尾讨论汇编语言和节点树时，读者还将看到 go tool compile 命令的更多应用。然而，对于测试人员，可尝试执行下列命令。

```
$ go tool compile -S unsafe.go
```

上述命令将生成大量难以理解的输出结果，这意味着，在隐藏不必要的复杂度方面，Go 语言做得十分出色。

2.2 垃圾收集

垃圾收集是指释放不再使用的内存空间的过程。换而言之，垃圾收集器查看哪一个对象位于范围之外且不再被引用，进而释放所占用的内存空间。该过程在 Go 程序运行时以并行方式出现，而不是在程序执行之前或之后。Go 垃圾收集器实现文档中描述：

"GC 与独享线程并发运行且类型准确（也称作精确），并允许多个 GC 线程并行运行。这是一个使用写屏障的并发型标记和清除过程，同时具有不分代和非压缩特性。通常情况下，分配过程则是通过大小隔离的、每 P 个分配区域完成的以最小化碎片（同时消除锁）。"

可以看到，其中包含了一些专业术语，稍后将对此加以解释，这里首先展示一种方法，以查看垃圾收集过程的某些参数。

然而，Go 标准库提供了相关函数，以使我们了解垃圾收集器的操作方式，以及与垃圾收集器幕后工作方式相关的更多内容。相关代码位于 gColl.go 文件中。下面将分为 3 部分讨论该文件。

gColl.go 文件的第 1 部分内容如下所示。

```
package main

import (
    "fmt"
    "runtime"
    "time"
)

func printStats(mem runtime.MemStats) {
    runtime.ReadMemStats(&mem)
    fmt.Println("mem.Alloc:", mem.Alloc)
    fmt.Println("mem.TotalAlloc:", mem.TotalAlloc)
    fmt.Println("mem.HeapAlloc:", mem.HeapAlloc)
    fmt.Println("mem.NumGC:", mem.NumGC)
    fmt.Println("-----")
}
```

注意，每次需要获取最新的垃圾收集统计信息时，可以调用 runtime.ReadMemStats()

函数。这里，printStats()函数的目的在于避免编写相同的代码。

gColl.go 文件的第 2 部分内容如下所示。

```
func main() {
    var mem runtime.MemStats
    printStats(mem)

    for i := 0; i < 10; i++ {
        s := make([]byte, 50000000)
        if s == nil {
            fmt.Println("Operation failed!")
        }
    }
    printStats(mem)
```

其间，for 循环生成多个较大的 Go 切片，进而分配较大的内存空间以触发垃圾收集器。

gColl.go 文件的第 3 部分内容利用 Go 切片执行多项内存分配任务，该部分内容如下所示。

```
    for i := 0; i < 10; i++ {
        s := make([]byte, 100000000)
        if s == nil {
            fmt.Println("Operation failed!")
        }
        time.Sleep(5 * time.Second)
    }
    printStats(mem)
}
```

在 macOS Mojave 机器上，gColl.go 文件的输出结果如下所示。

```
$ go run gColl.go
mem.Alloc: 66024
mem.TotalAlloc: 66024
mem.HeapAlloc: 66024
mem.NumGC: 0
-----
mem.Alloc: 50078496
mem.TotalAlloc: 500117056
mem.HeapAlloc: 50078496
mem.NumGC: 10
-----
mem.Alloc: 76712
```

```
mem.TotalAlloc: 1500199904
mem.HeapAlloc: 76712
mem.NumGC: 20
-----
```

虽然我们不会一直查看 Go 垃圾收集器的工作过程，但从长远角度来看，能够观察垃圾收集器在慢速应用程序上的运行方式可以节省大量的时间。相信我，花费一些时间整体学习垃圾收集方面的知识（特别是 Go 垃圾收集器的工作方式）是值得的。

关于 Go 垃圾收集器的运行方式，存在相关技巧可获取更加详细的输出结果，这在下列命令中说明。

```
$ GODEBUG=gctrace=1 go run gColl.go
```

因此，如果将 GODEBUG=gctrace=1 置于 go run 之前，Go 将输出与垃圾收集器操作相关的分析数据，该数据格式如下所示。

```
gc 4 @0.025s 0%: 0.002+0.065+0.018 ms clock,
 0.021+0.040/0.057/0.003+0.14 ms cpu, 47->47->0 MB, 48 MB goal, 8 P
gc 17 @30.103s 0%: 0.004+0.080+0.019 ms clock,
 0.033+0/0.076/0.071+0.15 ms cpu, 95->95->0 MB, 96 MB goal, 8 P
```

上述输出结果显示了垃圾收集处理期间与堆相关的详细信息。这里，以 47->47->0 MB 这 3 个值作为示例，其中，第 1 个值表示垃圾收集器准备运行时的堆尺寸；第 2 个值表示垃圾收集器结束运行时的堆尺寸；第 3 个值表示活动堆的尺寸。

2.2.1 三色算法

垃圾收集器的运行基于三色算法。

> **提示：**
> 三色算法并非语言所独有，该算法也用于其他编程语言中。

严格来讲，Go 语言所采用的算法其官方名称为三色标记-消除算法，通过并发方式与程序协同工作并使用写屏障。这意味着，当 Go 程序运行时，Go 调度器负责应用程序和垃圾收集器的调用。就好像 Go 调度器需要处理一个包含多个协程的常规应用程序。关于协程和 Go 调度器，读者可参考第 9 章。

该算法背后的核心思想源自 Edsger W. Dijkstra、Leslie Lamport、A. J. Martin 和 C. S. Scholten 和 E. F. M. Steffens，并在一篇名为 *Onthe-Fly Garbage Collection: An Exercise in Cooperation* 的论文中首先提出了这一思想。

三色标记-清除算法背后的主要原理是，根据算法分配的颜色将堆对象分为 3 个不同的集合。每个颜色集合的具体含义可描述为，黑色集合中的对象确保不包含指向白色集合中的任何对象的指针。

然而，白色集合中的对象可包含指向黑色集合中的对象的指针，因为这不会对垃圾收集器带来任何影响。灰色集合中的对象可能包含指向白色集合中某些对象的指针。最后，白色集合中的对象表示为垃圾收集的候选者。

注意，不存在相应的对象可以从黑色集合直接进入白色集合中，这将使得算法经操作后可清除白色集合中的对象。此外，黑色集合中的对象也无法直接指向白色集合中的某个对象。

因此，当垃圾收集启动时，全部对象均为白色，垃圾收集器访问所有的根对象，并将其设置为灰色。这里，根对象表示为可被应用程序直接访问的对象，包括全局变量和栈中的其他内容。这些对象大多数依赖于特定程序的 Go 代码。

随后，垃圾收集器选取灰色对象，并将其设置为黑色，同时开始查看该对象是否包含指向白色集合中的其他对象的指针。这意味着，当一个灰色对象被扫描为指向其他对象的指针时，该对象将被设置为黑色。如果扫描过程发现，该特定对象包含一个或多个指向某个白色对象的指针时，则将这一白色对象置于灰色集合中。只要灰色集合中仍存在对象，这一过程将持续进行。随后，白色集合中的对象将是不可被访问的，其内存空间可被复用。此时，白色集合中的元素即被称作已被垃圾收集。

💡 **提示：**

如果灰色集合中的某个对象在垃圾收集循环中的某点处变得不可被访问，那么在当前垃圾收集循环中将不会被收集，转而在下一个垃圾收集循环中被收集。虽然这并非是最理想的状况，但也不至于特别糟糕。

在上述过程中，运行中的应用程序被称作独享线程，同时运行一个名为写屏障的小型函数，并在每次堆中指针被更改时予以执行。这也表明，相关对象是可访问的，写屏障将其设置为灰色并将其置于灰色集合中。

💡 **提示：**

独享线程负责实现某种不变性，也就是说，黑色集合中的元素不包含指向白色集合中的元素的指针，该过程借助于写屏障函数得以实现；若无法实现这一不变性将会破坏垃圾收集处理，同时很可能导致程序意外地遭受较为严重的崩溃现象。

最终，堆显示为一个连接对象图，如图 2.1 所示。其中描述了垃圾收集循环中的单一阶段。

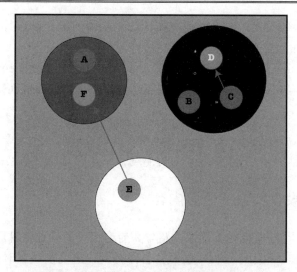

图 2.1　Go 垃圾收集器将程序堆表示为图

因此，算法中存在 3 种颜色，即黑色、白色和灰色。当算法启动时，全部对象均为白色。在算法持续过程中，白色对象被移至其他两个集合的一个集合中。剩余在白色集合中的对象表示为将在某点被着色的对象。

在图 2.1 中可以看到，当对象 E（位于白色集合中）可访问对象 F 时，该对象无法被其他对象所访问，因为不存在指向对象 E 的其他对象，这使得对象 E 成为垃圾收集的最佳候选对象。除此之外，对象 A、B、C 为根对象且可被访问，因而无法被垃圾收集。

我们是否能够猜测到下一步将要发生什么？不难发现，算法将处理灰色集合中的剩余元素，这意味着，对象 A 和 F 将进入黑色集合中。这里，对象 A 进入黑色集合中的原因在于，该对象为根元素；对象 F 进入黑色集合中的原因在于，该对象身处灰色集合中时未指向其他对象。

在对象 A 被垃圾收集后，对象 F 变为不可访问，并在垃圾收集器的下一个循环中将被收集，其原因在于，一个无法被访问的对象在垃圾收集器循环的下一次迭代过程中无法变为可访问的对象。

垃圾收集也适用于通道（channel）这一类变量上。当垃圾收集器发现某个通道不可被访问（即通道变量无法再被访问）时，则会释放其资源，即使该通道未被关闭。关于通道的更多内容，读者可参考第 9 章。

通过在 Go 代码中设置 runtime.GC() 语句，Go 语言支持手动方式的垃圾收集初始化操作。记住，runtime.GC() 函数将阻塞调用者，进而阻塞整个程序，尤其是运行一个包含多个对象且非常繁忙的 Go 程序时。出现这种情况主要是因为，当其他事物快速变化时，我们无法执行垃圾收集，此时垃圾收集器无法获得任何机会以清楚地识别白色、黑色和灰色集合中的成员。这种垃圾收集状态也被称作垃圾收集安全点。

读者可访问 https://github.com/golang/go/blob/master/src/runtime/mgc.go 查看与垃圾收集器相关的更加高级、详细的代码。如果愿意的话，读者甚至还可对代码进行修改。

> **提示：**
> 一直以来，Go 垃圾收集器仍处于改进中，并通过降低 3 个集合数据上的扫描次数来提升执行速度。然而，无论优化方式如何变化，算法背后的整体思想仍然保持一致。

2.2.2 Go 垃圾收集器的更多内容

本节主要介绍 Go 垃圾收集器，以及与其活动相关的额外信息。Go 垃圾收集器的主要关注点是低延迟，即运行过程中的短暂暂停行为，进而实现实时操作。另外，程序将创建新的对象，并通过指针操控现有的对象。该过程可能会产生无法访问的对象，因为不存在指向此类对象的指针。这些对象随后被视为垃圾，并等待垃圾收集器进行清除，从而释放其内存空间。接下来，释放后的内存空间可供再次使用。

标记-清除算法是一类最简单的算法，该算法将停止程序的运行（卡顿垃圾收集器），进而访问程序堆中所有可访问的对象，并对其进行标记，随后将清除这些不可访问的对象。在算法的标记阶段，每个对象被标记为白色、灰色或黑色。相应地，灰色对象的子对象被着色为灰色，而原始灰色对象当前被着色为黑色。当检测到不存在灰色对象时，即启动清除阶段。该技术可正常工作，因为黑色集合和白色集合之间不存在任何指针，这即是算法最基本的不变性规则。

虽然标记-清除算法较为简单，但在运行过程中会挂起程序的执行过程，从而增加了延迟时间。通过将垃圾收集器作为并发进程执行，以及前述三色算法，Go 语言尝试降低这种延迟。然而，在垃圾收集器以并发方式运行时，其他进程可能会移动指针或创建新对象，从而进一步增加了垃圾收集器的复杂程度。最终，允许三色算法以并发方式执行的时间点在于保持标记-清除算法的基本不变性。也就是说，在黑色集合中，不存在对象可指向白色集合中的对象。

这一问题的解决方案是修复导致算法问题的各种情形。因此，新对象必须进入灰色集合，通过这种方式，标记-清除算法的基本不变性将保持不变（也就是说，无法被修改）。除此之外，当程序的指针被移动时，可将该指针指向的对象设置为灰色。灰色对象类似于白色集合和黑色集合之间的屏障。最终，每次移动指针时，将会自动执行某些代码，即之前介绍的执行重新着色的写入屏障。执行写入屏障代码所导致的延迟可被视为并行方式运行垃圾收集器所付出的主要代价。

注意，Java 编程语言包含多个垃圾收集器，并借助于多个参数进行配置，这些 Java 垃圾收集器之一被称为 G1，它被建议用于低延迟应用程序。

💡 **提示：**

记住，Go 垃圾收集器是一个实时垃圾收集器，并与 Go 程序的其他协程并发运行，且仅对低延迟问题进行优化。

第 11 章将学习如何以图形方式表达程序的性能，其中也涵盖了与 Go 垃圾收集器运行相关的信息。

2.2.3 映射、切片和 Go 垃圾收集器

本节通过一些示例讨论与垃圾收集器运行相关的重要问题，进而阐述指针的存储方式对垃圾收集器性能所产生的重大影响，尤其当处理较大的数据量时。

💡 **提示：**

本节示例将使用指针、切片和映射，这些都是 Go 语言中的本地数据类型。关于指针、切片和映射的详细信息，读者可参考第 3 章。

1. 使用切片

本节示例使用切片存储大量的数据结构。其中，每个数据结构存储了两个整数值。sliceGC.go 文件中的 Go 代码如下所示。

```
package main

import (
    "runtime"
)

type data struct {
    i, j int
}

func main() {
    var N = 40000000
    var structure []data
    for i := 0; i < N; i++ {
        value := int(i)
        structure = append(structure, data{value, value})
```

```
    }
    runtime.GC()
    _ = structure[0]
}
```

其中,最后一条语句(_ = structure[0])用于复制垃圾收集器过早地对 structure 变量进行垃圾收集,因为该变量在 for 循环外不再被引用或使用。相同技术也适用于后续的 3 个 Go 程序。除了这一重要的细节之外,for 循环还用于将全部数值置于存储于切片的结构中。

2. 使用包含指针的映射

本节将使用映射将所有的指针存储为整数值。对应程序名称为 mapStar.go 文件,该文件包含了下列 Go 代码。

```
package main

import (
    "runtime"
)

func main() {
    var N = 40000000
    myMap := make(map[int]*int)
    for i := 0; i < N; i++ {
        value := int(i)
        myMap[value] = &value
    }
    runtime.GC()
    _ = myMap[0]
}
```

这里,存储整数指针的映射名称是 myMap。for 循环用于将整数值存储于该映射中。

3. 使用不包含指针的映射

本节将使用无指针情况下的存储数值的映射。mapNoStar.go 文件中的 Go 代码如下所示。

```
package main

import (
    "runtime"
```

```
)
func main() {
    var N = 40000000
    myMap := make(map[int]int)
    for i := 0; i < N; i++ {
        value := int(i)
        myMap[value] = value
    }
    runtime.GC()
    _ = myMap[0]
}
```

如前所述，for 循环用于将整数值置于映射中。

4．划分映射

本节将实现如何将映射划分为多个映射的映射，这也被称为分片（sharding）。对应程序被保存在 mapSplit.go 文件中，该文件将被分为两部分内容加以讨论。mapSplit.go 文件的第 1 部分内容如下列 Go 代码所示。

```
package main

import (
    "runtime"
)

func main() {
    var N = 40000000
    split := make([]map[int]int, 200)
```

这也是哈希散列定义之处。

mapSplit.go 文件的第 2 部分内容包含了下列 Go 代码所示。

```
    for i := range split {
    split[i] = make(map[int]int)
    }
    for i := 0; i < N; i++ {
        value := int(i)
        split[i%200][value] = value
    }
    runtime.GC()
    _ = split[0][0]
}
```

此处，我们使用了两个 for 循环。第 1 个 for 循环创建哈希散列，第 2 个 for 循环则以哈希散列方式存储所需的数据。

5. 性能比较

由于上述 4 个程序均使用了较大的数据结构，因此占用了大量的内存空间。相应地，占用大量内存空间的程序通常会更加频繁地触发 Go 垃圾收集器。因此，本节将利用 time(1) 命令比较上述 4 种实现的性能。

这里，输出结果中的重点内容并不在于准确的数字，而是 4 种不同方案之间的时间差，如下所示。

```
$ time go run sliceGC.go
real    1.50s
user    1.72s
sys     0.71s
$ time go run mapStar.go
real    13.62s
user    23.74s
sys     1.89s
$ time go run mapNoStar.go
real    11.41s
user    10.35s
sys     1.15s
$ time go run mapSplit.go
real    10.60s
user    10.01s
sys     0.74s
```

通过观察可知，映射降低了 Go 垃圾收集器的速度，而切片则与垃圾收集器实现了良好的协调工作。注意，这并非是映射的问题，最终结果取决于 Go 垃圾收集器的工作方式。然而，除非正在处理存储大量数据的映射，通常情况下，我们的程序一般不会受到此类问题的影响。

> 💡 **提示：**
> 第 11 章将讨论与基准测试相关的更多内容。在第 3 章中，我们还将学习与 Go 命令和程序执行时间相关的更多度量方法。

截至目前，我们通过大量篇幅介绍了垃圾收集及其特性，接下来将讨论不安全的代码和 Go 语言中的 unsafe 标准包。

2.2.4 不安全的代码

不安全的代码往往会忽略类型安全和内存安全。大多数时候，不安全的代码与指针相关。记住，使用不安全的代码对于程序来说是十分危险的，除非有完全把握，否则不应在程序的任何一处使用不安全的代码。

unsafe.go 文件中展示了不安全代码的应用，该文件将被分为 3 部分内容加以讨论。

unsafe.go 文件的第 1 部分内容如下所示。

```go
package main

import (
    "fmt"
    "unsafe"
)
```

可以看到，当使用不安全的代码时，需要导入 Go 语言中的 unsafe 标准包。

unsafe.go 文件的第 2 部分内容包含了下列 Go 代码。

```go
func main() {
    var value int64 = 5
    var p1 = &value
    var p2 = (*int32)(unsafe.Pointer(p1))
```

此处应注意 unsafe.Pointer() 函数。该函数创建一个名为 p2 的 int32 指针，该指针指向一个名为 value 的 int64 变量，该变量可使用指针 p1 进行访问。当然，其中的风险由我们自己承担。

> 💡 **提示：**
> 类型为 unsafe.Pointer 的指针能够覆盖 Go 语言中的系统类型。毫无疑问，速度得到了提升，但如果操作不当，危险也会随之而来。此外，这还赋予了开发人员更多的数据控制权。

unsafe.go 文件的第 3 部分内容包含了下列 Go 代码。

```go
    fmt.Println("*p1: ", *p1)
    fmt.Println("*p2: ", *p2)
    *p1 = 5434123412312431212
    fmt.Println(value)
    fmt.Println("*p2: ", *p2)
    *p1 = 54341234
```

```
        fmt.Println(value)
        fmt.Println("*p2: ", *p2)
}
```

> 💡 **提示：**
> 我们还可解除引用一个指针，并利用星号（*）获得、使用或设置其数值。

当执行 unsafe.go 文件时，将得到下列输出结果。

```
$ go run unsafe.go
*p1: 5
*p2: 5
54341234123124312112
*p2: -930866580
54341234
*p2: 54341234
```

上述输出结果表明，一个 32 位指针无法存储一个 64 位整数值。

稍后将会看到，unsafe 包中的函数还可对内存执行更多的操作。

2.2.5　unsafe 包

前述内容介绍了 unsafe 包的一些操作，本节将讨论与其特殊性相关的更多内容。首先，当查看 unsafe 包的源代码时，我们可能会稍感奇怪。在使用 Homebrew（https://brew.sh/）安装了 Go 1.11.4 的 macOS Mojave 系统上，unsafe 包的源代码位于 /usr/local/Cellar/go/1.11.4/libexec/src/unsafe/unsafe.go 处，对应内容（不包含注释内容）如下所示。

```
$ cd /usr/local/Cellar/go/1.11.4/libexec/src/unsafe/
$ grep -v '^//' unsafe.go | grep -v '^$'
package unsafe
type ArbitraryType int
type Pointer *ArbitraryType
func Sizeof(x ArbitraryType) uintptr
func Offsetof(x ArbitraryType) uintptr
func Alignof(x ArbitraryType) uintptr
```

那么，unsafe 包的其余 Go 代码位于何处？答案较为简单：在将 unsafe 包导入程序中时，Go 编译器实现了 unsafe 包。

> 💡 **提示：**
> 许多底层包，如 runtime 包、syscall 包和 os 包，经常使用到 unsafe 包。

2.2.6　unsafe 包的另一个示例

本节将在 moreUnsafe.go 程序的基础上介绍更多与 unsafe 包及其功能相关的内容。该程序分为 3 部分加以讨论。moreUnsafe.go 文件的任务是利用指针访问数组中的全部元素。

moreUnsafe.go 文件的第 1 部分内容如下所示。

```
package main

import (
    "fmt"
    "unsafe"
)
```

moreUnsafe.go 文件的第 2 部分内容包含了下列 Go 代码。

```
func main() {
    array := [...]int{0, 1, -2, 3, 4}
    pointer := &array[0]
    fmt.Print(*pointer, " ")
    memoryAddress := uintptr(unsafe.Pointer(pointer)) + unsafe.Sizeof(array[0])

    for i := 0; i < len(array)-1; i++ {
        pointer = (*int)(unsafe.Pointer(memoryAddress))
        fmt.Print(*pointer, " ")
        memoryAddress = uintptr(unsafe.Pointer(pointer)) + unsafe.Sizeof(array[0])
    }
```

首先，pointer 变量指向 array[0]（即整数数组的第一个元素）的内存地址。随后，指向一个整数值的 pointer 变量依次转换为 unsafe.Pointer()和 uintptr。最终结果被存储于 memoryAddress 中。

unsafe.Sizeof(array[0])值表示指向数组下一个元素的尺寸值，因为这是每个数组元素所占用的内存尺寸。因此，该值在每次 for 循环中被添加至 memoryAddress 变量中，进而获得下一个数组元素的内存地址。*pointer 表示法将解引用指针，并返回存储的整数值。

moreUnsafe.go 文件的第 3 部分内容如下所示。

```
    fmt.Println()
    pointer = (*int)(unsafe.Pointer(memoryAddress))
    fmt.Print("One more: ", *pointer, " ")
    memoryAddress = uintptr(unsafe.Pointer(pointer)) +
```

```
unsafe.Sizeof(array[0])
    fmt.Println()
}
```

在第 3 部分内容中，我们尝试利用指针访问不存在的数组元素和内存地址。Go 编译器由于使用了 unsafe 包而无法捕捉此类逻辑错误，因此会返回某些不准确的信息。

执行 moreUnsafe.go 文件将生成下列输出结果。

```
$ go run moreUnsafe.go
0 1 -2 3 4
One more: 824634208008
```

我们刚刚利用指针访问了全部的 Go 数组元素。但是，这里的实际问题是，当尝试访问无效的数组元素时，程序并未显示错误信息，而是返回一个随机数字。

2.3 从 Go 程序中调用 C 代码

虽然 Go 语言的目标是优化编程体验，并力图摆脱 C 语言中的不适之处，但 C 语言仍有其用武之地。这意味着，在某些场合中，如使用数据库或采用 C 语言编写驱动程序时，仍然会使用到 C 语言。也就是说，在 Go 项目中，依然需要与 C 代码协同工作。

> 💡 **提示：**
> 如果读者发现在同一项目中多次使用这一功能，则可能需要重新考虑相应的解决方案或编程语言。

2.3.1 利用同一文件从 Go 程序中调用 C 代码

从 Go 程序中调用 C 代码时，最为简单的方式是在 Go 源文件中包含 C 代码。这需要进行适当的处理，但实现起来较为简单、快速。

这里，包含 C 和 Go 代码的 Go 源文件名为 cGo.go，该文件将被分为 3 部分加以讨论。
cGo.go 文件的第 1 部分内容如下所示。

```
package main

//#include <stdio.h>
//void callC() {
//    printf("Calling C code!\n");
//}
import "C"
```

> **提示：**
> 可以看到，C 代码包含于 Go 程序的注释内。然而，由于使用了 C 语言 Go 包，因此 go 工具知道如何处理此类注释内容。

cGo.go 文件的第 2 部分内容包含了下列 Go 代码。

```go
import "fmt"

func main() {
```

因此，所有的其他包应被单独导入。

cGo.go 文件的第 3 部分内容包含下列代码。

```go
    fmt.Println("A Go statement!")
    C.callC()
    fmt.Println("Another Go statement!")
}
```

当执行 C 函数 callC() 时，需要通过 C.callC() 对其进行调用。

执行 cGo.go 文件将生成下列输出结果。

```
$ go run cGo.go
A Go statement!
Calling C code!
Another Go statement!
```

2.3.2 利用单独的文件从 Go 程序中调用 C 代码

当 C 代码位于某个单独的文件中时，接下来将讨论如何在 Go 程序中调用 C 代码。

这里需要使用两个之前已实现完毕的 C 函数，但我们并不打算或无法通过 Go 语言对其进行重写。

2.3.3 C 代码

本节将利用 C 代码展示相关示例，即 callC.h 和 callC.c。其中，包含文件（callC.h）如下列代码所示。

```c
#ifndef CALLC_H
#define CALLC_H
```

```
void cHello();
void printMessage(char* message);

#endif
```

C 源代码（callC.c）则包含了下列 C 代码。

```
#include <stdio.h>
#include "callC.h"

void cHello() {
    printf("Hello from C!\n");
}

void printMessage(char* message) {
    printf("Go send me %s\n", message);
}
```

callC.c 和 callC.h 文件均被存储于独立的目录中，在当前示例中为 callClib。相应地，我们也可以采用任何有效的目录名。

💡 提示：

只要利用正确的类型和参数数量调用正确的 C 函数，实际的 C 代码反而就不重要了。关于 C 代码是否被 Go 程序使用，C 代码自身并未给出答案。对此，应查看 Go 代码中的相关部分内容。

2.3.4　Go 代码

本节将利用 Go 代码展示当前示例，即 callC.go 文件，该文件将通过 3 部分内容加以讨论。

callC.go 文件的第 1 部分内容包含了下列 Go 代码。

```
package main

// #cgo CFLAGS: -I${SRCDIR}/callClib
// #cgo LDFLAGS: ${SRCDIR}/callC.a
// #include <stdlib.h>
// #include <callC.h>
import "C"
```

在上述全部 Go 源文件中，最重要的一条 Go 语句是使用单独 import 语句包含 C 包。

然而，C 是一个虚拟 Go 包，仅仅通知 go build 在 Go 编译器处理文件之前利用 cgo 工具预处理其输入文件。此处仍然可以看到，需要使用注释通知 Go 程序有关 C 代码的信息。在当前示例中，我们通知 callC.go 关于 callC.h 文件的查找位置，以及稍后创建的 callC.a 库文件的查找位置。此类代码行均以#cgo 开头。

callC.go 文件的第 2 部分内容如下所示。

```
import (
    "fmt"
    "unsafe"
)

func main() {
    fmt.Println("Going to call a C function!")
    C.cHello()
```

callC.go 文件的第 3 部分内容如下所示。

```
    fmt.Println("Going to call another C function!")
    myMessage := C.CString("This is Mihalis!")
    defer C.free(unsafe.Pointer(myMessage))
    C.printMessage(myMessage)

    fmt.Println("All perfectly done!")
}
```

为了将字符串传递至 Go 语言的 C 函数中，需要利用 C.CString()函数生成一个 C 字符串。除此之外，当 C 字符串不再需要时，还应通过 defer 语句释放该字符串占用的内存空间。defer 语句包含了对 C.free()的调用和对 unsafe.Pointer()的调用。

稍后将讨论如何编译和运行 callC.go 文件。

2.3.5　混合 Go 和 C 代码

对于 C 代码和 Go 代码，本节学习如何执行调用 C 代码的 Go 文件。

由于全部重要信息均被包含于 Go 代码中，因此我们无须完成复杂的操作，唯一需要完成的是编译 C 代码并生成一个库，这需要执行以下命令。

```
$ ls -l callClib/
total 16
-rw-r--r--@ 1 mtsouk  staff   162 Jan 10 09:17 callC.c
-rw-r--r--@ 1 mtsouk  staff    89 Jan 10 09:17 callC.h
$ gcc -c callClib/*.c
```

```
$ ls -l callC.o
-rw-r--r-- 1 mtsouk staff  952 Jan 22 22:03 callC.o
$ file callC.o
callC.o: Mach-O 64-bit object x86_64
$ /usr/bin/ar rs callC.a *.o
ar: creating archive callC.a
$ ls -l callC.a
-rw-r--r-- 1 mtsouk staff 4024 Jan 22 22:03 callC.a
$ file callC.a
callC.a: current ar archive
$ rm callC.o
```

接下来需要创建一个名为 callC.a 的文件，该文件与 callC.go 文件位于同一目录中。这里，gcc 可执行文件是 C 编译器的名称。

随后编译包含 Go 代码的文件，并生成一个新的可执行文件，如下所示。

```
$ go build callC.go
$ ls -l callC
-rwxr-xr-x 1 mtsouk staff 2403184 Jan 22 22:10 callC
$ file callC
callC: Mach-O 64-bit executable x86_64
```

运行 callC 可执行文件将生成下列输出结果。

```
$ ./callC
Going to call a C function!
Hello from C!
Going to call another C function!
Go send me This is Mihalis!
All perfectly done!
```

提示：

当调用小型 C 代码时，出于简单性，建议针对 C 和 Go 代码使用独立的 Go 文件；如果情况较为复杂、高级，较好的做法则是创建一个静态 C 库。

2.4 从 C 代码中调用 Go 函数

另外一种可能情况是在 C 代码中调用 Go 函数。对此，本节将通过一个小型示例予以展示。其中，两个 Go 函数将从 C 程序中被调用。其间，Go 包将被转换为一个 C 共享库，并用于 C 程序中。

2.4.1 Go 包

本节将介绍用于 C 程序中的 Go 包。这里，Go 包的名称必须为 main，但其文件名则无太多限制。在当前示例中，对应的文件名为 usedByC.go，该文件将被分为 3 部分内容加以讨论。

提示：
关于 Go 包的更多内容，读者还可参考第 6 章。

usedByC.go 文件的第 1 部分内容如下所示。

```go
package main

import "C"

import (
    "fmt"
)
```

如前所述，此处需要将 Go 包强制命名为 main。此外，还需要在 Go 代码中导入 C 包。usedByC.go 文件的第 2 部分内容包含了下列 Go 代码。

```go
//export PrintMessage
func PrintMessage() {
    fmt.Println("A Go function!")
}
```

C 代码调用的每个 Go 函数首先需要被导出，这意味着，需要在其实现前放置以 //export 开始的一条注释。在//export 之后，还需要放置函数名，因而这将是 C 代码所使用的内容。

usedByC.go 文件的第 3 部分内容如下所示。

```go
//export Multiply
func Multiply(a, b int) int {
    return a * b
}

func main() {
}
```

usedByC.go 的 main()函数并不包含任何代码，因为该函数并不打算针对 C 程序被导出和使用。此外，当需要导出 usedByC.go 函数时，可在其实现前添加//export Multiply。

随后，执行下列命令，可从 Go 代码中生成 C 共享库。

```
$ go build -o usedByC.o -buildmode=c-shared usedByC.go
```

上述命令将生成名为 usedByC.h 和 usedByC.o 的两个文件。

```
$ ls -l usedByC.*
-rw-r--r--@ 1 mtsouk  staff      204 Jan 10 09:17 usedByC.go
-rw-r--r--  1 mtsouk  staff     1365 Jan 22 22:14 usedByC.h
-rw-r--r--  1 mtsouk  staff  2329472 Jan 22 22:14 usedByC.o
$ file usedByC.o
usedByC.o: Mach-O 64-bit dynamically linked shared library x86_64
```

注意，我们不应对 usedByC.h 文件做任何改动。

2.4.2　C 代码

相关的 C 代码位于 willUseGo.c 源文件中，该文件将被分为两部分内容加以讨论。willUseGo.c 文件的第 1 部分内容如下所示。

```c
#include <stdio.h>
#include "usedByC.h"

int main(int argc, char **argv) {
    GoInt x = 12;
    GoInt y = 23;

    printf("About to call a Go function!\n");
    PrintMessage();
```

对 C 语言较为熟悉的读者来说，此处需要包含 usedByC.h 文件，这也是 C 代码知晓库函数的一种方式。

willUseGo.c 文件的第 2 部分内容如下所示。

```c
    GoInt p = Multiply(x,y);
    printf("Product: %d\n",(int)p);
    printf("It worked!\n");
    return 0;
}
```

GoInt p 变量用于从 Go 函数中获取一个整数值，并通过(int) p 转换为一个 C 整数。在 macOS Mojave 机器上编译并执行 willUseGo.c 文件，将生成下列输出结果。

```
$ gcc -o willUseGo willUseGo.c ./usedByC.o
$ ./willUseGo
About to call a Go function!
A Go function!
Product: 276
It worked!
```

2.5 defer 关键字

defer 关键字将推迟某个函数的执行,直至周边函数返回。defer 关键字被广泛地应用于输入和输出操作中,且无须记住文件的关闭和打开时间。defer 关键字可将一个函数调用(该调用关闭一个打开的文件)置于另一个函数调用(该调用打开文件)的附近之处。第 8 章将会讨论与基于文件操作中的 defer 应用相关的更多内容。本节仅考查 defer 的两种不同应用方式。此外,本节还将通过 panic()和 recover()内建 Go 函数查看相关 defer 示例,以及与日志机制相关的示例。

需要注意的是,延迟函数在周边函数返回后按照后进先出(LIFO)的顺序执行。简而言之,如果 defer 函数在同一周边函数中依次为 f1()、f2()、f3()函数,那么当周边函数即将返回时,f3()函数将被首先执行,其次是 f2()函数,最后是 f1()函数。

上述 defer 定义仍缺少应有的清晰度,下面将考查 defer.go 文件的输出结果,该文件将被分为 3 部分内容加以讨论。

defer.go 文件的第 1 部分内容如下所示。

```
package main

import (
    "fmt"
)

func d1() {
    for i := 3; i > 0; i-- {
        defer fmt.Print(i, " ")
    }
}
```

除 import 块外,上述 Go 代码实现了一个名为 d1()的函数。其中包含了一个 for 循环,以及执行 3 次的 defer 语句。

defer.go 文件的第 2 部分内容如下所示。

```go
func d2() {
    for i := 3; i > 0; i-- {
        defer func() {
            fmt.Print(i, " ")
        }()
    }
    fmt.Println()
}
```

上述代码实现了另一个名为 d2() 的函数。其中，d2()函数也包含了一个 for 循环和一条 defer 语句（同样被执行 3 次）。然而，这一次关键字 defer 应用于一个匿名函数上，而非 fmt.Print()语句。此外，匿名函数不接收任何参数。

defer.go 文件的第 3 部分内容如下所示。

```go
func d3() {
    for i := 3; i > 0; i-- {
        defer func(n int) {
            fmt.Print(n, " ")
        }(i)
    }
}

func main() {
    d1()
    d2()
    fmt.Println()
    d3()
    fmt.Println()
}
```

除了调用 d1()、d2()和 d3()函数的 main()函数之外，我们还可以看到 d3()函数的实现内容。d3()函数包含了一个 for 循环，并在匿名函数上使用了 defer 关键字。然而，这一次匿名函数需要接收一个参数，即 n。在 Go 代码中可以看到，参数 n 接收 for 循环中使用的变量 i 的值。

执行 defer.go 文件将会得到下列输出结果。

```
$ go run defer.go
1 2 3
0 0 0
1 2 3
```

读者很可能认为上述输出结果稍显复杂且难以理解，这也说明，如果代码缺少应有的清晰度或含糊不清，defer 的操作和结果也会随之变得复杂。

下面首先从输出结果的第 1 行（1 2 3）开始，第 1 行结果由 d1()函数生成。函数 d1()中的 i 值的顺序为 3、2、1。函数 d1()中延迟的函数为 fmt.Print()语句。最终，当函数 d1()即将返回时，将得到 for 循环中 3 个 i 变量值的逆序结果，因为延迟函数以 LIFO 顺序执行。

接下来解释输出结果的第 2 行内容，该结果由 d2()函数生成。令人稍感意外的是，输出结果为 3 个 0，而非 1、2、3，其原因也相对简单。

在 for 循环结束之后，i 值为 0，即 for 循环的终止值。但是，此处的技巧点在于，因为匿名函数不包含参数，所以这一延迟匿名函数在 for 循环之后被评估，这意味着，该函数针对 i=0 被评估了 3 次，进而得到了相应的输出结果。注意，这一类令人困惑的代码往往会在项目中生成 bug，因而应尽量予以避免。

最后是 d3()函数生成的第 3 行输出结果。由于匿名函数的参数，当每次匿名函数被延迟时，d3()函数将获得并使用 i 的当前值。最终，匿名函数的每次执行结果都包含了不同值需要处理，进而得到了相应的输出结果。

不难发现，defer 应用的最佳解决方案是 d3()函数所展示的第 3 种情形。其中，我们以一种易于理解的既定方式在匿名函数中传递所需的变量。

下面介绍与日志机制相关的 defer 应用，旨在帮助读者以较好的方式组织函数的日志信息。这里，对应的 Go 程序名为 logDefer.go 文件，其中展示了日志机制中关键字 defer 的应用，该文件将被分为 3 部分内容加以讨论。

logDefer.go 文件的第 1 部分内容如下所示。

```go
package main

import (
    "fmt"
    "log"
    "os"
)

var LOGFILE = "/tmp/mGo.log"

func one(aLog *log.Logger) {
    aLog.Println("-- FUNCTION one ------")
    defer aLog.Println("-- FUNCTION one ------")

    for i := 0; i < 10; i++ {
        aLog.Println(i)
    }
}
```

其中，名为 one() 的函数使用 defer 以确保第 2 个 aLog.Println() 函数调用在该函数即将返回时被执行。因此，源自该函数的全部日志消息将被嵌入开放 aLog.Println() 调用和闭合 aLog.Println() 调用之间。最终，我们可以方便地查看到日志文件中该函数的日志消息。

logDefer.go 文件的第 2 部分内容如下所示。

```go
func two(aLog *log.Logger) {
    aLog.Println("---- FUNCTION two")
    defer aLog.Println("FUNCTION two ------")

    for i := 10; i > 0; i-- {
        aLog.Println(i)
    }
}
```

其中，名为 two() 的函数也使用了 defer，进而可方便地对其日志消息进行分组。这里，two() 函数使用了与 one() 函数稍有不同的消息。具体日志消息格式的选择一般取决于个人喜好。

logDefer.go 文件的第 3 部分内容包含了下列 Go 代码。

```go
func main() {
    f, err := os.OpenFile(LOGFILE,
os.O_APPEND|os.O_CREATE|os.O_WRONLY, 0644)
    if err != nil {
        fmt.Println(err)
        return
    }
    defer f.Close()

    iLog := log.New(f, "logDefer ", log.LstdFlags)
    iLog.Println("Hello there!")
    iLog.Println("Another log entry!")

    one(iLog)
    two(iLog)
}
```

执行 logDefer.go 文件将生成不可见的输出结果。然而，当查看 /tmp/mGo.log 的内容时，即当前程序所用的日志文件，将会清楚地发现在这种情况下使用 defer 的方便性。

```
$ cat /tmp/mGo.log
logDefer 2019/01/19 21:15:11 Hello there!
logDefer 2019/01/19 21:15:11 Another log entry!
```

```
logDefer 2019/01/19 21:15:11 -- FUNCTION one ------
logDefer 2019/01/19 21:15:11 0
logDefer 2019/01/19 21:15:11 1
logDefer 2019/01/19 21:15:11 2
logDefer 2019/01/19 21:15:11 3
logDefer 2019/01/19 21:15:11 4
logDefer 2019/01/19 21:15:11 5
logDefer 2019/01/19 21:15:11 6
logDefer 2019/01/19 21:15:11 7
logDefer 2019/01/19 21:15:11 8
logDefer 2019/01/19 21:15:11 9
logDefer 2019/01/19 21:15:11 -- FUNCTION one ------
logDefer 2019/01/19 21:15:11 ---- FUNCTION two
logDefer 2019/01/19 21:15:11 10
logDefer 2019/01/19 21:15:11 9
logDefer 2019/01/19 21:15:11 8
logDefer 2019/01/19 21:15:11 7
logDefer 2019/01/19 21:15:11 6
logDefer 2019/01/19 21:15:11 5
logDefer 2019/01/19 21:15:11 4
logDefer 2019/01/19 21:15:11 3
logDefer 2019/01/19 21:15:11 2
logDefer 2019/01/19 21:15:11 1
logDefer 2019/01/19 21:15:11 FUNCTION two ------
```

2.6 panic()和 recover()函数

在第 1 章中，我们曾介绍了 panic()和 recover()函数的应用。在本节中，这些函数位于 panicRecover.go 文件中，该文件将被分为 3 部分内容加以讨论。

严格地讲，panic()函数是一个内建的 Go 函数，该函数终止 Go 程序的当前流并启用异常处理。另外，recover()函数也是一个内建的 Go 函数，它可使用 panic()函数重新获取打断的协程控制权。

panicRecover.go 文件的第 1 部分内容如下所示。

```
package main

import (
    "fmt"
)
```

```go
func a() {
    fmt.Println("Inside a()")
    defer func() {
        if c := recover(); c != nil {
            fmt.Println("Recover inside a()!")
        }
    }()
    fmt.Println("About to call b()")
    b()
    fmt.Println("b() exited!")
    fmt.Println("Exiting a()")
}
```

除 import 语句块外,上述代码包含了 a() 函数的实现。a() 函数较为重要的部分是代码的 defer 块,该块实现了一个匿名函数,该函数在调用 panic() 函数时将被调用。

panicRecover.go 文件的第 2 部分内容如下所示。

```go
func b() {
    fmt.Println("Inside b()")
    panic("Panic in b()!")
    fmt.Println("Exiting b()")
}
```

panicRecover.go 文件的第 3 部分内容展示了 panic()和 recover()函数,如下所示。

```go
func main() {
    a()
    fmt.Println("main() ended!")
}
```

执行 panicRecover.go 文件将生成下列输出结果。

```
$ go run panicRecover.go
Inside a()
About to call b()
Inside b()
Recover inside a()!
main() ended!
```

通过观察可知,a()函数并未正常结束,因为其中最后两条语句未被执行,如下所示。

```go
fmt.Println("b() exited!")
fmt.Println("Exiting a()")
```

无论如何,较好的一面是 panicRecover.go 程序根据我们的意愿而终止,因为 defer

中所用的匿名函数控制着具体环节。另外需要注意的是，b()函数对 a()函数一无所知，但 a()函数包含了相应的 Go 代码可处理 b()函数中的异常条件。

另外，我们还可以单独使用 panic()函数，且无须尝试进行恢复。本节将通过 justPanic.go 文件展示这一结果，该文件将被分为两部分内容加以讨论。

justPanic.go 文件的第 1 部分内容如下所示。

```
package main

import (
    "fmt"
    "os"
)
```

可以看到，panic()函数的使用不需要其他的 Go 包。

justPanic.go 文件的第 2 部分内容包含了下列 Go 代码。

```
func main() {
    if len(os.Args) == 1 {
        panic("Not enough arguments!")
    }

    fmt.Println("Thanks for the argument(s)!")
}
```

如果 Go 程序不包含（至少一个）命令行参数，则会调用 panic()函数。panic()函数接收一个参数，即希望输出至屏幕上的错误消息。

在 macOS Mojave 机器上执行 justPanic.go 文件将生成下列输出结果。

```
$ go run justPanic.go
panic: Not enough arguments!
goroutine 1 [running]:
main.main()
        /Users/mtsouk/ch2/code/justPanic.go:10 +0x91
exit status 2
```

因此，独立使用 panic()函数将终止 Go 程序，且不存在恢复机会。因此，与单独使用 panic()函数相比，使用 panic()和 recover()函数对则更加专业且具有实际操作意义。

> **提示：**
>
> panic()函数的输出结果类似于 log 包中的 Panic()函数。然而，panic()函数并未向 UNIX 机器的日志服务中发送任何内容。

2.7 两个方便的 UNIX 实用程序

某些时候，当 UNIX 程序由于某些未知原因出现故障，或者执行过程难以令人满意时，我们希望在不重写代码或添加大量调试语句的前提下找出其中的原因。

本节介绍两种命令行实用程序，进而查看某个可执行文件运行的 C 系统调用。这两个命令行实用程序的名称为 strace(1)和 dtrace(1)，它们可方便地查看程序的具体操作内容。

> **提示：**
> 记住，在一天结束时，所有在 UNIX 机器上运行的程序都会通过 C 系统调用与 UNIX 内核通信，并执行大部分相关任务。

虽然 strace(1)和 dtrace(1)两个命令行实用程序都可以使用 go run 命令，但如果首先使用 go build 命令生成一个可执行文件并使用该文件，那么将得到较少的无关输出结果。go run 命令在实际运行 Go 代码之前会生成各种临时文件，这两个命令行实用程序会尝试显示与此类文件相关的信息，但这并非我们期望的结果。

2.7.1 strace 工具

strace(1)命令行实用程序可跟踪系统调用和信号。由于 strace(1)仅工作于 Linux 机器上，因此本节将使用 Debian Linux 机器展示 strace(1)。

strace(1)生成的输出结果如下所示。

```
$ strace ls
execve("/bin/ls", ["ls"], [/* 15 vars */]) = 0
brk(0)                                  = 0x186c000
fstat(3, {st_mode=S_IFREG|0644, st_size=35288, ...}) = 0
```

strace(1)输出结果利用其参数显示了每个系统调用及其返回值。注意，在 UNIX 中，返回值 0 表示正面消息。

当处理二进制文件时，需要将 strace(1)命令置于打算处理的可执行文件之前。但是，用户需要自己解释输出结果，以便从中得出有用的结论。对此，好的方面是，像 grep(1)这样的工具可以得到真正想要的输出结果。

```
$ strace find /usr 2>&1 | grep ioctl
ioctl(0, SNDCTL_TMR_TIMEBASE or SNDRV_TIMER_IOCTL_NEXT_DEVICE or
TCGETS, 0x7ffe3bc59c50) = -1 ENOTTY (Inappropriate ioctl for device)
```

```
ioctl(1, SNDCTL_TMR_TIMEBASE or SNDRV_TIMER_IOCTL_NEXT_DEVICE or
TCGETS, 0x7ffe3bc59be0) = -1 ENOTTY (Inappropriate ioctl for device)
```

当使用-c命令行选项时，strace(1)工具可以为每个系统调用输出计数时间、调用和错误信息，如下所示。

```
$ strace -c find /usr 1>/dev/null
% time     seconds  usecs/call     calls    errors syscall
------ ----------- ----------- --------- --------- ----------------
 82.88    0.063223           2     39228           getdents
 16.60    0.012664           1     19587           newfstatat
  0.16    0.000119           0     19618        13 open
```

由于常规程序输出结果一般显示于标准输出中，而 strace(1)的输出结果则显示于标准错误中，前面的命令丢弃了被检查的命令的输出结果，进而显示了 strace(1)的输出结果。从上述输出结果中的最后一行可以看到，open(2)系统调用被调用了 19618 次、生成了 13 个错误，并大约占用了整个命令执行时间的 0.16%，约为 0.000119s。

2.7.2 dtrace 工具

虽然调试实用程序（如 strace(1)和 truss(1)）可跟踪进程生成的系统调用，但其执行过程较慢，因而不适用于处理繁忙 UNIX 系统上的性能问题。对此，dtrace 工具可用于查看系统背后所发生的事情，且无须执行任何修改或重新编译操作。此外，dtrace 还可工作于产品级系统上，并在不引入较大开销的基础上动态地查看运行程序或服务器进程。

💡 提示：

虽然 dtrace(1)的某个版本可工作于 Linux 上，但 dtrace(1)更适用于 macOS 或其他 FreeBSD 版本。

本节将在 macOS 上使用 dtruss(1)命令行工具，这是一个显示进程系统调用的 dtruss(1)脚本，且无须编写 dtruss(1)代码。注意，dtrace(1)和 dtruss(1)需要持有根权限方可运行。dtruss(1)生成的输出结果如下所示。

```
$ sudo dtruss godoc
ioctl(0x3, 0x80086804, 0x7FFEEFBFEC20) = 0 0
close(0x3) = 0 0
access("/AppleInternal/XBS/.isChrooted\0", 0x0, 0x0) = -1 Err#2
thread_selfid(0x0, 0x0, 0x0) = 1895378 0
geteuid(0x0, 0x0, 0x0) = 0 0
    getegid(0x0, 0x0, 0x0) = 0 0
```

因此，dtruss(1)的工作方式与 strace(1)实用程序相同。类似于 strace(1)，当与-c 参数结合使用时，dtruss(1)将输出系统调用的计数结果，如下所示。

```
$ sudo dtruss -c go run unsafe.go 2>&1
CALL                                  COUNT
access                                    1
bsdthread_register                        1
getuid                                    1
ioctl                                     1
issetugid                                 1
kqueue                                    1
write                                     1
mkdir                                     2
read                                    244
kevent                                  474
fcntl                                   479
lstat64                                 553
psynch_cvsignal                         649
psynch_cvwait                           654
```

上述输出结果迅速展示了 Go 代码中潜在的瓶颈问题，此外还可比较两个不同命令行程序的性能。

> **提示：**
>
> 诸如 strace(1)、dtrace(1)和 dtruss(1)这一类实用程序，我们需要花费一些时间来适应它们，但这些工具可简化操作，因而强烈建议在开始阶段至少应掌握其中的一种工具。

关于 dtrace(1)实用程序，读者可阅读 Brendan Gregg 和 Jim Mauro 发表的 *DTrace: Dynamic Tracing in Oracle Solaris, Mac OS X and FreeBSD*，或者访问 http://dtrace.org/以了解更多内容。

记住，与 strace(1)相比，dtrace(1)的功能更加强大——dtrace(1)包含了自己的编程语言。然而，当全部工作仅是查看可执行文件的系统调用时，strace(1)则更具多样性。

2.8　Go 环境

本节将讨论如何利用相关函数和 runtime 包属性查看与当前 Go 环境相关的信息。本节将要开发的程序名称为 goEnv.go 文件，该文件将被分为两部分内容加以介绍。

goEnv.go 程序的第 1 部分内容如下所示。

```
package main

import (
    "fmt"
    "runtime"
)
```

稍后将会看到，runtime 包涵盖了相关函数和属性，进而显示所需的信息内容。goEnv.go 程序的第 2 部分代码包含了 main() 函数的实现，如下所示。

```
func main() {
    fmt.Print("You are using ", runtime.Compiler, " ")
    fmt.Println("on a", runtime.GOARCH, "machine")
    fmt.Println("Using Go version", runtime.Version())
    fmt.Println("Number of CPUs:", runtime.NumCPU())
    fmt.Println("Number of Goroutines:", runtime.NumGoroutine())
}
```

在 macOS Mojave 机器（其中安装了 Go 1.11.4）上执行 goEnv.go 文件将生成下列输出结果。

```
$ go run goEnv.go
You are using gc on a amd64 machine
Using Go version go1.11.4
Number of CPUs: 8
Number of Goroutines: 1
```

在 Debian Linux 机器（其中安装了 Go 1.3.3）上，同样的程序将生成下列输出结果。

```
$ go run goEnv.go
You are using gc on a amd64 machine
Using Go version go1.3.3
Number of CPUs: 1
Number of Goroutines: 4
```

然而，下一个程序展示了查看 Go 环境信息所获得的真正收益，该程序名称为 requiredVersion.go 文件，进而通知我们是否使用 Go 1.8 或更高版本。

```
package main

import (
    "fmt"
    "runtime"
    "strconv"
```

```go
        "strings"
)
func main() {
    myVersion := runtime.Version()
    major := strings.Split(myVersion, ".")[0][2]
    minor := strings.Split(myVersion, ".")[1]
    m1, _ := strconv.Atoi(string(major))
    m2, _ := strconv.Atoi(minor)

    if m1 == 1 && m2 < 8 {
        fmt.Println("Need Go version 1.8 or higher!")
        return
    }

    fmt.Println("You are using Go version 1.8 or higher!")
}
```

Go 语言中的 strings 标准包用于划分从 runtime.Version() 函数中获得的 Go 版本字符串，进而获取前两部分内容，而 strconv.Atoi() 函数则用于将某个字符串转换为一个整数。在 macOS Mojave 机器上执行 requiredVersion.go 文件将得到下列输出结果。

```
$ go run requiredVersion.go
You are using Go version 1.8 or higher!
```

然而，当在 Debian Linux 机器上运行 requiredVersion.go 文件时，将生成下列生成结果。

```
$ go run requiredVersion.go
Need Go version 1.8 or higher!
```

通过 requiredVersion.go 文件，即可判断 UNIX 机器上是否安装了所需的 Go 版本。

2.9　go env 命令

如果希望查看 Go 和 Go 编译器支持的所有环境变量列表及其当前值，我们可以运行 go env 命令。

笔者的 macOS Mojave 机器上安装了 Go 1.11.4，go env 命令的输出结果如下所示。

```
$ go env
GOARCH="amd64"
GOBIN=""
```

```
GOCACHE="/Users/mtsouk/Library/Caches/go-build"
GOEXE=""
GOFLAGS=""
GOHOSTARCH="amd64"
GOHOSTOS="darwin"
GOOS="darwin"
GOPATH="/Users/mtsouk/go"
GOPROXY=""
GORACE=""
GOROOT="/usr/local/Cellar/go/1.11.4/libexec"
GOTMPDIR=""
GOTOOLDIR="/usr/local/Cellar/go/1.11.4/libexec/pkg/tool/darwin_amd64"
GCCGO="gccgo"
CC="clang"
CXX="clang++"
CGO_ENABLED="1"
GOMOD=""
CGO_CFLAGS="-g -O2"
CGO_CPPFLAGS=""
CGO_CXXFLAGS="-g -O2"
CGO_FFLAGS="-g -O2"
CGO_LDFLAGS="-g -O2"
PKG_CONFIG="pkg-config"
GOGCCFLAGS="-fPIC -m64 -pthread -fno-caret-diagnostics -Qunused-arguments
-fmessage-length=0 -fdebug-prefix-map=/
var/folders/sk/ltk8cnw50lzdtr2hxcj5sv2m0000gn/T/go-build790367620=/
tmp/go-build -gno-record-gcc-switches -fno-common"
```

注意，当采用不同的 Go 版本、不同的用户名、不同硬件设备上的不同的 UNIX 版本时，或者正在使用默认状态下的 Go 模块（GOMOD）时，某些环境变量值可能会有所不同。

2.10 Go 汇编器

本节简要地介绍汇编语言和 Go 汇编器，其中 Go 汇编器是一种 Go 工具，它允许查看 Go 编译器所使用的汇编语言。

作为示例，可执行下列命令并查看 goEnv.go 程序的汇编语言。

```
$ GOOS=darwin GOARCH=amd64 go tool compile -S goEnv.go
```

其中，GOOS 变量定义了目标操作系统的名称，而 GOARCH 变量值则定义了编译架构。上述命令在 macOS Mojave 机器上被执行，因此针对 GOOS 变量使用了 darwin 值。

即使对于小型程序，如 goEnv.go，上述命令的输出结果也会包含大量的内容。下列内容显示了部分输出结果。

```
"".main STEXT size=859 args=0x0 locals=0x118
    0x0000 00000 (goEnv.go:8)           TEXT       "".main(SB), $280-0
    0x00be 00190 (goEnv.go:9)           PCDATA     $0, $1
    0x0308 00776 (goEnv.go:13)          PCDATA     $0, $5
    0x0308 00776 (goEnv.go:13)          CALL       runtime.convT2E64(SB)
"".init STEXT size=96 args=0x0 locals=0x8
    0x0000 00000 (<autogenerated>:1)    TEXT       "".init(SB), $8-0
    0x0000 00000 (<autogenerated>:1)    MOVQ       (TLS), CX
    0x001d 00029 (<autogenerated>:1)    FUNCDATA   $0,
gclocals d4dc2f11db048877dbc0f60a22b4adb3(SB)
    0x001d 00029 (<autogenerated>:1)    FUNCDATA   $1,
gclocals 33cdeccccebe80329f1fdbee7f5874cb(SB)
```

其中，包含 FUNCDATA 和 PCDATA 指示符的代码行被 Go 垃圾收集器使用，并由 Go 编译器自动生成。

上述命令等价的不同版本如下所示。

```
$ GOOS=darwin GOARCH=amd64 go build -gcflags -S goEnv.go
```

一方面，有效的 GOOS 值列表包括 android、darwin、dragonfly、freebsd、linux、nacl、netbsd、openbsd、plan9、solaris、windows 和 zos；另一方面，有效的 GOARCH 值列表包括 386、amd64、amd64p32、arm、armbe、arm64、arm64be、ppc64、ppc64le、mips、mipsle、mips64、mips64le、mips64p32、mips64p32le、ppc、s390、s390x、sparc 和 sparc64。

💡 提示：

对 Go 汇编器感兴趣的读者，可访问 https://golang.org/doc/asm 以了解更多信息。

2.11 节 点 树

Go 节点被定义为一个 struct，其中包含了大量的属性。第 4 章将讨论与 Go 结构定义和使用相关的更多内容。根据 Go 编程语言语法，Go 程序中的一切事物均可被 Go 编译器模块解析和分析。相应地，分析的最终结果是特定于给定 Go 代码的一棵树，并采用了不同的方式（该方式适用于编译器而非开发人员）体现对应的应用程序。

> **提示：**
> go tool 6g -W test.go 并不适用于新的 Go 版本。相反，应使用 go tool compile -W test.go。

本节将首先采用下列 Go 代码（被保存于 nodeTree.go 文件中）作为示例，以便查看 go 工具可提供的底层信息。

```go
package main

import (
    "fmt"
)

func main() {
    fmt.Println("Hello there!")
}
```

nodeTree.go 文件中的 Go 代码易于理解，对应的输出结果如下所示。

```
$ go run nodeTree.go
Hello there!
```

执行下列命令，并查看 Go 语言中的某些内部工作机制。

```
$ go tool compile -W nodeTree.go
before walk main
.   CALLFUNC l(8) tc(1) STRUCT-(int, error)
.   .   NAME-fmt.Println a(true) l(263) x(0) class(PFUNC) tc(1) used FUNC-func(...interface {}) (int, error)
.   .   DDDARG l(8) esc(no) PTR64-*[1]interface {}
.   CALLFUNC-list
.   .   CONVIFACE l(8) esc(h) tc(1) implicit(true) INTER-interface {}
.   .   .   NAME-main.statictmp_0 a(true) l(8) x(0) class(PEXTERN) tc(1) used string
.   VARKILL l(8) tc(1)
.   .   NAME-main..autotmp_0 a(true) l(8) x(0) class(PAUTO) esc(N) used ARRAY-[1]interface {}
after walk main
.   CALLFUNC-init
.   .   AS l(8) tc(1)
.   .   .   NAME-main..autotmp_0 a(true) l(8) x(0) class(PAUTO) esc(N) tc(1) addrtaken assigned used ARRAY-[1]interface {}
.   .   AS l(8) tc(1)
```

```
.   .   .   NAME-main..autotmp_2 a(true) l(8) x(0) class(PAUTO) esc(N)
tc(1) assigned used PTR64-*[1]interface {}
.   .   .   ADDR l(8) tc(1) PTR64-*[1]interface {}
.   .   .   .   NAME-main..autotmp_0 a(true) l(8) x(0) class(PAUTO) esc(N)
tc(1) addrtaken assigned used ARRAY-[1]interface {}
.   .   BLOCK l(8)
.   .   BLOCK-list
.   .   .   AS l(8) tc(1) hascall
.   .   .   .   INDEX l(8) tc(1) assigned bounded hascall INTER-interface
{}
.   .   .   .   .   IND l(8) tc(1) implicit(true) assigned hascall ARRAY-
[1]interface {}
.   .   .   .   .   .   NAME-main..autotmp_2 a(true) l(8) x(0) class(PAUTO)
esc(N) tc(1) assigned used PTR64-*[1]interface {}
.   .   .   .   .   LITERAL-0 l(8) tc(1) int
.   .   .   .   EFACE l(8) tc(1) INTER-interface {}
.   .   .   .   .   ADDR a(true) l(8) tc(1) PTR64-*uint8
.   .   .   .   .   .   NAME-type.string a(true) x(0) class(PEXTERN) tc(1)
uint8
.   .   .   .   .   ADDR l(8) tc(1) PTR64-*string
.   .   .   .   .   .   NAME-main.statictmp_0 a(true) l(8) x(0)
class(PEXTERN) tc(1) addrtaken used string
.   .   BLOCK l(8)
.   .   BLOCK-list
.   .   .   AS l(8) tc(1) hascall
.   .   .   .   NAME-main..autotmp_1 a(true) l(8) x(0) class(PAUTO) esc(N)
tc(1) assigned used SLICE-[]interface {}
.   .   .   .   SLICEARR l(8) tc(1) hascall SLICE-[]interface {}
.   .   .   .   .   NAME-main..autotmp_2 a(true) l(8) x(0) class(PAUTO)
esc(N) tc(1) assigned used PTR64-*[1]interface {}
.   CALLFUNC l(8) tc(1) hascall STRUCT-(int, error)
.   .   NAME-fmt.Println a(true) l(263) x(0) class(PFUNC) tc(1) used
FUNC-func(...interface {}) (int, error)
.   .   DDDARG l(8) esc(no) PTR64-*[1]interface {}
.   CALLFUNC-list
.   .   AS l(8) tc(1)
.   .   .   INDREGSP-SP a(true) l(8) x(0) tc(1) addrtaken main.~ SLICE-
[]interface {}
.   .   .   NAME-main..autotmp_1 a(true) l(8) x(0) class(PAUTO) esc(N)
tc(1) assigned used SLICE-[]interface {}
.   VARKILL l(8) tc(1)
.   .   NAME-main..autotmp_0 a(true) l(8) x(0) class(PAUTO) esc(N) tc(1)
addrtaken assigned used ARRAY-[1]interface {}
```

```
before walk init
.   IF l(1) tc(1)
.   .   GT l(1) tc(1) bool
.   .   .   NAME-main.initdone a(true) l(1) x(0) class(PEXTERN) tc(1) assigned used uint8
.   .   .   LITERAL-1 l(1) tc(1) uint8
.   IF-body
.   .   RETURN l(1) tc(1)
.   IF l(1) tc(1)
.   .   EQ l(1) tc(1) bool
.   .   .   NAME-main.initdone a(true) l(1) x(0) class(PEXTERN) tc(1) assigned used uint8
.   .   .   LITERAL-1 l(1) tc(1) uint8
.   IF-body
.   .   CALLFUNC l(1) tc(1)
.   .   .   NAME-runtime.throwinit a(true) x(0) class(PFUNC) tc(1) used FUNC-func()
.   AS l(1) tc(1)
.   .   NAME-main.initdone a(true) l(1) x(0) class(PEXTERN) tc(1) assigned used uint8
.   .   LITERAL-1 l(1) tc(1) uint8
.   CALLFUNC l(1) tc(1)
.   .   NAME-fmt.init a(true) l(1) x(0) class(PFUNC) tc(1) used FUNC-func()
.   AS l(1) tc(1)
.   .   NAME-main.initdone a(true) l(1) x(0) class(PEXTERN) tc(1) assigned used uint8
.   .   LITERAL-2 l(1) tc(1) uint8
.   RETURN l(1) tc(1)
after walk init
.   IF l(1) tc(1)
.   .   GT l(1) tc(1) bool
.   .   .   NAME-main.initdone a(true) l(1) x(0) class(PEXTERN) tc(1) assigned used uint8
.   .   .   LITERAL-1 l(1) tc(1) uint8
.   IF-body
.   .   RETURN l(1) tc(1)
.   IF l(1) tc(1)
.   .   EQ l(1) tc(1) bool
.   .   .   NAME-main.initdone a(true) l(1) x(0) class(PEXTERN) tc(1) assigned used uint8
.   .   .   LITERAL-1 l(1) tc(1) uint8
.   IF-body
.   .   CALLFUNC l(1) tc(1) hascall
```

```
.   .   .   NAME-runtime.throwinit a(true) x(0) class(PFUNC) tc(1) used
FUNC-func()
.   AS l(1) tc(1)
.   .   NAME-main.initdone a(true) l(1) x(0) class(PEXTERN) tc(1) assigned
used uint8
.   .   LITERAL-1 l(1) tc(1) uint8
.   CALLFUNC l(1) tc(1) hascall
.   .   NAME-fmt.init a(true) l(1) x(0) class(PFUNC) tc(1) used FUNC-func()
.   AS l(1) tc(1)
.   .   NAME-main.initdone a(true) l(1) x(0) class(PEXTERN) tc(1) assigned
used uint8
.   .   LITERAL-2 l(1) tc(1) uint8
.   RETURN l(1) tc(1)
```

不难发现，即使是针对 nodeTree.go 这一类较小的程序，Go 编译器及其工具在幕后依然执行了大量的工作。

💡 提示：

-W 参数通知 go tool compile 命令在类型检查完毕后输出调试解析树。

考查接下来的两个命令的输出结果。

```
$ go tool compile -W nodeTree.go | grep before
before walk main
before walk init
$ go tool compile -W nodeTree.go | grep after
after walk main
after walk init
```

可以看到，关键字 before 与函数执行的开始相关。如果程序中包含多个函数，输出内容也会随之增加，如下列示例所示。

```
$ go tool compile -W defer.go | grep before
before d1
before d2
before d3
before main
before d2.func1
before d3.func1
before init
before type..hash.[2]interface {}
before type..eq.[2]interface {}
```

上述示例使用了 defer.go 中的 Go 代码，与 nodeTree.go 相比其内容更加复杂。然而很明显的是，init()函数由 Go 自动生成，因为该函数出现于 go tool compile -W 的两个输出结果（nodeTree.go 和 defer.go）中。nodeTreeMore.go 则展现了 nodeTree.go 的增强版本，如下所示。

```go
package main

import (
    "fmt"
)

func functionOne(x int) {
    fmt.Println(x)
}

func main() {
    varOne := 1
    varTwo := 2
    fmt.Println("Hello there!")
    functionOne(varOne)
    functionOne(varTwo)
}
```

nodeTreeMore.go 程序包含两个变量，即 varOne 和 varTwo，以及一个额外的函数 functionOne()。当对 varOne、varTwo 和 functionOne() 搜索 go tool compile -W 的输出结果时，将会显示下列信息。

```
$ go tool compile -W nodeTreeMore.go | grep functionOne | uniq
before walk functionOne
after walk functionOne
.   .   NAME-main.functionOne a(true) l(7) x(0) class(PFUNC) tc(1) used FUNC-func(int)
$ go tool compile -W nodeTreeMore.go | grep varTwo | uniq
.   .   NAME-main.varTwo a(true) g(2) l(13) x(0) class(PAUTO) tc(1) used int
.   .   .   NAME-main.varTwo a(true) g(2) l(13) x(0) class(PAUTO) tc(1) used int
$ go tool compile -W nodeTreeMore.go | grep varOne | uniq
.   .   NAME-main.varOne a(true) g(1) l(12) x(0) class(PAUTO) tc(1) used int
.   .   .   NAME-main.varOne a(true) g(1) l(12) x(0) class(PAUTO) tc(1) used int
```

因此，varOne 被表示为 NAME-main.varOne，而 varTwo 则通过 NAME-main.varTwo 表示。另外，functionOne()函数则被引用为 NAME-main.functionOne。最终，main()函数被引用为 NAME-main。

下面查看 nodeTreeMore.go 中调试解析树的另一段代码。

```
before walk functionOne
.   AS l(8) tc(1)
.   .   NAME-main..autotmp_2 a(true) l(8) x(0) class(PAUTO) esc(N) tc(1) assigned used int
.   .   NAME-main.x a(true) g(1) l(7) x(0) class(PPARAM) tc(1) used int
```

对应数据与 functionOne()函数的定义相关。字符串 l(8)表明当前节点定义位于第 8 行代码中。NAME-main..autotmp_2 整数变量则通过编译器自动生成。

调试解析树输出的下一部分内容解释如下。

```
.   CALLFUNC l(15) tc(1)
.   .   NAME-main.functionOne a(true) l(7) x(0) class(PFUNC) tc(1) used FUNC-func(int)
.   CALLFUNC-list
.   .   NAME-main.varOne a(true) g(1) l(12) x(0) class(PAUTO) tc(1) used int
```

其中，第 1 行代码表明，在程序的第 15 行代码（通过 l(15)指定）处将调用 NAME-main.functionOne，另外 NAME-main.functionOne 被定义位于程序的第 7 行（通过 l(7)指定）处，它表示为一个函数，该函数接收一个整数参数（通过 FUNC-func(int)指定）。在 CALLFUNC-list 之后指定的参数的函数列表包括 NAME-main.varOne 变量，该变量在程序的第 12 行代码（即 l(12)）处被定义。

2.12 go build 的更多内容

当执行 go build 命令时，如果读者希望了解幕后的更多内容，可向该命令中添加-x 标志，如下所示。

```
$ go build -x defer.go
WORK=/var/folders/sk/ltk8cnw50lzdtr2hxcj5sv2m0000gn/T/go-build254573394
mkdir -p $WORK/b001/
cat >$WORK/b001/importcfg.link << 'EOF' # internal
packagefile command-line-arguments=/Users/mtsouk/Library/Caches/go-build/9d/9d6ca8651e083f3662adf82bb90a00837fc76f55839e65c7107bb55fcab92458-d
```

```
packagefile fmt=/usr/local/Cellar/go/1.11.4/libexec/pkg/darwin_amd64/fmt.a
packagefile runtime=/usr/local/Cellar/go/1.11.4/libexec/pkg/darwin_amd64/runtime.a
packagefile errors=/usr/local/Cellar/go/1.11.4/libexec/pkg/darwin_amd64/errors.a
packagefile io=/usr/local/Cellar/go/1.11.4/libexec/pkg/darwin_amd64/io.a
packagefile math=/usr/local/Cellar/go/1.11.4/libexec/pkg/darwin_amd64/math.a
packagefile os=/usr/local/Cellar/go/1.11.4/libexec/pkg/darwin_amd64/os.a
packagefile reflect=/usr/local/Cellar/go/1.11.4/libexec/pkg/darwin_amd64/reflect.a
packagefile strconv=/usr/local/Cellar/go/1.11.4/libexec/pkg/darwin_amd64/strconv.a
packagefile sync=/usr/local/Cellar/go/1.11.4/libexec/pkg/darwin_amd64/sync.a
packagefile unicode/utf8=/usr/local/Cellar/go/1.11.4/libexec/pkg/darwin_amd64/unicode/utf8.a
packagefile internal/bytealg=/usr/local/Cellar/go/1.11.4/libexec/pkg/darwin_amd64/internal/bytealg.a
packagefile internal/cpu=/usr/local/Cellar/go/1.11.4/libexec/pkg/darwin_amd64/internal/cpu.a
packagefile runtime/internal/atomic=/usr/local/Cellar/go/1.11.4/libexec/pkg/darwin_amd64/runtime/internal/atomic.a
packagefile runtime/internal/sys=/usr/local/Cellar/go/1.11.4/libexec/pkg/darwin_amd64/runtime/internal/sys.a
packagefile sync/atomic=/usr/local/Cellar/go/1.11.4/libexec/pkg/darwin_amd64/sync/atomic.a
packagefile internal/poll=/usr/local/Cellar/go/1.11.4/libexec/pkg/darwin_amd64/internal/poll.a
packagefile internal/syscall/unix=/usr/local/Cellar/go/1.11.4/libexec/pkg/darwin_amd64/internal/syscall/unix.a
packagefile internal/testlog=/usr/local/Cellar/go/1.11.4/libexec/pkg/darwin_amd64/internal/testlog.a
```

```
packagefile
syscall=/usr/local/Cellar/go/1.11.4/libexec/pkg/darwin_amd64/syscall.a
packagefile
time=/usr/local/Cellar/go/1.11.4/libexec/pkg/darwin_amd64/time.a
packagefile
unicode=/usr/local/Cellar/go/1.11.4/libexec/pkg/darwin_amd64/unicode.a
packagefile
math/bits=/usr/local/Cellar/go/1.11.4/libexec/pkg/darwin_amd64/math/bits.a
packagefile
internal/race=/usr/local/Cellar/go/1.11.4/libexec/pkg/darwin_amd64/internal/race.a
EOF
mkdir -p $WORK/b001/exe/
cd .
/usr/local/Cellar/go/1.11.4/libexec/pkg/tool/darwin_amd64/link -o
$WORK/b001/exe/a.out -importcfg $WORK/b001/importcfg.link -buildmode=exe -
buildid=nkFdi6n3HGYZXDdCOju1/VfKOjehfe3PSzik3cZom/OthUDj9rThOtZPf-2627/
nkFdi6n3HGYZXDdCOju1 -extld=clang /Users/mtsouk/Library/Caches/go-build/
9d/9d6ca8651e083f3662adf82bb90a00837fc76f55839e65c7107bb55fcab92458-d/
usr/local/Cellar/go/1.11.4/libexec/pkg/tool/darwin_amd64/buildid -w
$WORK/b001/exe/a.out # internal
mv $WORK/b001/exe/a.out defer
rm -r $WORK/b001/
```

再次强调,大量的工作均于后台完成,读者应对此有所认识。然而,大多数时候,我们无须运行编译处理中的实际命令。

2.13 生成 WebAssembly 代码

借助于 go 工具,Go 语言还可生成 WebAssembly 代码。在展示具体内容之前,下面首先介绍与 WebAssembly 相关的信息。

2.13.1 WebAssembly 简介

WebAssembly(Wasm)是一种标定于虚拟机的机器模型和可执行格式,旨在实现速度和文件尺寸方面的高效性。这意味着,我们可以在不做任何变动的条件下在任何平台上使用 WebAssembly 二进制格式。

WebAssembly 包含两种格式,即纯文本格式和二进制格式。其中,纯文本格式的

WebAssembly 文件包含.wat 扩展名，而二进制文件则包含.wasm 文件扩展名。注意，一旦持有 WebAssembly 二进制文件，就需要利用 JavaScript API 加载和使用该文件。

除 Go 语言外，其他支持静态类型的编程语言也可生成 WebAssembly，如 Rust、C 和 C++。

2.13.2 WebAssembly 的重要性

WebAssembly 的重要性主要包含以下原因。
- WebAssembly 代码的运行速度接近于本地代码，也就是说，WebAssembly 具有较快的运行速度。
- 可以从其他编程语言中生成 WebAssembly 代码。
- 大多数现代 Web 浏览器采用本地方式支持 WebAssembly，且无须插件或安装其他软件。
- WebAssembly 代码的执行速度比 JavaScript 代码快得多。

2.13.3 Go 和 WebAssembly

对于 Go 语言来说，WebAssembly 仅仅是另一种架构。因此，我们可以使用 Go 语言的交叉编译功能创建 WebAssembly 代码。

关于 Go 语言的交叉编译功能，读者可参考第 11 章。当前，我们仅需要关注 GOOS 和 GOARCH 环境变量值，这些值在将 Go 代码编译为 WebAssembly 时加以使用，这也是全部问题的核心所在。

2.13.4 示例

本节将考查如何将 Go 程序编译为 WebAssembly 代码。toWasm.go 文件中的 Go 代码如下所示。

```
package main

import (
    "fmt"
)

func main() {
    fmt.Println("Creating WebAssembly code from Go!")
}
```

这里需要注意的是，上述代码中不存在任何与 WebAssembly 相关的内容。toWasm.go 可自行被编译和执行，这意味着，toWasm.go 不涉及与 WebAssembly 相关的外部依赖关系。

生成 WebAssembly 的最后一个步骤是执行下列命令。

```
$ GOOS=js GOARCH=wasm go build -o main.wasm toWasm.go
$ ls -l
total 4760
-rwxr-xr-x 1 mtsouk staff 2430633 Jan 19 21:00 main.wasm
-rw-r--r--@ 1 mtsouk staff     100 Jan 19 20:53 toWasm.go
$ file main.wasm
main.wasm: , created: Thu Oct 25 20:41:08 2007, modified: Fri May 28
13:51:43 2032
```

因此，第 1 条命令中的 GOOS 和 GOARCH 值通知 Go 生成 WebAssembly 代码。如果未设置正确的 GOOS 和 GOARCH 值，那么编译过程将不会生成相应的 WebAssembly 代码或者产生故障。

2.13.5 使用生成后的 WebAssembly 代码

截至目前，我们仅生成了 WebAssembly 二进制文件。然而，当使用 WebAssembly 二进制文件，并在 Web 浏览器窗口上查看其结果时，其间仍会涉及多个步骤。

💡 提示：

当采用 Google Chrome 作为 Web 浏览器时，存在一个标志可启用 Liftoff，即 WebAssembly 编译器，它可在理论上改进 WebAssembly 代码的运行时间。读者可对此进行尝试。当修改该标志时，可参考 chrome://flags/#enable-webassembly-baseline 以了解更多内容。

第 1 步是将 main.wasm 复制至 Web 服务器目录中，随后需要执行下列命令。

```
$ cp "$(go env GOROOT)/misc/wasm/wasm_exec.js" .
```

这将把 wasm_exec.js 从 Go 安装目录复制至当前目录中。我们应把该文件置于 Web 服务器的同一目录（该目录中也放置 main.wasm 文件）中。

此处并未展示 wasm_exec.js 文件中的 JavaScript 代码。相反，index.html 文件中的 HTML 代码如下所示。

```
<HTML>

<head>
```

```html
  <meta charset="utf-8">
  <title>Go and WebAssembly</title>
</head>

<body>
  <script src="wasm_exec.js"></script>
  <script>
    if (!WebAssembly.instantiateStreaming) { // polyfill
      WebAssembly.instantiateStreaming = async (resp, importObject) => {
        const source = await (await resp).arrayBuffer();
        return await WebAssembly.instantiate(source, importObject);
      };
    }

    const go = new Go();
    let mod, inst;
    WebAssembly.instantiateStreaming(fetch("main.wasm"), go.importObject).then((result) => {
      mod = result.module;
      inst = result.instance;
      document.getElementById("runButton").disabled = false;
    }).catch((err) => {
      console.error(err);
    });

    async function run() {
      console.clear();
      await go.run(inst);
      inst = await WebAssembly.instantiate(mod, go.importObject);
    }
  </script>

  <button onClick="run();" id="runButton" disabled>Run</button>
</body>
</HTML>
```

注意，在加载 WebAssembly 代码之前，由 HTML 代码生成的 Run 按钮将不会被激活。

图 2.2 在 Google Chrome Web 浏览器的 JavaScript 控制台中显示了 WebAssembly 代码的输出结果。此外，其他 Web 浏览器也会显示类似的输出结果。

图 2.2　Go 语言生成的 WebAssembly 代码

💡 提示：

第 12 章将讨论如何利用 Go 语言开发自己的 Web 服务器。

除此之外，还包含更加简单、应用的方式测试 WebAssembly 应用程序，其间将会使用 Node.js（且无须使用 Web 服务器），因为 Node.js 是一个建立在 Chrome V8 JavaScript 引擎上的 JavaScript 运行时。

假设读者已经将 Node.js 安装于本地机器上，那么可执行下列命令。

```
$ export PATH="$PATH:$(go env GOROOT)/misc/wasm"
$ GOOS=js GOARCH=wasm go run .
Creating WebAssembly code from Go!
```

第 2 条命令的输出结果表明，WebAssembly 代码是正确的并生成了所需的消息内容。注意，第 1 条命令并非必需，因为该命令仅修改 PATH 环境变量的当前值，以包含当前 Go 安装存储其 WebAssembly 相关文件的目录。

2.14　一般的 Go 编码建议

下列建议可帮助我们编写更好的 Go 代码。

- ❏ 如果 Go 函数中存在错误，则可记录该错误或返回该错误；如果缺少足够的理由，则不应同时执行这两项操作。
- ❏ Go 语言中的接口定义了行为，而非数据和数据结构。
- ❏ 尽量使用 io.Reader 和 io.Writer 接口，以使代码更具扩展性。
- ❏ 仅在必要时向函数传递一个指向某个变量的指针，其余时间传递变量值即可。
- ❏ 错误变量并不是 string 变量，而是 error 变量。

第 2 章　理解 Go 语言的内部机制

- 如果缺少正当理由，不要在处于生产环节的机器上测试 Go 代码。
- 如果不了解 Go 语言的某个特性，应在首次使用前对其进行测试。特别是开发供大量用户使用的应用程序或实用程序时。
- 不要害怕产生错误，应大胆进行尝试。

2.15　练习和链接

- 访问文档页面以了解与 Go 语言中的 unsafe 标准包相关的更多内容，对应网址为 https://golang.org/pkg/unsafe/。
- DTrace 网站：http://dtrace.org/。
- 在 Linux 机器上使用 strace(1)，进而查看某些标准 UNIX 实用程序的操作，如 cp(1) 和 ls(1)。
- 当使用 macOS 机器时，使用 dtruss(1) 查看 sync(8) 实用程序的工作方式。
- 编写示例程序，在 Go 程序中使用自己的 C 代码。
- 编写 Go 函数并在 C 程序中对其加以使用。
- 访问 https://golang.org/pkg/runtime/，以了解与 runtime 包函数相关的更多信息。
- 访问 https://dl.acm.org/citation.cfm?id=359655 并下载论文 *On-the-Fly Garbage Collection: An Exercise in Cooperation*。研究论文的阅读过程可能相对晦涩，但收益颇丰。
- 访问 https://github.com/gasche/gc-latency-experiment，以查看不同编程语言的垃圾收集器的基准测试代码。
- Node.js 网站：https://nodejs.org/en/。
- 访问 https://webassembly.org/，以了解与 WebAssembly 相关的更多内容。
- 访问 http://gchandbook.org/，以了解与垃圾收集相关的更多信息。
- 访问 https://golang.org/cmd/cgo/，以查看 cgo 的文档页面。

2.16　本章小结

本章讨论了 Go 语言中许多有趣的主题，包括 Go 垃圾收集器的理论和实践内容，如何在 Go 程序中调用 C 代码，方便但有时颇具技巧的 defer 关键字，panic() 和 recover() 函数；strace(1)、dtrace(1) 和 dtruss(1) UNIX 工具，unsafe 标准包的应用。此外，本章还利用

runtime 包分享了与 Go 环境相关的信息，并展示了 Go 语言节点树的显示和解释方式。最后是一些 Go 语言编码方面的建议。

记住，某些工具（如 Go 语言中的 unsafe 包）和功能（在 Go 环境下调用 C 代码）一般用于以下 3 种场合。首先是希望获取最佳性能，但会牺牲某些 Go 语言方面的安全性；其次，希望实现不同编程语言之间的通信；最后，我们需要完成某些 Go 语言无法完成的任务。

第 3 章将学习 Go 语言中的基本数据类型，如数组、切片和映射。尽管较为简单，但这些数据类型可被视为每个 Go 应用程序的构建模块，它们是复杂数据结构的基础内容，可用于存储数据并将信息移至 Go 项目中。

除此之外，第 3 章还将介绍指针（这也可以在其他编程语言中查找到）、Go 循环，以及 Go 与日期和时间之间独特的协同工作方式。

第 3 章 处理 Go 语言中的基本数据类型

第 2 章讨论了许多有趣的话题，包括 Go 垃圾收集器的工作方式、panic()和 recover()函数、unsafe 包、如何在 Go 程序中调用 C 代码、如何在 C 程序中调用 Go 函数，以及编译 Go 程序时 Go 编译器生成的节点树。

本章核心内容是 Go 语言中的基本数据类型，包括数字类型、数组、切片和映射。尽管较为简单，但这些数据类型可帮助我们实现数字计算。此外，还可通过一种便捷方式存储、检索和修改程序中的数据。同时，本章还将讲述指针、常量、循环，以及 Go 语言中与日期和时间之间的协同工作方式。

本章主要涉及以下主题。
- ❑ 数字数据类型。
- ❑ Go 语言中的循环。
- ❑ Go 语言中的数组。
- ❑ Go 语言中的切片及其优点（与数组相比）。
- ❑ 如何将一个数组附加至切片上。
- ❑ Go 语言中的映射。
- ❑ Go 语言中的常量。
- ❑ Go 语言中的指针。
- ❑ 与时间协同工作。
- ❑ 与日期协同工作。
- ❑ 修改日期和时间格式。
- ❑ 度量 Go 语言中的命令和函数的执行时间。
- ❑ 度量 Go 语言垃圾收集器的操作。

3.1 数字数据类型

Go 语言针对整数、浮点数和复数提供了本地支持。本节将主要介绍 Go 语言支持的各种数字类型。

3.1.1 整数

Go语言分别支持有符号和无符号整数中的4种不同尺寸的数据，即int8、int16、int32、int64，以及uint8、uint16、uint32、uint64。其中，每种类型的结尾数字表示该类型的位数。

此外，int和uint可被视为当前平台中最有效的有符号和无符号整数。因此，若存在任何疑问，建议使用int和uint。记住，这些类型的尺寸根据计算机的体系结构而变化。

有符号和无符号整数之间的差别在于，如果一个整数包含8位且无符号，其值位于二进制的00000000（十进制0）～二进制的11111111（十进制255）。如果一个整数有符号，其值位于−127～127。这意味着，有7个二进制位来存储数字，因为第8位用于保留整数的符号。同一规则也适用于其他尺寸的无符号整数。

3.1.2 浮点数

Go语言仅支持两种类型的浮点数，即float32和float64。其中，第1种浮点数提供了大约6位小数精度，而第2种浮点数则提供了15位小数精度。

3.1.3 复数

类似于浮点数，Go语言提供了两种复数类型，即complex64和complex128。其中，第1种复数使用两个float32，分别对应于复数的实部和虚部；而complex128则使用两个float64。这里，复数以a+bi形式表达，其中，a和b为实数，i表示为方程$x^2 = -1$的解。

上述所有的数字类型均在numbers.go文件中进行了说明，稍后将该文件分为3部分内容加以讨论。

numbers.go文件的第1部分内容如下所示。

```go
package main

import (
    "fmt"
)

func main() {
    c1 := 12 + 1i
    c2 := complex(5, 7)
    fmt.Printf("Type of c1: %T\n", c1)
    fmt.Printf("Type of c2: %T\n", c2)
```

```
var c3 complex64 = complex64(c1 + c2)
fmt.Println("c3:", c3)
fmt.Printf("Type of c3: %T\n", c3)

cZero := c3 - c3
fmt.Println("cZero:", cZero)
```

其中,我们将与复数协调工作,并以此执行某些计算任务。复数的创建包含两种方式:第 1 种是直接方式,如 c1 和 c2;第 2 种是间接方式,也就是说,利用现有的复数进行计算,如 c3 和 cZero。

> **提示:**
> 如果错误地将复数创建为 aComplex := 12 + 2 * i,将会得到两种可能的结果,因为该语句通知 Go 语言将执行加法和乘法计算。如果当前范围内不存在名为 i 的数字变量,那么该语句将生成一个语法错误,同时代码编译失败。然而,如果数字变量 i 已被定义,那么计算过程可顺利进行,但并不会得到期望的复数结果(bug)。

numbers.go 文件的第 2 部分内容如下所示。

```
x := 12
k := 5
fmt.Println(x)
fmt.Printf("Type of x: %T\n", x)

div := x / k
fmt.Println("div", div)
```

可以看到,此处将与有符号整数协同工作。注意,当执行两个整数的除法运算时,Go 语言认为我们仅需要整数除法的结果,进而计算并返回整数除法的商。因此,11 除以 2 在整数除法中将得到 5,而非 5.5,希望读者对此有所了解。

> **提示:**
> 在将浮点数转换为整数时,小数部分将被丢弃。也就是说,将浮点数截断为 0。这意味着,某些数据可能会在该处理阶段被丢失。

numbers.go 文件的第 3 部分内容包含下列代码。

```
var m, n float64
m = 1.223
fmt.Println("m, n:", m, n)
```

```
        y := 4 / 2.3
        fmt.Println("y:", y)

        divFloat := float64(x) / float64(k)
        fmt.Println("divFloat", divFloat)
        fmt.Printf("Type of divFloat: %T\n", divFloat)
}
```

numbers.go 文件的第 3 部分内容将与浮点数协同工作。在上述代码中可以看到，当执行两个整数的除法运算时，如何使用 float64()函数通知 Go 语言生成一个浮点数。如果仅输入 divFloat := float64(x) / k，那么在运行代码时将会得到下列错误消息。

```
$ go run numbers.go
# command-line-arguments
./numbers.go:35:25: invalid operation: float64(x) / k (mismatched types
float64 and int)
```

执行 numbers.go 文件将生成下列输出结果。

```
Type of c1: complex128
Type of c2: complex128
c3: (17+8i)
Type of c3: complex64
cZero: (0+0i)
12
Type of x: int
div 2
m, n: 1.223 0
y: 1.7391304347826086
divFloat 2.4
Type of divFloat: float64
```

3.1.4　Go 2 中的数字字面值

在编写本书时，曾有提议修改 Go 语言处理数字字面值的方式。数字字面值与编程语言中定义和使用数字的方式有关。该提议涉及二进制整数字面值、八进制整数字面值、数字分隔符的表示，以及对十六进制浮点数的支持。

关于该提议的更多内容（涉及 Go 2 和数字字面值），读者可访问 https://golang.org/design/19308-number-literals。

> **提示：**
> 读者可访问 https://dev.golang.org/release 查看 Go 语言详细的版本介绍。

3.2　Go 语言中的循环

每种编程语言均不含自身的循环机制，Go 语言也不例外。Go 语言提供了 for 循环，它可循环访问多种数据类型。

> **提示：**
> Go 语言并不支持 while 关键字。然而，Go 语言中的 for 循环可以替代 while 循环。

3.2.1　for 循环

针对只要条件有效，或者基于 for 循环的开始处被计算的值，for 循环就可循环访问预定义的次数。这一类值包括切片或数组的尺寸、映射中键的数量。这意味着，访问数组、切片或映射元素的最为常见的方法是 for 循环。

for 循环最简单的形式如下所示。其中，给定变量占据一个预定义值范围。

```
for i := 0; i < 100; i++ {
}
```

通常情况下，for 循环包含 3 部分内容：第 1 部分被称作初始值；第 2 部分被称作条件；第 3 部分被称作末尾循环体。这 3 部分内容均为可选项。

在上述循环中，i 值范围为 0～99。一旦 i 值等于 100，for 循环的执行就会终止。在当前示例中，i 被定义为一个本地临时变量，这意味着在 for 循环终止后，i 将在某点处被垃圾收集且消失。然而，如果 i 被定义在 for 循环外部，那么 for 循环终止后仍保留其值。此处，for 循环结束后 i 值为 100，因为在该程序的当前特定点处，100 表示最后一个 i 值。

通过 break 关键字，可以完全退出 for 循环。另外，break 还可创建不包含退出条件的 for 循环，如上述示例中的 i<100，因为退出条件可包含在 for 循环的代码块中。不仅如此，for 循环还可包含多个退出条件。此外，通过关键字 continue，还可跳过一次 for 循环。

3.2.2　while 循环

如前所述，Go 语言并未针对 while 循环提供 while 关键字。本节将通过两个示例介绍 for 循环如何完成 while 循环所做的工作。

首先考查典型示例 while(true)，对应的 for 循环形式如下所示。

```
for {
}
```

注意，开发人员可通过关键字 break 退出 for 循环。

不仅如此，for 循环还可模拟其他编程语言中的 do...while 循环。

作为示例，下列 Go 代码等价于 do...while(anExpression)循环。

```
for ok := true; ok; ok = anExpression {
}
```

只要变量 ok 包含 false 值，for 循环就会被结束执行。

除此之外，Go 语言中还存在一种 for condition {}循环。其中，我们可指定条件，只要该条件为 true，for 循环就被执行。

3.2.3　range 关键字

Go 语言还提供了 range 关键字，该关键字可用于 for 循环中，并允许编写易于理解的代码，以循环访问所支持的 Go 数据类型，包括 Go 语言中的通道。range 关键字的主要优点是，不需要知道切片、映射或通道的基数即可逐一处理其元素。稍后将展示 range 的具体操作方式。

3.2.4　多种 Go 循环示例

本节将展示多个 for 循环。对应的文件名为 loops.go，该文件将被分为 4 部分内容加以讨论。loops.go 文件的第 1 部分内容如下所示。

```
package main

import (
    "fmt"
)

func main() {
    for i := 0; i < 100; i++ {
        if i%20 == 0 {
        continue
        }
```

```
        if i == 95 {
        break
        }

        fmt.Print(i, " ")
    }
```

上述代码展示了一种典型的 for 循环，以及关键字 break 和 continue 的用法。
loops.go 文件的第 2 部分内容如下所示。

```
fmt.Println()
i := 10
for {
    if i < 0 {
    break
    }
    fmt.Print(i, " ")
    i--
}
fmt.Println()
```

上述代码模拟了典型的 while 循环。注意，这里使用了 break 关键字退出当前 for 循环。
loops.go 文件的第 3 部分内容如下所示。

```
i = 0
anExpression := true
for ok := true; ok; ok = anExpression {
    if i > 10 {
    anExpression = false
    }

    fmt.Print(i, " ")
    i++
}
fmt.Println()
```

其中，for 循环执行了 do...while 循环所做的工作。这里，for 循环代码的可读性较差。
loops.go 文件的第 4 部分内容包含了下列 Go 代码。

```
    anArray := [5]int{0, 1, -1, 2, -2}
    for i, value := range anArray {
        fmt.Println("index:", i, "value: ", value)
    }
}
```

针对数组变量使用关键字 range 将返回两个值,即数组索引和该索引处的元素值。

对于这两个值,如果只是打算计算数组元素的数量,或者执行某些其他任务(与数组数据项数量相同的次数),那么可使用它们中的一个、两个或两个都不使用。

执行 loops.go 文件将生成下列输出结果。

```
$ go run loops.go
1 2 3 4 5 6 7 8 9 10 11 12 13 14 15 16 17 18 19 21 22 23 24 25 26 27 28 29
30 31 32 33 34 35 36 37 38 39 41 42 43 44 45 46 47 48 49 50 51 52 53 54 55
56 57 58 59 61 62 63 64 65 66 67 68 69 70 71 72 73 74 75 76 77 78 79 81 82
83 84 85 86 87 88 89 90 91 92 93 94
10 9 8 7 6 5 4 3 2 1 0
0 1 2 3 4 5 6 7 8 9 10 11
index: 0 value: 0
index: 1 value: 1
index: 2 value: -1
index: 3 value: 2
index: 4 value: -2
```

3.3 Go 语言中的数组

数组是重要的数据结构之一。首先,数组较为简单且易于理解;其次,数组具有多样性,并可存储不同类型的数据。

我们可声明存储 4 个整数的数组,如下所示。

```
anArray := [4]int{1, 2, 4, -4}
```

可以看到,数组的尺寸位于其类型之前,而类型在数组元素之前加以定义。借助于 len()函数,可通过 len(anArray)计算数组的长度。

数组任何维度上的第 1 个元素的索引均为 0;数组任何维度上的第 2 个元素的索引均为 1;以此类推。这意味着,对于一维数组 a,其有效索引为 0~len(a)-1。

虽然我们可能已经熟悉了其他编程语言中数组元素的访问机制,如采用 for 循环和一个或多个数字变量,但 Go 语言中存在一些惯用方式访问数组中的所有元素。其中涉及关键字 range 的使用,从而避免在 for 循环中使用 len()函数。作为示例,下面考查 loops.go 文件中的 Go 代码。

3.3.1 多维数组

数组可包含多个维度。然而,如果没有特别的原因,超过 3 个维度的数组往往会使程序难以阅读，且易于出现 bug。

提示：

数组可存储所有的元素类型。考虑到易于理解且输入方便，这里仅通过整数类型展示相关示例。

下列 Go 代码展示如何利用两个维度（twoD）和 3 个维度（threeD）分别创建一个数组。

```
twoD := [4][4]int{{1, 2, 3, 4}, {5, 6, 7, 8}, {9, 10, 11, 12},
{13, 14, 15, 16}}
threeD := [2][2][2]int{{{1, 0}, {-2, 4}}, {{5, -1}, {7, 0}}}
```

从上述两个数组中访问、赋值或输出单一元素，其实现过程较为简单。作为示例，twoD 数组的第 1 个元素表示为 twoD[0][0]，对应值为 1。

因此，借助于多个 for 循环，可方便地实现 threeD 数组中所有元素的访问操作，如下所示。

```
for i := 0; i < len(threeD); i++ {
    for j := 0; j < len(v); j++ {
        for k := 0; k < len(m); k++ {
        }
    }
}
```

可以看到，所需 for 循环的数量等同于数组的维度，进而可访问数组的全部元素。同样的规则也适用于切片，稍后将对此加以讨论。这里，较好的做法是使用 x、y、z 作为变量名，而非 i、j、k。

usingArrays.go 文件将被分为 3 部分内容加以讨论，进而展示如何处理 Go 语言数组的完整示例。

usingArrays.go 文件的第 1 部分内容如下所示。

```
package main

import (
    "fmt"
)

func main() {
    anArray := [4]int{1, 2, 4, -4}
    twoD := [4][4]int{{1, 2, 3, 4}, {5, 6, 7, 8}, {9, 10, 11, 12}, {13,
14,15, 16}}
    threeD := [2][2][2]int{{{1, 0}, {-2, 4}}, {{5, -1}, {7, 0}}}
```

此处分别定义了 3 个数组变量，即 anArray、twoD 和 threeD。
usingArrays.go 文件的第 2 部分内容如下所示。

```
fmt.Println("The length of", anArray, "is", len(anArray))
fmt.Println("The first element of", twoD, "is", twoD[0][0])
fmt.Println("The length of", threeD, "is", len(threeD))

for i := 0; i < len(threeD); i++ {
    v := threeD[i]
    for j := 0; j < len(v); j++ {
        m := v[j]
        for k := 0; k < len(m); k++ {
            fmt.Print(m[k], " ")
        }
    }
    fmt.Println()
}
```

从第 1 个 for 循环得到的是一个二维数组(threeD[i])；而从第 2 个 for 循环得到的是一个一维数组(v[j])；第 3 个 for 循环将遍历一维数组中的元素。
usingArrays.go 文件的第 3 部分包含了下列 Go 代码。

```
for _, v := range threeD {
    for _, m := range v {
        for _, s := range m {
            fmt.Print(s, " ")
        }
    }
    fmt.Println()
}
```

这里，关键字 range 执行了与 for 循环中循环变量相同的任务，但其方式更加优雅和清晰。然而，如果希望事先知道将要执行的循环次数，则不可使用 range 关键字。

💡 提示：
关键字 range 还可与 Go 语言中的映射协同工作，其过程十分简单，因而也是一种推荐的循环访问方式。在第 9 章中，关键字 range 还可与通道结合使用。

执行 usingArrays.go 文件将生成下列输出结果。

```
$ go run usingArrays.go
The length of [1 2 4 -4] is 4
```

```
The first element of [[1 2 3 4] [5 6 7 8] [9 10 11 12] [13 14 15 16]] is 1
The length of [[[1 0] [-2 4]] [[5 -1] [7 0]]] is 2
1 0 -2 4
5 -1 7 0
1 0 -2 4
5 -1 7 0
```

数组最大的问题之一是越界错误，即尝试访问不存在的元素。这类似于访问只有 5 个元素的数组中的第 6 个元素。Go 编译器将编译器问题视为可以检测到的编译器错误，这对开发工作流十分有帮助。因此，Go 编译器可以检测到越界数组访问错误，如下所示。

```
./a.go:10: invalid array index -1 (index must be non-negative)
./a.go:10: invalid array index 20 (out of bounds for 2-element array)
```

3.3.2　数组的缺点

数组包含诸多缺点，以至于在 Go 项目中需要重新审视其应用。首先，一旦定义了一个数组，就无法修改其尺寸。也就是说，Go 数组并非动态数组。简而言之，当向一个无空闲空间的现有数组中添加一个元素时，需要创建一个更大的数组，并将原数组中的元素复制至新数组中。不仅如此，当作为参数将某个数组传递至函数中时，还需要传递数组的副本。在函数退出后，对函数中数组所做的任何修改都将随之丢失。最后，向函数中传递一个较大的数组时将会减缓操作速度，因为需要生成一个数组的副本。此类问题的统一解决方案是使用 Go 切片，稍后将对此加以讨论。

> 提示：
> 由于数组缺点较为明显，Go 语言中较少使用数组。

3.4　Go 语言中的切片

Go 语言中的切片功能强大，毫不夸张地说，切片可完全替代 Go 语言中数组的应用，而数组仅出现于较少的应用场合中，如当确定需要存储固定数量的元素时。

> 提示：
> 切片在内部采用数组方式实现，也就是说，针对每个切片，Go 语言使用了底层数组。

由于切片通过引用方式被传递至参数中，这意味着，实际传递的是切片变量的内存地址，在函数内部对切片进行的修改在函数退出后并不会丢失。除此之外，向函数传递一个较大的切片其速度优于包含相同元素数量的数组传递，因为 Go 语言不会生成切片的副本，而是传递切片变量的内存地址。

3.4.1 在切片上执行基本的操作

下列代码将生成切片字面值。

```
aSliceLiteral := []int{1, 2, 3, 4, 5}
```

切片字面值的定义方式类似于数组，但不包含元素数量。如果在定义中设置了元素数量，将会得到一个数组。

然而，函数 make()可根据传递的参数生成包含所需长度和容量的空切片。其中，容量参数可以被忽略，此时切片的容量等于其长度。因此，我们可定义包含 20 个位置的新的空切片，并在必要时自动扩展，如下所示。

```
integer := make([]int, 20)
```

注意，Go 语言自动将空切片的元素初始化为其类型的 0 值。这表明，初始化值取决于存储于切片中的对象的类型。Go 语言会初始化使用 make()函数创建的每个切片的元素，这一点我们应有所了解。

我们可通过下列方式访问切片中的所有元素。

```
for i := 0; i < len(integer); i++ {
    fmt.Println(integer[i])
}
```

如果需要清空现有的切片，则可将切片变量的 0 值设置为 nil，如下所示。

```
aSliceLiteral = nil
```

此外，还可利用 append()函数向切片中添加元素，将会自动增加切片的尺寸，如下所示。

```
integer = append(integer, 12345)
```

我们可通过 integer[0]访问整数切片的第 1 个元素，而使用 integer[len(integer)-1]可访问整数切片的最后一个元素。

最后，还可使用[:]访问多个连续的切片元素。下列语句将选择切片中的第 2 个和第 3 个元素。

```
integer[1:3]
```

另外，还可使用[:]从现有切片或数组中创建新的切片，如下所示。

```
s2 := integer[1:3]
```

上述过程被称作切片重组,但在某些时候会产生问题。查看下列程序。

```
package main

import "fmt"

func main() {

    s1 := make([]int, 5)
    reSlice := s1[1:3]
    fmt.Println(s1)
    fmt.Println(reSlice)

    reSlice[0] = -100
    reSlice[1] = 123456
    fmt.Println(s1)
    fmt.Println(reSlice)

}
```

注意,当使用[:]选择第 2 个和第 3 个切片元素时,应使用[1:3]。也就是说,索引从 1 开始直至索引 3,但不包含索引 3。

> **提示**:
>
> 当给定某个数组 a1 后,可通过执行 s1 := a1[:]引用该数组并创建一个切片 s1。

执行 reslice.go 文件将生成下列输出结果。

```
$ go run reslice.go
[0 0 0 0 0]
[0 0]
[0 -100 123456 0 0]
[-100 123456]
```

因此,在程序结束时,切片 s1 的内容为[0 -100 123456 0 0],虽然我们并未对其进行直接修改。这表明,切片重组中的第 1 个问题是修改某个重组切片中的元素将会调整原始切片中的元素,因为二者都指向同一个底层数组。简而言之,切片重组过程并不会生成原始切片的副本。

切片重组中的第 2 个问题是,即使重组切片以使用原始切片中的较小部分,只要较小的重组切片存在,源自原始切片的底层数组就会一直保存在内存中,因为较小的重组切片引用了原始切片。虽然这对于较小的切片并不重要，但在将较大文件读取至切片中并使用其中的较少部分内容时，这仍将会产生问题。

3.4.2 自动扩展

切片包含两个主要的属性，即容量和长度，但是二者通常包含不同的值。其中，切片的长度等同于包含相同元素数量的数组的长度，并可通过 len()函数进行查看；相应地，切片的容量则表示针对特定切片分配的当前空间，并可通过 cap()函数进行查看。由于切片的尺寸呈动态变化，因此如果切片的空间耗尽，那么 Go 语言将会自动翻倍当前长度，以便生成容纳更多元素的空间。

简单地讲，如果切片的长度和容量包含相同值，我们可尝试向切片中添加另一个元素。此时，切片的容量将会加倍，而切片的长度仅加 1。

虽然这对于较小的切片工作良好，但是向大型切片中添加元素可能会占用更多内存。

lenCap.go 文件详细描述了容量和长度两个概念，lenCap.go 文件将被分为 3 部分内容加以讨论。lenCap.go 文件的第 1 部分内容如下所示。

```
package main

import (
    "fmt"
)

func printSlice(x []int) {
    for _, number := range x {
        fmt.Print(number, " ")
    }
    fmt.Println()
}
```

printSlice()函数将输出一维切片，且无须总是重复相同的 Go 代码。

lenCap.go 文件的第 2 部分内容包含下列 Go 代码。

```
func main() {
    aSlice := []int{-1, 0, 4}
    fmt.Printf("aSlice: ")
    printSlice(aSlice)

    fmt.Printf("Cap: %d, Length: %d\n", cap(aSlice), len(aSlice))
    aSlice = append(aSlice, -100)
    fmt.Printf("aSlice: ")
```

```
    printSlice(aSlice)
    fmt.Printf("Cap: %d, Length: %d\n", cap(aSlice), len(aSlice))
```

在上述代码（以及下一段代码）中，我们向 aSlice 切片中添加了一些元素，进而调整其长度和容量。

lenCap.go 文件的第 3 部分内容包含下列 Go 代码。

```
    aSlice = append(aSlice, -2)
    aSlice = append(aSlice, -3)
    aSlice = append(aSlice, -4)
    printSlice(aSlice)
    fmt.Printf("Cap: %d, Length: %d\n", cap(aSlice), len(aSlice))
}
```

执行 lenCap.go 文件将生成下列输出结果。

```
$ go run lenCap.go
aSlice: -1 0 4
Cap: 3, Length: 3
aSlice: -1 0 4 -100
Cap: 6, Length: 4
-1 0 4 -100 -2 -3 -4
Cap: 12, Length: 7
```

可以看到，切片的初始尺寸是 3。最终，切片的容量初始值也是 3。在向切片中添加了一个元素后，其尺寸变为 4，而其容量则变为 6。在向切片中继续添加了 3 个元素后，其尺寸变为 7，而其容量则再次加倍变为 12。

3.4.3 字节切片

字节切片的类型为 byte。下列代码创建一个名为 s 的新字节切片。

```
s := make([]byte, 5)
```

大多数字节切片用于存储字符串，这一点 Go 语言也有所知晓。因而 Go 语言简化了字节类型与 string 类型间的切换操作。与其他类型的切片相比，字节切片的访问方式并无特别之处。另外，字节切片多用于文件的输入和输出操作，具体操作可参考第 8 章。

3.4.4 copy()函数

我们可在现有数组元素的基础上生成一个切片，并通过 copy()函数将现有切片复制至另一个切片中。然而,考虑到 copy()函数的操作颇具技巧性,因而本节将借助于 copySlice.go 文件的 Go 代码对其应用进行阐明,该文件将被分为 4 部分内容加以讨论。

提示:

当在切片上使用 copy()函数时应格外小心。内建函数 copy(dst, src)将复制 len(dst)和 len(src)中最小数量的元素。

copySlice.go 文件的第 1 部分内容如下所示。

```
package main

import (
    "fmt"
)

func main() {
    a6 := []int{-10, 1, 2, 3, 4, 5}
    a4 := []int{-1, -2, -3, -4}
    fmt.Println("a6:", a6)
    fmt.Println("a4:", a4)

    copy(a6, a4)
    fmt.Println("a6:", a6)
    fmt.Println("a4:", a4)
    fmt.Println()
```

上述代码定义了名为 a6 和 a4 的两个切片,随后输出这两个切片并尝试将 a4 复制至 a6 中。由于 a6 比 a4 包含更多的元素,因此 a4 中的所有元素都将被复制至 a6 中。然而,由于 a4 仅包含 4 个元素,而 a6 包含 6 个元素,因此 a6 的最后两个元素保持不变。

copySlice.go 文件的第 2 部分内容如下所示。

```
b6 := []int{-10, 1, 2, 3, 4, 5}
b4 := []int{-1, -2, -3, -4}
fmt.Println("b6:", b6)
fmt.Println("b4:", b4)
copy(b4, b6)
fmt.Println("b6:", b6)
fmt.Println("b4:", b4)
```

其中,仅 b6 的前 4 个元素被复制至 b4 中,因为 b4 仅包含 4 个元素。

copySlice.go 文件的第 3 部分内容如下所示。

```
fmt.Println()
array4 := [4]int{4, -4, 4, -4}
s6 := []int{1, 1, -1, -1, 5, -5}
copy(s6, array4[0:])
fmt.Println("array4:", array4[0:])
fmt.Println("s6:", s6)
fmt.Println()
```

这里尝试将 4 个元素的数组复制至 6 个元素的切片中。注意，借助于[:]符号（array4[0:]），数组被转换为一个切片。

copySlice.go 文件的第 4 部分内容如下所示。

```
    array5 := [5]int{5, -5, 5, -5, 5}
    s7 := []int{7, 7, -7, -7, 7, -7, 7}
    copy(array5[0:], s7)
    fmt.Println("array5:", array5)
    fmt.Println("s7:", s7)
}
```

此处可以看到如何将一个切片复制至包含 5 个元素空间的数组中。由于 copy()函数仅接收切片参数，因此还应使用[:]符号将数组转换为切片。

如果打算在不使用[:]符号的情况下将数组复制至切片中（反之亦然），那么程序将无法通过编译，并生成下列错误消息之一。

```
# command-line-arguments
./a.go:42:6: first argument to copy should be slice; have [5]int
./a.go:43:6: second argument to copy should be slice or string; have [5]int
./a.go:44:6: arguments to copy must be slices; have [5]int, [5]int
```

执行 copySlice.go 文件将生成下列输出结果。

```
$ go run copySlice.go
a6: [-10 1 2 3 4 5]
a4: [-1 -2 -3 -4]
a6: [-1 -2 -3 -4 4 5]
a4: [-1 -2 -3 -4]
b6: [-10 1 2 3 4 5]
b4: [-1 -2 -3 -4]
b6: [-10 1 2 3 4 5]
b4: [-10 1 2 3]
array4: [4 -4 4 -4]
s6: [4 -4 4 -4 5 -5]
array5: [7 7 -7 -7 7]
s7: [7 7 -7 -7 7 -7 7]
```

3.4.5 多维切片

与数组类似,切片也可包含多个维度。下列语句将生成一个二维切片。

```
s1 := make([][]int, 4)
```

💡 **提示:**

如果发现一直在使用多维切片,那么应尝试重新思考当前的方案,进而选择一种相对简单的、非多维切片设计方案。

接下来将讨论多维切片的示例代码。

3.4.6 切片的另一个示例

slices.go 程序的 Go 代码明晰了与切片相关的诸多内容,该文件将被分为 5 个部分内容加以讨论。

slices.go 文件的第 1 部分内容包含了导入部分和两个切片的定义,如下所示。

```
package main

import (
    "fmt"
)

func main() {
    aSlice := []int{1, 2, 3, 4, 5}
    fmt.Println(aSlice)
    integers := make([]int, 2)
    fmt.Println(integers)
    integers = nil
    fmt.Println(integers)
```

slices.go 文件的第 2 部分内容展示了如何使用[:]符号生成一个新的切片,该切片引用了现有的数组。记住,此时并未创建数组的副本,而是对其加以引用,这将在程序的输出结果中进行验证。该部分对应的内容如下所示。

```
anArray := [5]int{-1, -2, -3, -4, -5}
refAnArray := anArray[:]

fmt.Println(anArray)
fmt.Println(refAnArray)
```

```
anArray[4] = -100
fmt.Println(refAnArray)
```

slices.go 文件的第 3 部分代码段通过 make() 函数定义了一个一维切片和另一个二维切片，如下所示。

```
s := make([]byte, 5)
fmt.Println(s)
twoD := make([][]int, 3)
fmt.Println(twoD)
fmt.Println()
```

由于切片被 Go 自动初始化，因此上述两个切片的所有元素都将包含切片类型的 0 值——对于整数，这将是 0 值；而对于切片，这将是 nil。记住，多维切片的元素仍是切片。

slices.go 文件的第 4 部分内容包含下列 Go 代码，我们将学习如何通过手动方式初始化二维切片的所有元素。

```
for i := 0; i < len(twoD); i++ {
    for j := 0; j < 2; j++ {
        twoD[i] = append(twoD[i], i*j)
    }
}
```

上述代码表明，当扩展一个现有切片并使其增长时，需要使用 append() 函数，而非仅仅引用不存在的索引。后者将生成一条"panic: runtime error: index out of range"错误消息。注意，切片元素值可任意加以选择。

slices.go 文件的第 5 部分内容展示了如何使用 range 关键字访问和输出二维切片的所有元素，如下所示。

```
for _, x := range twoD {
    for i, y := range x {
        fmt.Println("i:", i, "value:", y)
    }
    fmt.Println()
}
```

执行 slices.go 文件将生成下列输出结果。

```
$ go run slices.go
[1 2 3 4 5]
[0 0]
[]
```

```
[-1 -2 -3 -4 -5]
[-1 -2 -3 -4 -5]
[-1 -2 -3 -4 -100]
[0 0 0 0 0]
[[] [] []]
i: 0 value: 0
i: 1 value: 0
i: 0 value: 0
i: 1 value: 1
i: 0 value: 0
i: 1 value: 2
```

其中，二维切片对象被初始化为 nil，因而作为空值被输出。其原因在于，切片类型的 0 值为 nil。

3.4.7 利用 sort.Slice()函数对切片进行排序

本节将介绍 sort.Slice()函数的应用，该函数在 Go 1.8 版本中被首次引入。这意味着，sortSlice.go 文件中的代码无法在低于 Go 1.8 的版本上运行。sortSlice.go 文件将被分为 3 部分内容加以讨论。sortSlice.go 文件的第 1 部分内容如下所示。

```
package main

import (
    "fmt"
    "sort"
)

type aStructure struct {
    person string
    height int
    weight int
}
```

在上述代码中，除导入语句外，还将首次看到 Go 语言中结构方面的定义。第 4 章将整体介绍 Go 语言中的结构。当前，读者仅需了解结构类型包含了多种类型的多个变量。

sortSlice.go 文件的第 2 部分内容如下所示。

```
func main() {
    mySlice := make([]aStructure, 0)
    mySlice = append(mySlice, aStructure{"Mihalis", 180, 90})
    mySlice = append(mySlice, aStructure{"Bill", 134, 45})
```

```
    mySlice = append(mySlice, aStructure{"Marietta", 155, 45})
    mySlice = append(mySlice, aStructure{"Epifanios", 144, 50})
    mySlice = append(mySlice, aStructure{"Athina", 134, 40})

    fmt.Println("0:", mySlice)
```

此处生成了名为 mySlice 的新切片，其中包含了 aStructure 结构中的元素。
sortSlice.go 文件的第 3 部分内容如下所示。

```
    sort.Slice(mySlice, func(i, j int) bool {
        return mySlice[i].height < mySlice[j].height
    })
    fmt.Println("<:", mySlice)
    sort.Slice(mySlice, func(i, j int) bool {
        return mySlice[i].height > mySlice[j].height
    })
    fmt.Println(">:", mySlice)
}
```

这里通过 sort.Slice()函数和两个匿名函数对 mySlice 排序了两次。其间使用 aStructure 的 height 字段，每次执行一个匿名函数。

提示：

sort.Slice()函数根据排序函数调整切片中的元素顺序。

执行 sortSlice.go 文件将生成下列输出结果。

```
$ go run sortSlice.go
0: [{Mihalis 180 90} {Bill 134 45} {Marietta 155 45} {Epifanios 144 50} {Athina 134 40}]
<: [{Bill 134 45} {Athina 134 40} {Epifanios 144 50} {Marietta 155 45} {Mihalis 180 90}]
>: [{Mihalis 180 90} {Marietta 155 45} {Epifanios 144 50} {Bill 134 45} {Athina 134 40}]
```

当尝试在低于 Go 1.8 版本的 UNIX 机器上执行 sortSlice.go 文件时，将得到下列错误消息。

```
$ go version
o version go1.3.3 linux/amd64
$ go run sortSlice.go
# command-line-arguments
./sortSlice.go:24: undefined: sort.Slice
./sortSlice.go:28: undefined: sort.Slice
```

3.4.8 向切片中附加一个数组

本节将学习如何利用 appendArrayToSlice.go 文件中的技术向现有切片中附加一个数组。该文件将被分为两部分内容加以讨论。appendArrayToSlice.go 文件的第 1 部分内容如下所示。

```go
package main

import (
    "fmt"
)

func main() {
    s := []int{1, 2, 3}
    a := [3]int{4, 5, 6}
```

截至目前,我们仅创建并初始化了切片 s 和数组 a。
appendArrayToSlice.go 文件的第 2 部分内容如下所示。

```go
    ref := a[:]
    fmt.Println("Existing array:\t", ref)
    t := append(s, ref...)
    fmt.Println("New slice:\t", t)
    s = append(s, ref...)
    fmt.Println("Existing slice:\t", s)
    s = append(s, s...)
    fmt.Println("s+s:\t\t", s)
}
```

这里需要关注两件事情。首先,我们创建了新的切片 t(包含 a+s 的元素),并将数组 a 附加至切片 s 中,最后将结果存储于切片 s 中。因此,我们可选择是否将新切片存储于现有的切片变量中,这主要取决于任务目标。

其次,我们需要生成一个指向现有数组的引用(ref:= a[:])。此处应注意 ref 变量在两个 append() 调用中的使用方式,其中,3 个点(...)将数组分解为附加至现有切片中的参数。

程序的最后两条语句展示了如何将切片复制至自身的结尾处,且仍然需要使用 3 个点(...)。

执行 appendArrayToSlice.go 文件将生成下列输出结果。

```
$ go run appendArrayToSlice.go
Existing array:      [4 5 6]
New slice:           [1 2 3 4 5 6]
Existing slice:      [1 2 3 4 5 6]
s+s:                 [1 2 3 4 5 6 1 2 3 4 5 6]
```

3.5 Go 语言中的映射

Go 语言中的映射等价于其他编程语言中的哈希表。映射的主要优点是其可以使用任意数据类型作为索引,即映射键或键。虽然 Go 映射不排除键的数据类型,但键数据类型应是可比较的。也就是说,Go 编译器应可区分不同的键。简而言之,映射键必须支持"=="运算符。

对此,Go 语言中的映射好的一面是,几乎所有的数据类型都是可比较的。但是,正如所预料的那样,采用 bool 数据类型作为映射键肯定会限制我们的选择范围。

除此之外,浮点数字键也会在不同的机器和操作系统上产生精度问题。

提示:

如前所述,Go 语言中的映射是一个哈希表引用。Go 语言隐藏了哈希表的实现过程及其复杂度。关于 Go 语言中的哈希表实现,读者可参考第 5 章。

借助于 make()函数,可利用 string 键和 int 值创建一个新的空映射,如下所示。

```
iMap = make(map[string]int)
```

除此之外,还可使用映射字面值创建包含填充数据的新映射,如下所示。

```
anotherMap := map[string]int {
"k1": 12
"k2": 13
}
```

我们还可以访问 anotherMap 的两个对象,即 anotherMap["k1"]和 anotherMap["k2"]。另外,还可通过 delete()函数删除映射的一个对象,如下所示。

```
delete(anotherMap, "k1")
```

最后,还可通过下列技巧遍历映射中的所有元素。

```
for key, value := range iMap {
    fmt.Println(key, value)
}
```

usingMaps.go 文件详细描述了映射的使用方式。该文件将被分为 3 部分内容加以讨论。usingMaps.go 文件的第 1 部分内容如下所示。

```go
package main

import (
    "fmt"
)

func main() {

    iMap := make(map[string]int)
    iMap["k1"] = 12
    iMap["k2"] = 13
    fmt.Println("iMap:", iMap)

    anotherMap := map[string]int{
        "k1": 12,
        "k2": 13,
    }
```

usingMaps.go 文件的第 2 部分内容如下所示。

```go
fmt.Println("anotherMap:", anotherMap)
delete(anotherMap, "k1")
delete(anotherMap, "k1")
delete(anotherMap, "k1")
fmt.Println("anotherMap:", anotherMap)

_, ok := iMap["doesItExist"]
if ok {
    fmt.Println("Exists!")
} else {
    fmt.Println("Does NOT exist")
}
```

这里所讨论的技术可判断给定键是否位于映射中。这可被视为一项较为重要的技术，否则，我们将无法了解给定映射是否包含所需的信息。

💡 提示：

Go 语言中的映射坏的一方面是，如果尝试获取映射中不存在的映射键-值，则会得到 0 值，进而无法判断相关结果是否为 0 值。其原因在于，一方面，所请求的键-值不存在；另一方面，包含对应键的元素实际上包含了 0 值，这也是映射中使用_, ok 的原因。

此外，我们还可看到 delete() 函数的实际操作。多次调用相同的 delete() 语句不会产生任何差异，也不会生成任何警告消息。

usingMaps.go 文件的第 3 部分内容如下所示。

```
for key, value := range iMap {
    fmt.Println(key, value)
}
}
```

此处展示了映射上的关键字 range 的应用，对应过程较为优雅和方便。

执行 usingMaps.go 文件将得到下列输出结果。

```
$ go run usingMaps.go
iMap: map[k1:12 k2:13]
anotherMap: map[k1:12 k2:13]
anotherMap: map[k2:13]
Does NOT exist
k1 12
k2 13
```

💡 **提示：**
不能也不应对映射在屏幕上显示的顺序做出任何假设，因为该顺序是完全随机的。

3.5.1 存储至 nil 映射中

下列 Go 代码可正常工作。

```
aMap := map[string]int{}
aMap["test"] = 1
```

然而，下列代码则无法正常工作——此处将 nil 值赋予尝试使用的映射。

```
aMap := map[string]int{}
// var aMap map[string]int
aMap = nil
fmt.Println(aMap)
aMap["test"] = 1
```

随后，将上述代码保存至 failMap.go 文件中，并尝试对其进行编译，这将生成下列错误消息。

```
$ go run failMap.go
map[]
```

```
panic: assignment to entry in nil map
...
```

这意味着,无法将数据插入 nil 映射中。然而,在 nil 映射上查找、删除、计算长度和使用 range 循环则不会导致代码崩溃。

3.5.2 何时应使用映射

与切片和数组相比,映射更具多样性。但这种灵活性也需要付出代价。实现 Go 映射需要某些额外的处理过程,但内建结构对此提供了支持,因而可在必要时使用 Go 映射。回忆一下,Go 映射使用起来十分方便,并可存储多种不同类型的数据,同时兼具简便和快速的特性。

3.6 Go 语言中的常量

Go 语言支持常量,而常量是无法修改其值的变量。Go 语言中的常量借助于 const 关键字定义。

💡 **提示:**
一般来讲,常量表示为全局变量。如果在局部范围内定义了过多的常量,我们应重新思考相应的解决方案。

程序中常量的主要优点是,可确保相关值在程序执行期间不会发生改变。严格地讲,常量值在编译期内定义,而非运行期。

其背后思想可描述为,Go 语言使用布尔、字符串或数字作为存储常量变量的类型。当处理常量时,这可赋予 Go 语言更大的灵活性。

我们可按照下列方式定义常量。

```
const HEIGHT = 200
```

注意,在 Go 语言中,我们针对常量不使用 ALL CAPS,但这仅是个人爱好问题。除此之外,如果希望一次性声明多个常量(变量间彼此相关),则可使用下列符号。

```
const (
    C1 = "C1C1C1"
    C2 = "C2C2C2"
    C3 = "C3C3C3"
)
```

注意，Go 编译器将应用于所有常量上的操作结果也视为常量。然而，如果某个常量是较大的表达式的一部分内容，该情况则不属于此例。

接下来，针对一些完全不同的事物考查下列 3 个变量声明，它们在 Go 语言中表示为完全相同的事物。

```
s1 := "My String"
var s2 = "My String"
var s3 string = "My String"
```

由于上述声明中并未包含 const 关键字，因此皆非常量。相应地，也可采用类似的方式定义两个常量，如下所示。

```
const s1 = "My String"
const s2 string = "My String"
```

虽然 s1 和 s2 均被定义为常量，但 s2 涵盖了类型声明（string）。与 s1 的声明相比，这也使得其声明更具限制性。其原因在于，一方面，Go 语言中的类型化常量需要遵守类型化变量的严格规则；另一方面，缺少类型的常量无须遵守类型化变量的全部规则，进而可与表达式实现混用。此外，即使缺少类型的常量也包含了默认类型，且仅用于不存在其他类型信息时。其主要原因可解释为，由于不了解常量的使用方式，因此也不会对相应的 Go 语言规则做进一步要求。

const value = 123 即可被视为数字常量定义的简单示例。考虑到我们可能会在许多表达式中使用值（value）常量，因而声明一个类型范围增加了工作的复杂度。考查下列 Go 代码。

```
const s1 = 123
const s2 float64 = 123

var v1 float32 = s1 * 12
var v2 float32 = s2 * 12
```

虽然编译器对 v1 的定义并不会报错，但用于 v2 的定义代码则不会通过编译，因为 s2 和 v2 包含了不同的类型。

```
$ go run a.go
# command-line-arguments
./a.go:12:6: cannot use s2 * 12 (type float64) as type float32 in assignment
```

作为一般建议，当在程序中使用多个常量时，较好的做法是将其收集在一个 Go 包或

Go 结构中。

常量生成器 iota 用于声明一个相关值序列，这些值使用了递增的数字，且无须显式地输入每个值。

大多数与关键字 const 相关的概念（包括常量生成器 iota）将在 constants.go 文件中予以展示。该文件将被分为 4 部分内容加以讨论。

constants.go 文件的第 1 部分内容如下所示。

```go
package main

import (
    "fmt"
)

type Digit int
type Power2 int

const PI = 3.1415926

const (
    C1 = "C1C1C1"
    C2 = "C2C2C2"
    C3 = "C3C3C3"
)
```

在第 1 部分内容中声明了两个名为 Digit 和 Power2 的新类型，以及 4 个名为 PI、C1、C2 和 C3 的新常量。

💡提示：

Go 语言中的类型（type）是一种新命名类型（named type）的定义方式，并采用与现有类型相同的底层类型，主要用于区分可能使用同一种数据的不同类型。

constants.go 文件的第 2 部分内容如下所示。

```go
func main() {
    const s1 = 123
    var v1 float32 = s1 * 12
    fmt.Println(v1)
    fmt.Println(PI)
```

在第 2 部分内容中定义了用于表达式（v1）中的另一个常量（s1）。

constants.go 文件的第 3 部分内容如下所示。

```
const (
    Zero Digit = iota
    One
    Two
    Three
    Four
)
fmt.Println(One)
fmt.Println(Two)
```

此处可以看到基于 Digit 的常量生成器 iota 的定义，该常量生成器等价于下列 4 个常量声明。

```
const (
    Zero = 0
    One = 1
    Two = 2
    Three = 3
    Four = 4
)
```

constants.go 文件的第 4 部分内容如下所示。

```
const (
    p2_0 Power2 = 1 << iota
    _
    p2_2
    _
    p2_4
    _
    p2_6
)

fmt.Println("2^0:", p2_0)
fmt.Println("2^2:", p2_2)
fmt.Println("2^4:", p2_4)
fmt.Println("2^6:", p2_6)
}
```

这里存在另一个常量生成器 iota，该常量生成器与之前的常量生成器 iota 稍有不同。首先，我们可以看到包含常量生成器 iota 的 const 块中使用了下画线，这允许忽略不需要的值；其次，iota 值总是呈递增状态，并可用于表达式中，这也是当前示例所对应的状态。

接下来查看 const 块中究竟发生了什么事情。对于 p2_0，iota 包含了值 0 且 p2_0 被定义为 1；对于 p2_2，iota 包含了值 2 且 p2_2 被定义为表达式 1 << 2 的结果，即二进制表达的 00000100。00000100 的十进制值是 4，即 p2_2 的结果和值。类似地，p2_4 的值为 16，p2_6 的值为 32。

可以看到，如果满足相关要求，那么 iota 的使用可节省大量的时间。

执行 constants.go 文件将生成下列结果。

```
$ go run constants.go
1476
3.1415926
1
2
2^0: 1
2^2: 4
2^4: 16
2^6: 64
```

3.7 Go 语言中的指针

Go 语言支持指针，即内存地址。指针可提高速度，但代码调试较为困难且易于生成 bug。相信 C 程序员对此印象深刻。

第 2 章在介绍不安全的代码、unsafe 包以及 Go 垃圾收集器时曾讨论了指针，本节将深入探讨这一话题。如果读者清楚地知道自己所做的一切，那么本地 Go 指针是安全的。

当与指针协同工作时，可使用*获取指针值，即指针的解引用；而&则用于获取非指针变量的内存地址。

💡 提示：

一般来讲，业余开发人员应该仅在所使用的库需要指针时才使用指针，因为如果不小心使用，指针可能会导致可怕的灾难和难以发现的 bug。

我们可定义一个函数，并接收一个指针参数，如下所示。

```
func getPointer(n *int) {
}
```

类似地，我们也可以定义一个函数，并返回一个指针，如下所示。

```
func returnPointer(n int) *int {
}
```

pointers.go 文件展示了安全的指针使用方式，该文件将被分为 4 部分内容加以讨论。pointers.go 文件的第 1 部分内容如下所示。

```
package main

import (
    "fmt"
)

func getPointer(n *int) {
    *n = *n * *n
}

func returnPointer(n int) *int {
    v := n * n
    return &v
}
```

一方面，使用 getPointer()函数的好处是，它可更新传递于其中的变量，且无须向调用者函数中返回任何内容，因为作为参数传递的指针包含了该变量的内存地址。

另一方面，returnPointer()函数获取一个整数参数，并返回一个指向整数的指针，即 return &v。虽然这看起来并不是那么有用，但在讨论第 4 章的 Go 结构指针以及后续章节中的复杂数据结构时，将会发现这一功能十分有效。

getPointer()和 returnPointer()函数均计算某个整数的平方值，但它们采用了完全不同的方法。getPointer()函数将结果存储于所提供的参数中；而 returnPointer()函数则返回计算结果，且需要一个不同的变量存储该结果。

pointers.go 文件的第 2 部分内容如下所示。

```
func main() {
    i := -10
    j := 25

    pI := &i
    pJ := &j

    fmt.Println("pI memory:", pI)
    fmt.Println("pJ memory:", pJ)
    fmt.Println("pI value:", *pI)
    fmt.Println("pJ value:", *pJ)
```

其中，i 和 j 均为普通的整数变量，而 pI 和 pJ 则分别表示指向 i 和 j 的指针。另外，pI 表示指针的内存地址，而*pI 则表示存储于该内存地址中的数值。

pointers.go 文件的第 3 部分内容如下所示。

```
*pI = 123456
*pI--
fmt.Println("i:", i)
```

此处可以看到如何采用两种方式并通过指向 i 的 pI 指针修改变量 i：首先是直接将新值赋予其中；其次则是使用"--"操作符。

pointers.go 文件的第 4 部分内容如下所示。

```
    getPointer(pJ)
    fmt.Println("j:", j)
    k := returnPointer(12)
    fmt.Println(*k)
    fmt.Println(k)
}
```

这里使用 pJ 作为参数调用 getPointer()函数。如前所述，在 getPointer()函数中，pJ 指向的变量的任何变化均会作用于 j 变量上，这可通过 fmt.Println("j:", j)语句进行验证。returnPointer()函数调用返回一个指针，该指针被赋予一个 k 指针变量。

运行 pointers.go 文件将生成下列输出结果。

```
$ go run pointers.go
pI memory: 0xc0000160b0
pJ memory: 0xc0000160b8
pI value: -10
pJ value: 25
i: 123455
j: 625
144
0xc0000160f0
```

由于我们尚未介绍函数和函数定义，读者可能对 pointers.go 文件中的 Go 代码稍有疑惑。第 6 章将深入讨论函数方面的内容。

💡 提示：

Go 语言中的字符串表示为值类型，而非 C 语言中的指针。

在程序中，针对使用指针存在以下两个主要原因。

❏ 指针支持数据共享，尤其是 Go 函数之间。

❏ 当区分 0 值和非设定值时，指针十分有用。

3.8　时间和日期

本节将学习如何解析 Go 语言中的时间和日期、如何转换不同的时间和日期格式，以及如何以期望格式输出时间和日期。虽然此类任务初看之下并无太多意义，但在同步多项任务时、应用程序需要从一个或多个文本中（或者直接从用户处）读取日期时，时间和日期将变得十分重要。

在 Go 语言中，time 包可与时间和日期协同工作，稍后将讨论其中的某些函数操作示例。

在学习如何解析一个字符串并将其转换为时间或日期之前，下面首先考查一个简单的 usingTime.go 文件，其中包含了与 time 包相关的介绍。usingTime.go 文件将被分为 3 部分内容加以讨论，该文件的第 1 部分内容如下所示。

```go
package main

import (
    "fmt"
    "time"
)
```

usingTime.go 文件的第 2 部分内容包含下列 Go 代码。

```go
func main() {
    fmt.Println("Epoch time:", time.Now().Unix())
    t := time.Now()
    fmt.Println(t, t.Format(time.RFC3339))
    fmt.Println(t.Weekday(), t.Day(), t.Month(), t.Year())

    time.Sleep(time.Second)
    t1 := time.Now()
    fmt.Println("Time difference:", t1.Sub(t))
```

其中，time.Now().Unix()函数返回 UNIX 时间戳，也就是从 1970 年 1 月 1 日起到此刻所经历的秒数。另外，Format()函数将 time 变量转换为另一种格式，在当前示例中为 RFC3339 格式。

在本书中，time.Sleep()函数将多次出现，用于简单地模拟真实函数的执行延迟。在 Go 语言中，常量 time.Second 可用于实现 1s 的延迟。如果需要定义一个 10s 的延迟时间，可将 time.Second 乘以 10。其他类似的常量还包括 time.Nanosecond、time.Microsecond、 time.Millisecond、time.Minute 和 time.Hour。因此，time 可定义的最小时间量为纳秒。最后，time.Sub()函数可计算两个时间之间的时间差。

usingTime.go 文件的第 3 部分内容如下所示。

```
    formatT := t.Format("01 January 2006")
    fmt.Println(formatT)
    loc, _ := time.LoadLocation("Europe/Paris")
    londonTime := t.In(loc)
    fmt.Println("Paris:", londonTime)
}
```

此处利用 time.Format()函数定义了一种新的日期格式，以便使用它输出 time 变量。执行 usingTime.go 文件将生成下列输出结果。

```
$ go run usingTime.go
Epoch time: 1548753515
2019-01-29 11:18:35.01478 +0200 EET m=+0.000339641
2019-01-29T11:18:35+02:00
Tuesday 29 January 2019
Time difference: 1.000374985s
01 January 2019
Paris: 2019-01-29 10:18:35.01478 +0100 CET
```

在了解了 time 包的基本内容后，接下来将详细介绍其功能，并开始与时间协同工作。

3.8.1 与时间协同工作

当定义了一个 time 变量后，可将其转换为与时间和日期相关的任何内容。然而，这里的主要问题与字符串相关，如查看字符串是否表示为有效的时间。对此，time.Parse()函数可用于解析时间和日期字符串，该函数接收两个参数，第 1 个参数表示被解析的字符串的期望格式，而第 2 个参数表示被解析的实际字符串。另外，第 1 个参数由与日期和时间解析相关的 Go 语言中的常量列表元素构成。

💡提示：

读者可访问 https://golang.org/src/time/format.go，以查看创建自解析格式所用的常量列表。Go 语言并未以其他编程语言中的 DDYYYYMM 或%D %Y %M 形式定义日期或时间格式，而是采用了自己的解决方案。初看之下，此类方案可能稍显奇怪，但在了解到这会阻止许多愚蠢的错误后，相信大家定会对此赞赏不已。

Go 语言处理时间的常量包括，15 用于解析小时；04 用于解析分钟；05 用于解析秒。

不难发现，所有这一类数字值都是唯一的。另外，还可使用 PM 解析大写的 PM 字符串，而用 pm 解析小写的 pm 字符串。

注意，不必强制使用 Go 语言中的常量。开发人员的主要任务是以所需顺序设置各种 Go 语言中的常量，进而匹配程序需处理的字符串类型。我们可将字符串的最终版本（作为第 1 个参数被传递至 time.Parse()函数中）视为一个正则表达式。

3.8.2 解析时间

本节将讨论如何解析一个字符串，即 parseTime.go 实用程序的命令行参数，进而将其转换为一个 time 变量。然而，考虑到该字符串可能缺少正确的格式，或者可能包含错误的字符，因而实际处理过程可能会产生错误。parseTime.go 文件将被分为 3 部分内容加以讨论。

parseTime.go 文件的第 1 部分内容如下所示。

```go
package main

import (
    "fmt"
    "os"
    "path/filepath"
    "time"
)
```

parseTime.go 文件的第 2 部分内容如下所示。

```go
func main() {
    var myTime string
    if len(os.Args) != 2 {
        fmt.Printf("usage: %s string\n", filepath.Base(os.Args[0]))
        os.Exit(1)
    }

    myTime = os.Args[1]
```

parseTime.go 文件的第 3 部分内容涵盖了一定的技巧，如下所示。

```go
    d, err := time.Parse("15:04", myTime)
    if err == nil {
        fmt.Println("Full:", d)
        fmt.Println("Time:", d.Hour(), d.Minute())
    } else {
```

```
        fmt.Println(err)
    }
}
```

当解析小时和分钟字符串时，需要使用"15:04"。err 变量值则负责通知解析结果是否正确。

执行 parseTime.go 文件将生成下列结果。

```
$ go run parseTime.go
usage: parseTime string
exit status 1
$ go run parseTime.go 12:10
Full: 0000-01-01 12:10:00 +0000 UTC
Time: 12 10
```

此处可以看到，Go 语言输出了保存在 time 变量中的完整的日期和时间字符串。如果仅对时间感兴趣（不包括日期），则应输出 time 变量中的对应部分。

当尝试解析一个字符串并将其转换为时间时，如果使用了诸如 22:04 这一类错误的 Go 语言中的常量，那么将得到下列错误消息。

```
$ go run parseTime.go 12:10
parsing time "12:10" as "22:04": cannot parse ":10" as "2"
```

然而，如果使用诸如 11 这一类 Go 语言中的常量解析月份，而月份给定为一个数字时，错误消息则稍有不同，如下所示。

```
$ go run parseTime.go 12:10
parsing time "12:10": month out of range
```

3.8.3 与日期协同工作

本节将学习如何解析 Go 语言中表示日期的字符串，其间需要使用 time.Parse()函数。

当解析 3 个字母缩写形式的月份时，此处与日期协同工作的 Go 语言中的常量为 Jan，2006 用于解析年份，02 用于解析月份的某一天。如果使用 January 而非 Jan，那么将会得到月份的完整名称，而非 3 个字母的缩写形式，其意义将更加明显。

除此之外，还可使用 Monday 解析包含完整星期名的字符串，Mon 则表示为星期的缩写版本。

3.8.4 解析日期

当解析日期时，parseDate.go 文件将被分为两部分内容加以讨论。

parseDate.go 文件的第 1 部分内容如下所示。

```go
package main

import (
    "fmt"
    "os"
    "path/filepath"
    "time"
)

func main() {

    var myDate string
    if len(os.Args) != 2 {
        fmt.Printf("usage: %s string\n", filepath.Base(os.Args[0]))
        return
    }

    myDate = os.Args[1]
```

parseDate.go 文件的第 2 部分内容如下所示。

```go
    d, err := time.Parse("02 January 2006", myDate)
    if err == nil {
        fmt.Println("Full:", d)
        fmt.Println("Time:", d.Day(), d.Month(), d.Year())
    } else {
        fmt.Println(err)
    }
}
```

如果月份名称和年份名称之间存在一个-字符，则可使用"02 January-2006"而非"02 January 2006"作为 time.Parse()函数的第 1 个参数。

执行 parseDate.go 文件将生成下列输出结果。

```
$ go run parseDate.go
usage: parseDate string
$ go run parseDate.go "20 July 2000"
Full: 2000-07-20 00:00:00 +0000 UTC
Time: 20 July 2000
```

parseDate.go 文件并不打算包含与具体时间相关的数据，因而完整的日期和事件字符串结尾处自动添加了 00:00:00 +0000 UTC 字符串。

3.8.5 修改日期和时间格式

本节将学习如何修改包含日期和时间的字符串格式。对此，较为常见的用例是在 Web 服务器的日志文件中查找此类字符串，如 Apache 和 Nginx。由于目前尚不知道如何逐行读取文本文件，因此对应的文本内容将在查询中以硬编码方式实现，但这并不会改变读取程序的实质功能。下面考查 timeDate.go 文件。

timeDate.go 文件将被分为 4 部分内容加以讨论，该文件的第 1 部分内容如下所示。

```
package main

import (
    "fmt"
    "regexp"
    "time"
)
```

此处需要使用 regexp 标准包以支持正则表达式。

timeDate.go 文件的第 2 部分内容如下所示。

```
func main() {

    logs := []string{"127.0.0.1 - - [16/Nov/2017:10:49:46 +0200] 325504", "127.0.0.1 - - [16/Nov/2017:10:16:41 +0200] \"GET /CVEN HTTP/1.1\" 200 12531 \"-\" \"Mozilla/5.0 AppleWebKit/537.36\", "127.0.0.1 200 9412 - - [12/Nov/2017:06:26:05 +0200] \"GET \"http://www.mtsoukalos.eu/taxonomy/term/47\" 1507",
        "[12/Nov/2017:16:27:21 +0300]",
        "[12/Nov/2017:20:88:21 +0200]",
        "[12/Nov/2017:20:21 +0200]",
    }
```

由于目前尚无法确定相关数据及其格式，因此程序所用的示例数据尝试包含了各种不同的情形，包括不完整的数据，如[12/Nov/2017:20:21 +0200]，其中并未包含时间部分的秒数，以及[12/Nov/2017:20:88:21 +0200]这一类错误的数据，其中分钟值为 88。

timeDate.go 文件的第 3 部分内容如下所示。

```
    for _, logEntry := range logs {
        r :=
regexp.MustCompile(`.*\[(\d\d/\w+/\d\d\d\d:\d\d:\d\d:\d\d.*)\].*`)
```

```
            if r.MatchString(logEntry) {
                match := r.FindStringSubmatch(logEntry)
```

这一类难以阅读的正则表达式的优点在于，允许代码发现行中是否包含日期和时间字符串。在得到对应的字符串后，可将其传递至 time.Parse()函数中，其余工作则由 time.Parse()函数来完成。

timeDate.go 文件的第 4 部分内容如下所示。

```
                dt, err := time.Parse("02/Jan/2006:15:04:05 -0700",
match[1])
                if err == nil {
                    newFormat := dt.Format(time.RFC850)
                    fmt.Println(newFormat)
                } else {
                    fmt.Println("Not a valid date time format!")
                }
            } else {
                fmt.Println("Not a match!")
            }
        }
}
```

一旦发现某个字符串与正则表达式匹配，就可利用 time.Parse()函数对其进行解析，以判断是否为有效的日期和时间字符串。若是，timeDate.go 文件将会根据 RFC850 格式输出日期和时间。

执行 timeDate.go 文件将会得到下列输出结果。

```
$ go run timeDate.go
Thursday, 16-Nov-17 10:49:46 EET
Thursday, 16-Nov-17 10:16:41 EET
Sunday, 12-Nov-17 06:26:05 EET
Sunday, 12-Nov-17 16:27:21 +0300
Not a valid date time format!
Not a match!
```

3.9 度量 Go 语言中的命令和函数的执行时间

本节将学习如何度量 Go 语言中一条或多条命令的执行时间。同样的技术也适用于度量一个函数或一组函数的执行时间。对应程序为 execTime.go 文件，该文件将被分为 3 部分内容加以讨论。

提示：

度量 Go 语言中的命令或函数的执行时间是一种易于实现的技术，非常强大且十分方便。因此，不要低估 Go 语言的简单性。

execTime.go 文件的第 1 部分内容如下所示。

```
package main

import (
    "fmt"
    "time"
)

func main() {
    start := time.Now()
    time.Sleep(time.Second)
    duration := time.Since(start)
    fmt.Println("It took time.Sleep(1)", duration, "to finish.")
```

此处需要使用 time 包提供的相关功能，进而度量一条命令的执行时间。全部工作由 time.Since()函数完成，该函数接收一个参数，即某个时间值。在当前示例中，我们正在度量 Go 执行 time.sleep(time.second)调用所花费的时间，因为这是 time.Now()和 time.Since()之间唯一的语句。

execTime.go 文件的第 2 部分内容如下所示。

```
start = time.Now()
time.Sleep(2 * time.Second)
duration = time.Since(start)
fmt.Println("It took time.Sleep(2)", duration, "to finish.")
```

此处将度量 Go 执行 time.Sleep(2 * time.Second)调用所消耗的时间。这对于计算 time.Sleep()函数的精确度十分有用，而这主要与 Go 语言的内部时钟精确度有关。

execTime.go 文件的第 3 部分内容如下所示。

```
start = time.Now()
for i := 0; i < 200000000; i++ {
    _ = i
}
duration = time.Since(start)
fmt.Println("It took the for loop", duration, "to finish.")

sum := 0
```

```
start = time.Now()
for i := 0; i < 200000000; i++ {
    sum += i
}
duration = time.Since(start)
fmt.Println("It took the for loop", duration, "to finish.")
```

在第 3 部分内容中度量了两个 for 循环的速度。其中，第 1 个 for 循环不执行任何操作，而第 2 个 for 循环执行某些计算任务。在程序的输出结果中可以看到，第 2 个 for 循环快于第 1 个 for 循环。

执行 execTime.go 文件将生成下列输出结果。

```
$ go run execTime.go
It took time.Sleep(1) 1.000768881s to finish.
It took time.Sleep(2) 2.00062487s to finish.
It took the for loop 50.497931ms to finish.
It took the for loop 47.70599ms to finish.
```

3.10　度量 Go 语言垃圾收集器的操作

至此，我们可重写第 2 章中的 sliceGC.go、mapNoStar.go、mapStar.go 和 mapSplit.go 文件，进而获得更准确的结果，且无须使用 time(1) UNIX 命令行实用程序。实际上，每个文件中所做的全部工作仅是在 time.Now()和 time.Since()函数之间嵌入对 runtime.GC()函数的调用并输出相应结果。sliceGC.go、mapNoStar.go、mapStar.go 和 mapSplit.go 文件更新后的版本分别被称作 sliceGCTime.go、mapNoStarTime.go、mapStarTime.go 和 mapSplitTime.go 文件。

执行更新后的版本将生成下列输出结果。

```
$ go run sliceGCTime.go
It took GC() 281.563µs to finish
$ go run mapNoStarTime.go
It took GC() 9.483966ms to finish
$ go run mapStarTime.go
It took GC() 651.704424ms to finish
$ go run mapSplitTime.go
It took GC() 12.743889ms to finish
```

与之前的版本相比，上述结果将更加准确，因为它们只显示了 runtime.GC()函数的执行时间，而不包括程序填充切片或映射（用于存储值）所花费的时间。尽管如此，当前结果仍然验证了 Go 语言垃圾收集器处理包含大量数据的映射变量时的缓慢程度。

3.11 Web 链接和练习

- ❑ 针对星期中的天数编写一个常量生成器 iota。
- ❑ 编写一个 Go 程序，将现有数组转换为映射。
- ❑ 访问 https://golang.org/pkg/time/ 并查看 time 包文档页面。
- ❑ 针对数字 4 的幂编写一个常量生成器 iota。
- ❑ 访问 https://github.com/golang/proposal/blob/master/design/19308-number-literals.md，其中介绍了 Go 2 以及数字字面值的变化，这有助于理解 Go 语言当前所发生的变化。
- ❑ 编写 parseDate.go 的自定义版本。
- ❑ 编写 parseTime.go 的自定义版本，并对程序进行测试。
- ❑ 尝试编写 timeDate.go 的另一个版本，并处理两种日期和时间格式。

3.12 本章小结

本章学习了许多有趣的主题，包括数字数据类型、循环、数组、切片、映射、Go 常量和 Go 指针，以及如何与日期和时间协同工作。另外，我们应理解为何切片优于数组。

第 4 章将讨论构建和使用组合类型，主要包括采用 struct 关键字创建的类型，即结构。随后，我们还将介绍 string 变量和元组。

除此之外，第 4 章还将考查正则表达式和模式匹配，无论是在 Go 语言中，抑或是其他语言中，这都是一个颇具技巧性的主题。经适当使用后，正则表达式和模式匹配可极大地改善开发人员的工作状况。

JSON 是一种非常流行的文本格式，第 4 章将讨论如何创建、导入和导出 JSON 格式。

最后，我们还将学习 switch 关键字和 strings 包，进而处理 UTF-8 字符串。

第 4 章　组合类型的使用

第 3 章讨论了 Go 语言中的许多核心话题，本章将考查一些更加高级的特性，如元组和字符串，Go 语言中的 strings 标准包和 switch 语句。其中较为重要的内容是结构，它广泛地应用于 Go 语言中。

除此之外，本章还将介绍如何与 JavaScript 对象表示法（JSON）和可扩展标记语言（XML）文本文件协同工作、如何实现简单的键-值存储、如何定义正则表达式，以及如何执行模式匹配。

本章主要涉及以下主题。
- Go 语言中的结构和 struct 关键字。
- Go 语言中的元组。
- Go 语言中的正则表达式。
- Go 语言中的模式匹配。
- Go 语言中的字符串、rune 和字符串字面值。
- string 包提供的各项功能。
- switch 语句。
- 计算高精度 Pi 值。
- 生成 Go 语言中的键-值存储。
- Go 语言和 JSON 格式。
- Go 语言和 YAML 格式。

4.1　关于组合类型

虽然 Go 语言中的标准类型具有方便、快速和灵活性等特征，但很可能无法包含需要支持的各种数据类型。对此，Go 语言提供了结构这一概念，并可通过开发人员自定义相关类型。除此之外，Go 语言还包含了自身的方式以支持元组，以使函数可返回多个值，且无须像 C 语言那样将其整合至结构中。

4.2　Go 语言中的结构

虽然数组、切片集合映射十分有用，但它们无法在同一处整合、加载多个值。当需要分组各种变量类型并创建一种新类型时，我们可使用结构。结构中的各种元素被称作结构的字段或简称为字段。

下面将解释一个简单的结构示例，对应结构定义于第 3 章的 sortSlice.go 文件中，如下所示。

```
type aStructure struct {
    person string
    height int
    weight int
}
```

结构的字段通常以小写字母开始，这主要取决于如何处理字段，第 6 章将对此加以讨论。当前结构包含 3 个字段，即 person、height 和 weight。随后，可创建一个 aStructure 类型的新变量，如下所示。

```
var s1 aStructure
```

此外，还可通过其名称访问结构的特定字段。因此，当获取 s1 变量的 person 字段值时，可输入 s1.person。

结构字面值可按照下列方式定义。

```
p1 := aStructure{"fmt", 12, -2}
```

然而，记住结构字段的顺序往往较为困难，因而 Go 语言采用另一种形式定义结构的字面值，如下所示。

```
p1 := aStructure{weight: 12, height: -2}
```

在该示例中，无须定义结构每个字段的初始值。

在了解了结构的基础知识后，下面将展示一个更具操作性的示例，即 structures.go 文件，该文件将被分为 4 部分内容加以讨论。

structures.go 文件的第 1 部分内容如下所示。

```
package main

import (
    "fmt"
)
```

💡 提示：

一般来讲，Go 语言中的类型，特别是结构，通常被定义于 main() 函数的外部，进而面向全局作用域并可用于整个 Go 包，除非希望某种类型仅在当前作用域有效，且不希望被其他地方使用。

structures.go 文件中的第 2 部分内容如下所示。

```
func main() {
    type XYZ struct {
        X int
        Y int
        Z int
    }

    var s1 XYZ
    fmt.Println(s1.Y, s1.Z)
```

可以看到,在某个函数中可任意定义一种新的结构类型,但需要拥有合理的理由。
structures.go 文件的第 3 部分内容如下所示。

```
p1 := XYZ{23, 12, -2}
p2 := XYZ{Z: 12, Y: 13}
fmt.Println(p1)
fmt.Println(p2)
```

此处定义了两个结构字面值,即 p1 和 p2,稍后将被输出。
structures.go 文件的第 4 部分内容如下所示。

```
    pSlice := [4]XYZ{}
    pSlice[2] = p1
    pSlice[0] = p2
    fmt.Println(pSlice)
    p2 = XYZ{1, 2, 3}
    fmt.Println(pSlice)
}
```

在第 4 部分内容中创建了一个名为 pSlice 的结构数组。从 structures.go 文件的输出结果可以看到,当向结构数组中赋予一个结构时,该结构将被复制至数组中,因而改变原始结构中的数值将不会对当前数组的对象产生任何影响。
执行 structures.go 文件将生成下列输出结果。

```
$ go run structures.go
0 0
{23 12 -2}
{0 13 12}
[{0 13 12} {0 0 0} {23 12 -2} {0 0 0}]
[{0 13 12} {0 0 0} {23 12 -2} {0 0 0}]
```

提示：

结构类型定义中字段的设置顺序对于所定义结构的类型标识来说十分重要。简而言之，在 Go 语言中，如果字段不具备相同的顺序，那么包含相同字段的两个结构并不会被视为等同。

structures.go 文件的输出结果表明，struct 变量的 0 值的构造方式可描述为，根据对应的类型，将 struct 变量的所有字段均设置为 0 值。

4.2.1 指向结构的指针

第 3 章曾讨论了指针。本节将考查与结构指针相关的示例。对应的程序名称为 pointerStruct.go 文件，该文件将被分为 4 部分内容加以讨论。

pointerStruct.go 文件的第 1 部分内容如下所示。

```
package main

import (
    "fmt"
)

type myStructure struct {
    Name     string
    Surname string
    Height   int32
}
```

pointerStruct.go 文件的第 2 部分内容如下所示。

```
func createStruct(n, s string, h int32) *myStructure {
    if h > 300 {
        h = 0
    }
    return &myStructure{n, s, h}
}
```

与自己初始化结构变量相比，createStruct()函数中创建新的结构变量的方法有许多优点，包括允许检查所提供的信息是否正确和有效。除此之外，上述方法也更加清晰——此处存在一个中心点并可于其中初始化结构变量。因此，若 struct 变量出现任何错误，我们可方便查找到具体位置和相关人员。注意，某些开发人员喜欢将 createStruct()函数命名为 NewStruct()函数。

第 4 章 组合类型的使用

> 💡 **提示：**
> 对于具有 C/C++背景的开发人员来说，Go 函数返回局部变量的内存地址完全合法，且不会丢失。

pointerStruct.go 文件的第 3 部分内容如下所示。

```
func retStructure(n, s string, h int32) myStructure {
    if h > 300 {
        h = 0
    }
    return myStructure{n, s, h}
}
```

第 3 部分内容展示了 createStruct()函数的非指针版本，即 retStructure()函数。两个函数均工作正常，因而 createStruct()和 retStructure()函数的选择结果完全根据个人喜好。这两个函数更为恰当的名称可能分别是 NewStructurePointer()和 NewStructure()。

pointerStruct.go 文件的第 4 部分内容如下所示。

```
func main() {
    s1 := createStruct("Mihalis", "Tsoukalos", 123)
    s2 := retStructure("Mihalis", "Tsoukalos", 123)
    fmt.Println((*s1).Name)
    fmt.Println(s2.Name)
    fmt.Println(s1)
    fmt.Println(s2)
}
```

执行 pointerStruct.go 文件将生成下列输出结果。

```
$ go run pointerStruct.go
Mihalis
Mihalis
&{Mihalis Tsoukalos 123}
{Mihalis Tsoukalos 123}
```

这里再次展示了 createStruct()和 retStructure()函数之间的主要差别。前者返回一个指向结构的指针，这意味着，需要解引用该指针以使用其所指向的对象；而后者返回整个结构对象，这也使得代码缺少一点儿优雅性。

> 💡 **提示：**
> 结构在 Go 语言中十分重要，并被广泛地应用于真实的程序中，因为结构可整合任意多个值，并将此类值视为单一实体。

4.2.2 Go 语言中的 new 关键字

Go 语言支持 new 关键字,它可分配新的对象。关于 new,需要记住的非常重要的一点是,new 返回所分配对象的内存地址。简而言之,new 返回一个指针。

因此,可通过下列方式创建一个新的 aStructure 变量。

```
pS := new(aStructure)
```

在执行 new 语句后,即可准备与新变量协同工作,该变量对应的分配内存包含 0 值且未经初始化。

> 💡 **提示:**
> new 和 make 之间的主要差别在于,make 创建的变量已被适当初始化,所分配的内存空间不包含 0 值。除此之外,make 适用于映射、通道和切片,且不会返回一个内存地址。这意味着,make 不会返回一个指针。

下列语句将用 new 创建一个指向 nil 的切片。

```
sP := new([]aStructure)
```

4.3 Go 语言中的元组

严格地讲,元组是一个包含多个部分的有限有序列表。关于元组,最为重要的一点是,Go 语言不支持元组类型,也就是说,尽管 Go 语言支持元组的使用,但从未发布官方支持。

第 1 章曾使用了元组这一概念,其中,函数在一条语句中返回两个值,如下所示。

```
min, _ := strconv.ParseFloat(arguments[1], 64)
```

这里,展示元组的 Go 程序名称为 tuples.go 文件,该文件将被分为 3 部分内容加以讨论。注意,代码中使用了一个函数,该函数作为元组返回 3 个值。关于函数的更多内容,读者可参考第 6 章。

tuples.go 文件的第 1 部分内容如下所示。

```
package main

import (
    "fmt"
```

```
)
func retThree(x int) (int, int, int) {
    return 2 * x, x * x, -x
}
```

可以看到,retThree()函数实现返回一个元组,其中包含了 3 个整数值。这一功能也使得函数可返回多个值,且无须将各种返回值整合至某个结构中,而是直接返回一个结构变量。

在第 6 章中,还将学习如何将名称添加至 Go 函数的返回值中,这是一个非常方便的特性,可以避免各种类型的 bug。

tuples.go 文件的第 2 部分内容如下所示。

```
func main() {
    fmt.Println(retThree(10))
    n1, n2, n3 := retThree(20)
    fmt.Println(n1, n2, n3)
```

此处使用了 retThree()函数两次:第 1 次并未保存函数的返回值;第 2 次则将 retThree()函数的 3 个返回值通过一条语句保存至 3 个不同的变量中,这在 Go 语言中被称为元组赋值。这表明,Go 语言支持元组类型。

如果并不关注函数的一个或多个返回值,则可设置下画线字符(_)。注意,如果声明了一个变量,但并未对其加以使用,那么 Go 语言会将其视为一个编译期错误。

tuples.go 文件的第 3 部分内容如下所示。

```
    n1, n2 = n2, n1
    fmt.Println(n1, n2, n3)

    x1, x2, x3 := n1*2, n1*n1, -n1
    fmt.Println(x1, x2, x3)
}
```

可以看到,元组可执行许多智能型操作,如无须临时变量即可交换值、评估表达式等。

执行 tuples.go 文件将生成下列输出结果。

```
$ go run tuples.go
20 100 -10
40 400 -20
400 40 -20
800 160000 -400
```

4.4 Go 语言中的正则表达式和模式匹配

模式匹配技术在 Go 语言中饰演了重要的角色，并基于特定的搜索模式（根据正则表达式和语法）针对某个字符集合搜索一个字符串。如果匹配成功，则可从字符串中析取所需数据、替代数据或删除数据。

这里，负责定义正则表达式和执行模式匹配的 Go 包是 regexp，稍后将讨论其具体操作。

💡 提示：

当在代码中使用正则表达式时，应将正则表达式的定义视为相关代码中的最为重要的部分，因为代码的功能取决于正则表达式。

4.4.1 理论知识简介

通过构建一个称为有限自动机的广义转换图，每个正则表达式都被编译成一个识别器。有限自动机可以是确定性的，也可以是非确定性的。其中，非确定性意味着同一个输入可能有多个状态转换。另外，识别器则是一个程序，接收字符串 x 作为输入内容，并能够判断 x 是否是给定语言的一个句子。

文法是一组形式语言中字符串的生成规则。其中，生成规则描述如何根据语言的语法从该语言的字母表中生成有效的字符串。文法并不会描述一个字符串的含义，同时也不会描述其在任意上下文中的功能——文法仅描述对应的形式。文法可被视为正则表达式的核心内容，否则将无法定义或使用正则表达式，我们应对此予以充分的认识。

💡 提示：

虽然正则表达式可处理某些难以解决的问题，但它也具有自身的局限性，因而应使用正确的工具处理相关任务。

接下来将探讨与正则表达式和模式匹配相关的 3 个示例。

4.4.2 简单的示例

本节将学习如何从某个文本行中选择特定的列。为了使过程更加有趣，我们还将讨论如何逐行读取一个文本文件。关于文件 I/O 这一主题，读者可参考第 8 章以了解更多内容。

这里，相应的源文件名为 selectColumn.go，该文件将被分为 5 部分内容加以讨论。

该实用程序至少需要两个命令行参数进行操作。其中，第 1 个参数是所需的列号，第 2 个参数是所处理的文本文件路径。然而，我们可使用任意多个文本文件，selectColumn.go 文件将逐一对其进行处理。

selectColumn.go 文件的第 1 部分内容如下所示。

```
package main

import (
    "bufio"
    "fmt"
    "io"
    "os"
    "strconv"
    "strings"
)
```

selectColumn.go 文件的第 2 部分内容如下所示。

```
func main() {
    arguments := os.Args
    if len(arguments) < 2 {
        fmt.Printf("usage: selectColumn column <file1> [<file2> [...<fileN]]\n")
        os.Exit(1)
    }

    temp, err := strconv.Atoi(arguments[1])
    if err != nil {
        fmt.Println("Column value is not an integer:", temp)
        return
    }

    column := temp
    if column < 0 {
        fmt.Println("Invalid Column number!")
        os.Exit(1)
    }
```

上述程序执行的第一项测试确保包含足够数量的命令行参数（len(arguments) < 2）。除此之外，还需要执行其他两项测试，以确保提供的列值是一个数字且大于 0。

selectColumn.go 文件的第 3 部分内容如下所示。

```
for _, filename := range arguments[2:] {
    fmt.Println("\t\t", filename)
    f, err := os.Open(filename)
    if err != nil {
        fmt.Printf("error opening file %s\n", err)
        continue
    }
    defer f.Close()
```

上述程序执行了多项测试以确保文本文件确实存在并可供读取。这里，os.Open()函数用于打开文本文件。记住，文本文件的 UNIX 文件权限可能不允许用户读取该文件。

selectColumn.go 文件的第 4 部分内容如下所示。

```
r := bufio.NewReader(f)
for {
    line, err := r.ReadString('\n')

    if err == io.EOF {
        break
    } else if err != nil {
        fmt.Printf("error reading file %s", err)
    }
```

第 8 章将会看到，bufio.ReadString()函数读取一个文件，直至第 1 次出现其参数。最终，bufio.ReadString('\n')通知 Go 逐行读取一个文件，因为\n 表示为 UNIX 中的换行符。另外，bufio.ReadString()函数返回一个字节切片。

selectColumn.go 文件的第 5 部分内容如下所示。

```
        data := strings.Fields(line)
        if len(data) >= column {
            fmt.Println((data[column-1]))
        }
    }
}
```

程序背后的逻辑十分简单：划分每个文本行并选择所需列。然而，由于尚无法确定当前行是否包含所需的字段数量，因此生成输出结果之前需要进行适当的检查。这也是模式匹配最简单的形式，因为每一行利用空格作为单词分隔符被划分。

如果希望了解与行划分相关的更多信息，则会发现以下内容十分有用：strings.Fields()函数根据定义于 unicode.IsSpace()函数中的空格字符划分字符串，并返回一个字符串切片。

执行 selectColumn.go 文件将生成下列输出结果。

```
$ go run selectColumn.go 15 /tmp/swtag.log /tmp/adobegc.log | head
          /tmp/swtag.log
          /tmp/adobegc.log
AdobeGCData
Successfully
Initializing
Stream
**********AdobeGC
Perform
Perform
Trying
```

selectColumn.go 实用程序输出每个处理后的文件的名称，即使从该文件中未获得任何输出结果。

> **提示：**
> 记住，永远不要对数据予以百分之百的信任，特别是数据源自非技术性用户，简单地讲，始终需要验证希望获取的数据是否存在。

4.4.3 高级示例

本节将学习如何匹配 Apache Web 服务器日志文件中的日期和时间。为了使过程更加有趣，我们还将学习如何将日志文件的日期和时间格式调整为不同的格式。再次强调，该过程需要逐行读取 Apache 日志文件，该文件是一个纯文本文件。

命令行实用程序的名称是 changeDT.go 文件，该文件将被分为 5 部分内容加以讨论。注意，changeDT.go 是第 3 章中 timeDate.go 实用程序的改进版本。在新版本中，我们不仅从外部文件中获取数据，changeDT.go 还将适应两个正则表达式，进而匹配两个不同时间和日期格式中的字符串。

> **提示：**
> 不要尝试在实用程序的第 1 个版本中实现全部特性。较好的方法是，利用少量特性构造一个工作版本，随后对该版本进行逐步改进。

changeDT.go 文件的第 1 部分内容如下所示。

```
package main

import (
```

```
    "bufio"
    "fmt"
    "io"
    "os"
    "regexp"
    "strings"
    "time"
)
```

由于 changeDT.go 程序执行多项操作，因此需要导入多个包。

changeDT.go 文件的第 2 部分内容如下所示。

```
func main() {

    arguments := os.Args
    if len(arguments) == 1 {
        fmt.Println("Please provide one text file to process!")
        os.Exit(1)
    }

    filename := arguments[1]
    f, err := os.Open(filename)
    if err != nil {
        fmt.Printf("error opening file %s", err)
        os.Exit(1)
    }
    defer f.Close()

    notAMatch := 0
    r := bufio.NewReader(f)
    for {
        line, err := r.ReadString('\n')
        if err == io.EOF {
            break
        } else if err != nil {
            fmt.Printf("error reading file %s", err)
        }
```

在第 2 部分的代码中，仅需尝试打开输入文件执行逐行读取操作即可。notAMatch 变量加载输入文件中与正则表达式不匹配的行数。

changeDT.go 文件的第 3 部分内容如下所示。

```
        r1 :=
regexp.MustCompile(`.*\[(\d\d\/\w+/\d\d\d\d:\d\d:\d\d:\d\d.*)\] .*`)
```

```
    if r1.MatchString(line) {
        match := r1.FindStringSubmatch(line)
        d1, err := time.Parse("02/Jan/2006:15:04:05 -0700", match[1])
        if err == nil {
            newFormat := d1.Format(time.Stamp)
            fmt.Print(strings.Replace(line, match[1], newFormat, 1))
        } else {
            notAMatch++
        }
        continue
    }
```

可以看到，如果第一个日期和时间格式不是匹配项，程序将继续处理。然而，当进入 if 代码块时，continue 语句将忽略 for 循环的剩余代码，并执行下一次循环。因此，在首个所支持的格式中，时间和日期字符串包含 21/Nov/2017:19:28:09 +0200 这一类格式。

regexp.MustCompile()函数与 regexp.Compile()函数类似，但如果表达式无法被解析，则会出现异常。围绕正则表达式的圆括号使我们能够在随后使用匹配项。在当前示例中，我们仅可包含一个匹配项，并通过 regexp.FindStringSubmatch()函数获得。

changeDT.go 文件的第 4 部分内容如下所示。

```
    r2 := regexp.MustCompile(`.*\[(\w+\-\d\d-\d\d:\d\d:\d\d:\d\d.*)\].*`)
    if r2.MatchString(line) {
        match := r2.FindStringSubmatch(line)
        d1, err := time.Parse("Jan-02-06:15:04:05 -0700", match[1])
        if err == nil {
            newFormat := d1.Format(time.Stamp)
            fmt.Print(strings.Replace(line, match[1], newFormat, 1))
        } else {
            notAMatch++
        }
        continue
    }
```

第二种支持的时间和日期格式是 Jun-21-17:19:28:09 +0200。可以看到，这两种格式之间并没有太大的区别。注意，虽然程序仅使用了两种日期和时间格式，但我们可拥有任意多种类型的格式。

changeDT.go 文件的第 5 部分内容如下所示。

```
    }
    fmt.Println(notAMatch, "lines did not match!")
}
```

此处输出了与两种格式不匹配的行号。
用于测试 changeDT.go 文件的测试文件包含下列代码行。

```
$ cat logEntries.txt
- - [21/Nov/2017:19:28:09 +0200] "GET /AMEv2.tif.zip HTTP/1.1" 200 2188249
"-"
- - [21/Jun/2017:19:28:09 +0200] "GET /AMEv2.tif.zip HTTP/1.1" 200
- - [25/Lun/2017:20:05:34 +0200] "GET /MongoDjango.zip HTTP/1.1" 200 118362
- - [Jun-21-17:19:28:09 +0200] "GET /AMEv2.tif.zip HTTP/1.1" 200
- - [20/Nov/2017:20:05:34 +0200] "GET /MongoDjango.zip HTTP/1.1" 200 118362
- - [35/Nov/2017:20:05:34 +0200] "GET MongoDjango.zip HTTP/1.1" 200 118362
```

执行 changDT.go 文件将生成下列输出结果。

```
$ go run changeDT.go logEntries.txt
- - [Nov 21 19:28:09] "GET /AMEv2.tif.zip HTTP/1.1" 200 2188249 "-"
- - [Jun 21 19:28:09] "GET /AMEv2.tif.zip HTTP/1.1" 200
- - [Jun 21 19:28:09] "GET /AMEv2.tif.zip HTTP/1.1" 200
- - [Nov 20 20:05:34] "GET /MongoDjango.zip HTTP/1.1" 200 118362
2 lines did not match!
```

4.4.4 匹配 IPv4 地址

IPv4 地址（或简称为 IP 地址）涵盖 4 个离散部分。由于 IPv4 地址采用 8 位二进制数字存储，因此每一部分的值可包含 0（二进制的 00000000）～255（二进制的 11111111）。

> 提示：
> 与 IPv4 地址相比，IPv6 地址的格式则更加复杂。当前程序并未涉及 IPv6 地址。

当前程序名为 findIPv4.go 文件，该文件将被分为 5 部分内容加以讨论。findIPv4.go 文件的第 1 部分内容如下所示。

```
package main

import (
    "bufio"
    "fmt"
    "io"
    "net"
    "os"
    "path/filepath"
    "regexp"
)
```

由于 findIPv4.go 是一个相对复杂的实用程序，引入需要使用多个标准包。
findIPv4.go 文件的第 2 部分内容如下所示。

```
func findIP(input string) string {
    partIP := "(25[0-5]|2[0-4][0-9]|1[0-9][0-9]|[1-9]?[0-9])"
    grammar := partIP + "\\." + partIP + "\\." + partIP + "\\." + partIP
    matchMe := regexp.MustCompile(grammar)
    return matchMe.FindString(input)
}
```

上述代码包含了正则表达式的定义，进而帮助我们发现函数中的 IPv4 地址。这也是程序中最重要的部分，其原因在于，如果错误地定义了正则表达式，那么将无法获得 IPv4 地址。

在进一步解释正则表达式之前，我们需要了解的一点是，在定义一个或多个正则表达式之前，应对尝试解决的问题有所认识。换而言之，如果不了解 IPv4 地址的十进制值不能大于 255，那么正则表达式也无从谈起。

接下来考查下列两个语句。

```
partIP := "(25[0-5]|2[0-4][0-9]|1[0-9][0-9]|[1-9]?[0-9])"
grammar := partIP + "\\." + partIP + "\\." + partIP + "\\." + partIP
```

定义于 partIP 的正则表达式与 IP 地址中的每一项（共计 4 项）均匹配。这里，有效的 IPv4 地址可始于 25，并结束于 0、1、2、3、4 或 5，因为这是最大的 8 位数字（25[0-5]）；或者也可始于 2，随后是 0、1、2、3 或 4，并结束于 0、1、2、3、4、5、6、7、8 或 9（2[0-4][0-9]）。

除此之外，IPv4 还可始于 1，随后是从 0~9（1[0-9][0-9]）的两个数字。最后一种替代方案是一位数或两位数的自然数。其中，第 1 位是可选的，范围为 0~9；第 2 位则是强制性的，范围是 0~9（[1-9]?[0-9]）。

grammar 变量告诉我们，我们所寻找的内容包含 4 个不同的部分，且每个部分需要匹配 partIP。同时，该 grammar 变量与我们寻找的完整 IPv4 地址相匹配。

> 💡 **提示：**
> 由于 findIPv4.go 与正则表达式协调工作可查找文件中的 IPv4 地址，因此可处理包含有效 IPv4 地址的任何类型的文本文件。

最后，对于某些特殊需求，如排除特定的 IPv4 地址，或监视特定的地址或网络，我们可方便地修改 findIPv4.go 文件的 Go 代码，并添加所需的额外功能。在开发自己的工具时，这也可被视为是一种灵活性。

findIPv4.go 文件的第 3 部分内容如下所示。

```go
func main() {
    arguments := os.Args
    if len(arguments) < 2 {
        fmt.Printf("usage: %s logFile\n", filepath.Base(arguments[0]))
        os.Exit(1)
    }

    for _, filename := range arguments[1:] {
        f, err := os.Open(filename)
        if err != nil {
fmt.Printf("error opening file %s\n", err)
            os.Exit(-1)
        }
        defer f.Close()
```

在上述代码中，首先检查 os.Args 的长度，以确保是否包含足够的命令行参数。随后通过 for 循环遍历所有的命令行参数。

findIPv4.go 文件的第 4 部分内容如下所示。

```go
r := bufio.NewReader(f)
for {
    line, err := r.ReadString('\n')
    if err == io.EOF {
        break
    } else if err != nil {
        fmt.Printf("error reading file %s", err)
        break
    }
```

在 selectColumn.go 文件中，使用了 bufio.ReadString()函数逐行读取输入内容。

findIPv4.go 文件的第 5 部分内容如下所示。

```go
            ip := findIP(line)
            trial := net.ParseIP(ip)
            if trial.To4() == nil {
                continue
            }
            fmt.Println(ip)
        }
    }
}
```

针对输入文本文件的每一行，此处调用了 findIP()函数。关于处理有效的 IPv4 地址，net.ParseIP()函数对此进行了复查——复查永远是一种良好的习惯。如果对 net.ParseIP()函数的调用成功，则输出刚刚查找到的 IPv4 地址。随后，程序将处理输入行的下一行。

执行 findIPv4.go 文件将生成下列输出结果。

```
$ go run findIPv4.go /tmp/auth.log
116.168.10.9
192.31.20.9
10.10.16.9
10.31.160.9
192.168.68.194
```

因此，findIPv4.go 文件的输出结果中的某些行可能会多次显示。除细节信息外，实用程序的输出结果较为直观。

利用某些传统的 UNIX 命令行工具处理上述输出结果有助于显示更为丰富的数据信息，如下所示。

```
$ go run findIPv4.go /tmp/auth.log.1 /tmp/auth.log | sort -rn | uniq -c | sort -rn
     38 xxx.zz.116.9
     33 x.zz.2.190
     25 xx.zzz.1.41
     20 178.132.1.18
     18 x.zzz.63.53
     17 178.zzz.y.9
     15 103.yyy.xxx.179
     10 213.z.yy.194
     10 yyy.zzz.110.4
      9 yy.xx.65.113
```

此处利用 sort(1)和 uniq(1) UNIX 命令行实用程序显示了所处理的文本文件中的前 10 个 IPv4 地址。bash(1) Shell 命令背后的逻辑较为简单：findIPv4.go 实用程序的输出结果将成为 sort -rn 命令的输入内容，并以逆序方式进行排序。随后，uniq -c 命令将删除多次出现的行，具体方法是将其替换为一行，并在前面添加该行在输入中出现的次数。接下来，输出结果将再次被排序，以便首先显示具有较高出现次数的 IPv4 地址。

💡 提示：
再次强调，findIPv4.go 的核心功能通过正则表达式予以实现。如果正则表达式被错误地定义、未匹配所有情形（漏判），或者匹配了不应匹配的内容（误判），那么程序将无法正确地工作。

4.5　Go 语言中的字符串

严格地讲，Go 语言中的字符串是一个组合类型，但是存在许多函数均支持字符串，因而本节将详细地讲解字符串。

在第 3 章中曾有所介绍，Go 语言中的字符串表示为值类型而非 C 字符串指针。除此之外，Go 语言默认状态下还支持 UTF-8 字符串，这意味着，无须加载专用包或通过某些技巧即可输出 Unicode 字符。然而，字符、rune 和字节之间仍存在某些差异；同样，字符串和字符串字面值之间也稍有不同。

Go 字符串为只读字节切片，它可加载任意的字节类型，并可以包含任意长度。
下列代码定义了一个字符串字面值。

```
const sLiteral = "\x99\x42\x32\x55\x50\x35\x23\x50\x29\x9c"
```

字符串变量的定义方式如下所示。

```
s2 := "€£³"
```

利用 len()函数，可计算字符串变量或字符串字面值的长度。

strings.go 文件展示了与字符串相关的多项标准操作，该文件将被分为 5 部分内容加以讨论。

strings.go 文件的第 1 部分内容如下所示。

```
package main

import (
    "fmt"
)
```

strings.go 文件的第 2 部分内容如下所示。

```
func main() {
    const sLiteral = "\x99\x42\x32\x55\x50\x35\x23\x50\x29\x9c"
    fmt.Println(sLiteral)
    fmt.Printf("x: %x\n", sLiteral)

    fmt.Printf("sLiteral length: %d\n", len(sLiteral))
```

每个\xAB 序列代表 sLiteral 的一个字符。最终，调用 len(sLiteral)将返回 sLiteral 的字符数量。在 fmt.Printf()函数中使用%x 将返回\xAB 序列的 AB 部分。

strings.go 文件的第 3 部分内容如下所示。

```
for i := 0; i < len(sLiteral); i++ {
    fmt.Printf("%x ", sLiteral[i])
}
fmt.Println()

fmt.Printf("q: %q\n", sLiteral)
fmt.Printf("+q: %+q\n", sLiteral)
fmt.Printf(" x: % x\n", sLiteral)

fmt.Printf("s: As a string: %s\n", sLiteral)
```

可以看到,我们可以向切片那样访问一个字符串字面值。在 fmt.Printf()函数的字符串参数中使用%q将输出一个带双引号的字符串,并可通过 Go 语法安全地转义。在 fmt.Printf()函数的字符串参数中使用%+q 将输出 ASCII 输出结果。

最后,在 fmt.Printf()函数中使用% x(注意%字符和 x 字符间的空格)将设置输出字节之间的空格。当作为字符串输出一个字符串字面值时,还需要利用%s 调用 fmt.Printf()函数。

strings.go 文件的第 4 部分内容如下所示。

```
s2 := "€£³"
for x, y := range s2 {
    fmt.Printf("%#U starts at byte position %d\n", y, x)
}

fmt.Printf("s2 length: %d\n", len(s2))
```

此处利用 3 个 Unicode 字符定义了一个名为 s2 的字符串。使用包含%#U 的 fmt.Printf()函数将输出 U+0058 格式的字符。在包含 Unicode 字符的字符串上使用 range 关键字将逐一处理其 Unicode 字符。

len(s2)的输出结果可能令人稍感意外,因为 s2 变量包含了 Unicode 字符,其字节尺寸大于其中的字符数量。

strings.go 文件的第 5 部分内容如下所示。

```
    const s3 = "ab12AB"
    fmt.Println("s3:", s3)
    fmt.Printf("x: % x\n", s3)

    fmt.Printf("s3 length: %d\n", len(s3))
```

```
        for i := 0; i < len(s3); i++ {
            fmt.Printf("%x ", s3[i])
        }
        fmt.Println()
}
```

运行 strings.go 文件将生成下列输出结果。

```
$ go run strings.go
�B2UP5#P)�
x: 99423255503523502 99c
sLiteral length: 10
99 42 32 55 50 35 23 50 29 9c
q: "\x99B2UP5#P)\x9c"
+q: "\x99B2UP5#P)\x9c"
x: 99 42 32 55 50 35 23 50 29 9c
s: As a string: �B2UP5#P)�
U+20AC '€' starts at byte position 0
U+00A3 '£' starts at byte position 3
U+00B3 '³' starts at byte position 5
s2 length: 7
s3: ab12AB
x: 61 62 31 32 41 42
s3 length: 6
61 62 31 32 41 42
```

如果发现本节所展示的一些信息稍显奇特和复杂，这一点也不令人感到奇怪，尤其是读者不熟悉 Unicode 和 UTF-8 字符和符号的表达方式时。较好的一方面是，作为一名开发人员，一般不会接触到太多这方面的内容，很可能在程序中仅使用 fmt.Println()和 fmt.Printf()这一类简单的函数输出结果。然而，如果读者居住在欧洲或美国之外，那么很可能需要了解一些本节所介绍的信息。

4.5.1 rune

rune 是一个 int32 值，因而也是一种 Go 类型，用于表示 Unicode 代码点。这里，代码点或代码位置是一个数字值，常用于表示单个 Unicode 字符。此外，代码点还包含其他含义，如提供格式信息。

> 提示：
> 可将一个字符串视为一个 rune 集合。

rune 字面值是一个单引号中的字符。此外，还可将一个 rune 字面值视为一个 rune 常量。从幕后的角度来看，rune 字面值与 Unicode 代码点关联。

runes.go 文件中展示了 rune 的用法，该文件将被分为 3 部分内容加以讨论。runes.go 文件的第 1 部分内容如下所示。

```
package main

import (
    "fmt"
)
```

runes.go 文件的第 2 部分内容如下所示。

```
func main() {
    const r1 = '€'
    fmt.Println("(int32) r1:", r1)
    fmt.Printf("(HEX) r1: %x\n", r1)
    fmt.Printf("(as a String) r1: %s\n", r1)
    fmt.Printf("(as a character) r1: %c\n", r1)
```

其中，代码首先定义了一个名为 r1 的字面值（注意，€符号并不属于 ASCII 字符表）。随后通过相关语句输出 r1、int32 值及其十六进制值，并尝试将其作为一个字符串输出。最后，我们将其作为一个字符输出，这将生成与 r1 定义中所用字符相同的输出结果。

runes.go 文件的第 3 部分内容如下所示。

```
    fmt.Println("A string is a collection of runes:", []byte("Mihalis"))
    aString := []byte("Mihalis")
    for x, y := range aString {
        fmt.Println(x, y)
        fmt.Printf("Char: %c\n", aString[x])
    }
    fmt.Printf("%s\n", aString)
}
```

可以看到，一个字节切片表示为一个 rune 集合，利用 fmt.Println()函数输出一个字节切片可能不会返回期望的结果。在将一个 rune 转换为一个字符时，应在 fmt.Printf()语句中使用%c。当作为一个字符串输出一个字节切片时，还需要在 fmt.Printf()函数中使用%s。

执行 runes.go 文件将生成下列输出结果。

```
$ go run runes.go
(int32) r1: 8364
(HEX) r1: 20ac
```

```
(as a String) r1: %!s(int32=8364)
(as a character) r1: €
A string is a collection of runes: [77 105 104 97 108 105 115]
0 77
Char: M
1 105
Char: i
2 104
Char: h
3 97
Char: a
4 108
Char: l
5 105
Char: i
6 115
Char: s
Mihalis
```

最后,获取 illegal rune literal 错误消息的最简单方法是在导入包时使用单引号而不是双引号,如下所示。

```
$ cat a.go
package main
import (
    'fmt'
)
func main() {
}
$ go run a.go
package main:
a.go:4:2: illegal rune literal
```

4.5.2 unicode 包

Go 语言中的 unicode 标准包包含了各种使用起来十分方便的函数,如 unicode.IsPrint() 函数,该函数可帮助我们识别可采用 rune 输出的字符串部分。

这一技术将在 unicode.go 文件中予以展示,该文件将被分为两部分内容加以讨论。unicode.go 文件的第 1 部分内容如下所示。

```
package main
```

```
import (
    "fmt"
    "unicode"
)

func main() {
    const sL = "\x99\x00ab\x50\x00\x23\x50\x29\x9c"
```

unicode.go 文件的第 2 部分内容如下所示。

```
    for i := 0; i < len(sL); i++ {
        if unicode.IsPrint(rune(sL[i])) {
            fmt.Printf("%c\n", sL[i])
        } else {
            fmt.Println("Not printable!")
        }
    }
}
```

可以看到，全部工作由 unicode.IsPrint()函数完成，若 rune 可输出，该函数返回 true，否则返回 false。关于 Unicode 字符的更多内容，读者可访问 unicode 包的文档页面。执行 unicode.go 文件将生成下列输出结果。

```
$ go run unicode.go
Not printable!
Not printable!
a
b
P
Not printable!
#
P
)
Not printable!
```

4.5.3　strings 包

Go 语言中的 strings 标准包可在 Go 语言中操控 UTF-8 字符串，并包含多个功能强大的函数。大多数函数均被位于 useStrings.go 源文件中，该文件将被分为 5 部分内容加以讨论。注意，strings 包中与文件输入和输出相关的函数将在第 8 章中讨论。

useStrings.go 文件的第 1 部分内容如下所示。

```go
package main

import (
    "fmt"
    s "strings"
    "unicode"
)

var f = fmt.Printf
```

💡 **提示：**

strings 包的导入方式稍有不同，其导入语句使得 Go 语言为该包创建一个别名。因此，一种技巧是采用了稍短的 s.FunctionName()函数，而非 strings.FunctionName()函数。需要注意的是，我们将无法再以 strings.FunctionName()函数的方式调用 strings 包中的函数。

另一种技巧是，如果发现一直在使用同一函数，同时希望事情变得更加简洁，那么可将一个变量名赋予该函数，并随后使用该变量。此处，这一特性体现于 fmt.Printf()函数上。需要注意的是，不应过度使用这一特性，否则代码将变得难以阅读。

useStrings.go 文件的第 2 部分内容如下所示。

```go
func main() {
    upper := s.ToUpper("Hello there!")
    f("To Upper: %s\n", upper)
    f("To Lower: %s\n", s.ToLower("Hello THERE"))
    f("%s\n", s.Title("tHis wiLL be A title!"))
    f("EqualFold: %v\n", s.EqualFold("Mihalis", "MIHAlis"))
    f("EqualFold: %v\n", s.EqualFold("Mihalis", "MIHAli"))
```

在上述代码片段中可以看到，许多函数可与字符串协同工作。除此之外，strings.EqualFold()函数还可用于判断两个字符串是否相同（尽管示例中的字符串之间存在字符差异）。

useStrings.go 文件的第 3 部分内容如下所示。

```go
    f("Prefix: %v\n", s.HasPrefix("Mihalis", "Mi"))
    f("Prefix: %v\n", s.HasPrefix("Mihalis", "mi"))
    f("Suffix: %v\n", s.HasSuffix("Mihalis", "is"))
    f("Suffix: %v\n", s.HasSuffix("Mihalis", "IS"))

    f("Index: %v\n", s.Index("Mihalis", "ha"))
    f("Index: %v\n", s.Index("Mihalis", "Ha"))
    f("Count: %v\n", s.Count("Mihalis", "i"))
```

```
f("Count: %v\n", s.Count("Mihalis", "I"))
f("Repeat: %s\n", s.Repeat("ab", 5))

f("TrimSpace: %s\n", s.TrimSpace(" \tThis is a line. \n"))
f("TrimLeft: %s", s.TrimLeft(" \tThis is a\t line. \n", "\n\t"))
f("TrimRight: %s\n", s.TrimRight(" \tThis is a\t line. \n","\n\t "))
```

strings.Count()函数计算第 2 个参数在字符串（第 1 个参数）中出现的非重叠次数。另外，当第 1 个参数字符串始于第 2 个参数字符串时，strings.HasPrefix()函数返回 true，否则返回 false。类似地，若第 1 个参数（字符串）结束于第 2 个参数（字符串），strings.HasSuffix()函数返回 true，否则返回 false。

useStrings.go 文件的第 4 部分内容如下所示。

```
f("Compare: %v\n", s.Compare("Mihalis", "MIHALIS"))
f("Compare: %v\n", s.Compare("Mihalis", "Mihalis"))
f("Compare: %v\n", s.Compare("MIHALIS", "MIHalis"))

f("Fields: %v\n", s.Fields("This is a string!"))
f("Fields: %v\n", s.Fields("Thisis\na\tstring!"))

f("%s\n", s.Split("abcd efg", ""))
```

上述代码包含了一些非常高级和巧妙的函数。其中，strings.Split()函数可根据所需的分隔符字符串划分给定的字符串，并返回一个字符串切片。使用" "作为 strings.Split()函数的第 2 个参数允许我们以逐个字符的方式处理一个字符串。

strings.Compare()函数采用字典顺序比较两个字符串。如果两个字符串相等，那么该函数返回 0，否则返回−1 或+1。

最后，strings.Fields()函数利用空格作为分隔符划分字符串参数。这里，空格字符定义于 unicode.IsSpace()函数中。

💡 **提示：**

strings.Split()函数功能强大，值得读者反复研究。在后续操作过程中，我们还将在程序中使用该函数。

useStrings.go 函数的第 5 部分内容如下所示。

```
    f("%s\n", s.Replace("abcd efg", "", "_", -1))
    f("%s\n", s.Replace("abcd efg", "", "_", 4))
    f("%s\n", s.Replace("abcd efg", "", "_", 2))
```

```
    lines := []string{"Line 1", "Line 2", "Line 3"}
    f("Join: %s\n", s.Join(lines, "+++"))

    f("SplitAfter: %s\n", s.SplitAfter("123++432++", "++"))

    trimFunction := func(c rune) bool {
        return !unicode.IsLetter(c)
    }
    f("TrimFunc: %s\n", s.TrimFunc("123 abc ABC \t .",
 trimFunction))
}
```

如前述 useStrings.go 部分所示,最后一个代码段包含了一些函数,这些函数以一种易于理解和易于使用的方式实现了一些非常智能的功能。

其中,strings.Replace()函数接收 4 个参数:第 1 个参数表示希望处理的字符串;第 2 个参数(若存在)包含被第 3 个参数替换的字符串;第 3 个参数表示允许替换的最大次数,如果该参数为负值,则表明对替换次数没有限制。

程序的最后两条语句定义了一个 trimFunction,该函数允许保留字符串的 rune,并使用该函数作为 strings.TrimFunc()函数的第 2 个参数。

最后,strings.SplitAfter()函数将第 1 个参数字符串划分为基于分隔符字符串(函数的第 2 个参数)的子字符串。

> **提示:**
>
> 关于类似于 unicode.IsLetter()函数的完整函数列表,读者可访问 Go 语言中的 unicode 标准包的文档页面。

执行 useStrings.go 文件将生成下列输出结果。

```
$ go run useStrings.go
To Upper: HELLO THERE!
To Lower: hello there
THis WiLL Be A Title!
EqualFold: true
EqualFold: false
Prefix: true
Prefix: false
Suffix: true
Suffix: false
Index: 2
Index: -1
```

```
Count: 2
Count: 0
Repeat: ababababab
TrimSpace: This is a    line.
TrimLeft: This is a        line.
TrimRight:         This is a        line.
Compare: 1
Compare: 0
Compare: -1
Fields: [This is a string!]
Fields: [Thisis a string!]
[a b c d e f g]
_a_b_c_d__e_f_g_
_a_b_c_d efg
_a_bcd efg
Join: Line 1+++Line 2+++Line 3
SplitAfter: [123++ 432++ ]
TrimFunc: abc ABC
```

需要注意的是，strings 包中的函数列表并不完整，读者可访问 strings 包的文档页面查看完整的函数列表，对应网址为 https://golang.org/pkg/strings/。

当与文本和文本处理协同工作时，需要学习 strings 包中的全部细节内容和相关函数，因而建议读者对此进行多方尝试。

4.6　switch 语句

本节讨论 switch 语句的主要原因在于，该语句可使用正则表达式。下面首先考查下列简单示例。

```
switch asString {
case "1":
    fmt.Println("One!")
case "0":
    fmt.Println("Zero!")
default:
    fmt.Println("Do not care!")
}
```

上述 switch 代码块可区分字符串"1"、字符串"0"和其他情况（default）。

提示：

switch 语句中"匹配其他情形"被视为是一种较好的做法。然而，由于 switch 语句中的顺序十分重要，"匹配其他情形"一般应置于最后。在 Go 语言中，"匹配其他情形"的名称为 default。

然而，switch 语句也兼具灵活性和适应性，如下所示。

```
switch {
case number < 0:
    fmt.Println("Less than zero!")
case number > 0:
    fmt.Println("Bigger than zero!")
default:
    fmt.Println("Zero!")
}
```

上述 switch 语句代码块用于识别正整数、复整数和 0。可以看到，switch 语句的分支可包含相应的条件。稍后还将看到，switch 语句的分支还可包含正则表达式。

上述示例以及其他相关示例均位于 switch.go 文件中，该文件将被分为 5 部分内容加以讨论。

switch.go 文件的第 1 部分内容如下所示。

```
package main

import (
    "fmt"
    "os"
    "regexp"
    "strconv"
)

func main() {

    arguments := os.Args
    if len(arguments) < 2 {
        fmt.Println("usage: switch number")
        os.Exit(1)
    }
```

这里需要使用 regexp 包，以支持 switch 语句中的正则表达式。

switch.go 文件的第 2 部分内容如下所示。

```
number, err := strconv.Atoi(arguments[1])
if err != nil {
    fmt.Println("This value is not an integer:", number)
} else {
    switch {
    case number < 0:
        fmt.Println("Less than zero!")
    case number > 0:
        fmt.Println("Bigger than zero!")
    default:
        fmt.Println("Zero!")
    }
}
```

switch.go 文件的第 3 部分内容如下所示。

```
asString := arguments[1]
switch asString {
case "5":
    fmt.Println("Five!")
case "0":
    fmt.Println("Zero!")
default:
    fmt.Println("Do not care!")
}
```

在上述代码中可以看到，switch 语句还可包含硬编码值，这一般出现于 switch 关键字后面跟着变量名时。

switch.go 文件的第 4 部分内容如下所示。

```
var negative = regexp.MustCompile(`-`)
var floatingPoint = regexp.MustCompile(`\d?\.\d`)
var email = regexp.MustCompile(`^[^@]+@[^@.]+\.[^@.]+`)

switch {
case negative.MatchString(asString):
    fmt.Println("Negative number")
case floatingPoint.MatchString(asString):
    fmt.Println("Floating point!")
case email.MatchString(asString):
    fmt.Println("It is an email!")
    fallthrough
default:
```

```
            fmt.Println("Something else!")
    }
```

上述代码包含了一些有趣的事物。首先，代码定义了 3 个正则表达式，即 negative、floatingPoint 和 email。其次，代码借助于 regexp.MatchString()函数（该函数执行实际的匹配操作）在 switch 语句块中使用 3 个正则表达式。

最后，fallthrough 关键字通知 Go 执行当前分支之后的分支，在当前示例中为 default 分支。这意味着，如果 email.MatchString(asString)代码为即将执行的分支，那么 default 也将随后被执行。

switch.go 文件的第 5 部分内容如下所示。

```
    var aType error = nil
    switch aType.(type) {
    case nil:
        fmt.Println("It is nil interface!")
    default:
        fmt.Println("Not nil interface!")
    }
}
```

此处可以看到，switch 语句可区分不同的类型。关于 switch 语句和 Go 接口，读者可参考第 7 章。

通过不同的输入参数，执行 switch.go 文件将生成下列输出结果。

```
$ go run switch.go
usage: switch number.
exit status 1
$ go run switch.go mike@g.com
This value is not an integer: 0
Do not care!
It is an email!
Something else!
It is nil interface!
$ go run switch.go 5
Bigger than zero!
Five!
Something else!
It is nil interface!
$ go run switch.go 0
Zero!
Zero!
```

```
Something else!
It is nil interface!
$ go run switch.go 1.2
This value is not an integer: 0
Do not care!
Floating point!
It is nil interface!
$ go run switch.go -1.5
This value is not an integer: 0
Do not care!
Negative number
It is nil interface!
```

4.7 计算高精度 Pi 值

本节将学习如何通过 Go 语言中的名为 math/big 的标准包及其提供的特定类型计算高精度 Pi 值。

提示：

本节将展示一些"丑陋"的代码，甚至 Java 代码看起来都比它们悦目。

本节程序使用 Bellard 算法计算 Pi 值，对应的程序名称为 calculatePi.go 文件，该文件将被分为 4 部分内容加以讨论。

calculatePi.go 文件的第 1 部分内容如下所示。

```
package main

import (
    "fmt"
    "math"
    "math/big"
    "os"
    "strconv"
)

var precision uint = 0
```

precision 变量加载所需的计算精确度，并且它被定义为全局变量。因此，在程序的各处均可对其进行访问。

calculatePi.go 文件的第 2 部分内容如下所示。

```go
func Pi(accuracy uint) *big.Float {
    k := 0
    pi := new(big.Float).SetPrec(precision).SetFloat64(0)
    k1k2k3 := new(big.Float).SetPrec(precision).SetFloat64(0)
    k4k5k6 := new(big.Float).SetPrec(precision).SetFloat64(0)
    temp := new(big.Float).SetPrec(precision).SetFloat64(0)
    minusOne := new(big.Float).SetPrec(precision).SetFloat64(-1)
    total := new(big.Float).SetPrec(precision).SetFloat64(0)

    two2Six := math.Pow(2, 6)
    two2SixBig := new(big.Float).SetPrec(precision).SetFloat64(two2Six)
```

new(big.Float)函数调用创建了新的包含所需精度的 big.Float 变量，其中，所需的精度由 SetPrec()函数设置。

calculatePi.go 文件的第 3 部分内容包含 Pi()函数的剩余代码，如下所示。

```go
    for {
        if k > int(accuracy) {
            break
        }
        t1 := float64(float64(1) / float64(10*k+9))
        k1 := new(big.Float).SetPrec(precision).SetFloat64(t1)
        t2 := float64(float64(64) / float64(10*k+3))
        k2 := new(big.Float).SetPrec(precision).SetFloat64(t2)
        t3 := float64(float64(32) / float64(4*k+1))
        k3 := new(big.Float).SetPrec(precision).SetFloat64(t3)
        k1k2k3.Sub(k1, k2)
        k1k2k3.Sub(k1k2k3, k3)

        t4 := float64(float64(4) / float64(10*k+5))
        k4 := new(big.Float).SetPrec(precision).SetFloat64(t4)
        t5 := float64(float64(4) / float64(10*k+7))
        k5 := new(big.Float).SetPrec(precision).SetFloat64(t5)
        t6 := float64(float64(1) / float64(4*k+3))
        k6 := new(big.Float).SetPrec(precision).SetFloat64(t6)
        k4k5k6.Add(k4, k5)
        k4k5k6.Add(k4k5k6, k6)
        k4k5k6 = k4k5k6.Mul(k4k5k6, minusOne)
        temp.Add(k1k2k3, k4k5k6)

        k7temp := new(big.Int).Exp(big.NewInt(-1), big.NewInt(int64(k)), nil)
        k8temp := new(big.Int).Exp(big.NewInt(1024), big.NewInt(int64
```

第 4 章 组合类型的使用

```
(k)),nil)

        k7 := new(big.Float).SetPrec(precision).SetFloat64(0)
        k7.SetInt(k7temp)
        k8 := new(big.Float).SetPrec(precision).SetFloat64(0)
        k8.SetInt(k8temp)

        t9 := float64(256) / float64(10*k+1)
        k9 := new(big.Float).SetPrec(precision).SetFloat64(t9)
        k9.Add(k9, temp)
        total.Mul(k9, k7)
        total.Quo(total, k8)
        pi.Add(pi, total)

        k = k + 1
    }
    pi.Quo(pi, two2SixBig)
    return pi
}
```

上述代码表示为 Bellard 算法的 Go 语言实现。math/big 的主要缺点是，几乎每种计算都需要一个专用函数，这些函数能够保证所需的精度级别。因此，如果不使用 big.Float 和 big.Int 变量以及 math/big 中的函数，则无法计算包含所需精度的 Pi 值。

calculatePi.go 文件的第 4 部分内容涵盖了 main() 函数的实现过程，如下所示。

```
func main() {
    arguments := os.Args
    if len(arguments) == 1 {
        fmt.Println("Please provide one numeric argument!")
        os.Exit(1)
    }

    temp, _ := strconv.ParseUint(arguments[1], 10, 32)
    precision = uint(temp) * 3

    PI := Pi(precision)
    fmt.Println(PI)
}
```

执行 calculatePi.go 文件将生成下列输出结果。

```
$ go run calculatePi.go
Please provide one numeric argument!
```

```
exit status 1
$ go run calculatePi.go 20
3.141592653589793258
$ go run calculatePi.go 200
3.1415926535897932569603993617387624040191831562485732434931792835710
4645024891346711851178431761535428201792941629280905081393787528343561
05863133635486024367680477064898389243819 29
```

4.8 生成 Go 语言中的键-值存储

本节将学习如何生成 Go 语言中的键-值存储（简化版本）。这意味着，我们将从头开始学习如何实现键-值存储的核心功能。键-值存储背后的思想并不复杂，即快速响应查询并尽可能地提升操作速度。这一问题可转化为，使用简单的说法和简单的数据结构。

相关程序应实现键-值存储的 4 项基本任务，如下所示。

（1）添加新元素。
（2）根据某个键从键-值存储中删除某个现有元素。
（3）在存储中查找特定键的值。
（4）修改现有键的值。

上述 4 项功能使我们能够完全控制键-值存储。这 4 项功能对应的命令分别被称作 ADD、DELETE、LOOKUP、CHANGE。也就是说，程序仅在获取这 4 条命令之一时方得以执行。除此之外，当输入 STOP 命令时，程序将终止；当输入 PRINT 命令时，程序将输出键-值存储的全部内容。

这里，程序的名称为 keyValue.go 文件，该文件将被分为 5 部分内容加以讨论。

keyValue.go 文件的第 1 部分内容如下所示。

```
package main

import (
    "bufio"
    "fmt"
    "os"
    "strings"
)

type myElement struct {
    Name    string
    Surname string
```

```
        Id         string
}

var DATA = make(map[string]myElement)
```

键-值存储被存储于 Go 语言的本地映射中,因为使用内建的 Go 语言结构具有更快的速度。另外,映射变量被定义为一个全局变量,其中,键表示为 string 变量,值表示为 myElement 变量。除此之外,此处还可看到 myElement struct 类型定义。

keyValue.go 文件的第 2 部分内容如下所示。

```
func ADD(k string, n myElement) bool {
    if k == "" {
        return false
    }

    if LOOKUP(k) == nil {
        DATA[k] = n
        return true
    }
    return false
}

func DELETE(k string) bool {
    if LOOKUP(k) != nil {
        delete(DATA, k)
        return true
    }
    return false
}
```

上述代码包含了两个函数实现,分别支持 ADD 和 DELETE 命令。注意,如果用户尝试向存储中添加一个新元素,但并未将足够的值赋予 myElement struct,那么 ADD 函数将无法正常工作。针对当前特定程序,myElement struct 所缺失的字段将被设置为空字符串。然而,如果尝试添加一个已存在的键,那么我们将会得到一条错误消息,而非修改现有键的值。

keyValue.go 文件的第 3 部分内容如下所示。

```
func LOOKUP(k string) *myElement {
    _, ok := DATA[k]
    if ok {
        n := DATA[k]
        return &n
```

```go
    } else {
        return nil
    }
}

func CHANGE(k string, n myElement) bool {
    DATA[k] = n
    return true
}

func PRINT() {
    for k, d := range DATA {
        fmt.Printf("key: %s value: %v\n", k, d)
    }
}
```

在上述代码片段中可以看到支持 LOOKUP 和 CHANGE 命令的函数实现。当尝试修改不存在的键时，程序将把该键添加至存储中，其间不会生成任何错误消息。除此之外，还可看到 PRINT() 函数的实现过程，该函数输出键-值存储的完整内容。

此处对这些函数的名称使用了 ALL CAPS，其原因在于，此类函数就当前程序而言十分重要。

keyValue.go 文件的第 4 部分内容如下所示。

```go
func main() {
    scanner := bufio.NewScanner(os.Stdin)
    for scanner.Scan() {
        text := scanner.Text()
        text = strings.TrimSpace(text)
        tokens := strings.Fields(text)

        switch len(tokens) {
        case 0:
            continue
        case 1:
            tokens = append(tokens, "")
            tokens = append(tokens, "")
            tokens = append(tokens, "")
            tokens = append(tokens, "")
        case 2:
            tokens = append(tokens, "")
            tokens = append(tokens, "")
            tokens = append(tokens, "")
```

```
        case 3:
            tokens = append(tokens, "")
            tokens = append(tokens, "")
        case 4:
            tokens = append(tokens, "")
    }
```

在 keyValue.go 文件的第 4 部分内容中，我们将从用户那里读取输入内容。首先，只要提供输入，for 循环将确保程序处于运行状态。其次，程序确保 tokens 切片至少包含 5 个元素，即使仅 ADD 命令需要这一数量的元素。因此，对于完整且不包含任何遗失值的 ADD 操作，输入应类似于 ADD aKey Field1 Field2 Field3。

keyValue.go 文件的第 5 部分内容如下所示。

```
        switch tokens[0] {
        case "PRINT":
            PRINT()
        case "STOP":
            return
        case "DELETE":
            if !DELETE(tokens[1]) {
                fmt.Println("Delete operation failed!")
            }
        case "ADD":
            n := myElement{tokens[2], tokens[3], tokens[4]}
            if !ADD(tokens[1], n) {
                fmt.Println("Add operation failed!")
            }
        case "LOOKUP":
            n := LOOKUP(tokens[1])
            if n != nil {
                fmt.Printf("%v\n", *n)
            }
        case "CHANGE":
            n := myElement{tokens[2], tokens[3], tokens[4]}
            if !CHANGE(tokens[1], n) {
                fmt.Println("Update operation failed!")
            }
        default:
            fmt.Println("Unknown command - please try again!")
        }
    }
}
```

在上述代码中，我们从用户那里访问了输入内容。其间，switch 语句使得程序的整体设计十分简洁，且无须使用多个 if...else 语句。

执行 keyValue.go 文件将生成下列输出结果。

```
$ go run keyValue.go
UNKNOWN
Unknown command - please try again!
ADD 123 1 2 3
ADD 234 2 3 4
ADD 345
PRINT
key: 123 value: {1 2 3}
key: 234 value: {2 3 4}
key: 345 value: { }
ADD 345 3 4 5
Add operation failed!
PRINT
key: 123 value: {1 2 3}
key: 234 value: {2 3 4}
key: 345 value: { }
CHANGE 345 3 4 5
PRINT
key: 123 value: {1 2 3}
key: 234 value: {2 3 4}
key: 345 value: {3 4 5}
DELETE 345
PRINT
key: 123 value: {1 2 3}
key: 234 value: {2 3 4}
DELETE 345
Delete operation failed!
PRINT
key: 123 value: {1 2 3}
key: 234 value: {2 3 4}
ADD 345 3 4 5
ADD 567 -5 -6 -7
PRINT
key: 123 value: {1 2 3}
key: 234 value: {2 3 4}
key: 345 value: {3 4 5}
key: 567 value: {-5 -6 -7}
CHANGE 345
```

```
PRINT
key: 123 value: {1 2 3}
key: 234 value: {2 3 4}
key: 345 value: { }
key: 567 value: {-5 -6 -7}
STOP
```

关于如何向键-值存储中添加持久化数据，读者可参考第 8 章。

此外，通过添加协程和通道，还可进一步改善 keyValue.go 程序。然而，向单用户应用程序中添加协程和通道并无实际操作意义。但是，若使 keyValue.go 程序可在传输控制协议/互联网协议（TCP/IP）上工作，那么使用协程和通道则可接收多个连接并服务于多个用户。

关于协程和通道，读者可参考第 9 章和第 10 章。另外，关于如何创建网络应用程序，读者可参考第 12 章和第 13 章。

4.9　Go 语言和 JSON 格式

JSON 是一种十分流行的文本格式，旨在简化 JavaScript 系统间的信息传递。然而，JSON 也可用于生成应用程序的配置文件，并以结构化格式存储数据。

encoding/json 包提供了 Encode() 和 Decode() 函数，它们支持 Go 对象和 JSON 文档间的转换（反之亦然）。除此之外，encoding/json 包还提供了 Marshal() 和 Unmarshal() 函数，其工作方式类似于 Encode() 和 Decode() 函数，并在 Encode() 和 Decode() 函数的基础上予以实现。Marshal()-Unmarshal() 函数对与 Encode()-Decode() 函数对之间的主要差别在于，前者工作于单一对象上，而后者则工作于多个对象和字节流上。

4.9.1　读取 JSON 数据

本节将学习如何利用 readJSON.go 文件中的代码从磁盘中读取 JSON 记录，该文件将被分为 3 部分内容加以讨论。

readJSON.go 文件的第 1 部分内容如下所示。

```
package main

import (
    "encoding/json"
    "fmt"
```

```
    "os"
)

type Record struct {
    Name     string
    Surname  string
    Tel      []Telephone
}

type Telephone struct {
    Mobile bool
    Number string
}
```

上述代码定义了存储 JSON 数据的结构变量。

readJSON.go 文件的第 2 部分内容如下所示。

```
func loadFromJSON(filename string, key interface{}) error {
    in, err := os.Open(filename)
    if err != nil {
        return err
    }

    decodeJSON := json.NewDecoder(in)
    err = decodeJSON.Decode(key)
    if err != nil {
        return err
    }
    in.Close()
    return nil
}
```

此处定义了一个名为 loadFromJSON() 的新函数，该函数根据第 2 个参数定义的数据结构解码 JSON 文件的数据。其间，首先调用 json.NewDecoder() 函数创建一个与文件关联的新的 JSON 解码变量，随后调用 Decode() 函数实际解码文件内容，并将其置入所需的变量中。

readJSON.go 文件的第 3 部分内容如下所示。

```
func main() {
    arguments := os.Args
    if len(arguments) == 1 {
        fmt.Println("Please provide a filename!")
```

```
        return
    }

    filename := arguments[1]

    var myRecord Record
    err := loadFromJSON(filename, &myRecord)
    if err == nil {
        fmt.Println(myRecord)
    } else {
        fmt.Println(err)
    }
}
```

readMe.json 文件中的内容如下所示。

```
$ cat readMe.json
{
    "Name":"Mihalis",
    "Surname":"Tsoukalos",
    "Tel":[
        {"Mobile":true,"Number":"1234-567"},
        {"Mobile":true,"Number":"1234-abcd"},
        {"Mobile":false,"Number":"abcc-567"}
    ]
}
```

执行 readJSON.go 文件将生成下列输出结果。

```
$ go run readJSON.go readMe.json
{Mihalis Tsoukalos [{true 1234-567} {true 1234-abcd} {false abcc-567}]}
```

4.9.2 保存 JSON 数据

本节将学习如何写入 JSON 数据。对应的实用程序为 writeJSON.go 文件，该文件将被分为 3 部分内容加以讨论，并将 JSON 数据写入标准输出（os.Stdout）中，即终端屏幕。writeJSON.go 文件的第 1 部分内容如下所示。

```
package main

import (
    "encoding/json"
    "fmt"
```

```
    "os"
)

type Record struct {
    Name     string
    Surname  string
    Tel      []Telephone
}

type Telephone struct {
    Mobile bool
    Number string
}
```

writeJSON.go 文件的第 2 部分内容如下所示。

```
func saveToJSON(filename *os.File, key interface{}) {
    encodeJSON := json.NewEncoder(filename)
    err := encodeJSON.Encode(key)
    if err != nil {
        fmt.Println(err)
        return
    }
}
```

saveToJSON()函数为我们完成了全部工作，其间创建了一个名为 encodeJSON 的 JSON 编码器变量，该变量与一个文件名关联，即存储数据的文件。调用 Encode()函数将把编码后的数据保存至所需的文件中。

writeJSON.go 文件的第 3 部分内容如下所示。

```
func main() {
    myRecord := Record{
        Name:    "Mihalis",
        Surname: "Tsoukalos",
        Tel: []Telephone{Telephone{Mobile: true, Number: "1234-567"},
            Telephone{Mobile: true, Number: "1234-abcd"},
            Telephone{Mobile: false, Number: "abcc-567"},
        },
    }

    saveToJSON(os.Stdout, myRecord)
}
```

上述代码定义了一个结构变量，该变量加载了以 JSON 格式保存的数据（通过 saveToJSON()函数）。当使用 os.Stdout 时，数据将被输出至屏幕上，而非保存至一个文件中。

执行 writeJSON.go 文件将生成下列输出结果。

```
$ go run writeJSON.go
{"Name":"Mihalis","Surname":"Tsoukalos","Tel":[{"Mobile":true,"Number"
:"1234-567"},{"Mobile":true,"Number":"1234-
abcd"},{"Mobile":false,"Number":"abcc-567"}]}
```

4.9.3 使用 Marshal()和 Unmarshal()函数

本节将考查如何使用 Marshal()和 Unmarshal()函数，进而实现 readJSON.go 和 writeJSON.go 的功能。Marshal()和 Unmarshal()函数代码位于 mUJSON.go 文件中，该文件将被分为 3 部分内容加以讨论。

mUJSON.go 文件的第 1 部分内容如下所示。

```
package main

import (
    "encoding/json"
    "fmt"
)

type Record struct {
    Name    string
    Surname string
    Tel     []Telephone
}

type Telephone struct {
    Mobile bool
    Number string
}
```

上述代码定义了两个结构，即 Record 和 Telephone，它们将用于存储置于 JSON 记录中的数据。

mUJSON.go 文件的第 2 部分内容如下所示。

```
func main() {
    myRecord := Record{
```

```
        Name:     "Mihalis",
        Surname: "Tsoukalos",
        Tel: []Telephone{Telephone{Mobile: true, Number: "1234-567"},
        Telephone{Mobile: true, Number: "1234-abcd"},
        Telephone{Mobile: false, Number: "abcc-567"},
        }}

    rec, err := json.Marshal(&myRecord)
    if err != nil {
        fmt.Println(err)
        return
    }
    fmt.Println(string(rec))
```

上述代码定义了 myRecord 变量，该变量加载所需数据。此外，代码中还使用了 json.Marshal()函数，该函数接收一个指向 myRecord 变量的引用。注意，json.Marshal()函数需要一个可以转换成 JSON 格式的指针变量。

mUJSON.go 文件的第 3 部分内容如下所示。

```
    var unRec Record
    err1 := json.Unmarshal(rec, &unRec)
    if err1 != nil {
        fmt.Println(err1)
        return
    }
    fmt.Println(unRec)
}
```

json.Unmarshal()函数获取 JSON 输入内容，并将其转换为 Go 结构。该过程伴随 json.Marshal()函数一同出现，因而 json.Unmarshal()函数也需要一个指针参数。

执行 mUJSON.go 文件将生成下列输出结果。

```
$ go run mUJSON.go
{"Name":"Mihalis","Surname":"Tsoukalos","Tel":[{"Mobile":true,"Number"
:"1234-567"},{"Mobile":true,"Number":"1234-
abcd"},{"Mobile":false,"Number":"abcc-567"}]}
{Mihalis Tsoukalos [{true 1234-567} {true 1234-abcd} {false abcc-567}]}
```

💡 提示：

encoding/json 包包含两个接口，即 Marshaler 和 Unmarshaler，且分别需要使用 MarshalJSON()和 UnmarshalJSON()方法实现。如果希望执行任何自定义的 JSON 编码和解码，那么这两个接口将十分有用。

4.9.4 解析 JSON 数据

前述内容讨论了如何通过已知格式处理结构化的 JSON 数据，此类数据可利用相关方法被存储于 Go 结构中。

本节将介绍如何读取和存储非结构化 JSON 数据。注意，非结构化数据被置于映射中，而非 Go 结构中，这将在 parsingJSON.go 文件中予以展示。该文件将被分为 4 部分内容加以讨论。

parsingJSON.go 文件的第 1 部分内容如下所示。

```go
package main

import (
    "encoding/json"
    "fmt"
    "io/ioutil"
    "os"
)
```

上述代码导入了所需的 Go 包。

parsingJSON.go 文件的第 2 部分内容如下所示。

```go
func main() {
    arguments := os.Args
    if len(arguments) == 1 {
        fmt.Println("Please provide a filename!")
        return
    }

    filename := arguments[1]
```

上述代码读取程序的命令行参数，并获取第 1 个参数，即将要读取的 JSON 文件。

parsingJSON.go 文件的第 3 部分内容如下所示。

```go
fileData, err := ioutil.ReadFile(filename)
if err != nil {
    fmt.Println(err)
    return
}

var parsedData map[string]interface{}
json.Unmarshal([]byte(fileData), &parsedData)
```

ioutil.ReadFile()函数可一次性地读取文件，这也是我们期望的操作方式。

在第 3 部分内容中，还存在一个名为 parsedData 的映射定义，用于加载所读取的 JSON 文件的内容。其中，每个映射键（string）对应于一个 JSON 属性。另外，每个映射键的值为 interface{}类型（也可为任意类型）。这意味着，映射键的值也可以是另一个映射。

json.Unmarshal()函数被用于将文件内容置于 parsedData 映射中。

> **提示：**
>
> 第 7 章将学习更多关于接口、interface{}和反射方面的知识，从而可动态地了解任意对象的类型及其结构相关的信息。

parsingJSON.go 文件的第 4 部分内容如下所示。

```
for key, value := range parsedData {
    fmt.Println("key:", key, "value:", value)
}
}
```

上述代码遍历映射并获取其内容。然而，解释这些内容则完全是另一回事，这取决于数据的结构，而该结构当前是未知的。

此处将使用的包含样本数据的 JSON 文件是 noStr.json，且包含下列内容。

```
$ cat noStr.json
{
    "Name": "John",
    "Surname": "Doe",
    "Age": 25,
    "Parents": [
        "Jim",
        "Mary"
    ],
    "Tel":[
        {"Mobile":true,"Number":"1234-567"},
        {"Mobile":true,"Number":"1234-abcd"},
        {"Mobile":false,"Number":"abcc-567"}
    ]
}
```

执行 parsingJSON.go 文件将生成下列输出结果。

```
$ go run parsingJSON.go noStr.json
key: Tel value: [map[Mobile:true Number:1234-567] map[Mobile:true Number:1234-abcd] map[Mobile:false Number:abcc-567]]
```

```
key: Name value: John
key: Surname value: Doe
key: Age value: 25
key: Parents value: [Jim Mary]
```

从上述输出结果中可以看出，映射键以随机顺序输出。

4.9.5 Go 语言和 XML

Go 语言支持 XML。XML 是一种与 HTML 类似的标记语言，但与 XML 相比更加高级。

本节将要开发的实用程序是 rwXML.go 文件，该程序将从磁盘中读取 JSON 记录、对其进行修改、将其转换为 XML 并在屏幕上输出，随后将 XML 数据转换为 JSON。rwXML.go 文件将被分为 4 部分内容加以讨论。

rwXML.go 文件的第 1 部分内容如下所示。

```
package main

import (
    "encoding/json"
    "encoding/xml"
    "fmt"
    "os"
)

type Record struct {
    Name     string
    Surname  string
    Tel      []Telephone
}

type Telephone struct {
    Mobile bool
    Number string
}
```

rwXML.go 文件的第 2 部分内容如下所示。

```
func loadFromJSON(filename string, key interface{}) error {
    in, err := os.Open(filename)
    if err != nil {
        return err
    }
```

```
decodeJSON := json.NewDecoder(in)
err = decodeJSON.Decode(key)
if err != nil {
    return err
}
in.Close()
return nil
}
```

rwXML.go 文件的第 3 部分内容如下所示。

```
func main() {
    arguments := os.Args
    if len(arguments) == 1 {
        fmt.Println("Please provide a filename!")
        return
    }

    filename := arguments[1]

    var myRecord Record
    err := loadFromJSON(filename, &myRecord)
    if err == nil {
        fmt.Println("JSON:", myRecord)
    } else {
        fmt.Println(err)
    }

    myRecord.Name = "Dimitris"

    xmlData, _ := xml.MarshalIndent(myRecord, "", " ")
    xmlData = []byte(xml.Header + string(xmlData))
    fmt.Println("\nxmlData:", string(xmlData))
```

在读取了输入文件并将其转换为 JSON 后，我们将其数据置于 Go 结构中，并随后修改该结构（myRecord）中的数据。接下来，我们利用 MarshalIndent() 函数将对应数据转换为 XML 格式，并通过 xml.Header 添加一个文件头。

MarshalIndent() 函数也可与 JSON 数据结合使用，其工作方式类似于 Marshal() 函数，但每一个 XML 元素始于一个新行，并根据其嵌套路径而缩进。这主要与 XML 数据的表示有关，而不是值。

rwXML.go 文件的第 4 部分内容如下所示。

```go
    data := &Record{}
    err = xml.Unmarshal(xmlData, data)
    if nil != err {
        fmt.Println("Unmarshalling from XML", err)
        return
    }

    result, err := json.Marshal(data)
    if nil != err {
        fmt.Println("Error marshalling to JSON", err)
        return
    }

    _ = json.Unmarshal([]byte(result), &myRecord)
    fmt.Println("\nJSON:", myRecord)
}
```

上述代码通过 Marshal()函数将 XML 数据转换为 JSON，并利用 Unmarshal()函数将其输出至屏幕上。

执行 rwXML.go 文件将生成下列输出结果。

```
$ go run rwXML.go readMe.json
JSON: {Mihalis Tsoukalos [{true 1234-567} {true 1234-abcd} {false abcc-567}]}
xmlData: <?xml version="1.0" encoding="UTF-8"?>
<Record>
    <Name>Dimitris</Name>
    <Surname>Tsoukalos</Surname>
    <Tel>
        <Mobile>true</Mobile>
        <Number>1234-567</Number>
    </Tel>
    <Tel>
        <Mobile>true</Mobile>
        <Number>1234-abcd</Number>
    </Tel>
    <Tel>
        <Mobile>false</Mobile>
        <Number>abcc-567</Number>
    </Tel>
</Record>
```

```
JSON: {Dimitris Tsoukalos [{true 1234-567} {true 1234-abcd} {false
abcc-567}]}
```

4.9.6 读取 XML 文件

本节将学习如何从磁盘中读取一个 XML 文件,并将其存储于一个 Go 结构中。对应的程序名称为 readXML.go 文件,该文件将被分为 3 部分内容加以讨论。

readXML.go 文件的第 1 部分内容如下所示。

```go
package main

import (
    "encoding/xml"
    "fmt"
    "os"
)

type Record struct {
    Name     string
    Surname  string
    Tel      []Telephone
}

type Telephone struct {
    Mobile bool
    Number string
}
```

readXML.go 文件的第 2 部分内容如下所示。

```go
func loadFromXML(filename string, key interface{}) error {
    in, err := os.Open(filename)
    if err != nil {
        return err
    }

    decodeXML := xml.NewDecoder(in)
    err = decodeXML.Decode(key)
    if err != nil {
        return err
    }
    in.Close()
```

```
    return nil
}
```

上述处理过程与从磁盘中读取一个 JSON 文件的操作方式类似。

readXML.go 文件的第 3 部分内容如下所示。

```
func main() {
    arguments := os.Args
    if len(arguments) == 1 {
        fmt.Println("Please provide a filename!")
        return
    }

    filename := arguments[1]

    var myRecord Record
    err := loadFromXML(filename, &myRecord)

    if err == nil {
        fmt.Println("XML:", myRecord)
    } else {
        fmt.Println(err)
    }
}
```

执行 readXML.go 文件将生成下列输出结果。

```
$ go run readXML.go data.xml
XML: {Dimitris Tsoukalos [{true 1234-567} {true 1234-abcd} {false abcc-567}]}
```

data.xml 文件内容如下所示。

```
$ cat data.xml
xmlData: <?xml version="1.0" encoding="UTF-8"?>
<Record>
    <Name>Dimitris</Name>
    <Surname>Tsoukalos</Surname>
    <Tel>
        <Mobile>true</Mobile>
        <Number>1234-567</Number>
    </Tel>
    <Tel>
        <Mobile>true</Mobile>
```

```
            <Number>1234-abcd</Number>
        </Tel>
        <Tel>
            <Mobile>false</Mobile>
            <Number>abcc-567</Number>
        </Tel>
</Record>
```

4.9.7 自定义 XML 格式

本节将学习如何调整和自定义生成后的 XML 输出结果。对应的实用程序名称是 modXML.go 文件，该文件将被分为 3 部分内容加以讨论。注意，出于简单考虑，将要转换为 XML 的数据在程序中以硬编码的方式出现。

modXML.go 文件的第 1 部分内容如下所示。

```
package main

import (
    "encoding/xml"
    "fmt"
    "os"
)

func main() {
    type Address struct {
        City, Country string
    }
    type Employee struct {
        XMLName     xml.Name    `xml:"employee"`
        Id          int         `xml:"id,attr"`
        FirstName   string      `xml:"name>first"`
        LastName    string      `xml:"name>last"`
        Initials    string      `xml:"name>initials"`
        Height      float32     `xml:"height,omitempty"`
        Address
        Comment string `xml:",comment"`
    }
```

此处定义了 XML 数据结构。然而，关于 XML 元素的名称和类型，还存在一些附加信息。其中，XMLName 字段提供了 XML 记录的名称，在当前示例中为 employee。带有标签",comment"的字段表示为一个注释，且对应于输出结果中的格式。带有标签",attr"的字段则表示输出结果中字段名（在当前示例中为 id）的属性。"name>first"符号通知 Go 将 first 标签嵌入名为 name 的标签中。

最后，如果为空值的话，带有"omitempty"选项的字段将在输出结果中被忽略。这里，空值包括 0、false、nil 指针或接口，以及长度为 0 的数组、切片、映射或字符串。

modXML.go 文件的第 2 部分内容如下所示。

```
    r := &Employee{Id: 7, FirstName: "Mihalis", LastName: "Tsoukalos",
Initials: "MIT"}
    r.Comment = "Technical Writer + DevOps"
    r.Address = Address{"SomeWhere 12", "12312, Greece"}
```

这里定义并初始化了 employee 结构。

modXML.go 文件的第 3 部分内容如下所示。

```
    output, err := xml.MarshalIndent(r, " ", " ")
    if err != nil {
        fmt.Println("Error:", err)
    }
    output = []byte(xml.Header + string(output))
    os.Stdout.Write(output)
    os.Stdout.Write([]byte("\n"))
}
```

执行 modXML.go 文件将生成下列输出结果。

```
$ go run modXML.go
<?xml version="1.0" encoding="UTF-8"?>
    <employee id="7">
        <name>
            <first>Mihalis</first>
            <last>Tsoukalos</last>
            <initials>MIT</initials>
        </name>
        <City>SomeWhere 12</City>
        <Country>12312, Greece</Country>
        <!--Technical Writer + DevOps-->
    </employee>
```

4.10 Go 语言和 YAML 格式

YAML（YAML 不是一种标记语言，YAML ain't markup language）是另一种十分流行

的文本格式。虽然 Go 语言标准库并不支持 YAML 格式，但我们可访问 https://github.com/go-yaml/yaml，并查看提供 YAML 支持的 Go 包。

> 💡 **提示：**
> Viper 包支持 YAML 格式，第 8 章将对此加以讨论。如果希望了解 Viper 与 YAML 文件之间的解析方式，读者可访问 https://github.com/spf13/viper 并查看 Viper 代码。

4.11　附加资源

读者可参考下列资源以了解更多内容。

- 访问 https://golang.org/pkg/regexp/ 并阅读 Go 语言中的 regexp 标准包文档。
- 访问 grep(1) 实用程序的主页，进而查看该程序堆正则表达式的支持方式。
- 关于 Go 语言中的 math/big 包的更多信息，读者可访问 https://golang.org/pkg/math/big/。
- 关于 YAML 的更多信息，读者可访问 https://yaml.org/。
- 读者可访问 https://golang.org/pkg/sync/ 并查看 sync.Map 类型的相关解释内容。
- 读者可访问 https://golang.org/pkg/unicode/ 并查看 Go 语言中的 unicode 标准包文档。
- 访问 https://golang.org/ref/spec 并阅读 *The Go Programming Language Specification*。

4.12　练习和 Web 链接

- 尝试编写一个 Go 程序，并输出 IPv4 地址的无效部分或各部分内容。
- 尝试描述 make 和 new 之间的差异。
- 在 findIPv4.go 文件的基础上，尝试编写一个程序，并输出日志文件中发现的最为流行的 IPv4 地址（无须通过 UNIX 实用程序处理输出结果）。
- 尝试编写一个 Go 程序，并查找日志文件中生成 404 HTML 错误消息的 IPv4 地址。
- 读取包含 10 个整数值的 JSON 文件，将其存储至一个 struct 变量中，逐一增加每个整数值，并将更新后的 JSON 项写入磁盘中。随后对 XML 文件执行相同的操作。
- 编写一个 Go 程序，查找日志文件中下载 ZIP 文件的 IPv4 地址。
- 使用 Go 语言中的 math/big 标准包编写一个程序，并计算高精度的平方根值。读者可根据个人喜好选择相应的算法。

- 编写一个 Go 实用程序，在其输入中查找给定的日期和时间格式，且仅返回时间部分。
- 试分析字符、字节和 rune 之间的差别。
- 编写一个 Go 实用程序，并使用正则表达式匹配 200~400 的整数。
- 通过向 keyValue.go 文件中添加日志机制改进该文件。

4.13 本章小结

本章讨论了许多与 Go 语言相关的特性，包括创建和使用结构、元组、字符串和 rune，以及 Go 语言中的 unicode 标准包的功能。除此之外，我们还学习了模式匹配、正则表达式、JSON 和 XML 文件处理、switch 语句和 strings 标准包。

最后，本章介绍了 Go 语言中的键-值存储，同时还学习了如何使用 math/big 包计算所需精度的 Pi 值。

第 5 章将学习如何通过高级整合方式组合和操控数据，包括二叉树、链表、双向链表、队列、栈和哈希表。此外，我们还将考查 container 标准包中的结构、如何执行 Go 语言中的矩阵操作，以及如何验证 Sudoku 问题。第 5 章的最后一个主题是随机数和生成难以猜测的字符串，它们可用于安全的密码中。

第 2 部分

- 第 5 章 利用数据结构改进 Go 代码
- 第 6 章 Go 包和函数
- 第 7 章 反射和接口

第 5 章 利用数据结构改进 Go 代码

第 4 章介绍了组合数据类型（通过 struct 关键字构建）、Go 语言中的 JSON 和 XML 处理机制、正则表达式、模式匹配、元组、rune、字符串、unicode 标准包和 strings 标准包。最后，还实现了 Go 语言中的键-值存储。

但在某些场合下，编程语言提供的结构并不适用于特定的问题。此时，我们需要创建自己的数据结构，并以显式的特定方式存储、搜索和检索数据。

本章将讨论 Go 语言中多种知名的数据结构及其优点，包括二叉树、列表、哈希表、栈和队列。俗话说，一图胜千言，因此本章将通过多幅图像描述数据结构。

本章最后一部分内容将验证数独谜题，并利用切片执行矩阵计算。

本章主要涉及以下主题。

- 图和节点。
- 度量算法的复杂度。
- 二叉树。
- GO 语言中的哈希表。
- GO 语言中的链表。
- GO 语言中的双向链表。
- Go 语言中的队列。
- GO 语言中的栈。
- GO 语言中的 container 标准包提供的数据结构。
- 在 Go 语言中生成随机数。
- 生成安全的随机数。
- 执行矩阵计算。
- 求解数独谜题。

5.1 图和节点

图 G (V, E) 是由顶点 V（或节点）和边 E 组成的有限非空集合，且存在两种主要的图类型，即循环图和非循环图。在循环图中，所有或部分顶点以闭合链的方式连接；而在非循环图中，则不存在闭合链。

相应地，有向图的边包含了某种方向，而有向非循环图则是指不包含循环的有向图。

💡 **提示：**

由于节点可能包含各种信息，其多样性，因此节点一般采用 Go 结构实现。

5.2 度量算法的复杂度

算法的效率通过其计算复杂度进行判断，主要与算法访问其输入数据以完成工作的次数有关。在计算机科学中，一般采用符号 O 描述算法的复杂度。因此，$O(n)$ 算法需要访问其输入数据一次，且优于 $O(n^2)$ 算法；而后者则优于 $O(n^3)$ 算法；以此类推。相比较而言，较差的算法则包含 $O(n!)$ 运行时间，对于超过 300 个元素的输入数据，该算法基本不可用。

最后，大多数内建类型的 Go 查询操作均包含常量时间，即 $O(1)$，如查找映射键的值或访问一个数组元素。这意味着内建类型快于自定义类型。除非需要对幕后操作予以完全控制，否则推荐使用内建类型。

进一步讲，并非所有的数据结构均采用等同方式构建。一般来讲，数组操作快于映射操作——我们需要为映射的多样化付出相应的代价。

💡 **提示：**

虽然每种算法都包含了自身的缺陷，但如果数据量较少，只要能够准确地完成所需任务，算法的重要程度将有所下降。

5.3 二 叉 树

二叉树是一种数据结构，在每个节点下面最多存在两个其他节点。这意味着，一个节点可连接至一个、两个节点或不连接其他节点。这里，根节点被定义为树形结构的第 1 个节点。树形结构的深度（也被称作高度）则被定义为根节点至某个节点间的最长路径，而节点的深度则表示为当前节点至树根节点间的边数。最后需要说明的是，叶节点不包含任何子节点。

当根节点到叶节点的最长长度最多比最短长度多 1 时，对应的树形结构可被视为平衡树；相应地，非平衡树则是未处于平衡状态的树形结构。使一棵树处于平衡状态其操作可能较为困难且过程缓慢，因而较好的做法是在开始阶段即使树形结构处于平衡状态，而非在创建完毕后再执行平衡操作，特别是树形结构涵盖了大量的节点时。

图 5.1 展示了一棵非平衡二叉树，其根节点为 J，而 A、G、W、D 则表示为叶节点。

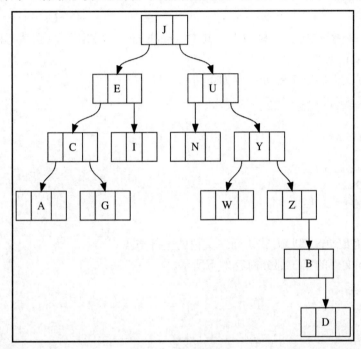

图 5.1　非平衡二叉树

5.3.1　实现 Go 语言中的二叉树

本节将展示如何利用 binTree.go 文件中的源代码实现 Go 语言中的二叉树。binTree.go 文件将被分为 5 部分内容加以讨论。

binTree.go 文件的第 1 部分内容如下所示。

```
package main

import (
    "fmt"
    "math/rand"
    "time"
)
```

```
type Tree struct {
    Left *Tree
    Value int
    Right *Tree
}
```

此处利用 Go 结构定义了树节点。其中，math/rand 包利用随机数填写树形结构，此时尚未包含真实的数据。

binTree.go 文件的第 2 部分内容如下所示。

```
func traverse(t *Tree) {
    if t == nil {
        return
    }
    traverse(t.Left)
    fmt.Print(t.Value, " ")
    traverse(t.Right)
}
```

traverse()函数通过递归方式访问二叉树的全部节点。

binTree.go 文件的第 3 部分内容如下所示。

```
func create(n int) *Tree {
    var t *Tree
    rand.Seed(time.Now().Unix())
    for i := 0; i < 2*n; i++ {
        temp := rand.Intn(n * 2)
        t = insert(t, temp)
    }
    return t
}
```

create()函数利用随机整数填写二叉树。

binTree.go 文件的第 4 部分内容如下所示。

```
func insert(t *Tree, v int) *Tree {
    if t == nil {
        return &Tree{nil, v, nil}
    }
    if v == t.Value {
        return t
    }
    if v < t.Value {
```

```
        t.Left = insert(t.Left, v)
        return t
    }
    t.Right = insert(t.Right, v)
    return t
}
```

insert()函数通过 if 语句完成了许多重要工作。其中，第 1 个 if 语句检查是否正在处理一棵空树。若是，那么新节点将是树的根节点，并创建为&Tree{nil, v, nil}。

第 2 个 if 语句确定插入值是否已在二叉树中存在。若存在，函数将直接返回且不执行任何操作。

第 3 个 if 语句判断尝试插入的值位于当前检测节点的左侧还是右侧，并执行相应的操作。注意，当前实现将生成一棵非平衡树。

binTree.go 文件的第 5 部分内容如下所示。

```
func main() {
    tree := create(10)
    fmt.Println("The value of the root of the tree is",
 tree.Value)
    traverse(tree)
    fmt.Println()
    tree = insert(tree, -10)
    tree = insert(tree, -2)
    traverse(tree)
    fmt.Println()
    fmt.Println("The value of the root of the tree is",
 tree.Value)
}
```

执行 binTree.go 文件将生成下列输出结果。

```
$ go run binTree.go
The value of the root of the tree is 18
0 3 4 5 7 8 9 10 11 14 16 17 18 19
-10 -2 0 3 4 5 7 8 9 10 11 14 16 17 18 19
The value of the root of the tree is 18
```

5.3.2 二叉树的优点

当需要表达层次结构数据时，树形结构的优势将变得十分明显。据此，树形结构被广泛地应用于编程语言编译器解析计算机程序这一类情形。

除此之外，树形结构还可通过设计方式进行排序，这意味着，无须付出额外的努力即可实现排序功能。具体来说，将元素置于正确的位置即可使其处于有序状态。然而，考虑到树形结构的构造方式，从树形结构中删除一个元素则稍显复杂。

对于一棵平衡树，其搜索、插入和删除操作将花费大约 log(n) 个步骤。其中，n 表示为树形结构中加载的全部元素的数量。除此之外，平衡树的高度约为 log2(n)。也就是说，包含 10000 个元素的平衡树其高度约为 14，这是一个比较小的数字。

类似地，包含 100000 个元素的平衡树的高度约为 17，包含 1000000 个元素的平衡树的高度约为 20。换而言之，将大量的元素置于一个平衡的二叉树中并不会明显地改变树形结构的高度。也就是说，可以在不到 20 步的时间内到达具有 1000000 个节点的树中的任何节点。

二叉树的主要缺点是，树形结构的形状主要依赖于元素的插入顺序。如果树形结构的键较长且复杂，那么插入或搜索元素可能会由于需要进行大量比较而变得缓慢。最后，由于如果树形结构处于非平衡状态，那么其性能将变得难以预测。

💡 **提示：**
虽然链表或数组的速度优于二叉树，但在搜索开销和维护方面，二叉树则提供了较大的灵活性。

💡 **提示：**
当搜索二叉树中的元素时，可检查搜索元素值大于或小于当前节点值，并通过这一指导方向选择子树部分。这可节省大量的搜索时间。

5.4 Go 语言中的哈希表

严格地讲，哈希表是一种数据结构，可存储一个或多个键-值对，并采用哈希函数计算桶（bucket）或槽（slot）数组的索引，并以此获取正确值，如图 5.2 所示。

理想状态下，哈希函数应为每个键分配唯一的桶，前提是已持有所需的桶数量（通常可满足这一要求）。

较好的哈希函数应能够生成均匀分布的哈希值，未使用的桶或桶的基数差异较大均会对效率带来负面影响。除此之外，哈希函数应一致地工作，并针对相同键输出相同的哈希值。否则，哈希函数将无法定位所需的信息。

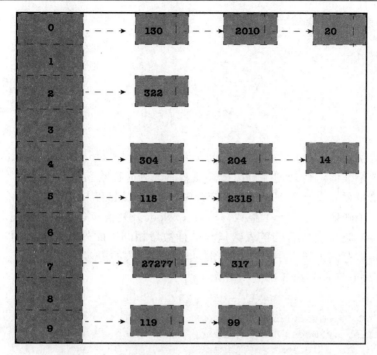

图 5.2　包含 10 个桶的哈希表

5.4.1　实现 Go 语言中的哈希表

关于哈希表，hashTable.go 文件将被分为 5 部分内容加以讨论。

hashTable.go 文件的第 1 部分内容如下所示。

```
package main

import (
    "fmt"
)

const SIZE = 15
type Node struct {
    Value int
    Next  *Node
}
```

其中通过 Go 结构定义了哈希表的节点。这里，常量 SIZE 加载哈希表的桶数量。

hashTable.go 文件的第 2 部分内容如下所示。

```go
type HashTable struct {
    Table map[int]*Node
    Size  int
}

func hashFunction(i, size int) int {
    return (i % size)
}
```

上述代码实现了哈希函数。hashFunction()函数使用了模运算符,其原因在于,该哈希表需要处理整数值。当处理字符串或浮点数时,则应在哈希函数中使用不同的逻辑。

实际的哈希存储于一个 HashTable 结构中。HashTable 结构包含两个字段:第 1 个字段被定义为一个映射,并将一个整数与链表(*Node)关联;第 2 个字段被定义为哈希表的尺寸。最终,哈希表持有的链表数量与其桶数量相同。此外,这也表明,哈希表的每个桶的节点将被存储于链表中。稍后将学习与链表相关的更多内容。

hashTable.go 文件的第 3 部分内容如下所示。

```go
func insert(hash *HashTable, value int) int {
    index := hashFunction(value, hash.Size)
    element := Node{Value: value, Next: hash.Table[index]}
    hash.Table[index] = &element
    return index
}
```

在将元素插入哈希表中时将调用 insert()函数。注意,insert()函数的当前实现并未检查重复数据。

hashTable.go 文件的第 4 部分内容如下所示。

```go
func traverse(hash *HashTable) {
    for k := range hash.Table {
        if hash.Table[k] != nil {
            t := hash.Table[k]
            for t != nil {
                fmt.Printf("%d -> ", t.Value)
                t = t.Next
            }
            fmt.Println()
        }
    }
}
```

traverse()函数用于输出哈希表中的所有值。另外,traverse()函数还访问哈希表的每个链表,并采用逐个链表的方式输出存储值。

第 5 章 利用数据结构改进 Go 代码

hashTable.go 文件的第 5 部分内容如下所示。

```
func main() {
    table := make(map[int]*Node, SIZE)
    hash := &HashTable{Table: table, Size: SIZE}
    fmt.Println("Number of spaces:", hash.Size)
    for i := 0; i < 120; i++ {
        insert(hash, i)
    }
    traverse(hash)
}
```

上述代码利用 table 变量创建了名为 hash 的新哈希表，该哈希表表示为一个映射，并加载了哈希表的桶。如前所述，哈希表的槽采用链表加以实现。

采用映射（而非切片或数组）加载哈希表的链表，其主要原因在于，切片或数组的键仅可为正整数值，而映射的键则可以是所需的任何事物。

执行 hashTable.go 文件将生成下列输出结果。

```
$ go run hashTable.go
Number of spaces: 15
105 -> 90 -> 75 -> 60 -> 45 -> 30 -> 15 -> 0 ->
110 -> 95 -> 80 -> 65 -> 50 -> 35 -> 20 -> 5 ->
114 -> 99 -> 84 -> 69 -> 54 -> 39 -> 24 -> 9 ->
118 -> 103 -> 88 -> 73 -> 58 -> 43 -> 28 -> 13 ->
119 -> 104 -> 89 -> 74 -> 59 -> 44 -> 29 -> 14 ->
108 -> 93 -> 78 -> 63 -> 48 -> 33 -> 18 -> 3 ->
112 -> 97 -> 82 -> 67 -> 52 -> 37 -> 22 -> 7 ->
113 -> 98 -> 83 -> 68 -> 53 -> 38 -> 23 -> 8 ->
116 -> 101 -> 86 -> 71 -> 56 -> 41 -> 26 -> 11 ->
106 -> 91 -> 76 -> 61 -> 46 -> 31 -> 16 -> 1 ->
107 -> 92 -> 77 -> 62 -> 47 -> 32 -> 17 -> 2 ->
109 -> 94 -> 79 -> 64 -> 49 -> 34 -> 19 -> 4 ->
117 -> 102 -> 87 -> 72 -> 57 -> 42 -> 27 -> 12 ->
111 -> 96 -> 81 -> 66 -> 51 -> 36 -> 21 -> 6 ->
115 -> 100 -> 85 -> 70 -> 55 -> 40 -> 25 -> 10 ->
```

由于处理了连续的数字，并且这些数字根据模运算符的结果置于槽中，因此该哈希表处于平衡状态。相比之下，现实中的问题可能不会产生如此方便的结果。

> **提示：**
> 两个自然数 a 和 b 之间的欧几里得除法的余数可以根据 $a = bq + r$ 公式计算，其中 q 是商，r 是余数。余数所允许的值的范围为 $0 \sim b-1$，这也是求模运算符的可能结果。

注意，如果执行 hashTable.go 文件多次，那么很可能会得到各行顺序不同的输出结果，由于 Go 输出映射键-值对的方式是完全随机的，因此无法预测。

5.4.2 实现查找功能

本节将考查 lookup()函数的实现，该函数可判断给定元素是否已存在于哈希表中。lookup()函数代码在 traverse()函数的基础上完成，如下所示。

```go
func lookup(hash *HashTable, value int) bool {
    index := hashFunction(value, hash.Size)
    if hash.Table[index] != nil {
        t := hash.Table[index]
        for t != nil {
            if t.Value == value {
                return true
            }
            t = t.Next
        }
    }
    return false
}
```

上述代码位于 hashTableLookup.go 源文件中。执行该文件将生成下列输出结果。

```
$ go run hashTableLookup.go
120 is not in the hash table!
121 is not in the hash table!
122 is not in the hash table!
123 is not in the hash table!
124 is not in the hash table!
```

上述输出结果表明 lookup()函数工作正常。

5.4.3 哈希表的优点

如果读者认为哈希表并不是那么有用、方便、智能，可以考虑以下情形：当某个哈希表包含 n 个键和 k 个桶时，n 个键的搜索速度将从 $O(n)$ 线性搜索下降至 $O(n/k)$。虽然改善效果并不十分明显，但对于仅有 20 个槽的哈希数组，搜索时间将减少 20 倍。这也使得哈希表非常适用于字典，或其他需要搜索大量数据的类似应用程序。

5.5　Go 语言中的链表

　　链表是一种包含有限元素集的数据结构，其中，每个元素至少使用两个内存位置，分别用于存储实际数据，以及将当前元素链接至下一个元素的指针，进而生成一个构造链表的元素序列。

　　链表中的第 1 个元素被称作头，而最后一个元素通常被称作尾，如图 5.3 所示。当定义一个链表时，首先需要将链表头置于一个独立的变量中，因为链表头是访问整个链表的唯一元素。注意，如果丢失了指向链表首节点的指针，将无法再次获得该链表。

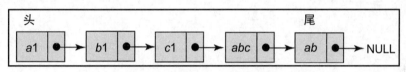

图 5.3　包含 5 个节点的链表

　　图 5.4 显示了如何从链表中移除现有的节点。其间，主要任务是重新组织指向移除节点的左节点的指针，以使其指向移除节点的右节点。

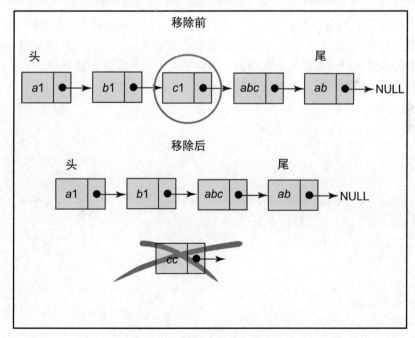

图 5.4　从链表中移除一个节点

链表的实现相对简单，但当前尚未讨论如何删除一个节点，该项操作将留与读者以做练习。

5.5.1 实现 Go 语言中的链表

实现链表的 Go 源文件是 linkedList.go 文件，该文件将被分为 5 部分内容加以讨论。linkedList.go 文件的第 1 部分内容如下所示。

```go
package main

import (
    "fmt"
)

type Node struct {
    Value int
    Next  *Node
}

var root = new(Node)
```

上述代码定义了 Node 结构类型，用于链表中的节点；同时还定义了 root 全局变量，以加载链表的第 1 个元素，并可在代码中的任意位置处访问。记住，虽然使用全局变量对于小型程序和示例代码来说并无太大问题，但对于大型程序，这可能会导致 bug 的出现。

linkedList.go 文件的第 2 部分内容如下所示。

```go
func addNode(t *Node, v int) int {
    if root == nil {
        t = &Node{v, nil}
        root = t
        return 0
    }

    if v == t.Value {
        fmt.Println("Node already exists:", v)
        return -1
    }

    if t.Next == nil {
        t.Next = &Node{v, nil}
        return -2
```

```
    }
    return addNode(t.Next, v)
}
```

考虑到链表的工作方式，它们通常情况下不会包含重复项。进一步讲，若链表未排序，新节点一般被添加至链表的尾部。相应地，addNode()函数用于向链表中加入新节点。

具体实现过程中存在 3 种不同的情况，这可通过 if 语句进行判断。在第 1 种情况下，我们将测试是否正在处理一个空链表；第 2 种情况则检查添加值是否已在链表中；第 3 种情况则检查是否已到达链表的尾部。对此，可利用 t.Next = &Node{v,nil} 和所需值将新节点添加至链表的尾部。除了上述各种情况之外（前述条件皆不为 true），则可利用 return addNode(t.Next, v) 并针对链表的下一个节点对 addNode() 函数重复相同的过程。

linkedList.go 文件的第 3 部分内容包含了 traverse() 函数的实现，如下所示。

```
func traverse(t *Node) {
    if t == nil {
        fmt.Println("-> Empty list!")
        return
    }

    for t != nil {
        fmt.Printf("%d -> ", t.Value)
        t = t.Next
    }
    fmt.Println()
}
```

linkedList.go 文件的第 4 部分内容如下所示。

```
func lookupNode(t *Node, v int) bool {
    if root == nil {
        t = &Node{v, nil}
        root = t
        return false
    }

    if v == t.Value {
        return true
    }

    if t.Next == nil {
        return false
```

```
        }
        return lookupNode(t.Next, v)
}

func size(t *Node) int {
        if t == nil {
                fmt.Println("-> Empty list!")
                return 0
        }

        i := 0
        for t != nil {
                i++
                t = t.Next
        }
        return i
}
```

上述代码实现了两个十分方便的函数,即 lookupNode()和 size()函数。其中,lookupNode()函数检查给定的元素是否存在于链表中;而 size()函数则返回链表的尺寸,即链表中节点的数量。

lookupNode()函数背后实现的逻辑十分简单且易于理解:访问单链表的所有元素,进而搜索所需值。如果搜索至链表尾部仍未发现所需值,那么该链表不包含所需值。

linkedList.go 文件的第 5 部分内容包含了 main()函数的实现,如下所示。

```
func main() {
        fmt.Println(root)
        root = nil
        traverse(root)
        addNode(root, 1)
        addNode(root, -1)
        traverse(root)
        addNode(root, 10)
        addNode(root, 5)
        addNode(root, 45)
        addNode(root, 5)
        addNode(root, 5)
        traverse(root)
        addNode(root, 100)
        traverse(root)
```

```
    if lookupNode(root, 100) {
        fmt.Println("Node exists!")
    } else {
        fmt.Println("Node does not exist!")
    }

    if lookupNode(root, -100) {
        fmt.Println("Node exists!")
    } else {
        fmt.Println("Node does not exist!")
    }
}
```

执行 linkedList.go 文件将生成下列输出结果。

```
$ go run linkedList.go
&{0 <nil>}
-> Empty list!
1 -> -1 ->
Node already exists: 5
Node already exists: 5
1 -> -1 -> 10 -> 5 -> 45 ->
1 -> -1 -> 10 -> 5 -> 45 -> 100 ->
Node exists!
Node does not exist!
```

5.5.2 链表的优点

链表的最大优点是易于理解和实现，且具有足够的通用性，因而适用于多种不同的场合。这意味着，链表可用于对许多不同种类的数据建模，如单值以及包含多个字段的复杂数据结构。除此之外，当与指针结合使用时，链表还可实现快速的序列搜索。

链表不仅有助于数据的排序，同时还可帮助我们在插入或删除了某些元素后保持数据的有序状态。从有序链表中删除一个节点等同于在无序链表中删除一个节点，但向有序链表中插入一个新节点则有所不同。此时，新节点必须置于正确的排序位置处，进而保持链表的有序状态。在实际操作过程中，如果包含了大量的数据且知晓需要经常删除数据，那么与哈希表或二叉树相比，链表可被视为一种较好的选择方案。

最后，当搜索或插入一个节点时，有序链表还可采用各种优化技术。其中，最为常见的技术是在有序链表的中心节点处设置一个指针，并于此处开始查询操作。这种简单的优化行为可将查找操作时间降至一半。

5.6　Go 语言中的双向链表

双向链表可描述为，每个节点持有一个指向列表前一元素的指针，以及下一个元素的指针，如图 5.5 所示。

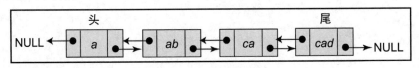

图 5.5　双向链表

因此，在双向链表中，第 1 个节点的下一个链接指向第 2 个节点，而其上一个链接则指向 nil（也称作 NULL）。类似地，最后一个节点的下一个链接指向 nil，而其前一个链接则指向双向链表的倒数第 2 个节点。

图 5.6 描述了双向链表的节点添加操作。可以看到，其间的主要任务是处理 3 个节点的指针问题，即新节点、新节点左侧的节点，以及新节点右侧的节点。

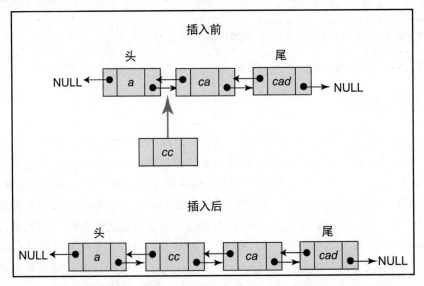

图 5.6　将新节点插入双向链表的中间位置

实际上，单链表和双向链表间的主要差别在于，后者需要更多的开销，这是为了能够以两种方式访问双重链表而必须付出的代价。

5.6.1 实现 Go 语言中的双向链表

实现双向链表的 Go 程序为 doublyLList.go 文件，该文件将被分为 5 部分内容加以讨论。双向链表背后的一般思想基本等同于单链表，但需要更多的开销表示链表节点中的两个指针。

doublyLList.go 文件的第 1 部分内容如下所示。

```go
package main

import (
    "fmt"
)

type Node struct {
    Value    int
    Previous *Node
    Next     *Node
}
```

上述代码使用 Go 结构定义了双向链表的节点。此处，struct 结构包含两个指针。doublyLList.go 文件的第 2 部分内容如下所示。

```go
func addNode(t *Node, v int) int {
    if root == nil {
        t = &Node{v, nil, nil}
        root = t
        return 0
    }

    if v == t.Value {
        fmt.Println("Node already exists:", v)
        return -1
    }

    if t.Next == nil {
        temp := t
        t.Next = &Node{v, temp, nil}
        return -2
    }

    return addNode(t.Next, v)
}
```

与单链表类似，每个新节点被置于双向链表的尾部。然而，这并不是强制性要求，读者可自行决定是否持有一个有序的双向链表。

doublyLList.go 文件的第 3 部分内容如下所示。

```go
func traverse(t *Node) {
    if t == nil {
        fmt.Println("-> Empty list!")
        return
    }

    for t != nil {
        fmt.Printf("%d -> ", t.Value)
        t = t.Next
    }
    fmt.Println()
}

func reverse(t *Node) {
    if t == nil {
        fmt.Println("-> Empty list!")
        return
    }

    temp := t
    for t != nil {
        temp = t
        t = t.Next
    }

    for temp.Previous != nil {
        fmt.Printf("%d -> ", temp.Value)
        temp = temp.Previous
    }
    fmt.Printf("%d -> ", temp.Value)
    fmt.Println()
}
```

此处展示了 traverse() 和 reverse() 函数代码。其中，traverse() 函数等同于 linkedList.go 程序，而 reverse() 函数背后的逻辑则较为有趣。由于并未保留指向双向链表尾部的指针，因此需要在逆序访问节点前到达双向链表的尾部。

注意，Go 语言支持 a, b = b, a 这一类代码，因而无须设置临时变量即可交换两个变量值。

doublyLList.go 文件的第 4 部分内容如下所示。

```go
func size(t *Node) int {
    if t == nil {
        fmt.Println("-> Empty list!")
        return 0
    }

    n := 0
    for t != nil {
        n++
        t = t.Next
    }
    return n
}

func lookupNode(t *Node, v int) bool {
    if root == nil {
        return false
    }

    if v == t.Value {
        return true
    }

    if t.Next == nil {
        return false
    }

    return lookupNode(t.Next, v)
}
```

doublyLList.go 文件的第 5 部分内容如下所示。

```go
var root = new(Node)

func main() {
    fmt.Println(root)
    root = nil
    traverse(root)
    addNode(root, 1)
    addNode(root, 1)
```

```
    traverse(root)
    addNode(root, 10)
    addNode(root, 5)
    addNode(root, 0)
    addNode(root, 0)
    traverse(root)
    addNode(root, 100)
    fmt.Println("Size:", size(root))
    traverse(root)
    reverse(root)
}
```

当执行 doublyLList.go 文件时，将生成下列输出结果。

```
$ go run doublyLList.go
&{0 <nil> <nil>}
-> Empty list!
Node already exists: 1
1 ->
Node already exists: 0
1 -> 10 -> 5 -> 0 ->
Size: 5
1 -> 10 -> 5 -> 0 -> 100 ->
100 -> 0 -> 5 -> 10 -> 1 ->
```

可以看到，reverse()函数工作正常。

5.6.2 双向链表的优点

与单链表相比，双向链表更具多样性，我们可从任意方向遍历双向链表，从而更方便地插入和删除元素。除此之外，即使丢失了双向链表的头指针，我们仍可查找到双向链表的头节点。然而，这种多样性也包含某些代价，即维护每个节点的指针。额外的复杂度是否合理往往由开发人员负责判断。例如，音乐播放器可能使用了一个双向链表表示当前的歌曲列表，从而能够访问上一首歌曲和下一首歌曲。

5.7 Go 语言中的队列

队列可被视为特殊的链表，其中，每个新元素被插入链表的头部，并在链表的尾部被移除。读者可以想象银行中的场景，前面的客户完成其交易后我们才可以办理自己的业务。

简单性是队列的主要优点。对此，我们仅需两个函数即可访问一个队列。这意味着，我们无须担心过多的事情，只要是支持上述两个函数，我们可通过任意方式实现一个队列。

queue.go 文件包含了队列的实现程序，该文件将被分为 5 部分内容加以讨论。注意，队列的实现过程将使用链表。其中，Push()和 Pop()函数分别被用于添加和移除队列中的节点。

queue.go 文件的第 1 部分内容如下所示。

```go
package main

import (
    "fmt"
)

type Node struct {
    Value int
    Next *Node
}

var size = 0
var queue = new(Node)
```

此处定义了一个变量（size）记录队列中持有的节点数量，进而提供某种方便性但并非必需。当前实现支持这一功能，旨在进一步简化操作。在实际操作过程中，我们可以在自己的结构中保留这一字段。

queue.go 文件的第 2 部分内容如下所示。

```go
func Push(t *Node, v int) bool {
    if queue == nil {
        queue = &Node{v, nil}
        size++
        return true
    }

    t = &Node{v, nil}
    t.Next = queue
    queue = t
    size++

    return true
}
```

上述代码展示了 Push() 函数的实现过程，这较为直观。具体来说，如果队列为空，那么新节点将变为当前队列；如果队列非空，那么所生成的新节点将被置于当前队列的头部。随后，队列头则变为刚刚创建的节点。

queue.go 文件的第 3 部分内容如下所示。

```go
func Pop(t *Node) (int, bool) {
    if size == 0 {
        return 0, false
    }

    if size == 1 {
        queue = nil
        size--
        return t.Value, true
    }

    temp := t
    for (t.Next) != nil {
        temp = t
        t = t.Next
    }

    v := (temp.Next).Value
    temp.Next = nil

    size--
    return v, true
}
```

上述代码展示了 Pop() 函数的实现过程，该函数移除队列中最早的元素。如果队列为空（size == 0），则不存在任何析取元素。

如果队列仅包含一个节点，则可析取该节点值且队列将变为空；否则，可析取队列中的最后一个元素、移除队列中的最后一个节点，并在返回所需值之前修正相应的指针。

queue.go 文件的第 4 部分内容如下所示。

```go
func traverse(t *Node) {
    if size == 0 {
        fmt.Println("Empty Queue!")
        return
    }
    for t != nil {
```

```
        fmt.Printf("%d -> ", t.Value)
        t = t.Next
    }
    fmt.Println()
}
```

严格地讲，traverse()函数对于队列操作来说并非必需，但可通过该函数实际查看队列中的全部节点。

queue.go 文件的第 5 部分内容如下所示。

```
func main() {
    queue = nil
    Push(queue, 10)
    fmt.Println("Size:", size)
    traverse(queue)

    v, b := Pop(queue)
    if b {
        fmt.Println("Pop:", v)
    }
    fmt.Println("Size:", size)

    for i := 0; i < 5; i++ {
        Push(queue, i)
    }
    traverse(queue)
    fmt.Println("Size:", size)

    v, b = Pop(queue)
    if b {
        fmt.Println("Pop:", v)
    }
    fmt.Println("Size:", size)

    v, b = Pop(queue)
    if b {
        fmt.Println("Pop:", v)
    }
    fmt.Println("Size:", size)
    traverse(queue)
}
```

在 main()函数中，几乎全部代码均用于队列的查找操作。其中，通过较为重要的两个 if 语句可知 Pop() 函数返回了实际值，抑或是队列为空以至于不存在任何返回的数据。

执行 queue.go 文件将生成下列输出结果。

```
$ go run queue.go
Size: 1
10 ->
Pop: 10
Size: 0
4 -> 3 -> 2 -> 1 -> 0 ->
Size: 5
Pop: 0
Size: 4
Pop: 1
Size: 3
4 -> 3 -> 2 ->
```

5.8　Go 语言中的栈

作为一种数据结构，栈看起来更像是一摞盘子。当需要使用新盘子时，最后一个位于顶部的盘子即是我们需要的盘子。

类似于队列，栈的主要优点是简单性，因为我们仅需关注两个函数，即向栈中添加新节点，以及从栈中移除某个节点。

stack.go 源文件中包含了栈的实现过程。再次强调，此处采用链表实现栈结构。如前所述，对此需要使用两个函数，即入栈函数 Push() 和出栈函数 Pop()。

这里，将栈元素数量置于一个单独的变量中十分有用（虽然并非必需），进而可判断我们是否正在处理一个空栈，而无须访问链表自身。

stack.go 文件将被分为 5 部分内容加以讨论，该文件的第 1 部分内容如下所示。

```
package main

import (
    "fmt"
)

type Node struct {
    Value int
    Next  *Node
}
```

```go
var size = 0
var stack = new(Node)
```

stack.go 文件的第 2 部分内容包含 Push()函数实现，如下所示。

```go
func Push(v int) bool {
    if stack == nil {
        stack = &Node{v, nil}
        size = 1
        return true
    }

    temp := &Node{v, nil}
    temp.Next = stack
    stack = temp
    size++
    return true
}
```

如果栈非空，则可生成一个新节点（temp），并将其置于当前栈顶。随后，该新节点变为栈顶。Push()函数的当前版本通常返回 true，但栈并非包含无限空间，因而可能需要对其进行调整，并在即将超出栈容量时返回 false。

stack.go 文件的第 3 部分内容包含 Pop()函数实现，如下所示。

```go
func Pop(t *Node) (int, bool) {
    if size == 0 {
        return 0, false
    }

    if size == 1 {
        size = 0
        stack = nil
        return t.Value, true
    }

    stack = stack.Next
    size--
    return t.Value, true
}
```

stack.go 文件的第 4 部分内容如下所示。

```go
func traverse(t *Node) {
    if size == 0 {
```

```
        fmt.Println("Empty Stack!")
        return
    }

    for t != nil {
        fmt.Printf("%d -> ", t.Value)
        t = t.Next
    }
    fmt.Println()
}
```

由于栈通过链表予以实现,因此上述代码展示了其遍历方式。

stack.go 文件的第 5 部分内容如下所示。

```
func main() {
    stack = nil
    v, b := Pop(stack)
    if b {
        fmt.Print(v, " ")
    } else {
        fmt.Println("Pop() failed!")
    }

    Push(100)
    traverse(stack)
    Push(200)
    traverse(stack)

    for i := 0; i < 10; i++ {
        Push(i)
    }

    for i := 0; i < 15; i++ {
        v, b := Pop(stack)
        if b {
            fmt.Print(v, " ")
        } else {
            break
        }
    }
    fmt.Println()
    traverse(stack)
}
```

可以看到，stack.go 源代码略少于 queue.go 文件——与队列相比，栈背后的思想更为简单。

执行 stack.go 文件将生成下列输出类型。

```
$ go run stack.go
Pop() failed!
100 ->
200 -> 100 ->
9 8 7 6 5 4 3 2 1 0 200 100
Empty Stack!
```

💡 提示：

前述内容展示了链表在哈希表、队列和栈中的使用方式，以使我们进一步认识到链表在编程和计算机科学中的可用性和重要性。

5.9 container 包

本节将讨论 container 包的应用。container 包支持 3 种数据结构，即堆、列表和环，并分别实现于 container/heap、container/list 和 container/ring 文件中。

如果读者对环这一概念还不熟悉，那么可将其视为一个循环列表。这意味着，环的最后一个元素指向环中的第 1 个元素。实际上，环中的全部节点就位置来说都是等效的且无头无尾。最终，环中的每个元素都可帮助我们遍历整个环。

接下来将讨论 container 包中的各种结构。这里的合理建议是，如果 container 包可满足读者的需求，那么应尽可能地使用它，否则应实现并使用自己的数据结构。

5.9.1 使用 container/heap

本节将考查 container/heap 包提供的各项功能。首先应了解的是，container/heap 实现了一个堆，这是一个树形结构，且其中的每个节点值表示为其子树中的最小元素。注意，此处使用了"最小元素"而非"最小值"，表明堆并非仅支持数字值。

然而，正如我们所料，当在 Go 语言中实现堆树时，需要实现一种方法以判断两个元素的大小。此时，Go 通过接口支持此类方法。

这意味着，与 container 中的其他两个包相比，container/heap 包则更加高级，且需要在使用 container/heap 包中各项功能之前定义某些内容。严格地讲，container/heap 包需要实现 container/heap.Interface，其定义方式如下所示。

```
type Interface interface {
    sort.Interface
    Push(x interface{}) // add x as element Len()
    Pop() interface{}   // remove and return element Len() - 1.
}
```

关于接口，读者可参考第 7 章。当前仅需记住，Go 接口要求实现一个或多个函数或其他接口，在当前示例中为 sort.Interface、Push()和 Pop()函数。

具体来说，sort.Interface 需要实现 Len()、Less()和 Swap()函数。其意义体现在，如果无法交换两个元素、无法计算排序值、无法判断元素的大小，那么也将无法执行任何类型的排序计算。虽然读者可能会认为其间将涉及大量的工作，但大多数时候，此类函数实现均十分简单。

考虑到本节的目的在于展示 container/heap 包的具体应用，出于简单考虑，将 conHeap.go 文件中的元素数据类型定义为 float32。

conHeap.go 文件将被分为 5 部分内容加以讨论，该文件的第 1 部分内容如下所示。

```
package main

import (
    "container/heap"
    "fmt"
)

type heapFloat32 []float32
```

conHeap.go 文件的第 2 部分内容如下所示。

```
func (n *heapFloat32) Pop() interface{} {
    old := *n
    x := old[len(old)-1]
    new := old[0 : len(old)-1]
    *n = new
    return x
}

func (n *heapFloat32) Push(x interface{}) {
    *n = append(*n, x.(float32))
}
```

虽然这里定义了 Pop()和 Push()两个函数，但二者用于接口协议。当从堆中添加或移除元素时，还应分别调用 heap.Push()和 heap.Pop()函数。

conHeap.go 文件的第 3 部分内容如下所示。

```
func (n heapFloat32) Len() int {
    return len(n)
}

func (n heapFloat32) Less(a, b int) bool {
    return n[a] < n[b]
}

func (n heapFloat32) Swap(a, b int) {
    n[a], n[b] = n[b], n[a]
}
```

上述代码实现了 sort.Interface 接口所需的 3 个函数。

conHeap.go 文件的第 4 部分内容如下所示。

```
func main() {
    myHeap := &heapFloat32{1.2, 2.1, 3.1, -100.1}
    heap.Init(myHeap)
    size := len(*myHeap)
    fmt.Printf("Heap size: %d\n", size)
    fmt.Printf("%v\n", myHeap)
```

conHeap.go 文件的第 5 部分内容如下所示。

```
    myHeap.Push(float32(-100.2))
    myHeap.Push(float32(0.2))
    fmt.Printf("Heap size: %d\n", len(*myHeap))
    fmt.Printf("%v\n", myHeap)
    heap.Init(myHeap)
    fmt.Printf("%v\n", myHeap)
}
```

其中利用 heap.Push() 函数向 myHeap 中添加了两个新元素。另外，为了使堆得以正常恢复，还需要调用另一个函数 heap.Init()。

执行 conHeap.go 文件将生成下列输出类型。

```
$ go run conHeap.go
Heap size: 4
&[-100.1 1.2 3.1 2.1]
Heap size: 6
&[-100.1 1.2 3.1 2.1 -100.2 0.2]
&[-100.2 -100.1 0.2 2.1 1.2 3.1]
```

令人稍感奇怪的是，输出结果最后一行中的三元组 2.1 1.2 3.1 并未以线性逻辑方式排序，记住，堆是一种树形结构，而不是像数组或切片那样的线性结构。

5.9.2 使用 container/list

本节将展示如何利用 conList.go 代码实现对 container/list 包的操作。conList.go 文件将被分为 3 部分内容加以讨论。

> **提示：**
> container/list 包实现了一个链表。

conList.go 文件的第 1 部分内容如下所示。

```
package main

import (
    "container/list"
    "fmt"
    "strconv"
)

func printList(l *list.List) {
    for t := l.Back(); t != nil; t = t.Prev() {
        fmt.Print(t.Value, " ")
    }
    fmt.Println()

    for t := l.Front(); t != nil; t = t.Next() {
        fmt.Print(t.Value, " ")
    }

    fmt.Println()
}
```

其中，printList()函数输出 list.List 变量（作为指针被传递）中的内容。这里，Go 代码展示了 list.List 的元素的输出方式（从第一个元素至最后一个元素，反之亦然）。通常情况下，我们仅需在程序中使用两种方法中的一种即可。另外，Prev()和 Next()函数可通过后向或前向方式循环遍历列表中的元素。

conList.go 文件的第 2 部分内容如下所示。

```
func main() {
    values := list.New()
```

```
    e1 := values.PushBack("One")
    e2 := values.PushBack("Two")
    values.PushFront("Three")
    values.InsertBefore("Four", e1)
    values.InsertAfter("Five", e2)
    values.Remove(e2)
    values.Remove(e2)
    values.InsertAfter("FiveFive", e2)
    values.PushBackList(values)

    printList(values)

    values.Init()
```

list.PushBack()函数可在链表尾部插入一个对象，而 list.PushFront()函数则可在列表的头部插入一个对象。两个函数的返回值均为插入列表中的元素。

如果希望在特定的元素后插入一个新元素，则可使用 list.InsertAfter()函数。类似地，如果希望在特定元素之前插入一个新元素，则应使用 list.InsertBefore()函数。另外，如果特定的元素不存在，那么列表将不会发生任何变化。同样，list.PushBackList()函数在另一个列表的尾部插入现有列表的副本，而 list.PushFrontList()函数在另一个列表的头部插入一个现有列表的副本。list.Remove()函数则从某个列表中移除一个特定的元素。

此处应注意 values.Init()函数的用法，该函数清空一个现有的列表，或者初始化一个新列表。

conList.go 文件的第 3 部分内容如下所示。

```
    fmt.Printf("After Init(): %v\n", values)

    for i := 0; i < 20; i++ {
        values.PushFront(strconv.Itoa(i))
    }

    printList(values)
}
```

此处利用 for 循环创建了一个新的列表。其中，strconv.Itoa()函数将一个整数转换为一个字符串。

总体而言，container/list 包中的函数使用起来较为直观，且并无太多新奇之处。

执行 conList.go 文件将生成下列输出结果。

```
$ go run conList.go
Five One Four Three Five One Four Three
Three Four One Five Three Four One Five
After Init(): &{{0xc420074180 0xc420074180 <nil> <nil>} 0}
0 1 2 3 4 5 6 7 8 9 10 11 12 13 14 15 16 17 18 19
19 18 17 16 15 14 13 12 11 10 9 8 7 6 5 4 3 2 1 0
```

5.9.3 使用 container/ring

本节将展示如何利用 conRing.go 代码使用 container/ring 包。相应地，container/ring 文件将被分为 4 部分内容加以讨论。注意，container/ring 包比 container/list 和 container/heap 包都要简单。这也说明，与 container/list 和 container/heap 包相比，container/ring 包涵盖了较少的函数。

conRing.go 文件的第 1 部分内容如下所示。

```
package main

import (
    "container/ring"
    "fmt"
)

var size int = 10
```

其中，size 变量加载即将创建的环的尺寸。

conRing.go 文件的第 2 部分内容如下所示。

```
func main() {
    myRing := ring.New(size + 1)
    fmt.Println("Empty ring:", *myRing)

    for i := 0; i < myRing.Len()-1; i++ {
        myRing.Value = i
        myRing = myRing.Next()
    }

    myRing.Value = 2
```

因此，借助于 ring.New()函数，我们创建了新的环，其间仅需要使用一个参数，即环的尺寸。另外，末尾的 myRing.Value = 2 语句将值 2 添加至当前环中。然而，该值在环中已存在——在 for 循环中被添加。最后，环的 0 值是指包含单一元素（其值为 nil）的环。

conRing.go 文件的第 3 部分内容如下所示。

```
sum := 0
myRing.Do(func(x interface{}) {
    t := x.(int)
    sum = sum + t
})
fmt.Println("Sum:", sum)
```

ring.Do()函数可按照时间顺序针对环中的每个元素调用一个函数。然而，如果该函数对环做出了任何更改，那么 ring.Do()函数的行为是未定义的。

x.(int)语句被称作类型断言。关于类型断言的更多内容，读者可参考第 7 章。当前，读者仅需了解该语句表明 x 是 int 类型。

conRing.go 文件的第 4 部分内容如下所示。

```
    for i := 0; i < myRing.Len()+2; i++ {
        myRing = myRing.Next()
        fmt.Print(myRing.Value, " ")
    }
    fmt.Println()
}
```

环的唯一问题是可以无限地调用 ring.Next()函数，所以需要找到一种方法来阻止这种行为。在当前示例中，可借助于 ring.Len()函数完成这一操作。就个人而言，我更喜欢使用 ring.Do()函数遍历一个环的所有元素，因为这将会生成更干净的代码。当然，使用 for 循环也不会产生任何问题。

执行 conRing.go 文件将生成下列输出结果。

```
$ go run conRing.go
Empty ring: {0xc42000a080 0xc42000a1a0 <nil>}
Sum: 47
0 1 2 3 4 5 6 7 8 9 2 0 1
```

输出结果表明，环可包含重复值。这意味着，除非使用 ring.Len()函数，否则并不存在安全的方法查看环的大小。

5.10 在 Go 语言中生成随机数

随机数生成机制可被视为一种艺术行为，也是计算机科学的一个研究领域。这是因为计算机是纯粹的逻辑机器,以此生成随机数是极其困难的。

  Go 语言使用 math/rand 包生成伪随机数,且在生成数字时需要使用一个种子,用于初始化整个处理过程。种子十分重要,如果一直使用相同的种子,那么将会得到相同的伪随机数序列。这意味着,每个人都可生成该数字序列,因而缺少随机性。

  本节生成伪随机数的实用程序是 randomNumbers.go 文件,该文件将被分为 4 部分内容加以讨论。该实用程序接收多个参数,包括数字的上限和下限以及生成的数字数量。如果使用第 4 个命令参数,那么程序将以此作为伪随机数生成器的种子,这将重新生成相同的数字序列——该操作的主要用途是测试代码。

  randomNumbers.go 文件的第 1 部分内容如下所示。

```
package main

import (
    "fmt"
    "math/rand"
    "os"
    "strconv"
    "time"
)

func random(min, max int) int {
    return rand.Intn(max-min) + min
}
```

这里,random()函数完成了全部工作,即通过调用 rand.Intn()函数在给定范围内生成伪随机数。

  randomNumbers.go 文件的第 2 部分内容如下所示。

```
func main() {
    MIN := 0
    MAX := 100
    TOTAL := 100
    SEED := time.Now().Unix()

    arguments := os.Args
```

上述代码初始化程序中所使用的变量。

  randomNumbers.go 文件的第 3 部分内容如下所示。

```
switch len(arguments) {
case 2:
```

第 5 章　利用数据结构改进 Go 代码

```
        fmt.Println("Usage: ./randomNumbers MIN MAX TOTAL SEED")
        MIN, _ = strconv.Atoi(arguments[1])
        MAX = MIN + 100
    case 3:
        fmt.Println("Usage: ./randomNumbers MIN MAX TOTAL SEED")
        MIN, _ = strconv.Atoi(arguments[1])
        MAX, _ = strconv.Atoi(arguments[2])
    case 4:
        fmt.Println("Usage: ./randomNumbers MIN MAX TOTAL SEED")
        MIN, _ = strconv.Atoi(arguments[1])
        MAX, _ = strconv.Atoi(arguments[2])
        TOTAL, _ = strconv.Atoi(arguments[3])
    case 5:
        MIN, _ = strconv.Atoi(arguments[1])
        MAX, _ = strconv.Atoi(arguments[2])
        TOTAL, _ = strconv.Atoi(arguments[3])
        SEED, _ = strconv.ParseInt(arguments[4], 10, 64)
    default:
        fmt.Println("Using default values!")
    }
```

switch 代码块背后的逻辑较为简单，取决于命令行参数的数量，我们可使用缺失参数的初始值或者用户的给定值。出于简单考虑，strconv.Atoi()和 strconv.ParseInt()函数的 error 变量通过下画线予以忽略。当然，如果这是一个商业程序，那么 strconv.Atoi()和 strconv.ParseInt()函数的 error 变量则不可被忽略。

最后，使用 strconv.ParseInt()函数将新值设置为 SEED 变量的原因在于，rand.Seed()函数需要一个 int64 参数。strconv.ParseInt()函数的第 1 个参数表示解析的字符串，第 2 个参数表示所生成数字的基数，第 3 个参数表示所生成数字的位数。

由于希望生成一个 64 位的十进制整数，因此使用 10 作为基数，并使用 64 作为位数。注意，由于要解析一个无符号整数，因此此处使用了 strconv.ParseUint()函数。

randomNumbers.go 文件的第 4 部分内容如下所示。

```
    rand.Seed(SEED)
    for i := 0; i < TOTAL; i++ {
        myrand := random(MIN, MAX)
        fmt.Print(myrand)
        fmt.Print(" ")
    }
    fmt.Println()
}
```

> **提示：**
> 这里并未使用 UNIX 时间戳作为伪随机数生成器的种子，我们可使用/dev/random 系统设备。关于/dev/random 的更多内容，读者可参考第 8 章。

执行 randomNumbers.go 文件将生成下列输出结果。

```
$ go run randomNumbers.go
Using default values!
75 69 15 75 62 67 64 8 73 1 83 92 7 34 8 70 22 58 38 8 54 34 91 65 1 50 76
5 82 61 90 10 38 40 63 6 28 51 54 49 27 52 92 76 35 44 9 66 76 90 10 29 22
20 83 33 92 80 50 62 26 19 45 56 75 40 30 97 23 87 10 43 11 42 65 80 82 25
53 27 51 99 88 53 36 37 73 52 61 4 81 71 57 30 72 51 55 62 63 79
$ go run randomNumbers.go 1 3 2
Usage: ./randomNumbers MIN MAX TOTAL SEED
1 1
$ go run randomNumbers.go 1 3 2
Usage: ./randomNumbers MIN MAX TOTAL SEED
2 2
$ go run randomNumbers.go 1 5 10 10
3 1 4 4 1 1 4 4 4 3
$ go run randomNumbers.go 1 5 10 10
3 1 4 4 1 1 4 4 4 3
```

如果读者对随机数生成感兴趣，可阅读 Donald E. Knuth 编写的 *The Art of Computer Programming* 一书的第 2 卷（Addison-Wesley Professional，2011）。

如果读者打算针对某些安全问题使用这些伪随机数，则需要使用 crypto/rand 包。该包实现了密码安全的伪随机数生成器，稍后将对此予以展示。

一旦了解了计算机如何表示单一字符，就可方便地由伪随机数过渡至随机字符串。本节将在前述 randomNumbers.go 文件的基础上讨论密码生成技术。该任务的对应 Go 程序是 generatePassword.go 文件，该文件将被分为 4 部分内容加以讨论。generatePassword.go 文件仅需要一个命令行参数，即希望生成的密码长度。

generatePassword.go 文件的第 1 部分内容如下所示。

```
package main

import (
    "fmt"
    "math/rand"
    "os"
    "strconv"
```

```
    "time"
)

func random(min, max int) int {
    return rand.Intn(max-min) + min
}
```

generatePassword.go 文件的第 2 部分内容如下所示。

```
func main() {
    MIN := 0
    MAX := 94
    var LENGTH int64 = 8

    arguments := os.Args
```

由于我们仅需要获得可输出的 ASCII 字符，因此这里限制了将要生成的伪随机数的范围。在 ASCII 表中，可输出的字符数量是 94。这意味着，程序可生成的伪随机数范围为 0~94 且不包含 94。

generatePassword.go 文件的第 3 部分内容如下所示。

```
    switch len(arguments) {
    case 2:
        LENGTH, _ = strconv.ParseInt(os.Args[1], 10, 64)
    default:
        fmt.Println("Using default values!")
    }

SEED := time.Now().Unix()
    rand.Seed(SEED)
```

generatePassword.go 文件的第 4 部分内容如下所示。

```
    startChar := "!"
    var i int64 = 1
    for {
        myRand := random(MIN, MAX)
        newChar := string(startChar[0] + byte(myRand))
        fmt.Print(newChar)
        if i == LENGTH {
            break
        }
        i++
    }
```

```
    fmt.Println()
}
```

startChar 变量加载实用程序可生成的第一个 ASCII 字符，在当前示例中为感叹号，其十进制 ASCII 值为 33。由于程序可生成的最大数量的伪随机数为 94，因此可以生成的最大 ASCII 值为 93 + 33=126，对应于~的 ASCII 值。下列输出结果显示了 ASCII 表，且对应于每个字符的十进制值。

0	nul	1	soh	2	st	3	etx	4	eot	5	enq	6	ack	7	bel
8	bs	9	ht	10	nl	11	vt	12	np	13	cr	14	so	15	si
16	dle	17	dc1	18	dc	19	dc3	20	dc4	21	nak	22	syn	23	etb
24	can	25	em	26	su	27	esc	28	fs	29	gs	30	rs	31	us
32	sp	33	!	34	"	35	#	36	$	37	%	38	&	39	'
40	(	41	)	42	*	43	+	44	,	45	-	46	.	47	/
48	0	49	1	50	2	51	3	52	4	53	5	54	6	55	7
56	8	57	9	58	:	59	;	60	<	61	=	62	>	63	?
64	@	65	A	66	B	67	C	68	D	69	E	70	F	71	G
72	H	73	I	74	J	75	K	76	L	77	M	78	N	79	O
80	P	81	Q	82	R	83	S	84	T	85	U	86	V	87	W
88	X	89	Y	90	Z	91	[	92	\	93	]	94	^	95	_
96	`	97	a	98	b	99	c	100	d	101	e	102	f	103	g
104	h	105	i	106	j	107	k	108	l	109	m	110	n	111	o
112	p	113	q	114	r	115	s	116	t	117	u	118	v	119	w
120	x	121	y	122	z	123	{	124	|	125	}	126	~	127	del

提示：

在 UNIX Shell 中输入 man ascii 也将生成可读形式的 ASII 表。

通过相应的命令行参数并执行 generatePassword.go 文件将生成下列输出结果。

```
$ go run generatePassword.go
Using default values!
ugs$5mvl
$ go run generatePassword.go
Using default values!
PA/8hA@?
$ go run generatePassword.go 20
HBR+=3\UA'B@ExT4QG|o
$ go run generatePassword.go 20
XLcr|R{*pX/::'t2u^T'
```

5.11 生成安全的随机数

在 Go 语言中,如果希望生成更加安全的伪随机数,建议使用 crypto/rand 包,该包实现了密码安全的伪随机数生成器,这也是本节讨论的主题内容。

cryptoRand.go 文件展示了 crypto/rand 包的应用,该文件将被分为 3 部分内容加以讨论。

cryptoRand.go 文件的第 1 部分内容如下所示。

```
package main

import (
    "crypto/rand"
    "encoding/base64"
    "fmt"
    "os"
    "strconv"
)

func generateBytes(n int64) ([]byte, error) {
    b := make([]byte, n)
    _, err := rand.Read(b)
    if err != nil {
        return nil, err
    }

    return b, nil
}
```

cryptoRand.go 文件的第 2 部分内容如下所示。

```
func generatePass(s int64) (string, error) {
    b, err := generateBytes(s)
    return base64.URLEncoding.EncodeToString(b), err
}
```

cryptoRand.go 文件的第 3 部分内容如下所示。

```
func main() {
    var LENGTH int64 = 8
    arguments := os.Args
    switch len(arguments) {
    case 2:
```

```
        LENGTH, _ = strconv.ParseInt(os.Args[1], 10, 64)
        if LENGTH <= 0 {
            LENGTH = 8
        }
    default:
        fmt.Println("Using default values!")
    }

    myPass, err := generatePass(LENGTH)
    if err != nil {
        fmt.Println(err)
        return
    }
    fmt.Println(myPass[0:LENGTH])
}
```

执行 cryptoRand.go 文件将生成下列输出结果。

```
$ go run cryptoRand.go
Using default values!
hIAFYuvW
$ go run cryptoRand.go 120
WTR15SIcjYQmaMKds0lDfFturG27ovH_HZ6iAi_kOnJC88EDLdvNPcv1JjOd9DcF0r0S3q2itXZ
801TNaNFpHkT-aMrsjeue6kUyHnx_EaL_vJHy9wL5RTr8
```

关于 crypto/rand 包的更多内容，读者可访问 https://golang.org/pkg/crypto/rand/ 查看其文档页面。

5.12　执行矩阵计算

矩阵可被视为一个二维数组，但在 Go 语言中，表达矩阵最简单的方式是切片。然而，如果事先知道数组的维度，数组也可较好地完成相同的任务。如果矩阵的维度相同，那么该矩阵则被称作方阵。

关于 *A*、*B* 两个矩阵之间是否可执行计算，存在下列一些规则。

❏ 当执行矩阵的加、减法时，*A*、*B* 两个矩阵应具有相同的维度。

❏ 为了使矩阵 *A* 和矩阵 *B* 相乘，矩阵 *A* 的列数应该等于矩阵 *B* 的行数，否则，矩阵 *A* 和 *B* 无法执行乘法运算。

❏ 当矩阵 *A* 与矩阵 *B* 执行除法运算时，需要满足两个条件。首先需要计算矩阵 *B* 的逆矩阵，其次需要根据之前的规则执行矩阵 *A* 和矩阵 *B* 的逆矩阵间的乘法运算。注意，仅方阵包含逆矩阵。

5.12.1 矩阵的加法和减法

本节将学习如何借助 addMat.go 实用程序执行矩阵的加法和减法运算。该实用程序将被分为 3 部分内容加以讨论。另外，该程序采用切片实现所求的矩阵。

addMat.go 文件的第 1 部分内容如下所示。

```
package main

import (
    "fmt"
    "math/rand"
    "os"
    "strconv"
)

func random(min, max int) int {
    return rand.Intn(max-min) + min
}

func negativeMatrix(s [][]int) [][]int {
    for i, x := range s {
        for j, _ := range x {
            s[i][j] = -s[i][j]
        }
    }
    return s
}
```

negativeMatrix()函数获取切片输入内容并返回一个新切片。其中，每个原大小的整数元素均被其相反的整数替换。很快将会看到，利用伪随机数将构建两个初始矩阵中的各个元素，因而将使用 random()函数。

addMat.go 文件的第 2 部分内容如下所示。

```
func addMatrices(m1 [][]int, m2 [][]int) [][]int {
    result := make([][]int, len(m1))
    for i, x := range m1 {
        for j, _ := range x {
            result[i] = append(result[i], m1[i][j]+m2[i][j])
        }
```

```
    }
    return result
}
```

addMatrices()函数访问两个矩阵的元素，经相加后生成结果矩阵。

addMat.go 文件的第 3 部分内容如下所示。

```go
func main() {
    arguments := os.Args
    if len(arguments) != 3 {
        fmt.Println("Wrong number of arguments!")
        return
    }

    var row, col int
    row, err := strconv.Atoi(arguments[1])
    if err != nil {
        fmt.Println("Need an integer: ", arguments[1])
        return
    }

    col, err = strconv.Atoi(arguments[2])
    if err != nil {
        fmt.Println("Need an integer: ", arguments[2])
        return
    }
    fmt.Printf("Using %dx%d arrays\n", row, col)

    if col <= 0 || row <= 0 {
        fmt.Println("Need positive matrix dimensions!")
        return
    }

    m1 := make([][]int, row)
    m2 := make([][]int, row)

    rand.Seed(time.Now().Unix())
    // Initialize m1 and m2 with random numbers
    for i := 0; i < row; i++ {
        for j := 0; j < col; j++ {
            m1[i] = append(m1[i], random(-1, i*j+rand.Intn(10)))
            m2[i] = append(m2[i], random(-1, i*j+rand.Intn(10)))
        }
    }
```

```
    }
    fmt.Println("m1:", m1)
    fmt.Println("m2:", m2)

    // Adding
    r1 := addMatrices(m1, m2)
    // Subtracting
    r2 := addMatrices(m1, negativeMatrix(m2))
    fmt.Println("r1:", r1)
    fmt.Println("r2:", r2)
}
```

main()函数可被视为程序的控制器。该函数确保用户接收正确的输入类型，创建所需矩阵，并利用伪随机数填充矩阵。

执行 addMat.go 文件将生成下列输出结果。

```
$ go run addMat.go 2 3
Using 2x3 arrays
m1: [[0 -1 0] [1 1 1]]
m2: [[2 1 0] [7 4 9]]
r1: [[2 0 0] [8 5 10]]
r2: [[-2 -2 0] [-6 -3 -8]]
$ go run addMat.go 2 3
Using 2x3 arrays
m1: [[0 -1 0] [1 1 1]]
m2: [[2 1 0] [7 4 9]]
r1: [[2 0 0] [8 5 10]]
r2: [[-2 -2 0] [-6 -3 -8]]
$ go run addMat.go 3 2
Using 3x2 arrays
m1: [[0 -1] [0 0] [0 1]]
m2: [[2 1] [0 3] [1 9]]
r1: [[2 0] [0 3] [1 10]]
r2: [[-2 -2] [0 -3] [-1 -8]]
```

5.12.2 矩阵乘法

如前所述，与矩阵的加减法相比，矩阵的乘法则稍显复杂，这一点也可从 mulMat.go 实用程序所需的命令行参数的数量上看出来。mulMat.go 实用程序需要使用 4 个参数，分别表示第 1 个矩阵和第 2 个矩阵的维度。

mulMat.go 文件的第 1 部分内容如下所示。

```go
package main

import (
    "errors"
    "fmt"
    "math/rand"
    "os"
    "strconv"
    "time"
)

func random(min, max int) int {
    return rand.Intn(max-min) + min
}
```

mulMat.go 文件的第 2 部分内容如下所示。

```go
func multiplyMatrices(m1 [][]int, m2 [][]int) ([][]int, error) {
    if len(m1[0]) != len(m2) {
        return nil, errors.New("Cannot multiply the given matrices!")
    }

    result := make([][]int, len(m1))
    for i := 0; i < len(m1); i++ {
        result[i] = make([]int, len(m2[0]))
        for j := 0; j < len(m2[0]); j++ {
            for k := 0; k < len(m2); k++ {
                result[i][j] += m1[i][k] * m2[k][j]
            }
        }
    }
    return result, nil
}
```

矩阵乘法的计算方式与矩阵加法完全不同，即 multiplyMatrices()函数。该函数也将返回一个自定义错误消息，以防止输入矩阵未包含乘法运算所需的正确维度。

mulMat.go 文件的第 3 部分内容如下所示。

```go
func createMatrix(row, col int) [][]int {
    r := make([][]int, row)
    for i := 0; i < row; i++ {
        for j := 0; j < col; j++ {
            r[i] = append(r[i], random(-5, i*j))
        }
    }
```

```go
    }
    return r
}

func main() {
    rand.Seed(time.Now().Unix())
    arguments := os.Args
    if len(arguments) != 5 {
        fmt.Println("Wrong number of arguments!")
        return
    }
```

createMatrix()函数生成一个包含所需维度的切片,并通过随机生成的整数填充该切片。mulMat.go 文件的第 4 部分内容如下所示。

```go
    var row, col int
    row, err := strconv.Atoi(arguments[1])
    if err != nil {
        fmt.Println("Need an integer: ", arguments[1])
        return
    }

    col, err = strconv.Atoi(arguments[2])
    if err != nil {
        fmt.Println("Need an integer: ", arguments[2])
        return
    }

    if col <= 0 || row <= 0 {
        fmt.Println("Need positive matrix dimensions!")
        return
    }
    fmt.Printf("m1 is a %dx%d matrix\n", row, col)
    // Initialize m1 with random numbers
    m1 := createMatrix(row, col)

    row, err = strconv.Atoi(arguments[3])
    if err != nil {
        fmt.Println("Need an integer: ", arguments[3])
        return
    }

    col, err = strconv.Atoi(arguments[4])
```

```
    if err != nil {
        fmt.Println("Need an integer: ", arguments[4])
        return
    }

    if col <= 0 || row <= 0 {
        fmt.Println("Need positive matrix dimensions!")
        return
    }
    fmt.Printf("m2 is a %dx%d matrix\n", row, col)
    // Initialize m2 with random numbers
    m2 := createMatrix(row, col)
    fmt.Println("m1:", m1)
    fmt.Println("m2:", m2)

    // Multiply
    r1, err := multiplyMatrices(m1, m2)
    if err != nil {
        fmt.Println(err)
        return
    }
    fmt.Println("r1:", r1)
}
```

main()函数可被视为程序的控制器，用于定义程序的操作方式，并确保输入正确的命令行参数。

执行 mulMat.go 文件将生成下列输出结果。

```
$ go run mulMat.go 1 2 2 1
m1 is a 1x2 matrix
m2 is a 2x1 matrix
m1: [[-3 -1]]
m2: [[-2] [-1]]
r1: [[7]]
$ go run mulMat.go 5 2 2 1
m1 is a 5x2 matrix
m2 is a 2x1 matrix
m1: [[-1 -2] [-4 -4] [-4 -1] [-2 2] [-5 -5]]
m2: [[-5] [-3]]
r1: [[11] [32] [23] [4] [40]]
$ go run mulMat.go 1 2 3 4
m1 is a 1x2 matrix
m2 is a 3x4 matrix
```

```
m1: [[-3 -4]]
m2: [[-5 -2 -2 -3] [-1 -4 -3 -5] [-5 -2 3 3]]
Cannot multiply the given matrices!
```

5.12.3 矩阵的除法

本节将学习如何利用 divMat.go 文件执行两个矩阵的除法运算,该文件将被分为 5 部分内容加以讨论。divMat.go 文件的核心函数被称作 inverseMatrix()函数。inverseMatrix()函数主要实现是计算给定矩阵的逆矩阵,这是一项相对复杂的任务。虽然存在可用的 Go 包可逆置一个矩阵,但我们仍然打算从头开始实现逆矩阵的计算过程。

💡 **提示**:

并非所有矩阵均可逆,如非方阵。另外,不可逆的方阵被称作奇异矩阵或退化矩阵——当方阵的行列式为 0 时即会出现这种情况。奇异矩阵通常较少出现。

divMat.go 实用程序需要一个命令行参数,该参数定义所用方阵的维度。
divMat.go 文件的第 1 部分内容如下所示。

```
package main

import (
    "errors"
    "fmt"
    "math/rand"
    "os"
    "strconv"
    "time"
)

func random(min, max int) float64 {
    return float64(rand.Intn(max-min) + min)
}
```

此处,random()函数生成一个 float64 浮点数。divMat.go 实用程序的整体操作通过浮点数实现,主要是因为包含整数元素的逆矩阵很可能并不是一个具有整数元素的矩阵。
divMat.go 文件的第 2 部分内容如下所示。

```
func getCofactor(A [][]float64, temp [][]float64, p int, q int, n int) {
    i := 0
    j := 0
```

```go
        for row := 0; row < n; row++ {
            for col := 0; col < n; col++ {
                if row != p && col != q {
                    temp[i][j] = A[row][col]
                    j++
                    if j == n-1 {
                        j = 0
                        i++
                    }
                }
            }
        }
    }
}

func determinant(A [][]float64, n int) float64 {
    D := float64(0)
    if n == 1 {
        return A[0][0]
    }

    temp := createMatrix(n, n)
    sign := 1

    for f := 0; f < n; f++ {
        getCofactor(A, temp, 0, f, n)
        D += float64(sign) * A[0][f] * determinant(temp, n-1)
        sign = -sign
    }
    return D
}
```

getCofactor()和 determinant()函数负责计算逆矩阵所需内容。如果某个矩阵的行列式为0，那么该矩阵为奇异矩阵。

divMat.go 文件的第 3 部分内容如下所示。

```go
func adjoint(A [][]float64) ([][]float64, error) {
    N := len(A)
    adj := createMatrix(N, N)
    if N == 1 {
        adj[0][0] = 1
        return adj, nil
    }
    sign := 1
```

```go
    var temp = createMatrix(N, N)

    for i := 0; i < N; i++ {
        for j := 0; j < N; j++ {
            getCofactor(A, temp, i, j, N)
            if (i+j)%2 == 0 {
                sign = 1
            } else {
                sign = -1
            }
            adj[j][i] = float64(sign) * (determinant(temp, N-1))
        }
    }
    return adj, nil
}

func inverseMatrix(A [][]float64) ([][]float64, error) {
    N := len(A)
    var inverse = createMatrix(N, N)
    det := determinant(A, N)
    if det == 0 {
        fmt.Println("Singular matrix, cannot find its inverse!")
        return nil, nil
    }

    adj, err := adjoint(A)
    if err != nil {
        fmt.Println(err)
        return nil, nil
    }

    fmt.Println("Determinant:", det)
    for i := 0; i < N; i++ {
        for j := 0; j < N; j++ {
            inverse[i][j] = float64(adj[i][j]) / float64(det)
        }
    }

    return inverse, nil
}
```

adjoint()函数计算给定矩阵的伴随矩阵。inverseMatrix()函数的作用是计算给定矩阵的逆矩阵。

提示:

divMat.go 程序是 Go 代码的一个较好的示例,在投入使用前应进行广泛的测试。关于测试机制的更多内容,读者可参考第 11 章。

divMat.go 文件的第 4 部分内容如下所示。

```go
func multiplyMatrices(m1 [][]float64, m2 [][]float64) ([][]float64, error) {
    if len(m1[0]) != len(m2) {
        return nil, errors.New("Cannot multiply the given matrices!")
    }

    result := make([][]float64, len(m1))
    for i := 0; i < len(m1); i++ {
        result[i] = make([]float64, len(m2[0]))
        for j := 0; j < len(m2[0]); j++ {
            for k := 0; k < len(m2); k++ {
                result[i][j] += m1[i][k] * m2[k][j]
            }
        }
    }
    return result, nil
}

func createMatrix(row, col int) [][]float64 {
    r := make([][]float64, row)
    for i := 0; i < row; i++ {
        for j := 0; j < col; j++ {
            r[i] = append(r[i], random(-5, i*j))
        }
    }
    return r
}
```

这里,multiplyMatrices()函数不可或缺,因为矩阵除法等同于第 1 个矩阵与第 2 个矩阵的逆矩阵之间的乘法运算。

divMat.go 文件的第 5 部分内容如下所示。

```go
func main() {
    rand.Seed(time.Now().Unix())
    arguments := os.Args
    if len(arguments) != 2 {
```

```go
        fmt.Println("Wrong number of arguments!")
        return
    }

    var row int
    row, err := strconv.Atoi(arguments[1])
    if err != nil {
        fmt.Println("Need an integer:", arguments[1])
        return
    }
    col := row
    if col <= 0 {
        fmt.Println("Need positive matrix dimensions!")
        return
    }

    m1 := createMatrix(row, col)
    m2 := createMatrix(row, col)
    fmt.Println("m1:", m1)
    fmt.Println("m2:", m2)

    inverse, err := inverseMatrix(m2)
    if err != nil {
        fmt.Println(err)
        return
    }

    fmt.Println("\t\t\tPrinting inverse matrix!")
    for i := 0; i < len(inverse); i++ {
        for j := 0; j < len(inverse[0]); j++ {
            fmt.Printf("%.2f\t", inverse[i][j])
        }
        fmt.Println()
    }

    fmt.Println("\t\t\tPrinting result!")
    r1, err := multiplyMatrices(m1, inverse)
    if err != nil {
        fmt.Println(err)
        return
    }

    for i := 0; i < len(r1); i++ {
```

```
        for j := 0; j < len(r1[0]); j++ {
            fmt.Printf("%.3f\t", r1[i][j])
        }
        fmt.Println()
    }
}
```

再次强调，main()函数负责编排程序流，并对用户输入内容进行必要的检查。

执行 divMat.go 文件将生成下列输出结果。

```
$ go run divMat.go 2
m1: [[-3 -3] [-4 -4]]
m2: [[-3 -5] [-4 -1]]
Determinant: -17
            Printing inverse matrix!
0.06    -0.29
-0.24    0.18
            Printing result!
0.529   0.353
0.706   0.471
$ go run divMat.go 3
m1: [[-3 -5 -2] [-1 -4 1] [-2 -5 -1]]
m2: [[-2 -4 -5] [-1 0 -2] [-2 -2 1]]
Determinant: -22
            Printing inverse matrix!
0.18    -0.64   -0.36
-0.23    0.55   -0.05
-0.09   -0.18    0.18
Printing result!
0.773   -0.455   0.955
0.636   -1.727   0.727
0.864   -1.273   0.773
$ go run divMat.go 2
m1: [[-3 -5] [-5 -5]]
m2: [[-5 -3] [-5 -3]]
Singular matrix, cannot find its inverse!
            Printing inverse matrix!
            Printing result!
Cannot multiply the given matrices!
```

5.12.4 计算数组维度

本节将通过 dimensions.go 文件中的 Go 代码展示如何计算数组的维度。同样的技术也适用于计算切片的维度。

dimensions.go 文件的内容如下所示。

```
package main

import (
    "fmt"
)

func main() {
    array := [12][4][7][10]float64{}
    x := len(array)
    y := len(array[0])
    z := len(array[0][0])
    w := len(array[0][0][0])
    fmt.Println("x:", x, "y:", y, "z:", z, "w:", w)
}
```

此处存在一个名为 array 的四维数组，在提供了正确的参数后，len()函数负责计算其维度。其间，计算第 1 个维度需要调用 len(array)函数；而计算第 2 个维度则需要调用 len(array[0])函数；以此类推。

执行 dimensions.go 文件将生成下列输出结果。

```
$ go run dimensions.go
x: 12 y: 4 z: 7 w: 10
```

5.13 求解数独谜题

本节的主要目标是帮助读者理解应使用最简单的数据结构完成所需任务。在当前示例中，对应的数据结构将是一个简单的切片，用于表达和验证数独谜题。

另外，我们也可尝试使用数组，因为数独谜题包含了预定义的尺寸。

数独是一种基于逻辑、组合、数字排列的谜题。验证一个数独谜题意味着确保该数独谜题被正确地求解——这是一项很容易通过计算机程序完成的任务。

为了保持通用性，此处展示的实用程序将从外部文件中加载数独谜题，该实用程序位于 sudoku.go 文件中。sudoku.go 文件将被分为 4 部分内容加以讨论。

sudoku.go 文件的第 1 部分内容如下所示。

```
package main

import (
```

```go
    "bufio"
    "errors"
    "fmt"
    "io"
    "os"
    "strconv"
    "strings"
)

func importFile(file string) ([][]int, error) {
    var err error
    var mySlice = make([][]int, 0)

    f, err := os.Open(file)
    if err != nil {
        return nil, err
    }
    defer f.Close()

    r := bufio.NewReader(f)
    for {
        line, err := r.ReadString('\n')
        fields := strings.Fields(line)
        temp := make([]int, 0)
        for _, v := range fields {
            n, err := strconv.Atoi(v)
            if err != nil {
                return nil, err
            }
            temp = append(temp, n)
        }
        if len(temp) != 0 {
            mySlice = append(mySlice, temp)
        }

        if err == io.EOF {
            break
        } else if err != nil {
            return nil, err
        }

        if len(temp) != len(mySlice[0]) {
            return nil, errors.New("Wrong number of elements!")
```

```
        }
    }
    return mySlice, nil
}
```

importFile()函数检查程序是否读取了有效的整数。简而言之，importFile()函数接收负整数或大于 9 的整数，但不会接收值 a，该值为非数字或浮点数。importFile()函数执行的其他测试还包括，确保输入文件中的所有行均包含相同数量的整数。输入文本文件的第一行指定每个输入行中应该存在的列数。

sudoku.go 文件的第 2 部分内容如下所示。

```
func validPuzzle(sl [][]int) bool {
    for i := 0; i <= 2; i++ {
        for j := 0; j <= 2; j++ {
            iEl := i * 3
            jEl := j * 3
            mySlice := []int{0, 0, 0, 0, 0, 0, 0, 0, 0}
            for k := 0; k <= 2; k++ {
                for m := 0; m <= 2; m++ {
                    bigI := iEl + k
                    bigJ := jEl + m
                    val := sl[bigI][bigJ]
                    if val > 0 && val < 10 {
                        if mySlice[val-1] == 1 {
                            fmt.Println("Appeared 2 times:", val)
                            return false
                        } else {
                            mySlice[val-1] = 1
                        }
                    } else {
                        fmt.Println("Invalid value:", val)
                        return false
                    }
                }
            }
        }
    }
}
```

当访问数独谜题中的所有元素时，sudoku.go 文件采用了 4 个 for 循环。虽然针对 9×9 数组使用 4 个 for 循环并不会对性能带来任何影响，但与较大的数组协同工作往往会产生其他一些问题。

sudoku.go 文件的第 3 部分内容如下所示。

```
    // Testing columns
    for i := 0; i <= 8; i++ {
        sum := 0
        for j := 0; j <= 8; j++ {
            sum = sum + sl[i][j]
        }
        if sum != 45 {
            return false
        }
        sum = 0
    }

    // Testing rows
    for i := 0; i <= 8; i++ {
        sum := 0
        for j := 0; j <= 8; j++ {
            sum = sum + sl[j][i]
        }
        if sum != 45 {
            return false
        }
        sum = 0
    }

    return true
}
```

上述代码确保数独谜题中的每个行和列包含全部数字。

sudoku.go 文件的第 4 部分内容如下所示。

```
func main() {
    arguments := os.Args
    if len(arguments) != 2 {
        fmt.Printf("usage: loadFile textFile size\n")
        return
    }

    file := arguments[1]

    mySlice, err := importFile(file)
    if err != nil {
```

```
        fmt.Println(err)
        return
    }

    if validPuzzle(mySlice) {
        fmt.Println("Correct Sudoku puzzle!")
    } else {
        fmt.Println("Incorrect Sudoku puzzle!")
    }
}
```

这里，main()函数负责编排整个程序。

通过各种输入文件执行 sudoku.go 文件将生成下列输出结果。

```
$ go run sudoku.go OK.txt
Correct Sudoku puzzle!
$ go run sudoku.go noOK1.txt
Incorrect Sudoku puzzle!
```

5.14 附加资源

下列内容提供了一些非常有用的资源。

- 访问 Graphviz 实用程序网站，对应网址为 http://graphviz.org/。该实用程序可利用自身的语言绘制图形。
- 访问 https://golang.org/pkg/container/，查看 container 标准包的子包文档页面。
- 关于数据结构的更多内容，读者可阅读 Alfred V. Aho、John E. Hopcroft、Jeffrey D. Ullman 编写的 *The Design and Analysis of Computer Algorithms* 一书（Addison-Wesley，1974），这是一本十分优秀的书籍。
- 关于哈希函数的更多内容，读者可访问 https://en.wikipedia.org/wiki/Hash_function。
- 关于算法和数据结构，读者可阅读 Jon Bentley 编写的 *Programming Pearls*（Addison-Wesley Professional，1999）和 *More Programming Pearls: Confessions of a Coder*（Addison-Wesley Professional，1988）两本书籍，这也是优秀程序员必备的两本书籍。

5.15 本章练习

- 通过整合当前系统的时间或日期，尝试从 Go 切片中获取的密码列表中选择密码，进而修改 generatePassword.go 背后的逻辑。
- 对 queue.go 文件进行必要的修改，以存储浮点数而非整数。
- 修改 stack.go 文件中的代码，以便其节点包含 3 个整数类型的数据字段，即 Value、Number 和 Seed。除了对 Nodestruct 进行修改，还需要对程序其他内容做出哪些修改？
- 修改 linkedList.go 文件中的代码，以使链表中的节点处于排序状态。
- 类似地，尝试修改 doublyLList.go 文件中的代码，以使列表中的节点处于排序状态。另外，尝试定义一个函数，以删除现有的节点。
- 修改 hashTableLookup.go 文件中的代码，以使哈希表中不存在重复值。对此，可使用 lookup()函数。
- 重写 sudoku.go 文件，以使用 Go 映射而非切片。
- 重写 sudoku.go 文件，以使用链表而非切片。为何这一过程较为困难？
- 编写一个 Go 程序，该程序可计算矩阵的幂。对此，是否存在某些需要满足的条件以计算矩阵的幂？
- 实现三维数组的加法和减法。
- 尝试使用 Go 结构表示矩阵，其间所面临的挑战是什么？
- 尝试修改 generatePassword.go 文件，以生成仅包含大写字母的密码。
- 尝试修改 conHeap.go 文件中的代码，以支持自定义或更加复杂的结构，而非仅是 float32 元素。
- 实现 linkedList.go 文件中所缺失的节点删除功能。
- 双向链表是否更适用于 queue.go 程序？对此，尝试使用双向链表实现一个队列，而非单链表。

5.16 本章小结

本章讨论了诸多有趣的话题，包括实现链表、双向链表、哈希表、队列和栈，以及 container 包中的各项功能、验证数独谜题、生成伪随机数和难以猜测的密码。

记住，每种数据结构的基础内容是其节点的定义和实现。最后，本章还介绍了矩阵计算。

第 6 章将考查 Go 包，以及如何在程序中定义和使用 Go 函数。除此之外，第 6 章还将讨论模块，即基于版本的包。

第 6 章 Go 包和函数

第 5 章讨论了如何开发和使用自定义数据结构，如链表、二叉树、哈希表，以及如何生成随机数和难以猜测的密码。最后，我们还讨论了矩阵计算。

本章主要介绍 Go 包，即基于 Go 语言的代码组织、传递和使用方式。Go 包中最为常见的组件是函数，函数在 Go 语言中表现得十分灵活。除此之外，本章还将介绍模块，即基于版本的包。本章最后一部分内容将考查 Go 标准库中一些较为高级的包，并以此表明并不是所有的 Go 包都是一样的。

本章主要涉及以下主题。
- Go 语言中的函数。
- 匿名函数。
- 返回多个值的函数。
- 命名函数的返回值。
- 返回其他函数的函数。
- 接收其他函数作为参数的函数。
- 可变参数函数。
- 开发自己的 Go 包。
- 私有变量和函数。
- init()函数。
- Go 模块。
- 创建较好的 Go 包。
- syscall 包，这是一个广泛地用于其他包中的底层包，虽然可能无法直接使用该包。
- go/scanner、go/parser 和 go/token 包。
- 文本和 HTML 模板。

6.1 Go 包

Go 语言中的一切事物均以包的形式传递。Go 包表示一个 Go 源文件，该文件始于关键字 package，随后是包名。另外，某些包还包含了相应的结构。例如，net 包即包含了多个子目录，即 http、mail、rpc、smtp、textproto 和 url，且分别通过 net/http、net/mail、net/rpc、net/smtp、net/textproto 和 net/url 进行导入。

除了 Go 标准库中的包，还存在一些外部包并可通过完整的地址进行导入。注意，这些包应在使用前进行下载，如 github.com/matryer/is，该包被存储于 GitHub 中。

包主要用于整合相关的函数、变量和常量，进而可方便地传输或在自己的 Go 程序中加以使用。注意，除 main 包外，Go 包并不是自动程序，且无法编译为可执行文件。这意味着，包需要直接或间接地在 main 包中被调用以供使用。最终，如果打算像自动程序那样执行一个 Go 包，通常无法获得期望的结果，如下所示。

```
$ go run aPackage.go
go run: cannot run non-main package
```

6.2 Go 语言中的函数

函数是各种编程语言中的重要元素，因为它们可将较大的程序划分为较小的、可管理的部分。函数间应尽量彼此无关并执行单一任务。因此，如果发现自己编写的函数执行了多项任务，那么应重新审视该程序，并尝试通过多个函数对其进行替换。

最为常见的 Go 函数是 main() 函数，它用于每个独立的 Go 程序中。另外，读者可能已经知道，每个函数定义均以 func 关键字开始。

6.2.1 匿名函数

匿名函数可被定义为内联函数，且不需要任何名称。匿名函数常用于实现包含较少代码的相关任务。在 Go 语言中，某个函数可返回一个匿名函数，或者接收一个匿名函数作为参数之一。除此之外，匿名函数还可绑定于 Go 变量上。注意，匿名函数也被称作闭包，尤其是在函数式编程技术中。

> **提示：**
> 对于匿名函数，较好的做法是包含较小的实现过程和局部关注内容。如果匿名函数并未涵盖此类局部关注内容，那么有必要将其定义为常规函数。

如果匿名函数适用于某项任务，那么此类函数使用起来将十分方便，并可简化大量的工作。但是，如果没有特殊的原因，建议不要在程序中使用过多的匿名函数。稍后将讨论匿名函数的具体用法。

6.2.2 返回多个值的函数

我们已经从 strconv.Atoi()这一类函数中了解到，Go 函数可返回多个彼此不同的值，因而无须创建专有的结构以从函数中返回和接收多个值。对此，可声明一个函数返回 4 个值（两个 int 值、一个 float64 值和一个 string）的函数，如下所示。

```
func aFunction() (int, int, float64, string) {
}
```

作为示例，unctions.go 文件展示了匿名函数和返回多值函数的用法，该文件将被分为 5 部分内容加以讨论。

functions.go 文件的第 1 部分内容如下所示。

```
package main

import (
    "fmt"
    "os"
    "strconv"
)
```

functions.go 文件的第 2 部分内容如下所示。

```
func doubleSquare(x int) (int, int) {
    return x * 2, x * x
}
```

此处描述了名为 doubleSquare()函数的定义和实现，其间需要一个 int 参数，并返回两个 int 值。

functions.go 文件的第 3 部分内容如下所示。

```
func main() {
    arguments := os.Args
    if len(arguments) != 2 {
        fmt.Println("The program needs 1 argument!")
        return
    }

    y, err := strconv.Atoi(arguments[1])
    if err != nil {
        fmt.Println(err)
```

```
        return
    }
```

上述代码用于处理程序的命令行参数。

functions.go 文件的第 4 部分内容如下所示。

```
square := func(s int) int {
    return s * s
}
fmt.Println("The square of", y, "is", square(y))

double := func(s int) int {
    return s + s
}
fmt.Println("The double of", y, "is", double(y))
```

其中，每个 square 和 double 变量都加载了一个匿名函数。此处不好的一方面是，我们可以修改 square、double，或后续加载匿名函数的其他变量的值。这意味着，这些变量的含义可能会发生变化转而计算其他值。

提示：

修改加载匿名函数的变量的代码并不是一种好的编程习惯，这可能是许多 bug 的根源。

functions.go 文件的第 5 部分内容如下所示。

```
    fmt.Println(doubleSquare(y))
    d, s := doubleSquare(y)
    fmt.Println(d, s)
}
```

因此，我们可以输出函数的返回值，如 doubleSquare()，或者将函数赋予相关值。

执行 functions.go 文件将生成下列输出结果。

```
$ go run functions.go 1 21
The program needs 1 argument!
$ go run functions.go 10.2
strconv.Atoi: parsing "10.2": invalid syntax
$ go run functions.go 10
The square of 10 is 100
The double of 10 is 20
20 100
20 100
```

6.2.3 命名函数的返回值

Go 语言可命名 Go 函数的返回值，这一点与 C 语言有所不同。除此之外，当此类函数包含一条不带任何参数的 return 语句时，函数将按照定义中声明的顺序自动返回每个命名的返回值的当前值。

returnNames.go 文件展示了包含命名返回值的 Go 函数的源代码，该文件将被分为 3 部分内容加以讨论。

returnNames.go 文件的第 1 部分内容如下所示。

```go
package main

import (
    "fmt"
    "os"
    "strconv"
)

func namedMinMax(x, y int) (min, max int) {
    if x > y {
        min = y
        max = x
    } else {
        min = x
        max = y
    }
    return
}
```

上述代码展示了 namedMinMax() 函数的实现，该函数使用了命名的返回参数。此处的技巧点是，namedMinMax() 函数并未在其 return 语句中显式地返回任何变量或值。尽管如此，因为该函数在其签名中包含了命名的返回值，min 和 max 参数将按照它们在函数定义中的置入顺序被自动返回。

returnNames.go 文件的第 2 部分内容如下所示。

```go
func minMax(x, y int) (min, max int) {
    if x > y {
        min = y
        max = x
    } else {
        min = x
```

```
        max = y
    }
    return min, max
}
```

minMax()函数也使用了命名的返回值，但其 return 语句专门定义了返回的顺序和变量。
returnNames.go 文件的第 3 部分内容如下所示。

```
func main() {
    arguments := os.Args
    if len(arguments) < 3 {
        fmt.Println("The program needs at least 2 arguments!")
        return
    }

    a1, _ := strconv.Atoi(arguments[1])
    a2, _ := strconv.Atoi(arguments[2])

    fmt.Println(minMax(a1, a2))
    min, max := minMax(a1, a2)
    fmt.Println(min, max)

    fmt.Println(namedMinMax(a1, a2))
    min, max = namedMinMax(a1, a2)
    fmt.Println(min, max)
}
```

main()函数的主要作用是验证全部方法是否生成相同的结果。

执行 returnNames.go 文件将生成下列输出结果。

```
$ go run returnNames.go -20 1
-20 1
-20 1
-20 1
-20 1
```

6.2.4 包含指针参数的函数

函数签名支持指针参数。ptrFun.go 文件展示了作为函数参数的指针应用。
ptrFun.go 文件的第 1 部分内容如下所示。

```
package main
```

```
import (
    "fmt"
)

func getPtr(v *float64) float64 {
    return *v * *v
}
```

其中,getPtr()函数接收指针参数,该指针指向 float64 值。

ptrFun.go 文件的第 2 部分内容如下所示。

```
func main() {
    x := 12.2
    fmt.Println(getPtr(&x))
    x = 12
    fmt.Println(getPtr(&x))
}
```

这里的技巧是,需要向 getPtr()函数传递变量的地址,因为该函数需要一个指针参数,这可在变量前放置一个&符号完成(即&x)。

执行 ptrFun.go 文件将生成下列输出结果。

```
$ go run ptrFun.go
148.83999999999997
144
```

当尝试将一般值(如 12.12)传递至 getPtr()函数中并调用该函数(即 getPtr(12.12))时,程序的编译器将输出下列错误信息。

```
$ go run ptrFun.go
# command-line-arguments
./ptrFun.go:15:21: cannot use 12.12 (type float64) as type *float64 in argument to getPtr
```

6.2.5 返回指针的函数

在讨论第 4 章中的 pointerStruct.go 文件时曾谈到,通过独立的函数创建新的结构变量,并从该函数中返回指向该变量的指针可被视为一种较好的做法。返回指针的函数应用十分常见。总体而言,此类函数简化了程序的结构,并使开发人员关注更加重要的事情,而非到处复制相同的代码。本节将通过简单的示例文件 pointerStruct.go 讨论返回指针的函数。

pointerStruct.go 文件的第 1 部分内容如下所示。

```go
package main

import (
    "fmt"
)

func returnPtr(x int) *int {
    y := x * x
    return &y
}
```

除了导入语句，上述代码还定义了一个新函数，该函数返回一个指向 int 变量的指针。此处唯一需要记住的是，在 return 语句中使用&y 返回变量 y 的内存地址。

returnPtr.go 文件的第 2 部分内容如下所示。

```go
func main() {
    sq := returnPtr(10)
    fmt.Println("sq value:", *sq)
```

*号将解引用指针变量，即返回存储于内存地址中的实际值，而非内存地址自身。

returnPtr.go 文件的第 3 部分内容如下所示。

```go
    fmt.Println("sq memory address:", sq)
}
```

上述代码返回 sq 变量的内存地址，而非存储于其中的 int 值。

当执行 returnPtr.go 文件时将生成下列输出结果（内存地址可能会有所不同）。

```
$ go run returnPtr.go
sq value: 100
sq memory address: 0xc00009a000
```

6.2.6 返回其他函数的函数

本节将学习如何利用 returnFunction.go 文件实现返回另一个函数的 Go 函数，该文件将被分为 3 部分内容加以讨论。returnFunction.go 文件的第 1 部分内容如下所示。

```go
package main

import (
    "fmt"
```

```
)
func funReturnFun() func() int {
    i := 0
    return func() int {
        i++
        return i * i
    }
}
```

在 funReturnFun()函数实现中，可以看到其返回值是一个匿名函数，即 func() int。
returnFunction.go 文件的第 2 部分内容如下所示。

```
func main() {
    i := funReturnFun()
    j := funReturnFun()
```

上述代码调用了 funReturnFun()函数两次，并将其返回值（一个函数）赋予两个单独的变量，即 i 和 j。在输出结果中可以看到，两个变量间彼此完全无关。
returnFunction.go 文件的第 3 部分内容如下所示。

```
    fmt.Println("1:", i())
    fmt.Println("2:", i())
    fmt.Println("j1:", j())
    fmt.Println("j2:", j())
    fmt.Println("3:", i())
}
```

上述 Go 代码以 i()方式使用了 3 次变量 i，并以 j()方式使用了两次变量 j。注意，虽然 i 和 j 均通过调用 funReturnFun()函数被创建，但二者彼此完全无关，且不存在任何共同之处。

执行 returnFunction.go 文件将生成下列输出结果。

```
$ go run returnFunction.go
1: 1
2: 4
j1: 1
j2: 4
3: 9
```

从 returnFunction.go 文件的输出结果中可以看到，funReturnFun()函数中的 i 值保持递增，且在每次调用 i()或 j()后不会变为 0。

6.2.7 接收其他函数作为参数的函数

Go 函数可接收其他函数作为参数，这一特性进一步体现了处理 Go 函数时的多样性。其中，两个最为常见的应用是排序元素和 filepath.Walk()函数。本节所讨论的示例位于 funFun.go 文件中，该文件将被分为 3 部分内容加以讨论，并通过简单的示例处理整数。

funFun.go 文件的第 1 部分内容如下所示。

```
package main

import "fmt"

func function1(i int) int {
    return i + i
}

func function2(i int) int {
    return i * i
}
```

其中的两个函数接收一个 int 并返回一个 int。这些函数可暂时用作另一个函数的参数。

funFun.go 文件的第 2 部分内容如下所示。

```
func funFun(f func(int) int, v int) int {
    return f(v)
}
```

funFun()函数接收两个参数，即名为 f 的函数参数和一个 int 值。其中，f 参数应为一个接收 int 参数的并返回一个 int 值的函数。

funFun.go 文件的第 3 部分内容如下所示。

```
func main() {
    fmt.Println("function1:", funFun(function1, 123))
    fmt.Println("function2:", funFun(function2, 123))
    fmt.Println("Inline:", funFun(func(i int) int {return i * i
 *i}, 123))
}
```

第 1 个 fmt.Println()函数调用使用了 funFun()函数，该函数的第 1 个参数为不带括号的 function1；而第 2 个 fmt.Println()函数调用也使用了 funFun()函数，该函数的第 1 个参数为 function2。

在最后一个 fmt.Println()语句中，情况则有所变化。函数参数的实现被定义于 funFun()

函数内部。虽然这种方法对于简单、较小的函数参数工作良好，但并不适用于包含多行代码的函数。

执行 funFun.go 文件将生成下列输出结果。

```
$ go run funFun.go
function1: 246
function2: 15129
Inline: 1860867
```

6.2.8 可变参数函数

Go 语言支持可变参数函数，此类函数接收变化数量的参数。其中，较为常见的可变参数函数位于 fmy 包中。在本节中，可变参数函数位于 variadic.go 文件中，该文件将被分为 3 部分内容加以讨论。

variadic.go 文件的第 1 部分内容如下所示。

```
package main

import (
    "fmt"
    "os"
)

func varFunc(input ...string) {
    fmt.Println(input)
}
```

上述代码展示了可变参数函数 varFunc() 的实现，该函数接收一个字符串参数。其中，input 函数参数表示为一个切片，并作为一个切片在 varFunc() 函数内部被处理。这里，用作 ...Type 的 ... 操作符被称作 pack 操作符，而 unpack 操作符则以 ... 结尾并始于一个切片。注意，可变参数函数无法多次使用 pack 操作符。

variadic.go 文件的第 2 部分内容如下所示。

```
func oneByOne(message string, s ...int) int {
    fmt.Println(message)
    sum := 0
    for i, a := range s {
        fmt.Println(i, a)
        sum = sum + a
    }
    s[0] = -1000
```

```
        return sum
}
```

此处可以看到另一个名为 oneByOne()的可变参数函数,该函数接收一个字符串和可变数量的整数参数。其中,参数 s 表示为一个切片。

variadic.go 文件的第 3 部分内容如下所示。

```
func main() {
    arguments := os.Args
    varFunc(arguments...)
    sum := oneByOne("Adding numbers...", 1, 2, 3, 4, 5, -1, 10)
    fmt.Println("Sum:", sum)
    s := []int{1, 2, 3}
    sum = oneByOne("Adding numbers...", s...)
    fmt.Println(s)
}
```

main()函数调用并使用了两个可变参数函数。由于第 2 个 oneByOne()可变参数函数调用使用了一个切片,因此对可变参数函数内的切片所做的任何更改在函数退出后仍将保留。

构建并执行 variadic.go 文件将生成下列输出结果。

```
$ ./variadic 1 2
[./variadic 1 2]
Adding numbers...
0 1
1 2
2 3
3 4
4 5
5 -1
6 10
Sum: 24
Adding numbers...
0 1
1 2
2 3
[-1000 2 3]
```

6.3　开发自己的 Go 包

Go 包的源代码通常位于以该包名命名的单个目录中,并可包含多个文件和目录。对此，例外情况是 main 包，该包可位于任意位置处。

本节将开发一个名为 aPackage 的简单 Go 包，该包的源文件为 aPackage.go，并被分为两部分内容加以讨论。

aPackage.go 文件的第 1 部分内容如下所示。

```
package aPackage

import (
    "fmt"
)

func A() {
    fmt.Println("This is function A!")
}
```

注意，在 Go 包名称中使用大写字母并不是一种较好的做法，此处的 aPackage 仅用作示例。

aPackage.go 文件的第 2 部分内容如下所示。

```
func B() {
    fmt.Println("privateConstant:", privateConstant)
}

const MyConstant = 123
const privateConstant = 21
```

可以看到，开发一个新的 Go 包十分简单。当前，我们还无法单独使用这个包，且需要创建一个 main 包，其中包含一个 main()函数，以生成一个可执行文件。在当前示例中，使用 aPackage 的程序名为 useAPackage.go，且包含于下列代码中。

```
package main

import (
    "aPackage"
    "fmt"
)

func main() {
    fmt.Println("Using aPackage!")
    aPackage.A()
    aPackage.B()
    fmt.Println(aPackage.MyConstant)
}
```

当尝试执行 useAPackage.go 文件时,此时将会显示一条错误消息,表明程序尚有欠缺之处。

```
$ go run useAPackage.go
useAPackage.go:4:2: cannot find package "aPackage" in any of:
        /usr/local/Cellar/go/1.9.2/libexec/src/aPackage (from $GOROOT)
        /Users/mtsouk/go/src/aPackage (from $GOPATH)
```

此处尚有一事需要予以解决。在第 1 章中曾讨论到,Go 需要执行 UNIX Shell 中的特定命令才能安装所有的外部包,这也包括本地开发的包。因此,需要将上述包置于相应的目录中,以使其对当前 UNIX 用户可用。相应地,安装自己的包需要在 UNIX Shell 中执行下列命令。

```
$ mkdir ~/go/src/aPackage
$ cp aPackage.go ~/go/src/aPackage/
$ go install aPackage
$ cd ~/go/pkg/darwin_amd64/
$ ls -l aPackage.a
-rw-r--r--  1 mtsouk  staff  4980 Dec 22 06:12 aPackage.a
```

💡 **提示:**

如果~/go 目录不存在,则需要借助 mkdir(1)命令创建该目录。在当前示例中,还需要对~/go/src 目录执行相同的操作。

执行 useAPackage.go 文件将生成下列输出结果。

```
$ go run useAPackage.go
Using aPackage!
This is function A!
privateConstant: 21
123
```

6.3.1 编译 Go 包

如果 Go 包不包含一个 main()函数,则无法执行该包。尽管如此,我们仍可编译 Go 包并生成一个对象文件,如下所示。

```
$ go tool compile aPackage.go
$ ls -l aPackage.*
-rw-r--r--@ 1 mtsouk  staff    201 Jan 10 22:08 aPackage.go
-rw-r--r--  1 mtsouk  staff  16316 Mar  4 20:01 aPackage.o
```

6.3.2 私有变量和函数

私有变量和函数与公共变量和函数间的差别在于，私有变量和函数仅可在包内被使用和调用。控制函数、常量和变量的公共或私有特性也被称作封装。

一个简单的规则是，以大写字母开始的函数、变量、类型等具有公共特性；而以小写字母开始的函数、变量、类型等则具有私有特性。因此，fmt.Println()函数被命名为 Println() 而非 println()。然而，这一规则并不会影响以大写或小写字母开始的包名。

6.3.3 init()函数

每个 Go 包可包含一个名为 init() 的私有函数，该函数在执行开始阶段自动执行。

💡 **提示：**

根据设计要求，init()函数被定义为一个私有函数，这意味着，该函数无法在所处包的外部被调用。除此之外，由于包用户不具备 init()函数的控制权限，因此在公共包中使用 init()函数，或在 init()函数中更改任何全局状态之前，应予以仔细考虑。

下列示例展示了如何在多个 Go 包中包含多个 init()函数。考查下列基本的 Go 包，该包简单地被称作 a。

```go
package a

import (
    "fmt"
)

func init() {
    fmt.Println("init() a")
}

func FromA() {
    fmt.Println("fromA()")
}
```

a 包实现了 init()函数，以及一个名为 FromA() 的函数。

随后，需要在 UNIX Shell 中执行下列命令，以使当前 UNIX 用户可使用相应的包。

```
$ mkdir ~/go/src/a
$ cp a.go ~/go/src/a/
$ go install a
```

接下来考查下列 b 包。

```
package b

import (
    "a"
    "fmt"
)

func init() {
    fmt.Println("init() b")
}

func FromB() {
    fmt.Println("fromB()")
    a.FromA()
}
```

其间，包 a 使用 fmt 标准 Go 包；而包 b 需要导入包 a，因为它使用了 a.FromA()。另外，a 和 b 均定义了一个 init() 函数。

如前所述，此处需要安装包，以使其对当前 UNIX 用户可用。对此，在 UNIX Shell 中执行下列命令。

```
$ mkdir ~/go/src/b
$ cp b.go ~/go/src/b
$ go install b
```

因此，当前两个包均持有一个 init() 函数。当执行 manyInit.go 文件时，我们需要猜测相应的输出结果。对应代码如下所示。

```
package main

import (
    "a"
    "b"
    "fmt"
)

func init() {
    fmt.Println("init() manyInit")
}

func main() {
```

```
    a.FromA()
    b.FromB()
}
```

这里的问题是，a 包的 init()函数将被执行多少次？对此，执行 manyInit.go 文件将生成下列输出结果，进而解释了这一问题。

```
$ go run manyInit.go
init() a
init() b
init() manyInit
fromA()
fromB()
fromA()
```

上述代码表明，a 中的 init()函数仅被执行了一次，尽管 a 包被不同的包导入两次。除此之外，由于首先执行 manyInit.go 文件中的 import 代码块，包 b 中的 init()函数和包 b 将在 manyInit.go 文件的 init()函数之前被执行，其主要原因在于，manyInit.go 文件的 init()函数允许使用 a 或 b 中的元素。

注意，当需要设置某些未导出的内部变量时，init()函数十分有用。例如，我们可在 init()函数中查看当前时区。最后需要记住的一点是，虽然一个文件中可包含多个 init()函数，但这一情况较少出现。

6.4 Go 模块

Go 模块首先在 Go 1.11 版本中引入。在编写本书时，最新的 Go 版本是 1.13。虽然 Go 模块背后的整体思想保持一致，但某些细节内容依然会在后续的 Go 语言版本中发生变化。

Go 模块类似于包含版本的 Go 包。Go 语言对版本控制模块使用语义版本控制。这意味着，版本始于字母 v，随后是版本号。因此，相应的版本可以是 v1.0.0、v1.0.5、v2.0.2。其中，v1、v2 或 v3 部分表示 Go 包的主版本且通常无法向后兼容。这表明，如果 Go 程序工作于 v1 版本，那么该程序将无法工作于 v2 或 v3 版本——虽然程序也可能工作，但不应对此有所期待。

版本中的第 2 个数字与特性相关。通常情况下，v1.1.0 比 v1.0.2 或 v1.0.0 包含更多的特性，且兼容于全部早期版本。

最后，版本中的第 3 个数字与 bug 修复相关且不包含任何新的特性。注意，语义版本控制也适用于 Go 版本。

此外，Go 模块支持在 GOPATH 之外编写相关内容。

6.4.1 创建并使用 Go 模块

本节将创建基本模块的第 1 个版本。同时，我们在 GitHub 存储库上存储 Go 代码。在当前示例中，GitHub 存储库为 https://github.com/mactsouk/myModule。当前任务将始于一个空的 GitHub 储存库，其中仅包含 README.md 文件。因此，首先需要执行下列命令获取 GitHub 存储库中的内容。

```
$ git clone git@github.com:mactsouk/myModule.git
Cloning into 'myModule'...
remote: Enumerating objects: 7, done.
remote: Counting objects: 100% (7/7), done.
remote: Compressing objects: 100% (6/6), done.
remote: Total 7 (delta 1), reused 0 (delta 0), pack-reused 0
Receiving objects: 100% (7/7), done.
Resolving deltas: 100% (1/1), done.
```

如果读者在计算机上执行了相同的命令，那么将会进入笔者的 GitHub 存储库，该存储库目前并不为空。如果希望从头开始创建自己的 Go 模块，则需要生成自己的空 GitHub 存储库。

1. 创建版本 v1.0.0

当创建基本 Go 模块的 v1.0.0 版本时，需要执行下列命令。

```
$ go mod init
go: creating new go.mod: module github.com/mactsouk/myModule
$ touch myModule.go
$ vi myModule.go
$ git add .
$ git commit -a -m "Initial version 1.0.0"
$ git push
$ git tag v1.0.0
$ git push -q origin v1.0.0
$ go list
github.com/mactsouk/myModule
$ go list -m
github.com/mactsouk/myModule
```

myModule.go 文件的内容如下所示。

```
package myModule

import (
    "fmt"
)

func Version() {
    fmt.Println("Version 1.0.0")
}
```

之前创建的 go.mod 文件内容如下所示。

```
$ cat go.mod
module github.com/mactsouk/myModule
go 1.12
```

2. 使用 v1.0.0 版本

本节将学习如何使用之前创建的 Go 模块的 v1.0.0 版本。当使用 Go 模块时，需要创建一个 Go 程序，在当前示例中为 useModule.go 文件，并包含了下列代码。

```
package main

import (
    v1 "github.com/mactsouk/myModule"
)

func main() {
    v1.Version()
}
```

此处需要包含 Go 模块的路径，即 github.com/mactsouk/myModule。在当前示例中，Go 模块还包含了一个别名 v1。注意，使用包别名是一种不符合规范的做法，当前示例旨在能够方便地阅读代码。不管出于何种理由，包别名这一特性不应出现于产品代码中。

在尝试执行 useModule.go 文件时（在当前示例中，该文件被置于/tmp 下），由于所请求的模块并未在当前系统中，因此程序无法正常执行。

```
$ pwd
/tmp
$ go run useModule.go
useModule.go:4:2: cannot find package "github.com/mactsouk/myModule" in any of:
```

```
    /usr/local/Cellar/go/1.12/libexec/src/github.com/mactsouk/myModule
(from $GOROOT)
    /Users/mtsouk/go/src/github.com/mactsouk/myModule (from $GOPATH)
```

因此，需要执行下列命令获取所需的 Go 模块，进而成功地执行 useModule.go 文件。

```
$ export GO111MODULE=on
$ go run useModule.go
go: finding github.com/mactsouk/myModule v1.0.0
go: downloading github.com/mactsouk/myModule v1.0.0
go: extracting github.com/mactsouk/myModule v1.0.0
Version 1.0.0
```

随后可以看到，useModule.go 文件正确且可被执行。接下来可实现某些官方操作，也就是说，向 useModule.go 文件赋予一个名称并构建该文件，如下所示。

```
$ go mod init hello
go: creating new go.mod: module hello
$ go build
```

最后一条命令将在 /tmp 中生成一个可执行文件，以及两个额外的文件 go.sum 和 go.mod。其中，go.sum 文件的内容如下所示。

```
$ cat go.sum
github.com/mactsouk/myModule v1.0.0
h1:eTCn2Jewnajw0REKONrVhHmeDEJ0Q5TAZ0xsSbh8kFs=
github.com/mactsouk/myModule v1.0.0/go.mod
h1:s3ziarTDDvaXaHWYYOf/ULi97aoBd6JfnvAkM8rSuzg=
```

go.sum 文件保存下载的所有模块的校验和。

go.mod 文件内容如下所示。

```
$ cat go.mod
module hello
go 1.12
require github.com/mactsouk/myModule v1.0.0
```

> **提示：**
> 如果项目中的 go.mod 文件指定使用 Go 模块的 v1.3.0 版本，那么，即使 Go 模块的新版本可用，Go 将依然使用 v1.3.0。

3. 创建版本 v1.1.0

本节将利用不同的标签（tag）创建新的 myModule 版本。此时无须执行 go mod init

命令（之前已执行完毕），而仅需执行下列命令。

```
$ vi myModule.go
$ git commit -a -m "v1.1.0"
[master ddd0742] v1.1.0
 1 file changed, 1 insertion(+), 1 deletion(-)
$ git push
$ git tag v1.1.0
$ git push -q origin v1.1.0
```

myModule.go 的当前版本内容如下所示。

```
package myModule

import (
    "fmt"
)

func Version() {
    fmt.Println("Version 1.1.0")
}
```

4. 使用 v1.1.0 版本

本节将学习如何使用之前创建的 Go 模块的 v1.1.0 版本。此处将使用 Docker 镜像，以便尽可能地独立于开发模块的机器。下列命令用于获取 Docker 镜像，并进入其 UNIX Shell 中。

```
$ docker run --rm -it golang:latest
root@884c0d188694:/go# cd /tmp
root@58c5688e3ee0:/tmp# go version
go version go1.13 linux/amd64
```

可以看到，Docker 镜像使用了 Go 语言的最新版本，在本书编写时为 v1.13。当使用一个或多个 Go 模块时，需要创建一个新的 Go 程序 useUpdatedModule.go，其内容如下所示。

```
package main

import (
    v1 "github.com/mactsouk/myModule"
)

func main() {
    v1.Version()
}
```

useUpdatedModule.go 文件的 Go 代码等同于 useModule.go 中的 Go 代码。这里，好的一方面是，可自动获取版本 v1 的最新更新结果。

当在 Docker 镜像中编写完程序后，需要执行下列命令。

```
root@58c5688e3ee0:/tmp# ls -l
total 4
-rw-r--r-- 1 root root 91 Mar 2 19:59 useUpdatedModule.go
root@58c5688e3ee0:/tmp# export GO111MODULE=on
root@58c5688e3ee0:/tmp# go run useUpdatedModule.go
go: finding github.com/mactsouk/myModule v1.1.0
go: downloading github.com/mactsouk/myModule v1.1.0
go: extracting github.com/mactsouk/myModule v1.1.0
Version 1.1.0
```

这意味着，useUpdatedModule.go 文件自动使用 Go 模块的最新版本 v1。注意，需要执行 export GO111MODULE=on 以启用模块支持。

当尝试执行 useModule.go 文件时（该文件位于本地机器上的/tmp 目录中），将生成下列输出结果。

```
$ ls -l go.mod go.sum useModule.go
-rw------- 1 mtsouk wheel  67 Mar 2 21:29 go.mod
-rw------- 1 mtsouk wheel 175 Mar 2 21:29 go.sum
-rw-r--r-- 1 mtsouk wheel  92 Mar 2 21:12 useModule.go
$ go run useModule.go
Version 1.0.0
```

输出结果表明，useModule.go 文件仍使用 Go 模块的早期版本。如果希望 useModule.go 文件使用 Go 模块的最新版本，可执行下列操作。

```
$ rm go.mod go.sum
$ go run useModule.go
go: finding github.com/mactsouk/myModule v1.1.0
go: downloading github.com/mactsouk/myModule v1.1.0
go: extracting github.com/mactsouk/myModule v1.1.0
Version 1.1.0
```

如果希望返回使用模块的 v1.0.0 版本，则可执行下列操作。

```
$ go mod init hello
go: creating new go.mod: module hello
$ go build
$ go run useModule.go
Version 1.1.0
```

第 6 章　Go 包和函数

```
$ cat go.mod
module hello
go 1.12
require github.com/mactsouk/myModule v1.1.0
$ vi go.mod
$ cat go.mod
module hello
go 1.12
require github.com/mactsouk/myModule v1.0.0
$ go run useModule.go
Version 1.0.0
```

接下来将讨论创建 Go 模块的新的主版本，我们将使用不同的 GitHub 分支，而非不同的标签。

5．创建 v2.0.0 版本

本节将创建 myModule 的第 2 个主版本。注意，针对主版本，需要在 import 语句中显式地注明。

因此，对于版本 v2，github.com/mactsouk/myModule 变为 github.com/mactsouk/myModule/v2；对于版本 v3，github.com/mactsouk/myModule 则变为 github.com/mactsouk/myModule/v3。

下面首先创建一个新的 GitHub 分支。

```
$ git checkout -b v2
Switched to a new branch 'v2'
$ git push --set-upstream origin v2
```

随后执行下列操作。

```
$ vi go.mod
$ cat go.mod
module github.com/mactsouk/myModule/v2
go 1.12
$ git commit -a -m "Using 2.0.0"
[v2 5af2269] Using 2.0.0
 2 files changed, 2 insertions(+), 2 deletions(-)
$ git tag v2.0.0
$ git push --tags origin v2
Counting objects: 4, done.
Delta compression using up to 8 threads.
Compressing objects: 100% (3/3), done.
Writing objects: 100% (4/4), 441 bytes | 441.00 KiB/s, done.
```

```
Total 4 (delta 1), reused 0 (delta 0)
remote: Resolving deltas: 100% (1/1), completed with 1 local object.
To github.com:mactsouk/myModule.git
 * [new branch]      v2 -> v2
 * [new tag]         v2.0.0 -> v2.0.0
$ git --no-pager branch -a
  master
* v2
  remotes/origin/HEAD -> origin/master
  remotes/origin/master
  remotes/origin/v2
```

myModule.go 的主版本内容如下所示。

```
package myModule

import (
    "fmt"
)

func Version() {
    fmt.Println("Version 2.0.0")
}
```

6. 使用版本 v2.0.0

再次强调，当使用 Go 模块时，需要创建 Go 程序 useV2.go，并包含下列 Go 代码。

```
package main

import (
    v "github.com/mactsouk/myModule/v2"
)

func main() {
    v.Version()
}
```

此处将使用 Docker 镜像，这也是处理 Go 模块最方便的方法。

```
$ docker run --rm -it golang:latest
root@191d84fc5571:/go# cd /tmp
root@191d84fc5571:/tmp# cat > useV2.go
package main
import (
    v "github.com/mactsouk/myModule/v2"
```

```
)
func main() {
    v.Version()
}
root@191d84fc5571:/tmp# export GO111MODULE=on
root@191d84fc5571:/tmp# go run useV2.go
go: finding github.com/mactsouk/myModule/v2 v2.0.0
go: downloading github.com/mactsouk/myModule/v2 v2.0.0
go: extracting github.com/mactsouk/myModule/v2 v2.0.0
Version 2.0.0
```

当Docker镜像使用myModule的v2.0.0版本时,一切工作正常。

7. 创建v2.1.0版本

接下来将创建myModule.go的更新版本,并采用不同的GitHub标签,因此需要执行下列命令。

```
$ vi myModule.go
$ git commit -a -m "v2.1.0"
$ git push
$ git tag v2.1.0
$ git push -q origin v2.1.0
```

myModule.go的更新内容如下所示。

```
package myModule

import (
    "fmt"
)

func Version() {
    fmt.Println("Version 2.1.0")
}
```

8. 使用v2.1.0版本

我们已经知道,当使用Go模块时,需要创建一个Go程序。在当前示例中,该程序为useUpdatedV2.go文件并包含了下列Go代码。

```
package main

import (
    v "github.com/mactsouk/myModule/v2"
)
```

```
func main() {
    v.Version()
}
```

但是，此处没必要声明想要使用的 Go 模块的最新版本 v2，这是由 Go 语言处理的；另外，这也是 useUpdatedV2.go 和 useV2.go 完全相同的主要原因。

再次强调，Docker 镜像简化了事物的操作——使用 cat(1)命令创建 useUpdatedV2.go 的原因是，特定的 Docker 镜像没有安装 vi(1)。

```
$ docker run --rm -it golang:1.12
root@ccfcd675e333:/go# cd /tmp/
root@ccfcd675e333:/tmp# cat > useUpdatedV2.go
package main
import (
    v "github.com/mactsouk/myModule/v2"
)
func main() {
    v.Version()
}
root@ccfcd675e333:/tmp# ls -l
total 4
-rw-r--r-- 1 root root 92 Mar 2 20:34 useUpdatedV2.go
root@ccfcd675e333:/tmp# go run useUpdatedV2.go
useUpdatedV2.go:4:2: cannot find package "github.com/mactsouk/myModule/v2"
in any of:
    /usr/local/go/src/github.com/mactsouk/myModule/v2 (from $GOROOT)
    /go/src/github.com/mactsouk/myModule/v2 (from $GOPATH)
root@ccfcd675e333:/tmp# export GO111MODULE=on
root@ccfcd675e333:/tmp# go run useUpdatedV2.go
go: finding github.com/mactsouk/myModule/v2 v2.1.0
go: downloading github.com/mactsouk/myModule/v2 v2.1.0
go: extracting github.com/mactsouk/myModule/v2 v2.1.0
Version 2.1.0
```

💡 提示：

关于 git(1)和 GitHub 的更多内容，读者可参考第 7 章。

6.4.2 使用同一 Go 模块的不同版本

本节将考查如何在单一 Go 程序中使用同一 Go 模块的两个不同的主版本。该技术也适用于同时使用 Go 模块的多个（大于 2）主版本。

useTwo.go 文件内容如下所示。

```
package main

import (
    v1 "github.com/mactsouk/myModule"
    v2 "github.com/mactsouk/myModule/v2"
)

func main() {
    v1.Version()
    v2.Version()
}
```

因此，仅需要显式地导入希望使用的 Go 模块的主版本，并向其分配不同的别名即可。执行 useTwo.go 文件将生成下列输出结果：

```
$ export GO111MODULE=on
$ go run useTwo.go
go: creating new go.mod: module github.com/PacktPublishing/Mastering-Go-
Second-Edition
go: finding github.com/mactsouk/myModule/v2 v2.1.0
go: downloading github.com/mactsouk/myModule/v2 v2.1.0
go: extracting github.com/mactsouk/myModule/v2 v2.1.0
Version 1.1.0
Version 2.1.0
```

6.4.3　Go 模块在 Go 语言中的存储位置

本节将考查 Go 代码和所用 Go 模块信息及其存储方式。下面是在 macOS Mojave 机器上使用 go 模块后 ~/go/pk /mod/github.com/mactsouk 目录的内容。

```
$ ls -lR ~/go/pkg/mod/github.com/mactsouk
total 0
drwxr-xr-x  3 mtsouk  staff    96B Mar  2 22:38 my!module
dr-x------  6 mtsouk  staff   192B Mar  2 21:18 my!module@v1.0.0
dr-x------  6 mtsouk  staff   192B Mar  2 22:07 my!module@v1.1.0
/Users/mtsouk/go/pkg/mod/github.com/mactsouk/my!module:
total 0
dr-x------  6 mtsouk  staff   192B Mar  2 22:38 v2@v2.1.0
/Users/mtsouk/go/pkg/mod/github.com/mactsouk/my!module/v2@v2.1.0:
```

```
total 24
-r--r--r--  1 mtsouk  staff  28B Mar  2 22:38 README.md
-r--r--r--  1 mtsouk  staff  48B Mar  2 22:38 go.mod
-r--r--r--  1 mtsouk  staff  86B Mar  2 22:38 myModule.go
/Users/mtsouk/go/pkg/mod/github.com/mactsouk/my!module@v1.0.0:
total 24
-r--r--r--  1 mtsouk  staff  28B Mar  2 21:18 README.md
-r--r--r--  1 mtsouk  staff  45B Mar  2 21:18 go.mod
-r--r--r--  1 mtsouk  staff  86B Mar  2 21:18 myModule.go
/Users/mtsouk/go/pkg/mod/github.com/mactsouk/my!module@v1.1.0:
total 24
-r--r--r--  1 mtsouk  staff  28B Mar  2 22:07 README.md
-r--r--r--  1 mtsouk  staff  45B Mar  2 22:07 go.mod
-r--r--r--  1 mtsouk  staff  86B Mar  2 22:07 myModule.go
```

> **提示：**
> 学习如何开发和使用 Go 模块的最佳方法是不断进行尝试。

6.4.4　go mod vendor 命令

有时，我们需要将所有依赖项存储在同一处，并将它们保存在项目文件附近。此时，go mod vendor 命令可帮助我们实现这一任务，如下所示。

```
$ cd useTwoVersions
$ go mod init useV1V2
go: creating new go.mod: module useV1V2
$ go mod vendor
$ ls -l
total 24
-rw-------    1 mtsouk  staff  114B Mar  2 22:43 go.mod
-rw-------    1 mtsouk  staff  356B Mar  2 22:43 go.sum
-rw-r--r--@   1 mtsouk  staff  143B Mar  2 19:36 useTwo.go
drwxr-xr-x    4 mtsouk  staff  128B Mar  2 22:43 vendor
$ ls -l vendor/github.com/mactsouk/myModule
total 24
-rw-r--r--    1 mtsouk  staff  28B Mar  2 22:43 README.md
-rw-r--r--    1 mtsouk  staff  45B Mar  2 22:43 go.mod
-rw-r--r--    1 mtsouk  staff  86B Mar  2 22:43 myModule.go
drwxr-xr-x    6 mtsouk  staff  192B Mar  2 22:43 v2
$ ls -l vendor/github.com/mactsouk/myModule/v2
total 24
-rw-r--r--    1 mtsouk  staff  28B Mar  2 22:43 README.md
```

```
-rw-r--r--  1 mtsouk    staff    48B Mar  2 22:43 go.mod
-rw-r--r--  1 mtsouk    staff    86B Mar  2 22:43 myModule.go
```

此处的关键点是在执行 go mod vendor 命令之前执行了 go mod init <package name>。

6.5 创建较好的 Go 包

本节将提供某些建议以帮助我们开发较好的 Go 包。如前所述，Go 包整合于目录中，并包含了公共和私有元素。其中，公共元素可在其他包的内部或外部使用，而私有元素仅可用于某个包的内部。

具体规则如下所示。

- ❑ 包元素必须通过某种方式联系在一起。因此，可以创建一个支持汽车的包，但是创建一个同时支持汽车和自行车的包并不是一种较好的做法。简而言之，不必将一个包的功能拆分为多个包，且不应在一个 Go 包中添加太多的功能。除此之外，包应尽量简约且兼具功能性，但不应过于简单和琐碎。
- ❑ 在合理的时间范围内，应先使用自己的包，随后将其发布至公众。这有助于发现 bug，以确保包按期望的方式工作。在公开之前，还可将其交付至开发人员进行额外的测试。
- ❑ 尝试分析使用包的用户类型，并确保包符合用户的问题处理能力范围。
- ❑ 如无正当理由，包不应导出过多的函数列表。相应地，导出简短函数列表的包更容易理解和使用。随后，尝试通过简短且兼具描述性的名字命名函数。
- ❑ 接口可改进函数的可用性，因而在适宜的时候，应采用接口作为函数参数或返回类型，而非单一类型。
- ❑ 当更新某一个包时，除非绝对必要，否则尽量不要破坏原有内容，并产生与旧版本不兼容的内容。
- ❑ 当开发一个新的 Go 包时，可尝试使用多个文件以分组类似的任务或概念。
- ❑ 尝试遵守标准库的 Go 包中的现有规则。对此，可阅读标准库中 Go 包的代码。
- ❑ 不要从头开始创建已存在的包。可对已有包进行修改并创建自己的版本。没有人希望在屏幕上输出日志信息。更加专业的做法是，可设置一个标志并在必要时开启日志机制。
- ❑ 包的 Go 代码应与程序中的 Go 代码协调一致。这意味着，如果某个程序（使用了我们的包和函数名）以一种糟糕的方式呈现，那么较好的做法是更改函数名。
- ❑ 由于包名几乎用于各处，所以尽量使用简洁而富有表现力的包名。
- ❑ 如果将新的 Go 类型定义置于首次使用该类型的附近之处，那么这样操作起来将更加方便，因而任何人都不希望在源文件中搜索新数据类型的定义。
- ❑ 针对包生成测试文件，包含测试文件的包被认为更具专业性。细节决定一切，这会让人们相信你是一名认真的开发者。注意，针对包编写测试文件并非可有可无；相反，我们应避免使用未包含测试内容的包。关于测试机制的更多内容，读者可参考第 11 章。

💡 **提示：**
记住，包中的 Go 代码不应包含任何 bug；此外，文档化以及相关代码示例（明晰包的应用方式并展示包的功能特性）同样十分重要。

6.6　syscall 包

本节将展示 syscall 标准包的部分内容。注意，syscall 包提供了大量的与底层操作系统因素相关的功能和类型。除此之外，syscall 包还被广泛地用于其他 Go 包中，如 os、net 和 time，这些包都为操作系统提供了一个可移植的接口。也就是说，syscall 包并不是 Go 库中最具移植性的包，这并非 syscall 包的特征。

虽然 UNIX 系统涵盖了诸多相似性，但它们也展示了各自的不同之处，尤其是在系统的内部机制方面。syscall 包的任务是处理所有这些不兼容之处，这早已不再是什么秘密，同时，良好的文档设计也使得 syscall 包变得更加成功。

严格地讲，系统调用是应用程序的一种编程方式，进而从操作系统内核中请求相关内容。最终，系统调用负责访问和处理大多数 UNIX 底层元素，如进程、存储设备、输出数据、网络接口和各类文件。简单地讲，如果缺少系统调用，我们将无法在 UNIX 系统上工作。对此，我们可通过 strace(1)和 dtrace(1)这一类实用程序查看 UNIX 的系统调用，第 2 章曾对此有所介绍。

syscall 包的应用将在 useSyscall.go 程序中予以展示，该程序将被分为 4 部分内容加以讨论。

💡 **提示：**
用户可能并不需要直接使用 syscall 包，除非正在处理非常底层的内容。记住，并非所有的 Go 包都适用。

useSyscall.go 文件的第 1 部分内容如下所示。

```
package main
```

```
import (
    "fmt"
    "os"
    "syscall"
)
```

上述代码简单地导入了所需的 Go 包。

useSyscall.go 文件的第 2 部分内容如下所示。

```
func main() {
    pid, _, _ := syscall.Syscall(39, 0, 0, 0)
    fmt.Println("My pid is", pid)
    uid, _, _ := syscall.Syscall(24, 0, 0, 0)
    fmt.Println("User ID:", uid)
```

其中执行了 syscall.Syscall() 函数调用两次，进而获取与进程 ID 和用户 ID 相关的信息。这里，syscall.Syscall() 函数调用的第 1 个参数决定了所请求的信息。

useSyscall.go 文件的第 3 部分内容如下所示。

```
message := []byte{'H', 'e', 'l', 'l', 'o', '!', '\n'}
fd := 1
syscall.Write(fd, message)
```

上述代码利用 syscall.Write() 函数在屏幕上输出一条信息。该函数的第 1 个参数表示将要写入的文件描述符，而第 2 个参数则表示为加载实际消息的字节切片。另外，syscall.Write() 函数具有可移植性。

useSyscall.go 文件的第 4 部分内容如下所示。

```
    fmt.Println("Using syscall.Exec()")
    command := "/bin/ls"
    env := os.Environ()
    syscall.Exec(command, []string{"ls", "-a", "-x"}, env)
}
```

其中可以看到如何使用 syscall.Exec() 函数执行外部命令。然而，我们尚无法控制命令的输出结果，对应结果将自动输出至屏幕上。

在 macOS Mojave 机器上执行 useSyscall.go 文件将生成下列输出结果。

```
$ go run useSyscall.go
My pid is 14602
User ID: 501
Hello!
Using syscall.Exec()
```

```
.                   ..                  a.go
funFun.go           functions.go        html.gohtml
htmlT.db            htmlT.go            manyInit.go
ptrFun.go           returnFunction.go   returnNames.go
returnPtr.go        text.gotext         textT.go
useAPackage.go      useSyscall.go
```

在 Debian Linux 机器上执行同一程序将生成下列输出结果。

```
$ go run useSyscall.go
My pid is 20853
User ID: 0
Hello!
Using syscall.Exec()
.                   ..                  a.go
funFun.go           functions.go        html.gohtml
htmlT.db            htmlT.go            manyInit.go
ptrFun.go           returnFunction.go   returnNames.go
returnPtr.go        text.gotext         textT.go
useAPackage.go      useSyscall.go
```

虽然大多数输出结果保持一致，但 syscall.Syscall(39, 0, 0, 0) 无法在 Linux 上工作，因为 Linux 用户的用户 ID 不为 0，这意味着，该命令不可移植。

如果打算查找哪些标准包使用了 syscall 调用，可在 UNIX Shell 中执行下列命令。

```
$ grep \"syscall\" `find /usr/local/Cellar/go/1.12/libexec/src -name
"*.go"`
```

注意，应利用合适的目录路径替换 /usr/local/Cellar/go/1.12/libexec/src 部分。

关于 syscall 包的真实应用，我们可考查 fmt.Println() 函数的实现过程（https://golang.org/src/fmt/print.go）。

```
func Println(a ...interface{}) (n int, err error) {
    return Fprintln(os.Stdout, a...)
}
```

这表明，fmt.Println() 函数调用 fmt.Fprintln() 函数完成当前任务。fmt.Fprintln() 函数实现也位于同一文件中，如下所示。

```
func Fprintln(w io.Writer, a ...interface{}) (n int, err error) {
    p := newPrinter()
    p.doPrintln(a)
    n, err = w.Write(p.buf)
    p.free()
```

```
        return
}
```

这意味着，fmt.Fprintln()函数中的实际写入行为是由 io.Writer 接口的 Write()函数完成的。在当前示例中，io.Writer 接口为 os.Stdout，它被定义于 https://golang.org/src/os/file.go 中，如下所示。

```
var (
    Stdin  = NewFile(uintptr(syscall.Stdin),  "/dev/stdin")
    Stdout = NewFile(uintptr(syscall.Stdout), "/dev/stdout")
    Stderr = NewFile(uintptr(syscall.Stderr), "/dev/stderr")
)
```

下面考查 NewFile()函数的实现过程，该函数位于 https://golang.org/src/os/file_plan9.go 中，如下所示。

```
func NewFile(fd uintptr, name string) *File {
    fdi := int(fd)
    if fdi < 0 {
        return nil
    }
    f := &File{&file{fd: fdi, name: name}}
    runtime.SetFinalizer(f.file, (*file).close)
    return f
}
```

当查看 file_plan9.go 文件的 Go 源代码时，应怀疑其中包含了特定于 UNIX 版本的命令。也就是说，包含了不可移植的代码。

此处我们拥有一个 file 结构类型，该结构类型被嵌入 File 类型中。file 结构类型根据其名称被导出。因此，接下来开始查找 https://golang.org/src/os/file_plan9.go 内可用于 File 结构的函数，或者指向 File 结构的指针，进而写入数据。由于我们查找的函数名为 Write()——参考 Fprintln()函数实现——因此需要搜索 os 包中的全部源文件，如下所示。

```
$ grep "func (f \*File) Write(" *.go
file.go:func (f *File) Write(b []byte) (n int, err error) {
```

在 https://golang.org/src/os/file.go 中查找到的 Write()函数实现如下所示。

```
func (f *File) Write(b []byte) (n int, err error) {
    if err := f.checkValid("write"); err != nil {
        return 0, err
    }
```

```
n, e := f.write(b)
if n < 0 {
    n = 0
}
if n != len(b) {
    err = io.ErrShortWrite
}

epipecheck(f, e)

if e != nil {
    err = f.wrapErr("write", e)
}

return n, err
```

这意味着，当前需要搜索 write()函数。搜索 https://golang.org/src/os/file_plan9.go 中的 write 字符串将显示 https://golang.org/src/os/file_plan9.go 中的下列函数。

```
func (f *File) write(b []byte) (n int, err error) {
    if len(b) == 0 {
        return 0, nil
    }
    return fixCount(syscall.Write(f.fd, b))
}
```

上述代码表明，调用 fmt.Println()函数是通过 syscall.Write()函数调用实现的，进而体现了 syscall 包的有用性和必要性。

6.7　go/scanner、go/parser 和 go/token 包

本节讨论 go/scanner、go/parser、go/token 和 go/ast 包。这些包包含了与 Go 代码扫描和解析方式相关的底层信息，进而有助于理解 Go 语言的工作方式。然而，如果读者对底层事物不感兴趣，则可略过本节内容。

解析一种语言需要两个阶段。其中，第 1 个阶段主要是将输入划分为标记（词法分析）；第 2 阶段是将所有这些标记提供给解析器，以确保这些标记有意义并且顺序正确（语义分析）。但是，仅仅组合英语单词并不总是能够创造出有效的句子。

6.7.1 go/ast 包

抽象语法树（AST）是程序源代码的结构化表达，该树根据语言规范中指定的某些规则构建。go/ast 包用于声明 Go 语言中表现 AST 所需的数据类型。如果希望查找到更多关于 ast.*类型方面的信息，那么 go/ast 包应是此类信息最为理想的位置。

6.7.2 go/scanner 包

扫描器在当前示例中可被视为一段 Go 代码，用于读取编程语言所编写的一个程序并生成标记。

go/scanner 包用于读取 Go 程序并生成一系列的标记。go/scanner 包的使用方式将在 goScanner.go 文件中予以展示，该文件将被分为 3 部分内容加以讨论。

goScanner.go 文件的第 1 部分内容如下所示。

```go
package main

import (
    "fmt"
    "go/scanner"
    "go/token"
    "io/ioutil"
    "os"
)

func main() {
    if len(os.Args) == 1 {
        fmt.Println("Not enough arguments!")
        return

    }
```

go/token 包定义了表达 Go 编程语言词法标记的一些常量。

goScanner.go 文件的第 2 部分内容如下所示。

```go
for _, file := range os.Args[1:] {
    fmt.Println("Processing:", file)
    f, err := ioutil.ReadFile(file)
    if err != nil {
        fmt.Println(err)
```

```
        return
    }
    One := token.NewFileSet()
    files := one.AddFile(file, one.Base(), len(f))
```

可以看到，将被标记化的源文件存储在 file 变量中，而其内容则存储在 f 中。
goScanner.go 文件的第 3 部分内容如下所示。

```
        var myScanner scanner.Scanner
        myScanner.Init(files, f, nil, scanner.ScanComments)

        for {
            pos, tok, lit := myScanner.Scan()
            if tok == token.EOF {
                break
            }
            fmt.Printf("%s\t%s\t%q\n", one.Position(pos), tok, lit)
        }
}
```

其中，for 循环用于遍历输入文件。源代码文件的结尾采用 token.EOF 标注，这将退出当前 for 循环。scanner.Scan()方法返回当前文件位置、标记和文本。scanner.Init()方法中的 scanner.ScanComments 通知扫描器作为 COMMENT 标记返回注释。此处可使用 1 替代 scanner.ScanComments，如果不希望在输出结果中看到任何 COMMENT 标记，则可将其设置为 0。

构建并执行 goScanner.go 文件将生成下列输出结果。

```
$ ./goScanner a.go
Processing: a.go
a.go:1:1      package    "package"
a.go:1:9      IDENT      "a"
a.go:1:10     ;          "\n"
a.go:3:1      import     "import"
a.go:3:8      (          ""
a.go:4:2      STRING     "\"fmt\""
a.go:4:7      ;          "\n"
a.go:5:1      )          ""
a.go:5:2      ;          "\n"
a.go:7:1      func       "func"
a.go:7:6      IDENT      "init"
a.go:7:10     (          ""
```

```
a.go:7:11     )          ""
a.go:7:13     {          ""
a.go:8:2      IDENT      "fmt"
a.go:8:5      .          ""
a.go:8:6      IDENT      "Println"
a.go:8:13     (          ""
a.go:8:14     STRING     "\"init() a\""
a.go:8:24     )          ""
a.go:8:25     ;          "\n"
a.go:9:1      }          ""
a.go:9:2      ;          "\n"
a.go:11:1     func       "func"
a.go:11:6     IDENT      "FromA"
a.go:11:11    (          ""
a.go:11:12    )          ""
a.go:11:14    {          ""
a.go:12:2     IDENT      "fmt"
a.go:12:5     .          ""
a.go:12:6     IDENT      "Println"
a.go:12:13    (          ""
a.go:12:14    STRING     "\"fromA()\""
a.go:12:23    )          ""
a.go:12:24    ;          "\n"
a.go:13:1     }          ""
a.go:13:2     ;          "\n"
```

goScanner.go 文件的输出结果较为简单。注意，goScanner.go 可扫描任意文件类型，甚至包括二进制文件。然而，当扫描二进制文件时，输出结果可能缺乏可读性。从输出结果中可以看到，Go 扫描器自动添加了分号。注意，IDENT 将通知一个标识符，这也是最为常见的标记类型。

接下来将处理解析过程。

6.7.3 go/parser 包

解释器读取扫描器的输出结果（标记），并从这些标记中生成一个结构。其间，解释器使用一种描述编程语言的语法，以确保给定的标记形成有效的程序。对应结构表示为一棵树，即 AST。

处理 go/token 的输出结果的 go/parser 包的具体应用位于 goParser.go 文件中，该文件将被分为 4 部分内容加以讨论。

goParser.go 文件的第 1 部分内容如下所示。

```
package main

import (
    "fmt"
    "go/ast"
    "go/parser"
    "go/token"
    "os"
    "strings"
)

type visitor int
```

goParser.go 文件的第 2 部分内容如下所示。

```
func (v visitor) Visit(n ast.Node) ast.Visitor {
    if n == nil {
        return nil
    }
    fmt.Printf("%s%T\n", strings.Repeat("\t", int(v)), n)
    return v + 1
}
```

Visit()方法针对 AST 的每个节点而调用。

goParser.go 文件的第 3 部分内容如下所示。

```
func main() {
    if len(os.Args) == 1 {
        fmt.Println("Not enough arguments!")
        return
    }
```

goParser.go 文件的第 4 部分内容如下所示。

```
    for _, file := range os.Args[1:] {
        fmt.Println("Processing:", file)
        one := token.NewFileSet()
        var v visitor
        f, err := parser.ParseFile(one, file, nil, parser.AllErrors)
        if err != nil {
            fmt.Println(err)
            return
```

```
        }
        ast.Walk(v, f)
    }
}
```

Walk()函数采用递归方式调用,并以深度优先方式遍历 AST,从而访问其全部节点。
构建并执行 goParser.go 文件,进而获取短小且相对简单的 Go 模块的 AST,这将生成下列输出结果。

```
$ ./goParser a.go
Processing: a.go
*ast.File
    *ast.Ident
    *ast.GenDecl
        *ast.ImportSpec
            *ast.BasicLit
    *ast.FuncDecl
        *ast.Ident
        *ast.FuncType
            *ast.FieldList
        *ast.BlockStmt
            *ast.ExprStmt
                *ast.CallExpr
                    *ast.SelectorExpr
                        *ast.Ident
                        *ast.Ident
                    *ast.BasicLit
    *ast.FuncDecl
        *ast.Ident
        *ast.FuncType
            *ast.FieldList
        *ast.BlockStmt
            *ast.ExprStmt
                *ast.CallExpr
                    *ast.SelectorExpr
                        *ast.Ident
                        *ast.Ident
                    *ast.BasicLit
```

goParser.go 文件的输出结果较为简单,但完全不同于 goScanner.go 文件的输出结果。
上述内容介绍了 Go 扫描器的输出结果和 Go 解释器,接下来将考查一些具体的操作示例。

6.7.4 操作示例

本节将编写一个 Go 程序，并计算某个关键字在输入文件中出现的次数。在该示例中，所计数的关键字为 var。对应的实用程序名称为 varTimes.go 文件，该文件将被分为 4 部分内容加以讨论。varTimes.go 文件的第 1 部分内容如下所示。

```go
package main

import (
    "fmt"
    "go/scanner"
    "go/token"
    "io/ioutil"
    "os"
)

var KEYWORD = "var"
var COUNT = 0
```

我们可搜索任何 Go 关键字——当对 varTimes.go 文件进行适当调整后，甚至还可在运行期内设置 KEYWORD 全局变量值。

varTimes.go 文件的第 2 部分内容如下所示。

```go
func main() {
    if len(os.Args) == 1 {
        fmt.Println("Not enough arguments!")
        return
    }

    for _, file := range os.Args[1:] {
        fmt.Println("Processing:", file)
        f, err := ioutil.ReadFile(file)
        if err != nil {
            fmt.Println(err)
            return
        }
        one := token.NewFileSet()
        files := one.AddFile(file, one.Base(), len(f))
```

varTimes.go 文件的第 3 部分内容如下所示。

```
var myScanner scanner.Scanner
myScanner.Init(files, f, nil, scanner.ScanComments)
localCount := 0
for {
    _, tok, lit := myScanner.Scan()
    if tok == token.EOF {
        break
    }
```

在当前示例中,标记的获取位置将被忽略,且不会产生任何问题。但是,需要 tok 变量查找文件的结尾。

varTimes.go 文件的第 4 部分内容如下所示。

```
        if lit == KEYWORD {
            COUNT++
            localCount++
        }
    }
    fmt.Printf("Found _%s_ %d times\n", KEYWORD, localCount)
}
    fmt.Printf("Found _%s_ %d times in total\n", KEYWORD, COUNT)
}
```

编译并执行 varTimes.go 文件将生成下列输出结果。

```
$ go build varTimes.go
$ ./varTimes varTimes.go variadic.go a.go
Processing: varTimes.go
Found _var_ 3 times
Processing: variadic.go
Found _var_ 0 times
Processing: a.go
Found _var_ 0 times
Found _var_ 3 times in total
```

6.7.5　利用给定的字符串长度查找变量名

本节将展示另一个操作示例,该示例与 varTimes.go 程序相比更加高级。其间,我们将看到如何利用给定字符串长度查找变量名——此处可使用任意字符串长度。除此之外,程序还应能够区分全局变量和局部变量。

> 💡 **提示**：
> 局部变量定义于某个函数内部，而全局变量则定义于函数的外部。另外，全局变量也被称作包变量。

当前实用程序的名称为 varSize.go 文件，该文件将被分为 4 部分内容加以讨论。varSize.go 文件的第 1 部分内容如下所示。

```go
package main

import (
    "fmt"
    "go/ast"
    "go/parser"
    "go/token"
    "os"
    "strconv"
)

var SIZE = 2
var GLOBAL = 0
var LOCAL = 0

type visitor struct {
    Package map[*ast.GenDecl]bool
}

func makeVisitor(f *ast.File) visitor {
    k1 := make(map[*ast.GenDecl]bool)
    for _, aa := range f.Decls {
        v, ok := aa.(*ast.GenDecl)
        if ok {
        k1[v] = true
        }
    }

    return visitor{k1}
}
```

由于需要区分局部变量和全局变量，因此此处定义了两个分别名为 GLOBAL 和 LOCAL 的全局变量，并对此进行计数。相应地，visitor 结构可帮助我们区分局部变量和全局变量，因此在 visitor 结构中定义了 map 字段。另外，makeVisitor()方法根据其参数值（即表示整个文件的 File 节点）初始化处于活动状态的 visitor 结构。

varSize.go 文件的第 2 部分内容如下所示。

```go
func (v visitor) Visit(n ast.Node) ast.Visitor {
    if n == nil {
        return nil
    }

    switch d := n.(type) {
    case *ast.AssignStmt:
        if d.Tok != token.DEFINE {
            return v
        }

        for _, name := range d.Lhs {
            v.isItLocal(name)
        }
    case *ast.RangeStmt:
        v.isItLocal(d.Key)
        v.isItLocal(d.Value)
    case *ast.FuncDecl:
        if d.Recv != nil {
            v.CheckAll(d.Recv.List)
        }

        v.CheckAll(d.Type.Params.List)
        if d.Type.Results != nil {
            v.CheckAll(d.Type.Results.List)
        }
    case *ast.GenDecl:
        if d.Tok != token.VAR {
            return v
        }
        for _, spec := range d.Specs {
            value, ok := spec.(*ast.ValueSpec)
            if ok {
                for _, name := range value.Names {
                    if name.Name == "_" {
                        continue
                    }
                    if v.Package[d] {
                        if len(name.Name) == SIZE {
                            fmt.Printf("** %s\n", name.Name)
                            GLOBAL++
                        }
```

```
            } else {
                if len(name.Name) == SIZE {
                    fmt.Printf("* %s\n", name.Name)
                    LOCAL++
                }
            }
        }
    }
    return v
}
```

Visit()函数的主要工作是确定协调工作的节点的类型,进而采取相应的动作,这可借助于 switch 语句完成。

ast.AssignStmt 节点表示赋值或短变量声明。ast.RangeStmt 节点是一种结构类型,用于表示带有 range 子句的 for 语句——这是声明新的局部变量的另一个地方。

ast.FuncDecl 节点被定义为一种结构类型,用于表示函数声明——定义于函数内部的每个变量均为局部变量。最后,ast.GenDecl 被定义为表示导入、常量、类型或变量声明的结构类型,但此处仅关注 token.VAR 标记。

varSize.go 文件的第 3 部分内容如下所示。

```
func (v visitor) isItLocal(n ast.Node) {
    identifier, ok := n.(*ast.Ident)
    if ok == false {
        return
    }

    if identifier.Name == "_" || identifier.Name == "" {
        return
    }

    if identifier.Obj != nil && identifier.Obj.Pos() == identifier.Pos() {
        if len(identifier.Name) == SIZE {
            fmt.Printf("* %s\n", identifier.Name)
            LOCAL++
        }
    }
}

func (v visitor) CheckAll(fs []*ast.Field) {
```

```
    for _, f := range fs {
        for _, name := range f.Names {
            v.isItLocal(name)
        }
    }
}
```

上述两个函数被定义为辅助函数。其中，第 1 个函数 isItLocal()确定标识符节点是否为局部变量，第 2 个函数 CheckAll()则访问 ast.Field 节点进而检查其局部变量内容。

varSize.go 文件的第 4 部分内容如下所示。

```
func main() {
    if len(os.Args) <= 2 {
        fmt.Println("Not enough arguments!")
        return
    }

    temp, err := strconv.Atoi(os.Args[1])
    if err != nil {
        SIZE = 2
        fmt.Println("Using default SIZE:", SIZE)
    } else {
        SIZE = temp
    }

    var v visitor
    all := token.NewFileSet()
    for _, file := range os.Args[2:] {
        fmt.Println("Processing:", file)
        f, err := parser.ParseFile(all, file, nil, parser.AllErrors)
        if err != nil {
            fmt.Println(err)
            continue
        }

        v = makeVisitor(f)
        ast.Walk(v, f)
    }
    fmt.Printf("Local: %d, Global:%d with a length of %d.\n", LOCAL, GLOBAL, SIZE)
}
```

当前程序输出其输入的 AST 并对其进行处理，以析取所需的信息。除 Visit()方法（该方法为接口中的一部分内容）外，main()函数中还借助 ast.Walk()函数自动访问所处理的每个文件的全部 AST 节点。

构建和执行 varSize.go 文件将生成下列输出结果。

```
$ go build varSize.go
$ ./varSize
Not enough arguments!
$ ./varSize 2 varSize.go variadic.go
Processing: varSize.go
* k1
* aa
* ok
* ok
* ok
* fs
Processing: variadic.go
Local: 6, Global:0 with a length of 2.
$ ./varSize 3 varSize.go variadic.go
Processing: varSize.go
* err
* all
* err
Processing: variadic.go
* sum
* sum
Local: 5, Global:0 with a length of 3.
$ ./varSize 7 varSize.go variadic.go
Processing: varSize.go
Processing: variadic.go
* message
Local: 1, Global:0 with a length of 7.
```

我们可移除 varSize.go 文件中的各种 fmt.Println()调用，以减少稍显凌乱的输出结果。

一旦了解了如何解析一个 Go 程序，我们甚至就可针对编程语言编写自己的解析器。其间可能需要查看 go/ast 包的文档页面和源代码，对应网址分别为 https://golang.org/pkg/go/ast/和 https://github.com/golang/go/tree/master/src/go/ast。

6.8 文本和 HTML 模板

由于前述各包提供了较大的灵活性，我们以此实现更多创造性的内容。这里，模板主要用于分离输出结果的格式部分和数据部分。注意，Go 模板可以是一个文件或是一个字符串。具体来说，对于较小的模板可使用内联字符串；而对于较大的模板，则可使用外部文件。

提示：

不可在同一个 Go 程序中同时导入 text/template 和 html/template，因为这两个包具有相同的包名（template）。如必须如此，则可针对二者之一定义一个别名（参考第 4 章 useStrings.go 文件中的代码）。

文本输出结果通常显示在屏幕上，但 HTML 输出结果则可借助 Web 浏览器进行查看。由于文本输出结果优于 HTML 输出，因此，如果考虑利用其他 UNIX 命令行实用程序处理 Go 实用程序的输出结果，则应使用 text/template 而非 html/template。

关于 Go 包的复杂程度，text/template 和 html/template 可视为较好的示例。稍后将会看到，两个包均支持各自的编程语言类型——优良的软件可使复杂事物更加简洁和优雅。

6.8.1 生成文本输出

如果需要创建纯文本输出，text/template 可视为一个较好的选择方案。text/template 包的具体应用将在 textT.go 文件中予以展示，该文件被分为 5 部分内容加以讨论。

由于模板通常存储于外部文件中，因此当前示例将使用 text.gotext 模板文件，并将其分为 5 部分加以分析。另外，数据一般读取自文本文件或互联网，但出于简单考虑，textT.go 文件中的数据将利用切片在程序中进行硬编码。

下面首先考查 textT.go 文件，该文件的第 1 部分内容如下所示。

```
package main

import (
    "fmt"
    "os"
    "text/template"
)
```

textT.go 文件的第 2 部分内容如下所示。

```
type Entry struct {
    Number int
    Square int
}
```

除非处理非常简单的数据，否则需要针对数据存储定义一个新的数据类型。

textT.go 文件的第 3 部分内容如下所示。

```go
func main() {
    arguments := os.Args
    if len(arguments) != 2 {
        fmt.Println("Need the template file!")
        return
    }

    tFile := arguments[1]
    DATA := [][]int{{-1, 1}, {-2, 4}, {-3, 9}, {-4, 16}}
```

其中，DATA 变量表示为一个二维切片，并加载数据的初始版本。

textT.go 文件的第 4 部分内容如下所示。

```go
var Entries []Entry

for _, i := range DATA {
    if len(i) == 2 {
        temp := Entry{Number: i[0], Square: i[1]}
        Entries = append(Entries, temp)
    }
}
```

上述代码将从 DATA 变量中创建一个结构切片。

textT.go 文件的第 5 部分内容如下所示。

```go
    t := template.Must(template.ParseGlob(tFile))
    t.Execute(os.Stdout, Entries)
}
```

template.Must()函数用于执行所需的初始化任务，其返回数据类型为 Template，这是一个加载解析后的模板的表达结构。而 template.ParseGlob()函数则用于读取外部模板文件。注意，此处建议针对模板文件使用 gohtml 扩展，但也可使用其他扩展且需要保持一致性。

最后，template.Execute()函数负责完成所有任务，包括处理数据、将输出结果输出至相应的文件中。当前示例使用了 os.Stdout。

接下来考查模板文件代码。text.gotext 文件的第 1 部分内容如下所示。

```
Calculating the squares of some integers
```

注意，文本模板中的空行具有一定的意义，并在最终的输出结果中作为空行显示。
text.gotext 文件的第 2 部分内容如下所示。

```
{{ range . }} The square of {{ printf "%d" .Number}} is {{ printf
"%d" .Square}}
```

其中，关键字 range 可循环访问各输入行，即结构切片。纯文本即按照这种方式输出，而变量和动态文本则需要以"{{"开始并以"}}"结束。另外，结构中的字段通过.Number 和.Square 方式予以访问。此处应注意 Entry 数据类型字段名之前的"."号。

text.gotext 文件的第 3 部分内容如下所示。

```
{{ end }}
```

{{ range }}命令以{{ end }}结束。将{{ end }}置入错误的位置将会影响输出结果。再次强调，文本模板文件中的空行具有一定的意义，并在最终的输出结果中显示。

执行 textT.go 文件将生成下列输出结果。

```
$ go run textT.go text.gotext
Calculating the squares of some integers
 The square of -1 is 1
 The square of -2 is 4
 The square of -3 is 9
 The square of -4 is 16
```

6.8.2　构建 HTML 输出结果

本节将通过名为 htmlT.go 的示例展示 html/template 包的用法。htmlT.go 文件将通过 6 部分内容加以讨论。这里，html/template 包所体现的思想等同于 text/template 包，二者间唯一的差别在于，html/template 包生成的 HTML 输出结果对于代码注入来说是安全的。

> 💡 **提示：**
> 虽然也可利用 text/template 包生成 HTML 输出结果，但毕竟 HTML 仅是一类纯文本，因而在创建其输出结果的过程中应使用 html/template 包。

出于简单考虑，下列代码将从 SQLite 数据库中读取数据，但也可使用其他数据库，前提是必须持有（或编写）相应的 Go 驱动程序。为了使操作趋于简单，读取示例将在读取前填写一个数据库表。

htmlT.go 文件的第 1 部分内容如下所示。

```go
package main

import (
    "database/sql"
    "fmt"
    _ "github.com/mattn/go-sqlite3"
    "html/template"
    "net/http"
    "os"
)

type Entry struct {
    Number int
    Double int
    Square int
}

var DATA []Entry
var tFile string
```

此处可看到 import 代码块中新的包名 net/http，该包用于创建 Go 语言中的 HTTP 服务器和客户端。关于 Go 语言中的网络编程和 net、net/http 标准包的应用，读者可参考第 12 章和第 13 章。

除 net/http 包外，还可看到 Entry 数据类型定义（保存读取自 SQLite3 表中的记录），以及两个名为 DATA 和 tFile 的全局变量（分别保存将要传递给模板文件的数据和模板文件的文件名）。

最后，还可看到 https://github.com/mattn/go-sqlite3 包的应用，并借助 database/sql 接口实现与 SQLite3 之间的通信。

htmlT.go 文件的第 2 部分内容如下所示。

```go
func myHandler(w http.ResponseWriter, r *http.Request) {
    fmt.Printf("Host: %s Path: %s\n", r.Host, r.URL.Path)
    myT := template.Must(template.ParseGlob(tFile))
    myT.ExecuteTemplate(w, tFile, DATA)
}
```

myHandler()函数体现了应有的简单性和高效性，尤其是查看函数的大小时。template.ExecuteTemplate()函数完成了全部工作，该函数的第 1 个变量保存与 HTTP 客户端的连接，第 2 个参数表示用于格式化数据的模板文件，第 3 个参数表示包含数据的结构切片。

htmlT.go 文件的第 3 部分内容如下所示。

```go
func main() {
    arguments := os.Args
    if len(arguments) != 3 {
        fmt.Println("Need Database File + Template File!")
        return
    }

    database := arguments[1]
    tFile = arguments[2]
```

htmlT.go 文件的第 4 部分内容如下所示。

```go
    db, err := sql.Open("sqlite3", database)
    if err != nil {
        fmt.Println(nil)
        return
    }

    fmt.Println("Emptying database table.")
    _, err = db.Exec("DELETE FROM data")
    if err != nil {
        fmt.Println(nil)
        return
    }

    fmt.Println("Populating", database)
    stmt, _ := db.Prepare("INSERT INTO data(number, double, square) values(?,?,?)")
    for i := 20; i < 50; i++ {
        _, _ = stmt.Exec(i, 2*i, i*i)
    }
}
```

sql.Open()函数负责打开与数据库之间的连接。通过 db.Exec()函数，我们可执行数据库命令，且不会从中得到任何反馈信息。最后，通过修改参数并随后调用 Exec()函数，db.Prepare()函数可多次执行数据库命令。

htmlT.go 文件的第 5 部分内容如下所示。

```go
rows, err := db.Query("SELECT * FROM data")
if err != nil {
    fmt.Println(nil)
    return
}
```

```
var n int
var d int
var s int
for rows.Next() {
    err = rows.Scan(&n, &d, &s)
    temp := Entry{Number: n, Double: d, Square: s}
    DATA = append(DATA, temp)
}
```

上述代码通过 db.Query()函数并多次调用 Next()和 Scan()函数，进而从相应的表中读取数据。当读取数据时，可将其置于结构的切片中，随后即完成了数据库处理工作。

htmlT.go 文件的第 6 部分内容与 Web 服务器设置相关，如下所示。

```
http.HandleFunc("/", myHandler)
err = http.ListenAndServe(":8080", nil)
if err != nil {
    fmt.Println(err)
    return
}
```

这里，http.HandleFunc()函数通知嵌入在程序中的 Web 服务器所支持的 URL 以及哪一个处理函数（myHandler()）。当前的处理程序支持/ URL，这在 Go 语言中将匹配所有的 URL，因而无须创建额外的静态或动态页面。

htmlT.go 程序代码被分为两个虚拟部分，第 1 部分涉及从数据库中获取数据并将其置于一个结构的切片中；第 2 部分类似于 textT.go 文件，涉及在 Web 浏览器中显示数据。

💡 提示：

SQLite 最大的两个优点是，无须针对数据库服务器运行服务器进程，且 SQLite 数据库存储于自包含文件中。这意味着，单一文件可保存整个 SQLite 数据库。

注意，为了减少 Go 代码并多次运行 htmlT.go 程序，需要通过手动方式创建数据库表和 SQLite3 数据库，如下所示。

```
$ sqlite3 htmlT.db
SQLite version 3.19.3 2017-06-27 16:48:08
Enter ".help" for usage hints.
sqlite> CREATE TABLE data (
   ...> number INTEGER PRIMARY KEY,
   ...> double INTEGER,
   ...> square INTEGER );
```

```
sqlite> ^D
$ ls -l htmlT.db
-rw-r--r-- 1 mtsouk staff 8192 Dec 26 22:46 htmlT.db
```

其中,第 1 条命令在 UNIX Shell 中执行,用于创建数据库文件;第 2 条命令在 SQLite3 Shell 中执行,且与创建一个名为 data 的数据表相关,该表包含 3 个字段,即 number、double 和 square。

除此之外,我们还需要一个外部模板文件,即 html.gohtml 文件,用于生成程序的输出结果。

html.gohtml 文件的第 1 部分内容如下所示。

```
<!doctype html>
<html lang="en">
<head>
    <meta charset="UTF-8">
        <title>Doing Maths in Go!</title>
        <style>
            html {
                font-size: 14px;
            }
            table, th, td {
                border: 2px solid blue;
            }
        </style>
</head>
<body>
```

Web 浏览器获取的 HTML 代码基于 html.gohtml 文件,这表明,我们需要创建适当的 HTML 输出结果,因此前述 HTML 代码也包括一些内联 CSS 代码,用于格式化生成的 HTML 表。

html.gohtml 文件的第 2 部分内容如下所示。

```
<table>
    <thead>
        <tr>
            <th>Number</th>
            <th>Double</th>
            <th>Square</th>
        </tr>
    </thead>
    <tbody>
```

```
{{ range . }}
    <tr>
        <td> {{ .Number }} </td>
        <td> {{ .Double }} </td>
        <td> {{ .Square }} </td>
    </tr>
{{ end }}
        </tbody>
</table>
```

从上述代码中可以看到，我们仍然需要使用{{ range }}和{{ end }}遍历传递至 template.ExecuteTemplate()函数中的结构切片的元素。当前，html.gohtml 模板文件包含了大量的 HTML 代码，以较好地格式化结构切片中的元素。

HTML 模板的第 3 部分内容如下所示。

```
</body>
</html>
```

html.gohtml 文件的最后一部分主要用于根据 HTML 标准适当地结束生成的 HTML 代码。在编译和执行 htmlT.go 文件之前，还需要下载相关包以帮助 Go 编程语言与 SQLite3 通信。对此，可执行下列命令。

```
$ go get github.com/mattn/go-sqlite3
```

我们已经知道，可以在~/go/src 中查看下载包的源代码，以及~/go/pkg/darwin_amd64 中的编译版本（如果运行于 macOS 机器上）；否则，可查看~/go/pkg 中的相关内容以了解相应的体系结构。注意，~字符表示当前用户的主目录。

注意，还存在一些其他 Go 包可与 SQLite3 数据库通信。然而，这里所使用的包也是目前唯一支持 database/sql 接口的。执行 htmlT.go 文件将在 Web 浏览器中生成如图 6.1 所示的输出结果。

而且，htmlT.go 文件还将在 UNIX Shell 中生成下列输出结果，主要包括一些调试信息。

```
$ go run htmlT.go htmlT.db html.gohtml
Emptying database table.
Populating htmlT.db
Host: localhost:8080 Path: /
Host: localhost:8080 Path: /favicon.ico
Host: localhost:8080 Path: /123
```

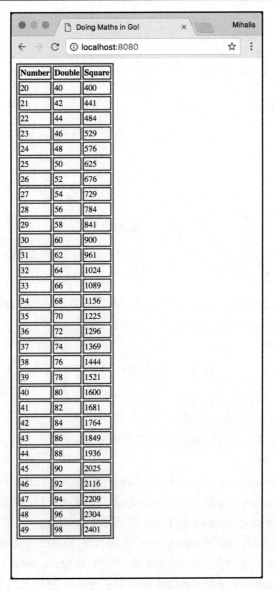

图 6.1　htmlT.go 程序的输出结果

如果希望在 UNIX Shell 中看到 HTML 输出结果，还可按照下列方式使用 wget(1)实用程序。

```
$ wget -qO- http://localhost:8080
<!doctype html>
```

```html
<html lang="en">
<head>
    <meta charset="UTF-8">
        <title>Doing Maths in Go!</title>
        <style>
            html {
                font-size: 14px;
            }
            table, th, td {
                border: 2px solid blue;
            }
        </style>
    </head>
    <body>
<table>
    <thead>
        <tr>
```

text/template 和 html/template 是两个功能强大的包,它们可节省大量的时间。因此,建议在符合应用程序需求时予以使用。

6.9 附加资源

下列资源涵盖了一些有用的信息。

- ❑ 访问 https://golang.org/pkg/syscall/并查看 syscall 标准包的文档页面。这也是较为丰富的文档页面之一。
- ❑ 访问 https://golang.org/pkg/text/template/并查看 text/template 包的文档页面。
- ❑ 访问 https://golang.org/pkg/html/template/并查看 html/template 包的文档。
- ❑ 访问 https://golang.org/pkg/go/token 并查看与 go/token 包相关的更多内容。
- ❑ 访问 https://golang.org/pkg/go/parser/并查看与 go/parser 包相关的更多内容。
- ❑ 访问 https://golang.org/pkg/go/scanner/并查看与 go/scanner 包相关的更多内容。
- ❑ 访问 https://golang.org/pkg/go/ast/并查看与 go/ast 包相关的更多内容。
- ❑ 访问 SQLite3 的主页,对应网址为 https://www.sqlite.org/。
- ❑ 访问 https://www.youtube.com/watch?v=cAWlv2SeQus 并观看 Mat Ryer 主播的 Writing Beautiful Packages in Go 视频。
- ❑ 访问 https://plan9.io/plan9 以了解与 Plan 9 相关的更多内容。
- ❑ 访问手册页(man 1 find)并查看 find(1)命令行工具。

6.10 练　　习

- 尝试查找与 fmt.Printf()函数实现相关的更多信息。
- 尝试编写两个版本的 3 个 int 值排序程序。其中，第 1 个版本采用命名的返回值，第 2 个版本则不采用命名的返回值。试比较谁优？
- 修改 htmlT.go 文件中的 Go 代码，并采用 text/template 而非 html/template。
- 修改 htmlT.go 文件中的 Go 代码，并使用 https://github.com/feyeleanor/gosqlite3 或 https://github.com/phf/go-sqlite3 包与 SQLite3 数据库进行通信。
- 尝试创建自己的 Go 模块并开发该模块的 3 个主要版本。
- 尝试编写一个与 htmlT.go 文件类似的程序，并从 MySQL 数据库中读取数据。观察代码所发生的变化。

6.11　本章小结

本章讨论了 3 个主要话题，即 Go 函数、Go 包和 Go 模块。其中，Go 模块的主要优点是可记录真实的依赖关系，这也使得可再现的构建过程更加简单和直接。

此外，针对如何开发较好的 Go 包，本章还提供了一些相关建议，包括 text/template 和 html/template 包（可根据模板创建纯文本和 HTML 输出结果）、go/token 包、go/parser 包、go/scanner 包。最后，我们还学习了包含高级特性的 syscall 包。

第 7 章将介绍两个重要的 Go 语言特性，即接口和反射。除此之外，第 7 章还将讨论 Go 语言中的面向对象编程、调试机制和 Go 类型方法。初看之下，这些话题较为高级且难以理解，但随着学习过程的不断深入，相信读者的编程技能也将随之而提升。

最后，第 7 章还将简要地介绍 Git 实用程序（在本章中，Git 实用程序用于创建 Go 模块）。

第 7 章 反射和接口

第 6 章讨论了 Go 语言中的包、模块和函数,以及如何借助 text/template 和 html/template 包与文本和 HTML 模板协同工作。

本章将学习 3 个较为高级的 Go 语言概念,即反射、接口和类型方法。虽然 Go 接口一直在使用,但反射并不是这样,其原因在于,反射对于程序来说并非必需。进一步讲,我们还将学习与类型断言、Delve 调试器和面向对象编程相关的更多内容。最后,本章还将对 Git 和 GitHub 进行简要的介绍。

本章主要涉及以下主题。
- 类型方法。
- Go 接口。
- 类型断言。
- 开发和使用自己的接口。
- 反射和 reflect 标准包。
- 反射和 reflectwalk 标准包。
- Go 语言中的面向对象编程。
- Git 和 GitHub 简介。
- 使用 Delve 进行调试。

7.1 类型方法

Go 语言中的类型方法被定义为包含特定接收器参数的函数。我们可将类型方法定义为普通的函数,但需要在函数名之前包含额外的参数。这一特定的参数将函数与这一附加参数的类型相连接。相应地,该参数被称作方法的接收器。

下列代码展示了 https://golang.org/src/os/file_plan9.go 中的 Close()函数实现。

```
func (f *File) Close() error {
    if err := f.checkValid("close"); err != nil {
        return err
    }
    return f.file.close()
}
```

这里，Close()函数被定义为类型方法，因为在函数名之前、func 关键字之后存在(f *File)参数。如前所述，f 参数被称作方法接收器。在面向对象编程技术中，此类处理过程可描述为向一个对象发送一条消息。在 Go 语言中，方法接收器通过常规的变量名定义，但无须使用特定的关键字，如 this 或 self。

接下来将展示 methods.go 文件的完整示例，该文件将被分为 4 部分内容加以讨论。

methods.go 文件的第 1 部分内容如下所示。

```
package main

import (
    "fmt"
)

type twoInts struct {
    X int64
    Y int64
}
```

上述代码定义了一个新结构，该结构名为 twoInts 且包含两个字段。

methods.go 文件的第 2 部分内容如下所示。

```
func regularFunction(a, b twoInts) twoInts {
    temp := twoInts{X: a.X + b.X, Y: a.Y + b.Y}
    return temp
}
```

上述代码定义了一个名为 regularFunction()的新函数，该函数接收两个 twoInts 类型的参数，且仅返回一个 twoInts 值。

methods.go 文件的第 3 部分内容如下所示。

```
func (a twoInts) method(b twoInts) twoInts {
    temp := twoInts{X: a.X + b.X, Y: a.Y + b.Y}
    return temp
}
```

此处，method()函数等价于 methods.go 中之前定义的 regularFunction()函数。然而，method()函数被定义为一个类型方法，稍后将讨论调用该方法的不同方式。

> 💡 **提示：**
> 有趣之处在于，method()函数实现完全等同于 regularFunction()函数实现。

methods.go 文件的第 4 部分内容如下所示。

```go
func main() {
    i := twoInts{X: 1, Y: 2}
    j := twoInts{X: -5, Y: -2}
    fmt.Println(regularFunction(i, j))
    fmt.Println(i.method(j))
}
```

不难发现，调用类型方法（i.method(j)）的方式不同于一般函数（regularFunction(i, j)）。执行 methods.go 文件将生成下列输出结果。

```
$ go run methods.go
{-4 0}
{-4 0}
```

注意，类型方法与接口间也存在一定的关联，稍后将对此加以讨论。在后续学习过程中，我们将会看到更多的类型方法。

7.2　Go 接口

严格地讲，Go 接口类型定义了其他类型的行为，即指定一组需要实现的方法。对于满足接口的某种类型，需要实现接口所需的所有方法，这些方法通常数量不会太多。

简而言之，接口是一种抽象类型，它定义了一组需要实现的函数，以便可以将类型视为接口的实例。当这种情况发生时，我们说该类型满足这个接口。因此，接口涵盖了两项内容，即一组方法和一种类型。接口常用于定义其他类型的行为。

接口最大的优点是，可以将实现了特定接口的类型变量传递至接收对应接口参数的函数中。如果缺少这种能力，接口仅是一种形式且并无太多特别之处。

> 💡 **提示：**
> 如果在同一个 Go 包中定义了接口及其实现，则需要重新思考对应方案。这是一种逻辑上的错误行为，虽然从技术角度上看是可行的。

两种较为常见的 Go 接口分别是 io.Reader 和 io.Writer，它们常用于文件输入和输出操作。特别地，io.Reader 用于文件读取操作，io.Writer 用于写入任意类型的文件。

读者可访问 https://golang.org/src/io/io.go 查看 io.Reader 定义，如下所示。

```go
type Reader interface {
    Read(p []byte) (n int, err error)
}
```

因此，如果某一种类型满足 io.Reader 接口，则需要实现接口定义中的 Read()方法。类似地，可访问 https://golang.org/src/io/io.go 查看 io.Writer 定义，如下所示。

```
type Writer interface {
    Write(p []byte) (n int, err error)
}
```

当满足 io.Writer 接口时，仅需实现名为 Write()方法即可。

io.Reader 和 io.Writer 接口均仅需实现一个方法，而且两个接口均十分简单——或许接口的强大功能即源自这种简单性。一般来说大多数接口均十分简单。

稍后将讨论如何定义自己的接口，并在其他 Go 包中使用该接口。注意，接口不必过于复杂，只要完成了所需任务即可。

💡 提示：

简单来说，当需要确保满足某些条件，并且可以预期 Go 元素的某些行为时，那么应该使用接口。

类型断言记为 x.(T)，其中，x 表示接口类型，T 表示为某种类型。此外，存储于 x 中的实际值为 T 类型，且 T 必须满足 x 接口类型。稍后将通过示例代码明晰这一相对古怪的类型断言定义。

类型断言可帮助我们完成两件事情。其第一个作用是检查接口值是否持有特定类型。通过这种方式，类型断言将返回两个值，即基础值（underlying value）和 bool 值。虽然基础值表示为应用内容，但 bool 值则可帮助我们判断类型断言是否成功。

类型断言的第二个作用是，可使用存储在接口中的具体值，或者将其分配给一个新变量。这意味着，如果接口中存在一个 int 变量，则可通过类型断言获取其值。

但是，如果类型断言不成功，而且未亲自处理这一故障，那么程序将陷入问题之中。对此，考查 assertion.go 文件中的 Go 代码，该文件将被分为两部分内容加以讨论。assertion.go 文件的第 1 部分内容如下所示。

```
package main

import (
    "fmt"
)

func main() {
    var myInt interface{} = 123

    k, ok := myInt.(int)
```

第 7 章 反射和接口

```
    if ok {
        fmt.Println("Success:", k)
    }

    v, ok := myInt.(float64)
    if ok {
        fmt.Println(v)
    } else {
        fmt.Println("Failed without panicking!")
    }
```

代码首先声明了包含动态类型 int 和值 123 的 myInt 变量，并随后两次使用类型断言测试 myInt 变量的接口——一次用于 int，另一次用于 float64。

由于 myInt 变量未包含 float 值，因此如果未经适当处理的话，myInt.(float64)类型断言将失败。然而，在当前示例中，正确使用 ok 变量可将程序从问题中解脱出来。

assertion.go 文件的第 2 部分内容如下所示。

```
    i := myInt.(int)
    fmt.Println("No checking:", i)

    j := myInt.(bool)
    fmt.Println(j)
}
```

此处存在两个类型断言。其中，第一个类型断言是成功的。这里，变量 i 的类型为 int，其值为 123（存储于 myInt 中）。由于 int 满足 myInt 接口（在当前示例中，myInt 接口无须实现任何函数），因此 myInt.(int)的值是一个 int 值。

但是，第二个类型断言 myInt.(bool)将引发问题，因为 myInt 的基础值并不是布尔值（bool）。

因此，执行 assertion.go 文件将生成下列输出结果。

```
$ go run assertion.go
Success: 123
Failed without panicking!
No cheking: 123
panic: interface conversion: interface {} is int, not bool
goroutine 1 [running]:
main.main()
    /Users/mtsouk/Desktop/mGo2nd/Mastering-Go-Second-
Edition/ch07/assertion.go:25 +0x1c1
exit status 2
```

这里，Go 语言清楚地显示了问题的原因，即 interface {} is int, not bool。

严格地讲，当使用接口时，类型断言也不可或缺。稍后将会在 useInterface.go 程序中看到更多的类型断言。

7.3 编写自己的接口

本节将学习如何开发自己的接口，只要了解了相关的实现内容，这一过程并不复杂。对此，myInterface.go 文件展示了实现代码，并围绕平面的几何形状创建接口。myInterface.go 文件的内容如下所示。

```
package myInterface

type Shape interface {
    Area() float64
    Perimeter() float64
}
```

Shape 接口的定义较为直观，其中仅需要实现两个函数，即 Area()和 Perimeter()函数，这两个函数均返回一个 float64 值。这里，第 1 个函数用于计算平面中几何形状的面积，第 2 个函数则计算平面中几何形状的周长。

接下来，还需要安装 myInterface.go 包，并使其针对当前用户可用。如前所述，安装过程需要执行下列 UNIX 命令。

```
$ mkdir ~/go/src/myInterface
$ cp myInterface.go ~/go/src/myInterface
$ go install myInterface
```

7.3.1 使用 Go 接口

本节将学习如何在一个名为 useInterface.go 的 Go 程序中使用 myInterface.go 文件中定义的接口。useInterface.go 文件将被分为 5 部分内容加以讨论。

useInterface.go 文件的第 1 部分内容如下所示。

```
package main

import (
    "fmt"
    "math"
```

```
    "myInterface"
)
type square struct {
    X float64
}

type circle struct {
    R float64
}
```

由于所需接口定义于自身的包中，自然地，我们需要导入 myInterface 包。useInterface.go 文件的第 2 部分内容如下所示。

```
func (s square) Area() float64 {
    return s.X * s.X
}

func (s square) Perimeter() float64 {
    return 4 * s.X
}
```

上述代码针对 square 类型实现了 Shape 接口。
useInterface.go 文件的第 3 部分内容如下所示。

```
func (s circle) Area() float64 {
    return s.R * s.R * math.Pi
}

func (s circle) Perimeter() float64 {
    return 2 * s.R * math.Pi
}
```

上述代码针对 circle 类型实现了 Shape 接口。
useInterface.go 文件的第 4 部分内容如下所示。

```
func Calculate(x myInterface.Shape) {
    _, ok := x.(circle)
    if ok {
        fmt.Println("Is a circle!")
    }

    v, ok := x.(square)
    if ok {
```

```
        fmt.Println("Is a square:", v)
    }

    fmt.Println(x.Area())
    fmt.Println(x.Perimeter())
}
```

上述代码定义了一个函数，该函数接收一个 Shape 参数（myInterface.Shape）。一旦理解了该函数可接收任意的 Shape 参数（即类型实现了 Shape 接口的任何参数），其神奇之处将变得越发明显。

函数代码在开始阶段展示了如何区分实现了所需接口的各种数据类型。在第 2 个代码块中，可以看到如何查找存储于 square 参数中的值——该技术适用于实现了 myInterface.Shape 接口的任意类型。

useInterface.go 文件的第 5 部分内容如下所示。

```
func main() {
    x := square{X: 10}
    fmt.Println("Perimeter:", x.Perimeter())
    Calculate(x)
    y := circle{R: 5}
    Calculate(y)
}
```

在上述代码中可以看到，可使用 circle 和 square 变量作为 Calculate() 函数的参数。

执行 useInterface.go 文件将生成下列输出结果。

```
$ go run useInterface.go
Perimeter: 40
Is a square: {10}
100
40
Is a circle!
78.53981633974483
31.41592653589793
```

7.3.2 使用 switch 语句和数据类型

本节将学习如何使用 switch 语句区分 switch.go 文件中不同的数据类型，该文件将被分为 4 部分内容加以讨论。switch.go 文件中的代码部分借鉴于 useInterface.go，但添加了另一个名为 rectangle 的类型，且无须实现任何接口的方法。

switch.go 文件的第 1 部分内容如下所示。

```go
package main

import (
    "fmt"
)
```

由于 switch.go 文件中的代码不会与 myInterface.go 文件中定义的接口协同工作，因而无须导入 myInterface 包。

switch.go 文件的第 2 部分内容定义了程序中所用的 3 种新的数据类型，如下所示。

```go
type square struct {
    X float64
}

type circle struct {
    R float64
}

type rectangle struct {
    X float64
    Y float64
}
```

可以看到，上述 3 种类型均十分简单。

switch.go 文件的第 3 部分内容如下所示。

```go
func tellInterface(x interface{}) {
    switch v := x.(type) {
    case square:
        fmt.Println("This is a square!")
    case circle:
        fmt.Printf("%v is a circle!\n", v)
    case rectangle:
        fmt.Println("This is a rectangle!")
    default:
        fmt.Printf("Unknown type %T!\n", v)
    }
}
```

上述代码展示了 tellInterface()函数的实现过程，该函数仅包含一个参数，即 x（type interface{}）。

当区分 x 参数的不同数据类型时，核心内容是 x.(type)语句，并返回 x 元素的类型。

另外，fmt.Printf()函数中的%v可获取对应的类型值。

switch.go 文件的第 4 部分内容如下所示。

```
func main() {
    x := circle{R: 10}
    tellInterface(x)
    y := rectangle{X: 4, Y: 1}
    tellInterface(y)
    z := square{X: 4}
    tellInterface(z)
    tellInterface(10)
}
```

执行 switch.go 文件将生成下列输出结果。

```
$ go run switch.go
{10} is a circle!
This is a rectangle!
This is a square!
Unknown type int!
```

7.4 反 射

反射是 Go 语言中的一个高级特性，它可动态地了解任意对象的类型，以及与其结构相关的信息。对此，Go 语言提供了 reflect 包与反射协同工作。需要记住的是，大多数情况下，Go 程序中一般不会使用到反射。那么，这里的问题是，为什么需要使用反射？何时应该使用反射？

反射用于 fmt、text/template、html/template 这一类包实现。在 fmt 包中，反射使我们无须显式地处理各种数据类型。然而，即使我们有足够的耐心编写代码并处理每种已知的数据类型，但仍无法与所有的可能类型协同工作。此时，反射可使 fmt 包中的相关方法找到相应的结构，并使用新的类型。

因此，为了尽可能地满足通用性，或者确保能够处理当前暂时的未知类型（后续操作过程中出现的类型），可能需要使用反射机制。除此之外，当与未实现公共接口的类型值协同工作时，反射则十分方便。

💡 提示：

可以看到，反射有助于处理未知类型和未知的类型值，但这种灵活性也会付出某种代价。

reflect 包的*号表示两种类型,即 reflect.Value 和 reflect.Type。前一种类型用于存储任意类型值,而后一种类型则用于表示 Go 类型。

7.4.1 简单的反射示例

本节将展示一个相对简单的反射示例,以帮助我们了解反射这一高级的 Go 特性的方便之处。

此处,具体的源文件为 reflection.go 文件,该文件将被分为 4 部分内容加以讨论。reflection.go 文件的目的在于检查"未知"的结构变量,并在运行期内获取与其相关的更多信息。对此,程序定义了两个新的 struct 类型,并在此基础上定义了两个新变量。然而,我们仅可检测到二者之一。

如果当前程序不包含命令行参数,该程序将检查第 1 种类型;否则,该程序将查看第 2 种类型。在实际操作过程中,这表明当前程序并不会事先(在运行期内)知晓将要处理的 struct 变量类型。

reflection.go 文件的第 1 部分内容如下所示。

```
package main

import (
    "fmt"
    "os"
    "reflect"
)

type a struct {
    X int
    Y float64
    Z string
}

type b struct {
    F int
    G int
    H string
    I float64
}
```

上述代码定义了程序中使用的 struct 数据类型。

reflection.go 文件的第 2 部分内容如下所示。

```
func main() {
    x := 100
    xRefl := reflect.ValueOf(&x).Elem()
    xType := xRefl.Type()
    fmt.Printf("The type of x is %s.\n", xType)
```

上述代码展示了一个较小的本地反射示例。代码首先声明了一个 x 变量，并随后调用 reflect.ValueOf(&x).Elem()函数。接下来调用 xRefl.Type()函数以获取存储于 xType 中的变量的类型。这 3 行代码展示了如何通过反射获取变量的数据类型。然而，如果所关注的全部内容仅是变量的数据类型，那么仅调用 reflect.TypeOf(x)函数即可。

reflection.go 文件的第 3 部分内容如下所示。

```
A := a{100, 200.12, "Struct a"}
B := b{1, 2, "Struct b", -1.2}
var r reflect.Value

arguments := os.Args
if len(arguments) == 1 {
    r = reflect.ValueOf(&A).Elem()
} else {
    r = reflect.ValueOf(&B).Elem()
}
```

上述代码声明了名为 A 和 B 的两个变量。其中，变量 A 的类型为 a，变量 B 的类型为 b。这里，变量 r 的类型应为 reflect.Value，因为这是 reflect.ValueOf()函数所返回的内容。Elem()函数返回包含于反射接口（reflect.Value）中的值。

reflection.go 文件的第 4 部分内容如下所示。

```
    iType := r.Type()
    fmt.Printf("i Type: %s\n", iType)
    fmt.Printf("The %d fields of %s are:\n", r.NumField(), iType)

    for i := 0; i < r.NumField(); i++ {
        fmt.Printf("Field name: %s ", iType.Field(i).Name)
        fmt.Printf("with type: %s ", r.Field(i).Type())
        fmt.Printf("and value %v\n", r.Field(i).Interface())
    }
}
```

上述代码使用了 reflect 包中的相应函数获取所需的信息。其中，NumField()函数返回 reflect.Value 结构中的字段数量；而 Field()函数返回其参数指定的结构字段；Interface()

函数作为接口返回 reflect.Value 结构中的某个字段值。

执行 reflection.go 文件两次将生成下列输出结果。

```
$ go run reflection.go 1
The type of x is int.
i Type: main.b
The 4 fields of main.b are:
Field name: F with type: int and value 1
Field name: G with type: int and value 2
Field name: H with type: string and value Struct b
Field name: I with type: float64 and value -1.2
$ go run reflection.go
The type of x is int.
i Type: main.a
The 3 fields of main.a are:
Field name: X with type: int and value 100
Field name: Y with type: float64 and value 200.12
Field name: Z with type: string and value Struct a
```

需要注意的是，Go 语言使用其内部表达方式输出变量 A 和 B 的数据类型，分别为 main.a 和 main.b。但对变量 x 并非如此，这里，变量 x 是一个 int。

7.4.2　高级反射示例

本节将考查反射的高级应用，如 advRefl.go 文件所示。

advRefl.go 文件将被分为 5 部分内容加以讨论，该文件的第 1 部分内容如下所示。

```
package main

import (
    "fmt"
    "os"
    "reflect"
)

type t1 int
type t2 int
```

注意，虽然 t1 和 t2 类型均基于 int，因而实际上等同于 int，但 Go 语言则将其视为完全不同的类型。在 Go 语言对程序代码解析完毕后，其内部表达分别为 main.t1 和 main.t2。

advRefl.go 文件的第 2 部分内容如下所示。

```
type a struct {
    X       int
    Y       float64
    Text    string
}

func (a1 a) compareStruct(a2 a) bool {
    r1 := reflect.ValueOf(&a1).Elem()
    r2 := reflect.ValueOf(&a2).Elem()

    for i := 0; i < r1.NumField(); i++ {
        if r1.Field(i).Interface() != r2.Field(i).Interface() {
            return false
        }
    }
    return true
}
```

上述代码定义了一个名为 a 的 Go 结构类型，并实现了一个名为 compareStruct() 的函数。该函数的目的在于检查 a 类型的两个变量是否完全相同。可以看到，compareStruct() 函数使用了 reflection.go 文件中的 Go 代码完成此项任务。

advRefl.go 文件的第 3 部分内容如下所示。

```
func printMethods(i interface{}) {
    r := reflect.ValueOf(i)
    t := r.Type()
    fmt.Printf("Type to examine: %s\n", t)

    for j := 0; j < r.NumMethod(); j++ {
        m := r.Method(j).Type()
        fmt.Println(t.Method(j).Name, "-->", m)
    }
}
```

printMethods() 函数输出某个变量中的方法。这里，advRefl.go 文件中用于演示 printMethods() 的变量类型将是 os.File。

advRefl.go 文件的第 4 部分内容如下所示。

```
func main() {
    x1 := t1(100)
    x2 := t2(100)
```

第 7 章 反射和接口

```
    fmt.Printf("The type of x1 is %s\n", reflect.TypeOf(x1))
    fmt.Printf("The type of x2 is %s\n", reflect.TypeOf(x2))

    var p struct{}
    r := reflect.New(reflect.ValueOf(&p).Type()).Elem()
    fmt.Printf("The type of r is %s\n", reflect.TypeOf(r))
```

advRefl.go 文件的第 5 部分内容如下所示。

```
    a1 := a{1, 2.1, "A1"}
    a2 := a{1, -2, "A2"}

    if a1.compareStruct(a1) {
        fmt.Println("Equal!")
    }

    if !a1.compareStruct(a2) {
        fmt.Println("Not Equal!")
    }

    var f *os.File
    printMethods(f)
}
```

稍后将会看到，a1.compareStruct(a1)调用返回 true，因为我们将 a1 与其自身进行比较；而 a1.compareStruct(a2)调用则返回 false，因为变量 a1 和 a2 包含了不同的值。

执行 advRefl.go 文件将生成下列输出结果。

```
$ go run advRefl.go
The type of x1 is main.t1
The type of x2 is main.t2
The type of r is reflect.Value
Equal!
Not Equal!
Type to examine: *os.File
Chdir --> func() error
Chmod --> func(os.FileMode) error
Chown --> func(int, int) error
Close --> func() error
Fd --> func() uintptr
Name --> func() string
Read --> func([]uint8) (int, error)
ReadAt --> func([]uint8, int64) (int, error)
```

```
Readdir --> func(int) ([]os.FileInfo, error)
Readdirnames --> func(int) ([]string, error)
Seek --> func(int64, int) (int64, error)
Stat --> func() (os.FileInfo, error)
Sync --> func() error
Truncate --> func(int64) error
Write --> func([]uint8) (int, error)
WriteAt --> func([]uint8, int64) (int, error)
WriteString --> func(string) (int, error)
```

不难发现，reflect.New()函数返回的变量 r 的类型为 reflect.Value。除此之外，通过 printMethods()函数的输出结果可知，*os.File 类型支持多种方法，如 Chdir()和 Chmod()。

7.4.3 反射的缺点

反射是 Go 语言中一个功能强大的特性，这一点毫无疑问。然而，与所有工具一样，反射机制也应被合理使用，主要包含 3 个原因。

首先，过度使用反射会使程序难以阅读和维护。针对这一问题，一种解决方案是良好的文档设计，但开发人员往往无暇顾及于此。

其次，使用反射的 Go 语言代码一般会减缓程序的运行速度。通常情况下，与特定数据类型协同工作的代码往往快于使用反射动态处理数据类型的代码。另外，此类动态代码也使得工具难以重构或分析代码。

最后，反射错误无法在构建期被捕捉，并在运行期内作为严重错误报告。这意味着反射错误可能会导致程序崩溃。这种情况可能发生在 Go 程序开发几个月甚至几年之后。对此，一种解决方案是在调用危险函数之前进行广泛的测试。但这会向程序中加入额外的代码，进而降低程序的运行速度。

7.4.4 reflectwalk 库

reflectwalk 库可通过反射机制遍历（walk）Go 语言中的复杂值，这种方式类似于遍历文件系统。walkRef.go 文件展示了如何遍历一个结构，该文件将被分为 5 部分内容加以讨论。

walkRef.go 文件的第 1 部分内容如下所示。

```
package main

import (
```

```
    "fmt"
    "github.com/mitchellh/reflectwalk"
    "reflect"
)

type Values struct {
    Extra map[string]string
}
```

由于 reflectwalk 并非标准库,因此需要利用完整的地址对其进行调用。
walkRef.go 文件的第 2 部分内容如下所示。

```
type WalkMap struct {
    MapVal  reflect.Value
    Keys    map[string]bool
    Values  map[string]bool
}

func (t *WalkMap) Map(m reflect.Value) error {
    t.MapVal = m
    return nil
}
```

这里,定义于 reflectwalk 中并用于搜索映射的接口需要使用 Map() 函数。
walkRef.go 文件的第 3 部分内容如下所示。

```
func (t *WalkMap) MapElem(m, k, v reflect.Value) error {
    if t.Keys == nil {
        t.Keys = make(map[string]bool)
        t.Values = make(map[string]bool)
    }

    t.Keys[k.Interface().(string)] = true
    t.Values[v.Interface().(string)] = true
    return nil
}
```

walkRef.go 文件的第 4 部分内容如下所示。

```
func main() {
    w := new(WalkMap)

    type S struct {
        Map map[string]string
```

```
    }
    data := &S{
        Map: map[string]string{
            "V1": "v1v",
            "V2": "v2v",
            "V3": "v3v",
            "V4": "v4v",
        },
    }
    err := reflectwalk.Walk(data, w)
    if err != nil {
        fmt.Println(err)
        return
    }
```

此处定义了一个名为 data 的新变量，该变量用于保存映射。对此，可调用 reflectwalk.Walk()函数进而了解与其相关的更多内容。

walkRef.go 文件的第 5 部分内容如下所示。

```
    r := w.MapVal
    fmt.Println("MapVal:", r)
    rType := r.Type()
    fmt.Printf("Type of r: %s\n", rType)

    for _, key := range r.MapKeys() {
        fmt.Println("key:", key, "value:", r.MapIndex(key))
    }
}
```

上述代码显示了如何使用反射输出 WalkMap 结构的 MapVal 字段内容。其中，MapKeys()函数返回一个 reflect.Values 的切片——每个值保存一个映射键。MapIndex()函数可用于输出键值。另外，MapKeys()和 MapIndex()函数仅可与 reflect.Map 类型协同工作，并遍历一个映射——返回的映射元素顺序则是随机的。

在首次使用 reflectwalk 库之前，需要执行下列命令下载该库。

```
$ go get github.com/mitchellh/reflectwalk
```

提示：

如果使用 Go 模块，那么 reflectwalk 库的下载过程将会十分简单且是自动进行的。

执行 walkRef.go 文件将生成下列输出结果。

```
$ go run walkRef.go
MapVal: map[V1:v1v V2:v2v V3:v3v V4:v4v]
Type of r: map[string]string
key: V2 value: v2v
key: V3 value: v3v
key: V4 value: v4v
key: V1 value: v1v
```

7.5　Go 语言中的面向对象编程

截至目前，Go 语言尚未使用继承机制，而是采用了组合方案。Go 接口提供了一种多态机制。因此，虽然 Go 语言并非一种面向对象语言，但该语言包含了一些特征可模拟面向对象程序语言。

提示：

如果读者希望通过面向对象技术开发应用程序，选择 Go 语言或许并不是一种最佳选择方案。由于本人并不青睐 Java，因此建议读者关注 C++或 Python 语言。

本节将考查 Go 语言中使用的两种技术：第 1 种技术使用方法以便将函数与类型关联，这意味着，在某种程度上，函数和类型构建了一个对象；在第 2 种技术中，可将类型嵌入新的结构类型中，进而生成一种层次结构。

除此之外，还存在第 3 种技术，其中采用 Go 接口生成同一类的两个或多个元素对象。该技术之前曾有所介绍，因而此处不予赘述。

此处的关键点是，Go 接口可在不同元素间定义公共行为，以使这些不同的元素可共享某个对象的特征。或许可以说，这些不同的元素表示为同一类的对象。然而，面向对象语言的对象和类可胜任更多事情。

ooo.go 文件展示了前两种技术，该文件将被分为 4 部分内容加以讨论。ooo.go 文件的第 1 部分内容如下所示。

```
package main

import (
    "fmt"
)
```

```
type a struct {
    XX int
    YY int
}

type b struct {
    AA string
    XX int
}
```

ooo.go 文件的第 2 部分内容如下所示。

```
type c struct {
    A a
    B b
}
```

因此，组合机制可利用多个 struct 类型在 Go 元素中创建一个结构。在当前示例中，数据类型 C 整合了变量 a 和变量 b。

ooo.go 文件的第 3 部分内容如下所示。

```
func (A a) A() {
    fmt.Println("Function A() for A")
}

func (B b) A() {
    fmt.Println("Function A() for B")
}
```

此处定义的两个方法可包含相同的名称（A()），因为它们拥有不同的函数头——第 1 个方法适用于变量 a，而第 2 个方法则适用于变量 b。该技术可在多个类型间共享相同的函数名。

ooo.go 文件的第 4 部分内容如下所示。

```
func main() {
    var i c
    i.A.A()
    i.B.A()
}
```

与面向对象编程语言中的代码相比，ooo.go 文件中的代码十分简单，前者需要实现抽象类和继承。然而，这对于生成基于结构的类型和元素，以及包含相同方法名的不同数据类型已然足够。

执行 ooo.go 文件将生成下列输出结果。

```
$ go run ooo.go
Function A() for A
Function A() for B
```

然而，如下列代码所示，组合并不是继承，而且 first 类型并不知道 second 类型对 shared()函数所做的更改。

```go
package main

import (
    "fmt"
)

type first struct{}

func (a first) F() {
    a.shared()
}

func (a first) shared() {
    fmt.Println("This is shared() from first!")
}

type second struct {
    first
}

func (a second) shared() {
    fmt.Println("This is shared() from second!")
}

func main() {
    first{}.F()
    second{}.shared()
    i := second{}
    j := i.first
    j.F()
}
```

注意，second 类型嵌入了 dirst 类型，而且这两种类型共享 shared()函数。

这里，将之前的 Go 代码保存为 goCoIn.go 文件，执行该文件将生成下列输出结果。

```
$ go run goCoIn.go
This is shared() from first!
This is shared() from second!
This is shared() from first!
```

虽然 first{}.F()和 second{}.shared()函数生成了期望的结果,但 j.F()函数仍然调用 first.shared()函数而非 second.shared()函数,尽管 second 类型改变了 shared()函数实现。这在面向对象技术中称作方法重载。

注意,j.F()调用可记为(i.first).F()或(second{}.first).F(),且无须定义过多的变量,这里将其划分为 3 个代码行旨在易于理解。

7.6 Git 和 GitHub 简介

GitHub 是一个存储和构建软件的网站和服务,我们可通过图形用户界面或命令行实用程序工作于 GitHub 上。另外,git(1)是一个命令行实用程序并可完成许多工作,包括与 GitHub 存储库协同工作。

💡 提示:

GitHub 的另一个选择方案是 GitLab。大多数 git(1)命令和选项在不经修改的情况下都可与 GitLab 进行通信。

本节将简要地介绍 git(1)及其最常用的命令。

7.6.1 使用 Git

注意,Git(1)包含了大量的不常用的命令和选项,本节仅介绍一些较为常见的命令。

当在本地计算机上获取已有的 GitHub 存储库时,需要在存储库的 URL 前面使用 git clone 命令,如下所示。

```
$ git clone git@github.com:mactsouk/go-kafka.git
Cloning into 'go-kafka'...
remote: Enumerating objects: 13, done.
remote: Counting objects: 100% (13/13), done.
remote: Compressing objects: 100% (8/8), done.
remote: Total 13 (delta 4), reused 10 (delta 4), pack-reused 0
Receiving objects: 100% (13/13), done.
Resolving deltas: 100% (4/4), done.
```

7.6.2　git status 命令

git status 命令将显示工作树的状态。如果一切均处于同步状态，git status 将返回下列输出结果。

```
$ git status
On branch master
Your branch is up to date with 'origin/master'.
nothing to commit, working tree clean
```

如果存在变化，git status 的输出结果如下所示。

```
On branch master
Your branch is up to date with 'origin/master'.
Changes not staged for commit:
  (use "git add <file>..." to update what will be committed)
  (use "git checkout -- <file>..." to discard changes in working directory)
    modified: main.go
Untracked files:
  (use "git add <file>..." to include in what will be committed)
    newFile.go
no changes added to commit (use "git add" and/or "git commit -a")
```

7.6.3　git pull 命令

git pull 命令用于从远程存储库获取更新结果。当多名用户工作于同一个存储库，或者在多台机器上工作时，该命令十分有用。

7.6.4　git commit 命令

git commit 命令用于记录存储库的变化。在 git commit 命令之后，很可能需要发出一条 git push 命令，进而将消息发送至远程存储库中。一种较为常见的 git commit 命令执行方式如下所示。

```
$ git commit -a -m "Commit message"
```

其中，-m 选项用于指定与当前命令伴随的消息，-a 选项用于通知 git commit 命令自动包含所有的修改后的文件。注意，这将排除需要首先使用 git add 添加的新文件。

7.6.5　git push 命令

对于传输至本地 GitHub 存储库中的本地变化内容，需要执行 git push 命令。git push 命令的输出结果如下所示。

```
$ touch a_file.go
$ git add a_file.go
$ git commit -a -m "Adding a new file"
[master 782c4da] Adding a new file
 1 file changed, 0 insertions(+), 0 deletions(-)
 create mode 100644 ch07/a_file.go
$ git push
Enumerating objects: 5, done.
Counting objects: 100% (5/5), done.
Delta compression using up to 8 threads
Compressing objects: 100% (3/3), done.
Writing objects: 100% (3/3), 337 bytes | 337.00 KiB/s, done.
Total 3 (delta 2), reused 0 (delta 0)
remote: Resolving deltas: 100% (2/2), completed with 2 local objects.
To github.com:PacktPublishing/Mastering-Go-Second-Edition.git
   98f8a77..782c4da  master -> master
```

7.6.6　与分支协同工作

分支提供了一种工作流的管理方式，并可将变化内容与主分支进行隔离。相应地，每个存储库都包含一个默认分支（通常被称作 master 分支）以及多个潜在的其他分支。

通过下列方式可在本地机器上创建一个名为 new_branch 的新分支，并对其进行访问。

```
$ git checkout -b new_branch
Switched to a new branch 'new_branch'
```

如果打算将分支与 GitHub 进行连接，可执行下列命令。

```
$ git push --set-upstream origin new_branch
Total 0 (delta 0), reused 0 (delta 0)
remote:
remote: Create a pull request for 'new_branch' on GitHub by visiting:
remote:
https://github.com/PacktPublishing/Mastering-Go-Second-Edition/pull/new/new_branch
remote:
```

```
To github.com:PacktPublishing/Mastering-Go-Second-Edition.git
 * [new branch]      new_branch -> new_branch
Branch 'new_branch' set up to track remote branch 'new_branch' from
'origin'.
```

如果希望修改当前分支并返回 master 分支，可执行下列命令。

```
$ git checkout master
Switched to branch 'master'
Your branch is up to date with 'origin/master'.
```

如果打算删除一个本地分支，在当前示例中为 new_branch，则可执行 git branch -D 命令，如下所示。

```
$ git --no-pager branch -a
* master
  new_branch
  remotes/origin/HEAD -> origin/master
  remotes/origin/master
  remotes/origin/new_branch
$ git branch -D new_branch
Deleted branch new_branch (was 98f8a77).
$ git --no-pager branch -a
* master
  remotes/origin/HEAD -> origin/master
  remotes/origin/master
  remotes/origin/new_branch
```

7.6.7　与文件协同工作

当从存储库中添加或删除一个或多个文件时，git(1)命令应对此有所了解。对此，可通过下列方式删除一个名为 a_file.go 文件。

```
$ rm a_file.go
$ git rm a_file.go
rm 'ch07/a_file.go'
```

此时执行 git status 命令将生成下列输出结果。

```
$ git status
On branch master
Your branch is up to date with 'origin/master'.
Changes to be committed:
  (use "git reset HEAD <file>..." to unstage)
    deleted: a_file.go
```

为了使变化内容生效，可先后执行 git commit 和 git push 命令，如下所示。

```
$ git commit -a -m "Deleting a_file.go"
[master 1b06700] Deleting a_file.go
 1 file changed, 0 insertions(+), 0 deletions(-)
 delete mode 100644 ch07/a_file.go
$ git push
Enumerating objects: 5, done.
Counting objects: 100% (5/5), done.
Delta compression using up to 8 threads
Compressing objects: 100% (3/3), done.
Writing objects: 100% (3/3), 296 bytes | 296.00 KiB/s, done.
Total 3 (delta 2), reused 0 (delta 0)
remote: Resolving deltas: 100% (2/2), completed with 2 local objects.
To github.com:PacktPublishing/Mastering-Go-Second-Edition.git
   782c4da..1b06700  master -> master
```

7.6.8 .gitignore 文件

当提交至 GitHub 时，.gitignore 文件用于列出需要忽略的文件和目录。例如，.gitignore 示例文件可能包含下列内容。

```
$ cat .gitignore
public/
.DS_Store
*.swp
```

注意，在首次被创建后，.gitignore 文件应通过 git add 命令添加至当前分支中。

7.6.9 使用 git diff 命令

git diff 命令显示内容提交与工作存储库或分支之间的差异等。

下列命令显示了用户文件和 GitHub 文件（位于最后一条 git push 命令之前）之间的不同之处，进而显示了在使用 git push 命令后添加至 GitHub 上的版本中的变化内容。

```
$ git diff
diff --git a/content/blog/Stats.md b/content/blog/Stats.md
index 0f36b60..af64ec3 100644
--- a/content/blog/Stats.md
+++ b/content/blog/Stats.md
@@ -16,6 +16,8 @@ title: Statistical analysis of random numbers
```

```
## Developing a Kafka producer in Go
+Please note that the format of the first record that is written to Kafka
+specifies the format of the subsequent records
 ### Viewing the data in Lenses
```

7.6.10 与标签协同工作

标签是代码特定发布版本的标识方式,我们可将标签视为一个从未变化的分支。
通过下列方式可创建一个新的轻量级标签。

```
$ git tag c7.0
```

通过下列方式可查看与某个特定标签相关的信息。

```
$ git --no-pager show v1.0.0
commit f415872e62bd71a004b680d50fa089c139359533 (tag: v1.0.0)
Author: Mihalis Tsoukalos <mihalistsoukalos@gmail.com>
Date: Sat Mar 2 20:33:58 2019 +0200

    Initial version 1.0.0
diff --git a/go.mod b/go.mod
new file mode 100644
index 0000000..c4928c5
--- /dev/null
+++ b/go.mod
@@ -0,0 +1,3 @@
+module github.com/mactsouk/myModule
+
+go 1.12
diff --git a/myModule.go b/myModule.go
index e69de29..fa6b0fe 100644
--- a/myModule.go
+++ b/myModule.go
@@ -0,0 +1,9 @@
+package myModule
+
+import (
+    "fmt"
+)
+
+func Version() {
+    fmt.Println("Version 1.0.0")
+}
```

通过 git tag 命令可列出全部有效标签，如下所示。

```
$ git --no-pager tag
c7.0
```

通过下列方式可将某个标签推送至 GitHub 中。

```
$ git push origin c7.0
Total 0 (delta 0), reused 0 (delta 0)
To github.com:PacktPublishing/Mastering-Go-Second-Edition.git
 * [new tag]         c7.0 -> c7.0
```

通过下列方式可从本地主机上删除一个已有的标签。

```
$ git tag -d c7.0
Deleted tag 'c7.0' (was 1b06700)
```

通过下列方式还可从远程服务器（当前为 GitHub 服务器）上删除一个已有标签。

```
$ git push origin :refs/tags/c7.0
To github.com:PacktPublishing/Mastering-Go-Second-Edition.git
 - [deleted]         c7.0
```

7.6.11 git cherry-pick 命令

git cherry-pick 命令是一个高级命令，应谨慎使用，因为该命令可将某些现有提交引入的变化应用于当前分支中。下列命令将 4226f2c4 提交应用于当前分支上。

```
$ git cherry-pick 4226f2c4
```

下列命令将 4226f2c4~0d820a87 的所有提交应用至当前分支上，但不包含 4226f2c4 提交。

```
$ git cherry-pick 4226f2c4..0d820a87
```

下列命令将 4226f2c4~0d820a87 的所有提交应用至当前分支上，同时包含 4226f2c4 提交。

```
$ git cherry-pick 4226f2c4^..0d820a87
```

💡 提示：
虽然本章展示的 git(1) 命令和选项并不完整，但均可与 git(1) 和 GitHub 协同工作。当创建 Go 模块时，它们使用起来十分方便。

7.7 使用 Delve 进行调试

Delve 是一个 Go 语言编写的基于文本的调试器。在 macOS Mojave 上，可通过下列方式下载 Delve。

```
$ go get -u github.com/go-delve/delve/cmd/dlv
$ ls -l ~/go/bin/dlv
-rwxr-xr-x 1 mtsouk staff 16M Mar 7 09:04 /Users/mtsouk/go/bin/dlv
```

由于 Delve 依赖于大量的 Go 模块和包，因此安装过程可能会花费些许时间。Delve 二进制文件安装于~/go/bin 中，执行 dlv version 命令将显示与其版本相关的信息，如下所示。

```
$ ~/go/bin/dlv version
Delve Debugger
Version: 1.2.0
Build: $Id: 068e2451004e95d0b042e5257e34f0f08ce01466 $
```

注意，Delve 也可工作于 Linux 和 Microsoft Windows 机器上。另外，Delve 是一个外部程序，这意味着无须在 Go 程序中针对 Delve 包含相应的包。

考虑到本节仅简单地介绍 Delve，因而下列内容将通过较小的示例展示 Delve 调试器的功能，相关信息也体现了 Delve 以及其他调试器背后的整体思想。

如果~/go/bin 位于 PATH 环境变量中，那么可在任意位置处通过 dlv 调用 Delve；否则，我们需要提供其完整的路径。本节将使用 Delve 的完整路径。

第 1 条应了解的 Delve 命令是 debug。该命令将通知 Delve 编译当前工作目录中的 main 包，并开始对其进行调试。如果当前工作目录中不存在 main 包，那么将会得到一条错误消息，如下所示。

```
$ ~/go/bin/dlv debug
go: cannot find main module; see 'go help modules'
exit status 1
```

据此，接下来将访问./ch07/debug，并调试存储于 main.go 中的程序。main.go 文件中的代码如下所示。

```
package main

import (
    "fmt"
    "os"
```

```go
)

func function(i int) int {
    return i * i
}

func main() {
    if len(os.Args) == 1 {
        fmt.Println("Need at least one argument.")
        return
    }

    i := 5
    fmt.Println("Debugging with Delve")
    fmt.Println(i)
    fmt.Println(function(i))

    for arg, _ := range os.Args[1:] {
        fmt.Println(arg)
    }
}
```

在将某些命令行参数传递至当前程序中时,需要通过下列方式执行 Delve。

```
$ ~/go/bin/dlv debug -- arg1 arg2 arg3
```

此处我们将通过下列方式执行 Delve。

```
$ ~/go/bin/dlv debug -- 1 2 3
Type 'help' for list of commands.
(dlv)
```

Delve 的提示符是(dlv),并可于此处输入 Delve 命令。如果此时按 c 键(即 continue),那么 Go 程序将像在 Shell 中发布 go run 命令那样被执行,对应结果如下所示。

```
(dlv) c
Debugging with Delve
5
25
0
1
2
Process 57252 has exited with status 0
(dlv)
```

如果再次按 c 键或输入 continue，那么对应结果如下所示。

```
(dlv) c
Process 57252 has exited with status 0
```

出现上述情况是因为程序已结束，且无法在当前点上继续执行。对此，需要重启程序以便对其进行调试。相应地，可输入 r 或 restart 重启程序，这等同于在 UNIX Shell 中执行 Delve，如下所示。

```
(dlv) r
Process restarted with PID 57257
(dlv)
```

这里需要尝试一些不同的内容，即针对 main() 和 function() 函数设置两个端点，如下所示。

```
$ ~/go/bin/dlv debug -- 1 2 3
Type 'help' for list of commands.
(dlv)
(dlv) break main.main
Breakpoint 1 set at 0x10b501b for main.main() ./main.go:12
(dlv) break function
Breakpoint 2 set at 0x10b4fe0 for main.function() ./main.go:8
(dlv)
```

如果此时输入 continue，调试器将在 main() 或 function() 函数处终止程序（不分先后）。由于当前程序是一个可执行程序，因此 main() 函数将排在前面，如下所示。

```
(dlv) c
> main.main() ./main.go:12 (hits goroutine(1):1 total:1) (PC: 0x10b501b)
     7:
     8:     func function(i int) int {
     9:         return i * i
    10:     }
    11:
=>  12:     func main() {
    13:         if len(os.Args) == 1 {
    14:             fmt.Println("Need at least one argument.")
    15:             return
    16:         }
    17:
(dlv)
```

其中，=>符号表示中断出现的源代码行。此时，输入 next 将进入下一条 Go 语句——我们可多次输入 next，直至到达程序的结尾，如下所示。

```
(dlv) next
> main.main() ./main.go:13 (PC: 0x10b5032)
     8:         func function(i int) int {
     9:             return i * i
    10:         }
    11:
    12:         func main() {
=>  13:             if len(os.Args) == 1 {
    14:                 fmt.Println("Need at least one argument.")
    15:                 return
    16:             }
    17:
    18:             i := 5
(dlv) next
> main.main() ./main.go:18 (PC: 0x10b50d0)
    13:             if len(os.Args) == 1 {
    14:                 fmt.Println("Need at least one argument.")
    15:                 return
    16:             }
    17:
=>  18:             i := 5
    19:             fmt.Println("Debugging with Delve")
    20:             fmt.Println(i)
    21:             fmt.Println(function(i))
    22:
    23:             for arg, _ := range os.Args[1:] {
(dlv) next
> main.main() ./main.go:19 (PC: 0x10b50db)
    14:                 fmt.Println("Need at least one argument.")
    15:                 return
    16:             }
    17:
    18:             i := 5
=>  19:             fmt.Println("Debugging with Delve")
    20:             fmt.Println(i)
    21:             fmt.Println(function(i))
    22:
    23:             for arg, _ := range os.Args[1:] {
```

```
        24:                fmt.Println(arg)
(dlv) print i
5
```

其中，最后一条语句（print i）输出变量 i 的值。输入 continue 将进入下一个断点（如果存在），或者到达程序的结尾处，如下所示。

```
(dlv) c
Debugging with Delve
5
> main.function() ./main.go:8 (hits goroutine(1):1 total:1) (PC: 0x10b4fe0)
         3:          import (
         4:              "fmt"
         5:              "os"
         6:          )
         7:
=>       8:          func function(i int) int {
         9:              return i * i
        10:          }
        11:
        12:          func main() {
        13:              if len(os.Args) == 1 {
```

在当前示例中，下一个断点是之前定义的 function() 函数。

注意，当调试 Go 测试内容时，应该使用 dlv test 命令，其余内容则交由 Delve 负责处理。

7.8 附加资源

下列资源十分有用，此处列出以供故障参考。

- 访问 https://golang.org/pkg/reflect/ 以查看 reflect 包的访问页面。与本章所展示的内容相比，该包涵盖了诸多功能。
- GitHub：https://github.com/。
- GitLab：https://gitlab.com/。
- 读者可访问 https://github.com/go-delve/delve 以查看与 Delve 相关的更多信息。
- 读者可访问 https://github.com/mitchellh/reflectwalk 以了解与 reflectwalk 库（Mitchell Hashimoto 发布）相关的更多信息。建议读者学习其中的代码以了解更多与反射相关的内容。

7.9 本章练习

- 尝试编写自己的接口，并在另一个 Go 程序中使用该接口。随后解释为何该接口可用。
- 尝试编写一个接口，并计算三维物体的体积，如立方体和球体。
- 尝试编写一个接口，并计算线段的长度和平面内两点之间的距离。
- 利用自己编写的示例解释反射机制。
- 试解释反射在映射上的工作方式。
- 尝试编写一个接口，并针对实数和复数实现基本的数学运算。此处不可使用 complex64 和 complex128 标准类型，而是定义自己的结构以支持复数。

7.10 本章小结

本章学习了调试机制、git(1)、GitHub 和接口（类似于一份合同）、类型方法、类型断言和反射。虽然反射是一种功能强大的 Go 语言特性，但会减缓 Go 程序的运行速度，因为反射在运行期内增加了一个复杂度层。进一步讲，如果滥用反射，程序将有可能出现崩溃。

除此之外，我们还遵循面向对象规则编写了相应的 Go 代码。记住，Go 语言并非一种面向对象编程语言，但可模拟面向对象编程语言（如 Java 和 C++）中的某些功能。这意味着，如果打算一直使用面向对象技术开发软件，建议选择其他编程语言。然而，面向对象编程语言并不是一把万能钥匙，通过 Go 这一类语言，我们依然能够实现优良、整洁和健壮的设计方案。

本章涉及较多的理论知识，第 8 章将从实际出发处理 Go 语言中的系统编程问题，包括文件 I/O、与 UNIX 系统文件协同工作、处理 UNIX 信号以及 UNIX 管道。

此外，第 8 章还将讨论 flag 包和 viper 包的使用（进而支持命令行工具中的多命令行参数和选项）、cobra 包、UNIX 文件权限，以及 syscall 包提供的一些高级应用。

第 3 部分

- 第 8 章　UNIX 系统编程
- 第 9 章　Go 语言中的并发编程——协程、通道和管道
- 第 10 章　Go 语言的并发性——高级话题
- 第 11 章　代码测试、优化和分析
- 第 12 章　网络编程基础知识
- 第 13 章　网络编程——构建自己的服务器和客户端
- 第 14 章　Go 语言中的机器学习

第 8 章　UNIX 系统编程

第 7 章讨论了两个高级主题，即接口和反射，但相关内容偏向于理论知识。相比较而言，本章代码则更具操作性。

本章主题是系统编程。Go 语言是一种成熟的编程语言，该语言的诞生源自开发人员的选择和创新。

> **提示：**
> 本章包含了一些 *Go Systems Programming* 一书中未涉及的高级话题。

本章主要涉及以下主题。
- UNIX 进程。
- flag 包。
- viper 包。
- cobra 包。
- io.Reader 和 io.Writer 接口的应用。
- bufio 包。
- 读取文本文件。
- 读取特定的数据量。
- 二进制格式的优点。
- 读取 CSV 文件。
- 写入文件中。
- 加载和保存磁盘上的数据。
- 再访 strings 包。
- bytes 包。
- UNIX 文件权限。
- 处理 UNIX 信号。
- Go 语言中的 UNIX 管道编程。
- 跟踪系统调用。
- 用户 ID 和组 ID。
- Docker API 和 Go 语言。

8.1 UNIX 进程

严格地讲，进程是一个执行环境，包含指令、用户数据和系统数据部分，以及运行期内获取的其他资源类型。另外，程序则是一个二进制文件，其中包含了指令和数据（用于初始化进程的指令和用户数据部分）。每个处于运行状态的进程通过一个无符号整数进行标识，即进程的进程 ID。

进程分为 3 类，即用户进程、守护进程和内核进程。用户进程运行于用户空间内，通常不包含特定的访问权限；守护进程是可在用户空间内查找到并于后台运行的程序（不需要终端）；内核进程仅运行于内核空间内，并可整体访问所有的内核数据结构。

> 💡 **提示：**
> 创建新进程的 C 语言方式是，执行 fork() 系统调用。fork() 函数的返回值使得程序员能够区分父进程和子进程。相比之下，Go 语言并不支持此类功能，但支持协程（goroutine）这一概念。

8.2 flag 包

标志是具有特定格式的字符串，传递至程序后即可控制其行为。另外，亲自处理标志可能比较困难，因此，当开发 UNIX 系统命令行实用程序时，flag 包将十分有用。

flag 包对命令行参数和选项的顺序并不存在限制，并在产生错误时以执行命令行实用程序的方式输出有用的消息。

> 💡 **提示：**
> flag 包最大的优点是，该包是 Go 标准库中的一部分内容，这意味着，flag 包已经过广泛地测试和调试。

此处将展示两个使用 flag 包的 Go 程序，其复杂程度不一而同。其中，第一个程序名为 simpleFlag.go 并被分为 4 部分内容加以讨论。simpleFlag.go 程序将识别两个命令行选项，即布尔选项和整数值。

simpleFlag.go 文件的第 1 部分内容如下所示。

```
package main
```

```
import (
    "flag"
    "fmt"
)
```

simpleFlag.go 文件的第 2 部分内容如下所示。

```
func main() {
    minusK := flag.Bool("k", true, "k flag")
    minusO := flag.Int("O", 1, "O")
    flag.Parse()
```

其中，flag.Bool("k", true, "k flag")语句定义了一个名为 k 的布尔命令行选项，并且默认值为 true。该语句的最后一个参数表示与程序信息一起显示的字符串。类似地，flag.Int()函数添加了对整数命令行选项的支持。

> **提示：**
> 通常情况下，在定义了所支持的命令行选项后一般需要调用 flag.Parse()函数。

simpleFlag.go 文件的第 3 部分内容如下所示。

```
valueK := *minusK
valueO := *minusO
valueO++
```

在上述代码中可以看到选项值的获取方式。这里，较好的一面是 flag 包自动将与 flag.Int()标志关联的输入转换为一个整数值。这意味着，无须亲自对其进行处理。除此之外，flag 包还可确保 flag.Int()标志接收合理的整数值。

simpleFlag.go 文件的第 4 部分内容如下所示。

```
    fmt.Println("-k:", valueK)
    fmt.Println("-O:", valueO)
}
```

在获得所需参数值后，即可将其投入使用。

与 simpleFlag.go 文件交互将生成下列输出结果。

```
$ go run simpleFlag.go -O 100
-k: true
-O: 101
$ go run simpleFlag.go -O=100
-k: true
-O: 101
```

```
$ go run simpleFlag.go -O=100 -k
-k: true
-O: 101
$ go run simpleFlag.go -O=100 -k false
-k: true
-O: 101
$ go run simpleFlag.go -O=100 -k=false
-k: false
-O: 101
```

如果 simpleFlag.go 文件执行过程中出现错误,将会得到源自 flag 包的下列错误信息。

```
$ go run simpleFlag.go -O=notAnInteger
invalid value "notAnInteger" for flag -O: parse error
Usage of /var/folders/sk/ltk8cnw50lzdtr2hxcj5sv2m0000gn/T/
gobuild593534621/b001/exe/simpleFlag:
  -O int
        O (default 1)
  -k    flag (default true)
exit status 2
```

注意,当提供给程序的命令行选项中出现错误时,会自动输出一条应用消息。

接下来将展示使用 flag 包的更加真实、高级的程序,即 funWithFlag.go 文件,该文件将被分为 5 部分内容加以讨论。

这里,funWithFlag.go 实用程序负责识别各类选项,包括以逗号分隔的接收的多个数值。此外,该实用程序还将展示位于可执行文件尾部且不属于任何选项的命令行参数的访问方式。

funWithFlag.go 文件中使用的 flag.Var()函数将创建一个满足 flag.Value 接口的任意类型的标志,该接口的定义方式如下所示。

```
type Value interface {
    String() string
    Set(string) error
}
```

funWithFlag.go 文件的第 1 部分内容如下所示。

```
package main

import (
    "flag"
    "fmt"
```

```go
    "strings"
)

type NamesFlag struct {
    Names []string
}
```

NamesFlag 结构稍后将用于 flag.Value 接口。

funWithFlag.go 文件的第 2 部分内容如下所示。

```go
func (s *NamesFlag) GetNames() []string {
    return s.Names
}

func (s *NamesFlag) String() string {
    return fmt.Sprint(s.Names)
}
```

funWithFlag.go 文件的第 3 部分内容如下所示。

```go
func (s *NamesFlag) Set(v string) error {
    if len(s.Names) > 0 {
        return fmt.Errorf("Cannot use names flag more than once!")
    }

    names := strings.Split(v, ",")
    for _, item := range names {
        s.Names = append(s.Names, item)
    }
    return nil
}
```

首先，Set()函数确保相关的命令行选项未被设置。随后，该函数获取输入内容，并通过 strings.Split()函数分隔其中的参数。接下来，对应参数被保存至 NamesFlag 结构的 Names 字段中。

funWithFlag.go 文件的第 4 部分内容如下所示。

```go
func main() {
    var manyNames NamesFlag
    minusK := flag.Int("k", 0, "An int")
    minusO := flag.String("o", "Mihalis", "The name")
    flag.Var(&manyNames, "names", "Comma-separated list")
```

```
    flag.Parse()
    fmt.Println("-k:", *minusK)
    fmt.Println("-o:", *minusO)
```

funWithFlag.go 文件的第 5 部分内容如下所示。

```
    for i, item := range manyNames.GetNames() {
        fmt.Println(i, item)
    }

    fmt.Println("Remaining command line arguments:")
    for index, val := range flag.Args() {
        fmt.Println(index, ":", val)
    }
}
```

flags.Args()切片保存剩余的命令行参数，而 manyNames 变量保存来自 flag.Var()命令行选项的值。

执行 funWithFlag.go 文件将生成下列输出结果。

```
$ go run funWithFlag.go -names=Mihalis,Jim,Athina 1 two Three
-k: 0
-o: Mihalis
0 Mihalis
1 Jim
2 Athina
Remaining command line arguments:
0 : 1
1 : two
2 : Three
$ go run funWithFlag.go -Invalid=Marietta 1 two Three
flag provided but not defined: -Invalid
Usage of funWithFlag:
  -k int
        An int
  -names value
        Comma-separated list
  -o string
        The name (default "Mihalis")
exit status 2
$ go run funWithFlag.go -names=Marietta -names=Mihalis
invalid value "Mihalis" for flag -names: Cannot use names flag more than once!
```

```
Usage of funWithFlag:
  -k int
        An int
  -names value
        Comma-separated list
  -o string
        The name (default "Mihalis")
exit status 2
```

> **提示:**
> 除非正在开发相对简单的不需要命令行选项的命令行实用程序，否则很可能需要使用 Go 包处理程序的命令行参数。

8.3 viper 包

viper 包功能强大，并支持大量的选项。所有的 viper 项目均遵循一个模式。对此，首先需要初始化 viper，随后定义感兴趣的元素。接下来将获取这些元素并读取其值以供使用。注意，viper 包可完全替代 flag 包。

这里，我们可直接获取所需值，就像使用标准库中的 flag 包那样，或者也可以间接使用配置文件。当使用 JSON、YAML、TOML、HCL 或 Java 属性格式的格式化配置文件时，viper 执行全部的解析工作，这节省了大量的代码编写和调试时间。另外，viper 还可将数值解析并保存至 Go 结构中。然而，这需要 Go 结构字段匹配于配置文件中的键。

viper 在 GitHub 上的主页是 https://github.com/spf13/viper。注意，我们无须在自己的工具中使用 viper 的每项功能，一般的规则是，仅使用满足相关代码的 viper 特性即可。简而言之，如果命令行实用程序需要过多的命令行参数和标志，那么，较好的方法是使用配置文件。

8.3.1 简单的 viper 示例

在深入讨论 viper 之前，本节展示一个简单的 viper 应用示例，即 usingViper.go 文件，该文件将被分为 3 部分内容加以讨论。

useViper.go 文件的第 1 部分内容如下所示。

```
package main

import (
```

```
    "fmt"
    "github.com/spf13/viper"
)
```

useViper.go 文件的第 2 部分内容如下所示。

```
func main() {
    viper.BindEnv("GOMAXPROCS")
    val := viper.Get("GOMAXPROCS")
    fmt.Println("GOMAXPROCS:", val)
    viper.Set("GOMAXPROCS", 10)
    val = viper.Get("GOMAXPROCS")
    fmt.Println("GOMAXPROCS:", val)
```

useViper.go 文件的第 3 部分内容如下所示。

```
    viper.BindEnv("NEW_VARIABLE")
    val = viper.Get("NEW_VARIABLE")
    if val == nil {
        fmt.Println("NEW_VARIABLE not defined.")
        return
    }
    fmt.Println(val)
}
```

useViper.go 程序的主要目的是展示如何利用 viper 读取和修改环境变量。对此，flag 包并未提供此类功能，但 os 标准包则不同，只是后者的实现过程与 viper 相比较为复杂。

当首次使用 viper 时，需要下载 viper 包。如果读者未使用 Go 模块，则可按照下列方式进行操作。

```
$ go get -u github.com/spf13/viper
```

当使用 Go 模块时，Go 将在首次尝试执行使用 viper 的 Go 程序时下载 viper。

执行 useViper.go 文件将生成下列输出结果。

```
$ go run useViper.go
GOMAXPROCS: <nil>
GOMAXPROCS: 10
NEW_VARIABLE not defined.
```

8.3.2　从 flag 到 viper 包

如果 Go 程序已经使用了 flag 包，但打算转而使用 viper 包，情况又当如何？考查下列使用了 flag 包的 Go 代码。

```
package main

import (
    "flag"
    "fmt"
)

func main() {
    minusI := flag.Int("i", 100, "i parameter")
    flag.Parse()
    i := *minusI
    fmt.Println(i)
}
```

上述程序的新版本将被保存为 flagToViper.go 文件，该文件将被分为 3 部分内容加以讨论。flagToViper.go 文件的第 1 部分内容如下所示。

```
package main

import (
    "flag"
    "fmt"
    "github.com/spf13/pflag"
    "github.com/spf13/viper"
)
```

此处需要导入 pflag 包，进而在 viper 中与命令行参数协调工作。

flagToViper.go 文件的第 2 部分内容如下所示。

```
func main() {
    flag.Int("i", 100, "i parameter")
    pflag.CommandLine.AddGoFlagSet(flag.CommandLine)
    pflag.Parse()
```

为了尽量减少代码的修改量，此处仍将使用 flag.Int()函数；但对于解析机制，则调用了 pflag.Parse()函数。然而，全部核心工作均位于 pflag.CommandLine.AddGoFlagSet(flag.CommandLine)函数中，因为该函数调用将数据从 flag 包导入 pflag 包中。

flagToViper.go 文件的第 3 部分内容如下所示。

```
    viper.BindPFlags(pflag.CommandLine)
    i := viper.GetInt("i")
```

```
        fmt.Println(i)
}
```

其中,最后一个函数调用是 viper.BindPFlags()函数,随后即可通过 viper.GetInt()函数获取整数命令行参数值。对于其他数据类型,则需要调用不同的 viper 函数。

此时可能需要针对 flagToViper.go 文件下载 pflag 包,如下所示。

```
$ go get -u github.com/spf13/pflag
```

执行 flagToViper.go 文件将生成下列输出结果。

```
$ go run flagToViper.go
100
$ go build flagToViper.go
$ ./flagToViper -i 0
0
$ ./flagToViper -i abcd
invalid argument "abcd" for "-i, --i" flag: parse error
Usage of ./flagToViper:
  -i, --i int i parameter
invalid argument "abcd" for "-i, --i" flag: parse error
```

如果出于某种原因将未知的命令行参数赋予 flagToViper.go,viper 将输出下列消息。

```
$ ./flagToViper -j 200
unknown shorthand flag: 'j' in -j
Usage of ./flagToViper:
  -i, --i int i parameter (default 100)
unknown shorthand flag: 'j' in -j
exit status 2
```

8.3.3 读取 JSON 配置文件

本节将学习如何利用 viper 包读取 JSON 配置文件。对应的实用程序名称为 readJSON.go 文件,并被分为 3 部分内容加以讨论。readJSON.go 文件的第 1 部分内容如下所示。

```
package main

import (
    "fmt"
    "github.com/spf13/viper"
)
```

readJSON.go 文件的第 2 部分内容如下所示。

```go
func main() {
    viper.SetConfigType("json")
    viper.SetConfigFile("./myJSONConfig.json")
    fmt.Printf("Using config: %s\n", viper.ConfigFileUsed())
    viper.ReadInConfig()
```

此处将解析配置文件。注意，JSON 配置文件的文件名通过 viper.SetConfigFile("./myJSONConfig.json")函数硬编码至 readJSON.go 文件中。

readJSON.go 文件的第 3 部分内容如下所示。

```go
    if viper.IsSet("item1.key1") {
        fmt.Println("item1.key1:", viper.Get("item1.key1"))
    } else {
        fmt.Println("item1.key1 not set!")
    }

    if viper.IsSet("item2.key3") {
        fmt.Println("item2.key3:", viper.Get("item2.key3"))
    } else {
        fmt.Println("item2.key3 is not set!")
    }

    if !viper.IsSet("item3.key1") {
        fmt.Println("item3.key1 is not set!")
    }
}
```

这里，程序检查 JSON 配置文件值，并查找是否存在所需的键。

myJSONConfig.json 文件的内容如下所示。

```json
{
    "item1": {
        "key1": "val1",
        "key2": false,
        "key3": "val3"
    },
    "item2": {
        "key1": "val1",
        "key2": true,
        "key3": "val3"
    }
}
```

执行 readJSON.go 文件将生成下列输出结果。

```
$ go run readJSON.go
Using config: ./myJSONConfig.json
item1.key1: val1
item2.key3: val3
item3.key1 is not set!
```

如果 myJSONConfig.json 文件无法被定位，那么程序将不会报错，其行为类似于读取一个空的 JSON 配置文件。

```
$ mv myJSONConfig.json ..
$ go run readJSON.go
Using config: ./myJSONConfig.json
item1.key1 not set!
item2.key3 is not set!
item3.key1 is not set!
```

8.3.4 读取 YAML 配置文件

YAML 是另一种较为流行的用于配置文件的文本格式。本节将学习如何利用 viper 包读取 YAML 配置文件。

这里，YAML 配置文件名将被作为一个命令行参数传递至实用程序中。除此之外，该实用程序还将使用 viper.AddConfigPath()函数添加 3 个搜索路径，即 viper 自动查找配置文件之处。该实用程序为 readYAML.go 文件，并被分为 4 部分内容加以讨论。

readYAML.go 文件的第 1 部分内容如下所示。

```
package main

import (
    "fmt"
    flag "github.com/spf13/pflag"
    "github.com/spf13/viper"
    "os"
)
```

程序在开始处针对 pflag 包定义了一个别名（flag）。

readYAML.go 文件的第 2 部分内容如下所示。

```
func main() {
    var configFile *string = flag.String("c", "myConfig", "Setting the configuration file")
```

```
flag.Parse()

_, err := os.Stat(*configFile)

if err == nil {
    fmt.Println("Using User Specified Configuration file!")
    viper.SetConfigFile(*configFile)
} else {
    viper.SetConfigName(*configFile)
    viper.AddConfigPath("/tmp")
    viper.AddConfigPath("$HOME")
    viper.AddConfigPath(".")
}
```

代码利用 os.Stat()函数调用检查配置标志值（--c）是否存在。若配置标志值存在，则使用所提供的文件；否则将使用默认的配置文件（myConfig）。注意，我们并没有显式地指定需要使用一个 YAML 配置文件——如果缺少文件扩展名的文件名是 myConfig，那么程序将自动查找所支持的所有文件格式，这也是 viper 的工作方式。当前，存在 3 条路径可搜索配置文件，即/tmp、当前用户的主目录和当前工作目录。

这里不建议使用/tmp 目录保存配置文件，主要原因在于，/tmp 中的内容在每次系统重启后自动删除——当前仅出于简单考虑才使用/tmp 目录。

viper.ConfigFileUsed()函数的使用非常有意义，因为硬编码配置文件将不复存在——这意味着我们需要亲自对其进行定义。

readYAML.go 文件的第 3 部分内容如下所示。

```
err = viper.ReadInConfig()
if err != nil {
    fmt.Printf("%v\n", err)
    return
}
fmt.Printf("Using config: %s\n", viper.ConfigFileUsed())
```

其中，YAML 文件通过 viper.ReadInConfig()函数调用被读取和解析。

readYAML.go 文件的第 4 部分内容如下所示。

```
if viper.IsSet("item1.k1") {
    fmt.Println("item1.val1:", viper.Get("item1.k1"))
} else {
    fmt.Println("item1.k1 not set!")
}
```

```
        if viper.IsSet("item1.k2") {
            fmt.Println("item1.val2:", viper.Get("item1.k2"))
        } else {
            fmt.Println("item1.k2 not set!")
        }

        if !viper.IsSet("item3.k1") {
            fmt.Println("item3.k1 is not set!")
        }
}
```

这里,程序检查析取配置文件的内容,进而查找所属键是否存在。
myConfig.yaml 文件的内容如下所示。

```
item1:
    k1:
        - true
    k2:
        - myValue
```

执行 readYAML.go 文件将生成下列输出结果。

```
$ go build readYAML.go
$ ./readYAML
Using config: /Users/mtsouk/Desktop/mGo2nd/Mastering-Go-Second-
Edition/ch08/viper/myConfig.yaml
item1.val1: [true]
item1.val2: [myValue]
item3.k1 is not set!
$ mv myConfig.yaml /tmp
$ ./readYAML
Using config: /tmp/myConfig.yaml
item1.val1: [true]
item1.val2: [myValue]
item3.k1 is not set!
```

8.4 cobra 包

cobra 是一个十分方便且较为流行的 Go 包,它可通过命令、子命令和别名开发命令行实用程序。如果曾使用过 hugo、docker 或 kubectl,读者即会即刻理解 cobra 的含义,因为所有这些工具均采用 cobra 包开发。

在本节中将会看到，cobra 中的命令可能包含一个或多个别名，因而使用起来十分方便。另外，cobra 还支持全局标志和局部标志。其中，全局标志对所有的命令均为有效，而局部标志仅适用于给定命令。另外，默认状态下，cobra 使用 viper 解析其命令行参数。

注意，所有的 cobra 项目均遵循相同的开发模式。具体可描述为，使用 cobra 工具并创建命令，随后针对生成的 Go 源代码进行必要的修改，以便实现所需的功能。取决于实用程序的复杂度，我们可能需要对生成的文件进行大量的修改，虽然 cobra 节省了大量的时间，但我们仍需要编写代码实现所需的功能。

如果需要安装二进制版本的实用程序，可在 cobra 项目目录中的任何位置执行 go install 命令。除非其他特殊原因，该二进制可执行文件应位于~/go/bin 中。

读者可访问 https://github.com/spf13/cobra 查看 cobra 主页。

8.4.1 简单的 cobra 示例

本节将利用 cobra 及其附带的~/go/bin/cobra 工具实现一个简单的命令行工具。如果执行不包含任何命令行参数的~/go/bin/cobra，我们将得到下列输出结果。

```
$ ~/go/bin/cobra
Cobra is a CLI library for Go that empowers applications.
This application is a tool to generate the needed files
to quickly create a Cobra application.
Usage:
  cobra [command]
Available Commands:
  add         Add a command to a Cobra Application
  help        Help about any command
  init        Initialize a Cobra Application
Flags:
  -a, --author string    author name for copyright attribution (default
"YOUR NAME")
      --config string    config file (default is $HOME/.cobra.yaml)
  -h, --help             help for cobra
  -l, --license string   name of license for the project
      --viper            use Viper for configuration (default true)
Use "cobra [command] --help" for more information about a command.
```

有了这些信息，我们将创建一个新的 cobra 项目，如下所示。

```
$ ~/go/bin/cobra init cli
Your Cobra application is ready at
/Users/mtsouk/go/src/cli
```

```
Give it a try by going there and running `go run main.go`.
Add commands to it by running `cobra add [cmdname]`.
$ cd ~/go/src/cli
$ ls -l
total 32
-rw-r--r--  1 mtsouk  staff  11358 Mar 13 09:51 LICENSE
drwxr-xr-x  3 mtsouk  staff     96 Mar 13 09:51 cmd
-rw-r--r--  1 mtsouk  staff    669 Mar 13 09:51 main.go
$ ~/go/bin/cobra add cmdOne
cmdOne created at /Users/mtsouk/go/src/cli/cmd/cmdOne.go
$ ~/go/bin/cobra add cmdTwo
cmdTwo created at /Users/mtsouk/go/src/cli/cmd/cmdTwo.go
```

cobra init 命令在~/go/src 中创建一个新的 cobra 项目，并以其最后一个参数（cli）命名。cobra add 命令向命令行工具中添加新的命令，并生成全部所需文件和 Go 结构以支持该命令。

因此，在每次执行 cobra add 命令后，Cobra 为我们完成了大多数工作。然而，我们仍需要实现刚添加的命令的功能，在当前示例中称作 cmdOne 和 cmdTwo。其中，cmdOne 命令接收一个名为 number 的局部命令行标志，此处仍需要对此编写额外的代码以实现正常工作。

此时，若执行 go run main.go 文件，我们将得到下列输出结果。

```
A longer description that spans multiple lines and likely contains
examples and usage of using your application. For example:
Cobra is a CLI library for Go that empowers applications.
This application is a tool to generate the needed files
to quickly create a Cobra application.
Usage:
  cli [command]
Available Commands:
  cmdOne      A brief description of your command
  cmdTwo      A brief description of your command
  help        Help about any command
Flags:
      --config string   config file (default is $HOME/.cli.yaml)
  -h, --help            help for cli
  -t, --toggle          Help message for toggle
Use "cli [command] --help" for more information about a command.
```

cmdOne 命令的 Go 代码位于./cmd/cmdOne.go 中，cmdTwo 命令的 Go 代码则位于./cmd/cmdTwo.go 中。

./cmd/cmdOne.go 文件的最终版本如下所示。

```go
package cmd

import (
    "fmt"
    "github.com/spf13/cobra"
)

// cmdOneCmd represents the cmdOne command
var cmdOneCmd = &cobra.Command{
    Use: "cmdOne",
    Short: "A brief description of your command",
    Long: `A longer description that spans multiple lines and likely contains examples
and usage of using your command. For example:

Cobra is a CLI library for Go that empowers applications.
This application is a tool to generate the needed files
to quickly create a Cobra application.`,
    Run: func(cmd *cobra.Command, args []string) {
        fmt.Println("cmdOne called!")
        number, _ := cmd.Flags().GetInt("number")
        fmt.Println("Going to use number", number)
        fmt.Printf("Square: %d\n", number*number)
    },
}

func init() {
    rootCmd.AddCommand(cmdOneCmd)
    cmdOneCmd.Flags().Int("number", 0, "A help for number")
}
```

上述代码并未包含 cobra 自动生成的注释内容。下列 init() 函数代码定义了新的局部命令行标志。

```
cmdOneCmd.Flags().Int("number", 0, "A help for number")
```

其中，名为 number 的标志被用于 cobra.Command 代码块，如下所示。

```
number, _ := cmd.Flags().GetInt("number")
```

随后，我们可在任意位置处使用 number 变量。

./cmd/cmdTwo.go 文件的最终版本（包含注释内容和许可信息）如下所示。

```go
// Copyright © 2019 NAME HERE <EMAIL ADDRESS>
//
// Licensed under the Apache License, Version 2.0 (the "License");
// you may not use this file except in compliance with the License.
// You may obtain a copy of the License at
//
//      http://www.apache.org/licenses/LICENSE-2.0
//
// Unless required by applicable law or agreed to in writing, software
// distributed under the License is distributed on an "AS IS" BASIS,
// WITHOUT WARRANTIES OR CONDITIONS OF ANY KIND, either express or implied.
// See the License for the specific language governing permissions and
// limitations under the License.

package cmd

import (
    "fmt"
    "github.com/spf13/cobra"
)

// cmdTwoCmd represents the cmdTwo command
var cmdTwoCmd = &cobra.Command{
    Use:   "cmdTwo",
    Short: "A brief description of your command",
    Long: `A longer description that spans multiple lines and likely contains examples
and usage of using your command. For example:

Cobra is a CLI library for Go that empowers applications.
This application is a tool to generate the needed files
to quickly create a Cobra application.`,
    Run: func(cmd *cobra.Command, args []string) {
        fmt.Println("cmdTwo called!")
    },
}

func init() {
    rootCmd.AddCommand(cmdTwoCmd)
```

```
    // Here you will define your flags and configuration settings.

    // Cobra supports Persistent Flags which will work for this command
    // and all subcommands, e.g.:
    // cmdTwoCmd.PersistentFlags().String("foo", "", "A help for foo")

    // Cobra supports local flags which will only run when this command
    // is called directly, e.g.:
    // cmdTwoCmd.Flags().BoolP("toggle", "t", false, "Help message for
toggle")
}
```

这可被视为 cobra 生成的 cmdTwo 命令的默认实现。

执行 cli 工具将生成下列输出结果。

```
$ go run main.go cmdOne
cmdOne called!
Going to use number 0
Square: 0
$ go run main.go cmdOne --number -20
cmdOne called!
Going to use number -20
Square: 400
$ go run main.go cmdTwo
cmdTwo called!
```

如果向 cli 工具中输入错误的信息，那么它将会生成下列输出结果。

```
$ go run main.go cmdThree
Error: unknown command "cmdThree" for "cli"
Run 'cli --help' for usage.
unknown command "cmdThree" for "cli"
exit status 1
$ go run main.go cmdOne --n -20
Error: unknown flag: --n
Usage:
  cli cmdOne [flags]
Flags:
  -h, --help             help for cmdOne
      --number int       A help for number
Global Flags:
      --config string    config file (default is $HOME/.cli.yaml)
unknown flag: --n
exit status 1
```

自动生成的 cmdOne 命令的帮助屏幕如下所示。

```
$ go run main.go cmdOne --help
A longer description that spans multiple lines and likely contains examples
and usage of using your command. For example:
Cobra is a CLI library for Go that empowers applications.
This application is a tool to generate the needed files
to quickly create a Cobra application.
Usage:
  cli cmdOne [flags]
Flags:
  -h, --help            help for cmdOne
      --number int      A help for number
Global Flags:
      --config string   config file (default is $HOME/.cli.yaml)
```

借助于 tree(1)命令，我们可看到该实现程序当前版本的目录结构和文件内容，如下所示。

```
$ tree
.
├── LICENSE
├── cmd
│   ├── cmdOne.go
│   ├── cmdTwo.go
│   └── root.go
└── main.go
1 directory, 5 files
```

8.4.2　创建命令行别名

本节将学习如何利用 cobra 并针对现有命令创建别名。

同样，我们首先需要创建一个名为 aliases 的新的 cobra 项目以及所需的命令。这可通过下列方式予以实现。

```
$ ~/go/bin/cobra init aliases
$ cd ~/go/src/aliases
$ ~/go/bin/cobra add initialization
initialization created at
/Users/mtsouk/go/src/aliases/cmd/initialization.go
$ ~/go/bin/cobra add preferences
preferences created at /Users/mtsouk/go/src/aliases/cmd/preferences.go
```

截至目前，我们的命令行实用程序支持两个命令，即 initialization 和 preferences。

现有 cobra 命令的每个别名需要在 Go 代码中显式地指定。对于 initialization 命令，则需要在 ./cmd/initialization.go 文件的相应位置处添加下列代码行。

```go
Aliases: []string{"initialize", "init"},
```

上述语句针对 initialization 命令创建了两个别名，即 initialize 和 init。

./cmd/initialization.go 文件的最终版本（不包含注释）如下所示。

```go
package cmd

import (
    "fmt"
    "github.com/spf13/cobra"
)

var initializationCmd = &cobra.Command{
    Use:     "initialization",
    Aliases: []string{"initialize", "init"},
    Short:   "A brief description of your command",
    Long:    `A longer description of your command`,
    Run: func(cmd *cobra.Command, args []string) {
        fmt.Println("initialization called")
    },
}

func init() {
    rootCmd.AddCommand(initializationCmd)
}
```

类似地，对于 preferences 命令，需要在 ./cmd/preferences.go 文件的相应位置处添加下列 Go 代码。

```go
Aliases: []string{"prefer", "pref", "prf"},
```

上述语句针对 preferences 命令生成 3 个别名，即 prefer、pref 和 prf。

./cmd/preferences.go 文件的最终版本（不包含注释内容）如下所示。

```go
package cmd

import (
    "fmt"
    "github.com/spf13/cobra"
```

```go
)

var preferencesCmd = &cobra.Command{
    Use:     "preferences",
    Aliases: []string{"prefer", "pref", "prf"},
    Short:   "A brief description of your command",
    Long:    `A longer description of your command`,
    Run: func(cmd *cobra.Command, args []string) {
        fmt.Println("preferences called")
    },
}

func init() {
    rootCmd.AddCommand(preferencesCmd)
}
```

执行 aliases 命令行实用程序将生成下列输出结果。

```
$ go run main.go prefer
preferences called
$ go run main.go prf
preferences called
$ go run main.go init
initialization called
```

如果向 aliases 中输入错误的命令，那么它将会生成下列输出结果。

```
$ go run main.go inits
Error: unknown command "inits" for "aliases"
Run 'aliases --help' for usage.
unknown command "inits" for "aliases"
exit status 1
$ go run main.go prefeR
Error: unknown command "prefeR" for "aliases"
Did you mean this?
    preferences
Run 'aliases --help' for usage.
unknown command "prefeR" for "aliases"
Did you mean this?
    preferences
exit status 1
```

tree(1)命令（大多数 UNIX 系统均未包含该命令，因而需要单独进行安装），可显示

cobra 实用程序生成的目录结构和文件内容，如下所示。

> **提示**：
> 除了本节所展示的内容，viper 和 cobra 命令还包含了更加丰富的特性和功能。

8.5　io.Reader 和 io.Writer 接口

在第 7 章曾讨论到，io.Reader 接口协议需要实现 Read()方法。当满足 io.Writer 接口规则时，需要实现 Write()方法。这两个接口在 Go 语言中十分常见，稍后将讨论其应用方式。

在读取数据或写入数据之前，如果存在一个临时存储数据的缓冲区，即会发生缓冲文件输入和输出行为。因此，将不再逐个字节读取一个文件，而是一次性地读取多个字节。此时，可将数据置于缓冲区中，并以相应的方式对其进行读取。相比之下，非缓冲文件输入和输出则是在实际读取和写入数据之前不存在临时存储数据的缓冲区。

接下来的问题是，如何确定何时使用缓冲区/非缓冲区文件输入和输出。当处理较为重要的数据时，非缓冲区文件输入和输出通常略胜一筹，因为当计算机电源处于断电状态时，缓冲区读取可能会导致过期数据，而缓冲区写入则会导致数据丢失。大多数时候，该问题并没有明确的答案，我们只能采取更加简单的实现方法完成相关任务。

8.6　bufio 包

顾名思义，bufio 包与缓冲区输入和输出相关。然而，bufio 包依然在内部使用了 io.Reader 和 io.Writer 对象，经封装后以便分别创建 bufio.Reader 和 bufio.Writer 对象。稍后将会看到，bufio 包常用于文本文件的读取操作。

8.7 读取文本文件

文本文件是 UNIX 系统中最常见的文件类型。本节将学习如何通过 3 种方式读取文本文件，即逐行、逐个单词和逐个字符。可以看到，逐行读取文本文件是最为简单的文本文件读取方式，而逐个单词的文本文件读取则最为困难。

当深入了解 byLine.go、byWord.go 和 byCharacter.go 程序后，可以看到其中的代码具有很多的相似性。首先，3 个实用程序均逐行读取输入文件；其次，除了 main()函数的 for 循环中调用的函数，所有的 3 个实用程序都包含相同的 main()函数；最后，除了函数实际功能的实现部分，处理输入文本文件的 3 个函数基本相同。

8.7.1 逐行读取文本文件

逐行读取是最为常见的文本文件读取方法，因而对此首先加以讨论。byLine.go 文件中的 Go 代码将被分为 3 部分加以讨论，该文件将帮助我们进一步理解文件读取技术。

byLine.go 文件的第 1 部分内容如下所示。

```
package main

import (
    "bufio"
    "flag"
    "fmt"
    "io"
    "os"
)
```

可以看到，随着 bufio 包的出现，我们可以使用缓冲区输入。

byLine.go 文件的第 2 部分内容如下所示。

```
func lineByLine(file string) error {
    var err error

    f, err := os.Open(file)
    if err != nil {
        return err
    }
    defer f.Close()
```

```go
    r := bufio.NewReader(f)
    for {
        line, err := r.ReadString('\n')
        if err == io.EOF {
            break
        } else if err != nil {
            fmt.Printf("error reading file %s", err)
            break
        }
        fmt.Print(line)
    }
    return nil
}
```

全部内容均位于 lineByLine() 函数内。在确保能够打开给定的读取文件名之后，可通过 bufio.NewReader() 函数生成一个新的读取器。随后，可在 bufio.ReadString() 函数的基础上使用该读取器，从而逐行读取输入文件。这一任务是通过 bufio.ReadString() 函数的参数予以实现的，该参数是一个字符，并通知 bufio.ReadString() 函数持续执行读取任务，直至遇到该字符。当该参数是一个换行符时，持续调用 bufio.ReadString() 函数将导致逐行读取输入文件。此处使用了 fmt.Print() 函数，而非 fmt.Println() 输出输入行，进而表明换行符包含在每个输入行中。

byLine.go 文件的第 3 部分内容如下所示。

```go
func main() {
    flag.Parse()
    if len(flag.Args()) == 0 {
        fmt.Printf("usage: byLine <file1> [<file2> ...]\n")
        return
    }

    for _, file := range flag.Args() {
        err := lineByLine(file)
        if err != nil {
            fmt.Println(err)
        }
    }
}
```

执行 byLine.go 文件，并利用 wc(1) 处理其输出将生成下列输出结果。

```
$ go run byLine.go /tmp/swtag.log /tmp/adobegc.log | wc
   4761   88521  568402
```

下列命令用于验证上述输出结果的准确性。

```
$ wc /tmp/swtag.log /tmp/adobegc.log
    131     693    8440 /tmp/swtag.log
   4630   87828  559962 /tmp/adobegc.log
   4761   88521  568402 total
```

8.7.2　逐个单词读取文本文件

本节所讨论的技术内容位于 byWord.go 文件中,该文件将被分为 4 部分内容加以讨论。在代码中可以看到,将一行内容分隔为多个单词是一项颇具技巧的操作。

byWord.go 文件的第 1 部分内容如下所示。

```go
package main

import (
    "bufio"
    "flag"
    "fmt"
    "io"
    "os"
    "regexp"
)
```

byWord.go 文件的第 2 部分内容如下所示。

```go
func wordByWord(file string) error {
    var err error
    f, err := os.Open(file)
    if err != nil {
        return err
    }
    defer f.Close()

    r := bufio.NewReader(f)
    for {
        line, err := r.ReadString('\n')
        if err == io.EOF {
            break
        } else if err != nil {
```

```
        fmt.Printf("error reading file %s", err)
        return err
    }
```

其中,wordByWord()函数等同于 byLine.go 实用程序中的 lineByLine()函数。
byWord.go 文件的第 3 部分内容如下所示。

```
        r := regexp.MustCompile("[^\\s]+")
        words := r.FindAllString(line, -1)
        for i := 0; i < len(words); i++ {
            fmt.Println(words[i])
        }
    }
    return nil
}
```

wordByWord()函数的剩余代码则是全新内容,并使用正则表达式将输入文件中的每行内容划分为多个单词。这里,定义于 regexp.MustCompile("[^\\s]+")语句中的正则表达式表明,空字符将用于分隔多个单词。

byWord.go 文件的第 4 部分内容如下所示。

```
func main() {
    flag.Parse()
    if len(flag.Args()) == 0 {
        fmt.Printf("usage: byWord <file1> [<file2> ...]\n")
        return
    }

    for _, file := range flag.Args() {
        err := wordByWord(file)
        if err != nil {
            fmt.Println(err)
        }
    }
}
```

执行 byWord.go 文件将生成下列输出结果。

```
$ go run byWord.go /tmp/adobegc.log
01/08/18
20:25:09:669
|
[INFO]
```

借助于 wc(1)实用程序，我们可进一步验证 byWord.go 程序的有效性。

```
$ go run byWord.go /tmp/adobegc.log | wc
    91591  91591 559005
$ wc /tmp/adobegc.log
    4831 91591 583454 /tmp/adobegc.log
```

可以看到，wc(1)实用程序所计算的单词数量与执行 byWord.go 程序时获得的行数和单词数相同。

8.7.3 逐个字符读取文本文件

本节将学习如何逐个字符地读取文本文件，除非打算开发一个文本编辑器，否则该情形较少出现。对应代码保存于 byCharacter.go 文件中，该文件将被分为 4 部分内容加以讨论。

byCharacter.go 文件的第 1 部分内容如下所示。

```go
package main

import (
    "bufio"
    "flag"
    "fmt"
    "io"
    "os"
)
```

不难发现，读取任务无须使用正则表达式。

byCharacter.go 文件的第 2 部分内容如下所示。

```go
func charByChar(file string) error {
    var err error
    f, err := os.Open(file)
    if err != nil {
        return err
    }
    defer f.Close()

    r := bufio.NewReader(f)
    for {
        line, err := r.ReadString('\n')
        if err == io.EOF {
            break
        } else if err != nil {
```

```
            fmt.Printf("error reading file %s", err)
            return err
    }
```

byCharacter.go 文件的第 3 部分内容如下所示。

```
        for _, x := range line {
            fmt.Println(string(x))
        }
    }
    return nil
}
```

此处将所读取的每一行内容通过 range 进行分隔,进而返回两个值。其中,第 1 个值表示 line 变量中当前字符的位置并予以丢弃,然后我们真正需要的是第 2 个值。然而,第 2 个值并非是一个字符,因而需要通过 string()函数将其转换为一个字符。

注意,由于采用了 fmt.Println(string(x))语句,因此每个字符实现了单行输出,这意味着,程序的输出结果将占据较大的篇幅。对于更加紧凑的输出结果,可使用 fmt.Print()函数。

byCharacter.go 文件的第 4 部分内容如下所示。

```
func main() {
    flag.Parse()
    if len(flag.Args()) == 0 {
        fmt.Printf("usage: byChar <file1> [<file2> ...]\n")
        return
    }

    for _, file := range flag.Args() {
        err := charByChar(file)
        if err != nil {
            fmt.Println(err)
        }
    }
}
```

执行 byCharacter.go 文件将生成下列输出结果。

```
$ go run byCharacter.go /tmp/adobegc.log
0
1
/
0
8
```

```
/
1
8
```

需要注意的是，此处展示的 Go 代码可用于计算输入文件中字符的数量，并可帮助我们实现 wc(1)命令行实用程序的 Go 版本。

8.7.4 从/dev/random 中读取

本节将学习/dev/random 系统设备中的读取方式。/dev/random 系统设备的目的是生成随机数据，进而可测试程序，或者在当前示例中作为随机数生成器的种子。从/dev/random 中获取数据稍具技巧，这也是我们对此进行专门介绍的原因之一。

在 macOS Mojave 机器上，/dev/random 文件包含下列权限。

```
$ ls -l /dev/random
crw-rw-rw-  1 root  wheel  14,  0 Mar 12 20:24 /dev/random
```

类似地，在 Debian Linux 机器上，/dev/random 系统设备包含下列 UNIX 文件权限。

```
$ ls -l /dev/random
crw-rw-rw- 1 root root 1, 8 Oct 13 12:19 /dev/random
```

这意味着，/dev/random 文件在这两种 UNIX 变体中包含类似的文件权限，唯一的区别是，持有该文件的 UNIX 组在 macOS 上是 wheel，而在 Debian Linux 上则是 root。

当前程序名对应于 devRandom.go 文件，该文件将被分为 3 部分内容加以讨论。devRandom.go 文件的第 1 部分内容如下所示。

```
package main

import (
    "encoding/binary"
    "fmt"
    "os"
)
```

当从/dev/random 中读取时，需要导入 encoding/binary 标准包，因为/dev/random 返回需要解码的二进制数据。devRandom.go 文件的第 2 部分内容如下所示。

```
func main() {
    f, err := os.Open("/dev/random")
    defer f.Close()
```

```
    if err != nil {
        fmt.Println(err)
        return
    }
```

像往常一样打开/dev/random，因为在 UNIX 中一切均是文件。

devRandom.go 文件的第 3 部分内容如下所示。

```
    var seed int64
    binary.Read(f, binary.LittleEndian, &seed)
    fmt.Println("Seed:", seed)
}
```

binary.Read()函数需要接收 3 个参数，进而从/dev/random 系统设备中执行读取操作。其中，第 2 个参数 binary.LittleEndian 的值指定了需要采用的小端字节顺序。相应地，另一个选项是 binary.BigEndian，用于大端字节顺序。

执行 devRandom.go 文件将生成下列输出结果。

```
$ go run devRandom.go
Seed: -2044736418491485077
$ go run devRandom.go
Seed: -5174854372517490328
$ go run devRandom.go
Seed: 7702177874251412774
```

8.8 读取特定的数据量

本节将学习如何读取所需的数据量，当读取二进制文件时，这一技术十分有用，其间需要解码所读取的数据。无论如何，该技术仍可与文本文件协调工作。

这项技术背后的逻辑可描述为，利用所需尺寸创建字节切片，并使用该字节切片执行读取操作。为了使事情更加有趣，这一功能实现为包含两个参数的函数。其中，第 1 个参数用于指定所需读取的数据量，另一个参数（包含*os.File 类型）则用于访问所需文件。函数的返回值表示为已读取的数据。

当前 Go 程序保存于 readSize.go 文件中，该文件将被分为 4 部分内容加以讨论。当前实用程序接收一个参数，即字节切片的尺寸。

> 💡 **提示：**
> 借助这里所展示的技术，当前程序可通过所需的缓冲区尺寸复制任意文件。

readSize.go 文件的第 1 部分内容如下所示。

```go
package main

import (
    "fmt"
    "io"
    "os"
    "strconv"
)
```

readSize.go 文件的第 2 部分内容如下所示。

```go
func readSize(f *os.File, size int) []byte {
    buffer := make([]byte, size)

    n, err := f.Read(buffer)
    if err == io.EOF {
        return nil
    }

    if err != nil {
        fmt.Println(err)
        return nil
    }

    return buffer[0:n]
}
```

上述代码较为直观，但需要注意的是，io.Reader.Read()方法返回两个参数，即字节数量和一个 error 变量。readSize()函数使用 io.Read()的前一个返回值以返回一个相同大小的字节切片。虽然这仅是一个细节问题，且仅在到达文件末尾时才有意义，但这保证了实用程序的输出与输入相同，并且不会包含任何额外的字符。

最后，代码还将检查 io.EOF，该错误表明已经达到文件的结尾。当出现此类错误时，函数将直接返回。DaveCheney（Go 项目成员和开源贡献者）将此类错误称作"哨兵错误"，表示并未产生真正的错误。

readSize.go 文件的第 3 部分内容如下所示。

```go
func main() {
    arguments := os.Args
    if len(arguments) != 3 {
        fmt.Println("<buffer size> <filename>")
```

```
        return
    }

    bufferSize, err := strconv.Atoi(os.Args[1])
    if err != nil {
        fmt.Println(err)
        return
    }

    file := os.Args[2]
    f, err := os.Open(file)
    if err != nil {
        fmt.Println(err)
        return
    }
    defer f.Close()
```

readSize.go 文件的第 4 部分内容如下所示。

```
    for {
        readData := readSize(f, bufferSize)
        if readData != nil {
            fmt.Print(string(readData))
        } else {
            break
        }
    }
}
```

此处持续读取输入文件，直至 readSize() 函数返回一个错误或 nil。

执行 readSize.go 文件（即通知其处理二进制文件，并利用 wc(1) 实用程序处理其输出结果）将验证读取程序的正确性。

```
$ go run readSize.go 1000 /bin/ls | wc
    80 1032 38688
$ wc /bin/ls
    80 1032 38688 /bin/ls
```

8.9 二进制格式的优点

前述 readSize.go 应用程序展示了如何按照逐个字节的方式读取一个文件，该技术特别适用于二进制文件。这里的问题是,既然文本格式易于理解,为何以二进制格式读取数据呢?这一问题的主要原因是减少空间。假设需要将数字 20 作为字符存储于某个文件中,当采用 ASIIC 字符时,我们仅需要两个字节存储 20:第 1 个字节存储 2,第 2 个字节存储 0。

相比之下,以二进制格式存储 20 仅需要一个字节——20 可表示为二进制的 00010100,或十六进制的 0x14。

当处理较小的数据量时,差异并不明显;但是,当处理诸如数据库应用程序中的数据时,二者间则存在明显的差异。

8.10 读取 CSV 文件

CSV 文件是基于某种格式的纯文本文件。本节将学习如何读取一个文本文件,其中包含了多个平面点。这意味着,每行将包含一对坐标。除此之外,本节还将使用名为 Glot 的外部库,进而生成读取自 CSV 文件的点图。注意,Glot 使用 Gnuplot,因而需要在 UNIX 机器上安装 Gnuplot 以便使用 Glot。

本节的源文件为 CSVplot.go 文件,该文件将被分为 5 部分内容加以讨论。CSVplot.go 文件的第 1 部分内容如下所示。

```
package main

import (
    "encoding/csv"
    "fmt"
    "github.com/Arafatk/glot"
    "os"
    "strconv"
)
```

CSVplot.go 文件的第 2 部分内容如下所示。

```
func main() {
    if len(os.Args) != 2 {
        fmt.Println("Need a data file!")
        return
    }

    file := os.Args[1]
```

第 8 章 UNIX 系统编程

```go
    _, err := os.Stat(file)
    if err != nil {
        fmt.Println("Cannot stat", file)
        return
    }
```

在上述代码中，通过功能强大的 os.Stat() 函数，可检查相关文件是否存在。
CSVplot.go 文件的第 3 部分内容如下所示。

```go
f, err := os.Open(file)
if err != nil {
    fmt.Println("Cannot open", file)
    fmt.Println(err)
    return
}
defer f.Close()

reader := csv.NewReader(f)
reader.FieldsPerRecord = -1
allRecords, err := reader.ReadAll()
if err != nil {
    fmt.Println(err)
    return
}
```

CSVplot.go 文件的第 4 部分内容如下所示。

```go
xP := []float64{}
yP := []float64{}
for _, rec := range allRecords {
    x, _ := strconv.ParseFloat(rec[0], 64)
    y, _ := strconv.ParseFloat(rec[1], 64)
    xP = append(xP, x)
    yP = append(yP, y)
}

points := [][]float64{}
points = append(points, xP)
points = append(points, yP)
fmt.Println(points)
```

这里，我们将多去的字符串值转换为数字，并将其置于名为 points 的二维切片中。

CSVplot.go 文件的第 5 部分内容如下所示。

```
    dimensions := 2
    persist := true
    debug := false
    plot, _ := glot.NewPlot(dimensions, persist, debug)

    plot.SetTitle("Using Glot with CSV data")
    plot.SetXLabel("X-Axis")
    plot.SetYLabel("Y-Axis")
    style := "circle"
    plot.AddPointGroup("Circle:", style, points)
    plot.SavePlot("output.png")
}
```

上述代码展示了如何借助 Glot 库及其 glot.SavePlot()生成 PNG 文件。

读者可能已经猜测到，我们需要在编译和执行 CSVplot.go 源代码之前下载 Glot 库。在 UNIX Shell 中，需要执行下列命令。

```
$ go get github.com/Arafatk/glot
```

这里，包含多个绘制点的 CSV 数据文件具有以下格式。

```
$ cat /tmp/dataFile
1,2
2,3
3,3
4,4
5,8
6,5
-1,12
-2,10
-3,10
-4,10
```

执行 CSVplot.go 文件将生成下列输出结果。

```
$ go run CSVplot.go /tmp/doesNoExist
Cannot stat /tmp/doesNoExist
$ go run CSVplot.go /tmp/dataFile
[[1 2 3 4 5 6 -1 -2 -3 -4] [2 3 3 4 8 5 12 10 10 10]]
```

图 8.1 显示了具有较好格式的 CSVplot.go 文件的绘制结果。

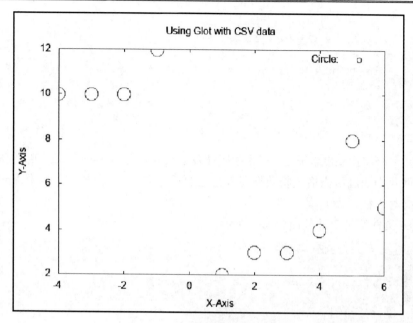

图 8.1　Glot 中的图形输出类型

8.11　写入文件中

一般来讲，我们可使用 io.Writer 接口功能将数据写入磁盘文件中。对此，save.go 文件通过 5 种方式将数据写入文件中。该文件将被分为 6 部分内容加以讨论。

save.go 文件的第 1 部分内容如下所示。

```
package main

import (
    "bufio"
    "fmt"
    "io"
    "io/ioutil"
    "os"
)
```

save.go 文件的第 2 部分内容如下所示。

```
func main() {
    s := []byte("Data to write\n")
```

```
f1, err := os.Create("f1.txt")
if err != nil {
    fmt.Println("Cannot create file", err)
    return
}
defer f1.Close()
fmt.Fprintf(f1, string(s))
```

注意，字节切片 s 将用于 Go 程序中所涉及的写入操作的各行中。此外，fmt.Fprintf() 函数可帮助我们通过所需格式将数据写入自己的日志文件中。在当前示例中，fmt.Fprintf() 函数将数据写入标识为 f1 的文件中。

save.go 文件的第 3 部分内容如下所示。

```
f2, err := os.Create("f2.txt")
if err != nil {
    fmt.Println("Cannot create file", err)
    return
}
defer f2.Close()
n, err := f2.WriteString(string(s))
fmt.Printf("wrote %d bytes\n", n)
```

其中，f2.WriteString()函数用于将数据写入文件中。

save.go 文件的第 4 部分内容如下所示。

```
f3, err := os.Create("f3.txt")
if err != nil {
    fmt.Println(err)
    return
}
w := bufio.NewWriter(f3)
n, err = w.WriteString(string(s))
fmt.Printf("wrote %d bytes\n", n)
w.Flush()
```

其中，bufio.NewWriter()函数打开一个文件以供写入操作，而 bufio.WriteString()函数则负责写入数据。

save.go 文件的第 5 部分内容展示了写入文件的另一种方法，如下所示。

```
f4 := "f4.txt"
err = ioutil.WriteFile(f4, s, 0644)
if err != nil {
```

```
    fmt.Println(err)
    return
}
```

上述方法仅调用一个 ioutil.WriteFile()函数执行数据的写入操作,且无须使用 os.Create()函数。

save.go 文件的第 6 部分内容如下所示。

```
    f5, err := os.Create("f5.txt")
    if err != nil {
        fmt.Println(err)
        return
    }
    n, err = io.WriteString(f5, string(s))
    if err != nil {
        fmt.Println(err)
        return
    }
    fmt.Printf("wrote %d bytes\n", n)
}
```

最后一项技术使用了 io.WriteString()函数将所需数据写入文件中。

执行 save.go 文件将生成下列输出结果。

```
$ go run save.go
wrote 14 bytes
wrote 14 bytes
wrote 14 bytes
$ ls -l f?.txt
-rw-r--r--  1 mtsouk  staff  14 Jan 23 20:30 f1.txt
-rw-r--r--  1 mtsouk  staff  14 Jan 23 20:30 f2.txt
-rw-r--r--  1 mtsouk  staff  14 Jan 23 20:30 f3.txt
-rw-r--r--  1 mtsouk  staff  14 Jan 23 20:30 f4.txt
-rw-r--r--  1 mtsouk  staff  14 Jan 23 20:30 f5.txt
$ cat f?.txt
Data to write
Data to write
Data to write
Data to write
Data to write
```

稍后将介绍如何借助于 Go 标准库中的特定包功能将数据保存至文件中。

8.12 加载和保存磁盘上的数据

在第 4 章 keyValue.go 应用程序的基础上，本节将讨论如何将键-值存储数据保存至磁盘上，以及在下一次启动应用程序时如何将其加载回内存中。

本节将定义两个函数，其中，save()函数将数据保存至磁盘上；而 load()函数则负责检索磁盘上的数据。因此，我们将仅通过 diff(1) UNIX 命令行实用程序展示 keyValue.go 和 kvSaveLoad.go 文件（程序）之间的差异。

💡 提示：

当比较两个文本文件间的差异时，diff(1) UNIX 命令行实用程序十分方便。对此，可在 UNIX Shell 中执行 man 1 diff 命令以了解更多内容。

当思考当前所实现的任务时会发现，我们真正需要的是一种将 Go 映射内容保存至磁盘上的简单方法，以及加载文件数据并将其置入 Go 映射中的方法。

相应地，将数据转换为字节流的处理机制称作序列化；而读取数据文件并将其转换为一个对象的过程则称作反序列化。对此，encoding/gob 标准包用于 kvSaveLoad.go 程序，进而执行序列化和反序列化操作。encoding/gob 采用 gob 格式存储其数据，此类格式的官方名称称作流编码机制。关于 gob 格式较好的一面是，Go 语言负责执行相关工作，用户无须了解编码和解码过程。

除此之外，其他 Go 包也可帮助我们序列化和反序列化数据，如用于 XML 格式的 encoding/xml，以及用于 JSON 格式的 encoding/json。

下列输出结果显示了 kvSaveLoad.go 和 keyValue.go 之间的代码变化，但不包括 save() 和 load()函数的实现，稍后将查看其完整版本。

```
$ diff keyValue.go kvSaveLoad.go
4a5
>       "encoding/gob"
16a18,55
> var DATAFILE = "/tmp/dataFile.gob"
> func save() error {
>
>       return nil
> }
>
> func load() error {
>
```

```
> }
59a99,104
>
>     err := load()
>     if err != nil {
>         fmt.Println(err)
>     }
>
88a134,137
>             err = save()
>             if err != nil {
>                 fmt.Println(err)
>             }
```

diff(1)输出结果的重要内容是 DATAFILE 全局变量定义，并保存了用于键-值存储的文件路径。除此之外，我们还可看到 load()和 save()函数的调用位置。其中，load()函数首次用于 main()函数中，而 save()函数则在用户发出 STOP 命令时被执行。

每次执行 kvSaveLoad.go 文件时，程序通过读取默认的数据文件检查数据是否已经准备完毕。如果读取的数据文件不存在，则需要启用一个空的键-值存储。当程序即将终止时，则通过 save()函数将全部数据写入磁盘中。

save()函数的实现过程如下所示。

```go
func save() error {
    fmt.Println("Saving", DATAFILE)
    err := os.Remove(DATAFILE)

    if err != nil {
        fmt.Println(err)
    }

    saveTo, err := os.Create(DATAFILE)
    if err != nil {
        fmt.Println("Cannot create", DATAFILE)
        return err
    }
    defer saveTo.Close()

    encoder := gob.NewEncoder(saveTo)
    err = encoder.Encode(DATA)
    if err != nil {
        fmt.Println("Cannot save to", DATAFILE)
        return err
```

```
        }
        return nil
}
```

save()函数首先利用 os.Remove()函数删除已有的数据文件,并随后再次生成该文件。

save()函数的重要任务之一是确保创建并写入所需的文件中。虽然存在多种方法可实现这一任务,但 save()函数采用了最简单的方式,即检查 os.Create()函数返回的 error 值。如果该值不为 nil,则存在问题,此时 save()函数结束且不会保存任何数据。

load()函数的实现过程如下所示。

```
func load() error {
    fmt.Println("Loading", DATAFILE)
    loadFrom, err := os.Open(DATAFILE)
    defer loadFrom.Close()
    if err != nil {
        fmt.Println("Empty key/value store!")
        return err
    }

    decoder := gob.NewDecoder(loadFrom)
    decoder.Decode(&DATA)
    return nil
}
```

load()函数的重要任务之一是确保尝试读取的文件确实存在,并可成功读取该文件。

再次强调,load()函数采用了最简单的方案,即查看 os.Open()函数的返回值。如果返回的 error 值等于 nil,那么一切工作正常。

在从文件中读取数据之后,注意需要关闭该文件,因为稍后该文件将被 save()函数覆写。相应地,文件的释放是通过 deferloadFrom.Close()语句完成的。

执行 kvSaveLoad.go 文件将生成下列输出结果。

```
$ go run kvSaveLoad.go
Loading /tmp/dataFile.gob
Empty key/value store!
open /tmp/dataFile.gob: no such file or directory
ADD 1 2 3
ADD 4 5 6
STOP
Saving /tmp/dataFile.gob
remove /tmp/dataFile.gob: no such file or directory
$ go run kvSaveLoad.go
```

```
Loading /tmp/dataFile.gob
PRINT
key: 1 value: {2 3 }
key: 4 value: {5 6 }
DELETE 1
PRINT
key: 4 value: {5 6 }
STOP
Saving /tmp/dataFile.gob
rMacBook:code mtsouk$ go run kvSaveLoad.go
Loading /tmp/dataFile.gob
PRINT
key: 4 value: {5 6 }
STOP
Saving /tmp/dataFile.gob
$ ls -l /tmp/dataFile.gob
-rw-r--r-- 1 mtsouk wheel 80 Jan 22 11:22 /tmp/dataFile.gob
$ file /tmp/dataFile.gob
/tmp/dataFile.gob: data
```

第 13 章将考查键-值存储的最终版本，并可在 TCP/IP 上进行操作，进而利用协程服务多个网络客户端。

8.13 再访 strings 包

第 4 章曾讨论了 strings 包。本节将介绍与文件输入和输出相关的 strings 包函数。
str.go 文件的第 1 部分内容如下所示。

```
package main

import (
    "fmt"
    "io"
    "os"
    "strings"
)
```

str.go 文件的第 2 部分内容如下所示。

```
func main() {
```

```
r := strings.NewReader("test")
fmt.Println("r length:", r.Len())
```

strings.NewReader()函数根据字符串创建一个只读 Reader。strings.Reader 对象分别实现了 io.Reader、io.ReaderAt、io.Seeker、io.WriterTo、io.ByteScanner 和 io.RuneScanner 接口。

str.go 文件的第 3 部分内容如下所示。

```
b := make([]byte, 1)
for {
    n, err := r.Read(b)
    if err == io.EOF {
        break
    }

    if err != nil {
        fmt.Println(err)
        continue
    }
    fmt.Printf("Read %s Bytes: %d\n", b, n)
}
```

此处展示了如何将 strings.Reader 用作一个 io.Reader，进而利用 Read()函数逐个字符地读取一个字符串。

str.go 文件的第 4 部分内容如下所示。

```
s := strings.NewReader("This is an error!\n")
fmt.Println("r length:", s.Len())
n, err := s.WriteTo(os.Stderr)

if err != nil {
    fmt.Println(err)
    return
}
fmt.Printf("Wrote %d bytes to os.Stderr\n", n)
```

上述代码展示了如何借助 strings 包写入标准错误中。

执行 str.go 文件将生成下列输出结果。

```
$ go run str.go
r length: 4
Read t Bytes: 1
Read e Bytes: 1
```

```
Read s Bytes: 1
Read t Bytes: 1
r length: 18
This is an error!
Wrote 18 bytes to os.Stderr
$ go run str.go 2>/dev/null
r length: 4
Read t Bytes: 1
Read e Bytes: 1
Read s Bytes: 1
Read t Bytes: 1
r length: 18
Wrote 18 bytes to os.Stderr
```

8.14 bytes 包

bytes 标准包包含了与字节切片协同工作的函数，其工作方式等同于处理字符串的 strings 标准包。这里，对应的源代码为 bytes.go 文件，该文件将被分为 3 部分内容加以讨论。

bytes.go 文件的第 1 部分内容如下所示。

```
package main

import (
    "bytes"
    "fmt"
    "io"
    "os"
)
```

bytes.go 文件的第 2 部分内容如下所示。

```
func main() {
    var buffer bytes.Buffer
    buffer.Write([]byte("This is"))
    fmt.Fprintf(&buffer, " a string!\n")
    buffer.WriteTo(os.Stdout)
    buffer.WriteTo(os.Stdout)
```

上述代码首先创建了一个新的 bytes.Buffer 变量，并通过 buffer.Write()和 fmt.Fprintf() 函数将数据置入其中，随后调用 buffer.WriteTo()函数两次。

第 1 个 buffer.WriteTo()函数调用将输出 buffer 变量的内容；然而，第 2 个 buffer.

WriteTo()函数调用则不会输出任何内容,因为 buffer 变量在首次 buffer.WriteTo()函数调用后为空。

bytes.go 文件的第 3 部分内容如下所示。

```
    buffer.Reset()
    buffer.Write([]byte("Mastering Go!"))
    r := bytes.NewReader([]byte(buffer.String()))
    fmt.Println(buffer.String())
    for {
    b := make([]byte, 3)
        n, err := r.Read(b)
        if err == io.EOF {
            break
        }

        if err != nil {
            fmt.Println(err)
            continue
        }
        fmt.Printf("Read %s Bytes: %d\n", b, n)
    }
}
```

Reset()方法重置 buffer 变量,而 Write()方法再次将数据置于其中。随后利用 bytes.NewReader()函数创建一个新的读取器,并使用 io.Reader 接口中的 Read()方法读取 buffer 变量中的数据。

执行 bytes.go 文件将生成下列输出结果。

```
$ go run bytes.go
This is a string!
Mastering Go!
Read Mas Bytes: 3
Read ter Bytes: 3
Read ing Bytes: 3
Read Go Bytes: 3
Read ! Bytes: 1
```

8.15 文件权限

UNIX 文件权限是 UNIX 系统编程中的常见主题。本节将学习如何输出任意文件的权限，前提是已获取 UNIX 执行权限。对应的程序名为 permissions.go 文件，并被分为 3 部分内容加以讨论。

permissions.go 文件的第 1 部分内容如下所示。

```
package main

import (
    "fmt"
    "os"
)
```

permissions.go 文件的第 2 部分内容如下所示。

```
func main() {
    arguments := os.Args
    if len(arguments) == 1 {
        fmt.Printf("usage: permissions filename\n")
        return
    }
```

permissions.go 文件的第 3 部分内容如下所示。

```
    filename := arguments[1]
    info, _ := os.Stat(filename)
    mode := info.Mode()
    fmt.Println(filename, "mode is", mode.String()[1:10])
}
```

os.Stat(filename)函数的调用返回一个包含大量数据的大型结构。由于我们仅关注文件的权限，因此此处调用 Mode()方法并输出其结果。实际上，我们只是输出了 mode.String()[1:10]表示的部分结果，因为这也是所关注数据的获取位置。

执行 permissions.go 文件将生成下列输出结果。

```
$ go run permissions.go /tmp/adobegc.log
/tmp/adobegc.log mode is rw-rw-rw-
$ go run permissions.go /dev/random
/dev/random mode is crw-rw-rw
```

ls(1)实用程序的输出结果验证了 permissions.go 文件的正确性，如下所示。

```
$ ls -l /dev/random /tmp/adobegc.log
crw-rw-rw-  1 root  wheel      14,    0 Jan  8 20:24 /dev/random
-rw-rw-rw-  1 root  wheel     583454 Jan 16 19:12 /tmp/adobegc.log
```

8.16　处理 UNIX 信号

Go 语言提供了 os/signal 包以帮助开发人员处理信号。本节将展示 UNIX 信号的处理方式。

下面首先考查一些与 UNIX 相关的一些有用信息。读者是否曾按 Ctrl+C 快捷键以终止一个处于运行状态下的程序？如果答案是肯定的，那么说明我们对信号这一概念并不陌生，因为 Ctrl+C 快捷键向程序发送一个 SIGINT 信号。严格地讲，UNIX 信号表示为软件中断，该软件中断可被名字或数字进行访问，同时它们还提供了一种在 UNIX 系统上处理异步事件的方式。一般来讲，通过名称发送信号更为安全，因为这种方式一般不会发送错误的信号。

注意，程序无法处理所有的信号。某些信号无法被捕捉，但也不可被忽视。例如，SIGKILL 和 SIGSTOP 信号即无法被捕捉、锁定或忽视。其原因在于，这些信号通过终止所需进程的方式提供内核和根用户。SIGKILL 信号（即数字 9）通常在需要快速操作的极端情况下被调用。出于速度考虑，这也是通过数字调用的唯一信号。

> 💡 **提示：**
> signal.SIGINFO 在 Linux 机器上并不可用，这意味着需要通过其他信号予以替代，否则 Go 程序将无法编译和运行。

向某个进程发送信号的最为常见的方式是使用 kill(1)实用程序。默认状态下，kill(1)发送 SIGTERM 信号。当查看 UNIX 机器上所支持的全部信号时，可执行 kill -l 命令。

另外，如果尝试向无权限进程发送信号，kill(1)将不会执行任何操作，同时会得到下列错误消息。

```
$ kill 1210
-bash: kill: (1210) - Operation not permitted
```

8.16.1　处理两个信号

本节将讨论如何利用 handleTwo.go 文件中的代码在 Go 程序中处理两个信号，该文件将被分为 4 部分内容加以讨论。handleTwo.go 文件处理的信号分别为 SIGINFO 和 SIGINT，在 Go 语言中它们分别被命名为 syscall.SIGINFO 和 os.Interrupt。

提示：

查看 os 包文档将会看到，确保在所有系统上存在的信号只有两个，即 syscall.SIGKILL 和 syscall.SIGINT，在 Go 语言中它们分别被定义为 os.Kill 和 os.Interrupt。

handleTwo.go 文件的第 1 部分内容如下所示。

```go
package main

import (
    "fmt"
    "os"
    "os/signal"
    "syscall"
    "time"
)
```

handleTwo.go 的第 2 部分内容如下所示。

```go
func handleSignal(signal os.Signal) {
    fmt.Println("handleSignal() Caught:", signal)
}
```

handleSignal() 函数用于处理 syscall.SIGINFO 信号，而 os.Interrupt 信号则以内联方式被处理。

handleTwo.go 的第 3 部分内容如下所示。

```go
func main() {
    sigs := make(chan os.Signal, 1)
    signal.Notify(sigs, os.Interrupt, syscall.SIGINFO)
    go func() {
        for {
            sig := <-sigs
            switch sig {
            case os.Interrupt:
                fmt.Println("Caught:", sig)
            case syscall.SIGINFO:
                handleSignal(sig)
                return
            }
        }
    }()
```

该技术的工作方式可描述为，首先定义一个名为 sigs 的通道并传递数据。随后

signal.Notify()函数表示所关注的信号。接下来实现一个作为协程运行的匿名函数,以便在接收所关注的信号时执行相关操作。第 9 章将学习与协程和通道相关的更多内容。

handleTwo.go 文件的第 4 部分内容如下所示。

```
    for {
        fmt.Printf(".")
        time.Sleep(20 * time.Second)
    }
}
```

time.Sleep()函数调用用于禁止程序终止,因为它没有真正的任务需要执行。在真实的应用程序中,则无须使用类似的代码。

由于需要使用程序的进程 ID 并利用 kill(1)实用程序向其发送信号,因此首先需要编译 handleTwo.go 程序并运行可执行文件,而非使用 gorunhandleTwo.go。执行 handleTwo.go 文件将生成下列输出结果。

```
$ go build handleTwo.go
$ ls -l handleTwo
-rwxr-xr-x 1 mtsouk staff 2005200 Jan 18 07:49 handleTwo
$ ./handleTwo
.^CCaught: interrupt
.Caught: interrupt
handleSignal() Caught: information request
.Killed: 9
```

注意,此处需要使用一个额外的终端,进而与 handleTwo.go 交互并获取上述输出结果。在该终端中,需要执行下列命令。

```
$ ps ax | grep ./handleTwo | grep -v grep
47988 s003 S+ 0:00.00 ./handleTwo
$ kill -s INT 47988
$ kill -s INFO 47988
$ kill -s USR1 47988
$ kill -9 47988
```

其中,第一条命令用于查找 handleTwo 可执行的进程 ID,而其他命令则用于向该进程中发送所需的信号。这里,SIGUSR1 信号将被忽略,且不会显示于输出结果中。

handleTwo.go 程序的问题是,如果得到了一个未经编程处理的信号时,程序则会忽略这一信号。

因此,稍后将采用一种不同的方案,并以不同的方式处理信号。

8.16.2 处理全部信号

本节将学习如何处理全部信号，但仅响应于所关注的信号。与前述技术相比，该方案更加优良且安全。相应的 Go 代码位于 handleAll.go 文件中，该文件将被分为 4 部分内容加以讨论。

handleAll.go 文件的第 1 部分内容如下所示。

```
package main

import (
    "fmt"
    "os"
    "os/signal"
    "syscall"
    "time"
)

func handle(signal os.Signal) {
    fmt.Println("Received:", signal)
}
```

handleAll.go 文件的第 2 部分内容如下所示。

```
func main() {
    sigs := make(chan os.Signal, 1)
    signal.Notify(sigs)
```

signal.Notify(sigs)函数包含了核心内容。由于并未指定特定的信号，因此所有的输入信号都将被处理。

> **提示：**
> 可利用不同的通道和相同的信号在同一程序中多次调用 signal.Notify()函数。此时，每一个相关通道将接收一个经编程处理的信号的副本。

handleAll.go 文件的第 3 部分内容如下所示。

```
go func() {
    for {
        sig := <-sigs
        switch sig {
        case os.Interrupt:
```

```
        handle(sig)
    case syscall.SIGTERM:
        handle(sig)
        os.Exit(0)
    case syscall.SIGUSR2:
        fmt.Println("Handling syscall.SIGUSR2!")
    default:
        fmt.Println("Ignoring:", sig)
    }
   }
}()
```

当退出程序时,可方便地使用其中的某个信号,从而有机会在必要时在程序中执行一些内务处理。在当前示例中,syscall.SIGTERM 信号用于实现这一任务,但这并不会妨碍使用 SIGKILL 杀死一个程序。

handleAll.go 文件的第 4 部分内容如下所示。

```
    for {
        fmt.Printf(".")
        time.Sleep(30 * time.Second)
    }
}
```

此处仍需调用 time.Sleep()函数以防止程序即刻终止。

再次强调,利用 go build 工具针对 handleAll.go 文件构建可执行文件是一种较好的做法。执行 handleAll 并在另一个终端中与其交互将生成下列输出结果。

```
$ go build handleAll.go
$ ls -l handleAll
-rwxr-xr-x 1 mtsouk staff 2005216 Jan 18 08:25 handleAll
$ ./handleAll
.Ignoring: hangup
Handling syscall.SIGUSR2!
Ignoring: user defined signal 1
Received: interrupt
^CReceived: interrupt
Received: terminated
```

第 2 个终端中发布的命令如下所示。

```
$ ps ax | grep ./handleAll | grep -v grep
49902 s003 S+ 0:00.00 ./handleAll
$ kill -s HUP 49902
```

```
$ kill -s USR2 49902
$ kill -s USR1 49902
$ kill -s INT 49902
$ kill -s TERM 49902
```

8.17　Go 语言中的 UNIX 管道编程

依据 UNIX 哲学，UNIX 命令行工具应仅执行一项工作并确保成功完成。在实际操作过程中，这意味着应开发多个小型程序，经整合后执行所需任务，而非开发执行大量任务的多个实用程序。针对两个或多个 UNIX 交互的命令行实用程序，最为常见的方法是使用管道（pipe）。在 UNIX 管道中，命令行实用程序的输出结果将变为另一个命令行实用程序的输入内容。这一处理过程可能会涉及多个程序。相应地，用于表达 UNIX 管道的符号是"|"。

管道包含两个重要的限制条件：首先是单方向的通信，其次是仅用于包含一个公共祖先的进程之间。UNIX 管道实现背后的整体思想是，如果未持有一个处理文件，则应继续等待并从标准输入中获取输入内容。

类似地，如果未被告知将输出结果保存至文件中，则应将输出结果写入标准输出中，此举针对查看输出结果的用户，或者处理该结果的另一个程序。

第 1 章曾学习了标准输入中的读取方式，以及标准输出的写入方式。如果对这两项操作尚有疑问，可查看 stdOUT.go 和 stdIN.go 文件中的 Go 代码。

接下来将考查 cat(1)实用程序的 Go 版本。cat.go 文件的源代码将被分为 3 部分内容加以讨论。cat.go 文件的第 1 部分内容如下所示。

```
package main

import (
    "bufio"
    "fmt"
    "io"
    "os"
)
```

cat.go 文件的第 2 部分内容如下所示。

```
func printFile(filename string) error {
    f, err := os.Open(filename)
    if err != nil {
```

```
        return err
    }
    defer f.Close()
    scanner := bufio.NewScanner(f)
    for scanner.Scan() {
        io.WriteString(os.Stdout, scanner.Text())
        io.WriteString(os.Stdout, "\n")
    }
    return nil
}
```

上述函数的目的是将文件内容输出至标准输出中。

cat.go 文件的第 3 部分内容如下所示。

```
func main() {
    filename := ""
    arguments := os.Args
    if len(arguments) == 1 {
        io.Copy(os.Stdout, os.Stdin)
        return
    }

    for i := 1; i < len(arguments); i++ {
        filename = arguments[i]
        err := printFile(filename)
        if err != nil {
            fmt.Println(err)
        }
    }
}
```

上述代码涵盖了 cat.go 文件的全部逻辑，因为其中定义了程序的行为方式。首先，如果在不包含任何命令行参数的前提下执行 cat.go 文件，那么程序仅将标准输入复制至 io.Copy(os.Stdout, os.Stdin)语句定义的标准输出中。然而，如果存在命令行参数，那么程序将以给定的同一顺序处理这些参数。

执行 cat.go 文件将生成下列输出结果。

```
$ go run cat.go
Mastering Go!
Mastering Go!
1 2 3 4
1 2 3 4
```

当利用 UNIX 管道执行 cat.go 文件时，情况将变得更加有趣。

```
$ go run cat.go /tmp/1.log /tmp/2.log | wc
    2367 44464 279292
$ go run cat.go /tmp/1.log /tmp/2.log | go run cat.go | wc
    2367 44464 279292
```

cat.go 文件还可在屏幕上输出多个文件，如下所示。

```
$ go run cat.go 1.txt 1 1.txt
    2367     44464    279292
    2367     44464    279292
open 1: no such file or directory
    2367     44464    279292
    2367     44464    279292
```

注意，如果尝试作为 go run cat.go cat.go 执行 cat.go，并期望在屏幕上获取 cat.go 的内容，那么处理过程将失败，并得到下列错误消息。

```
package main: case-insensitive file name collision: "cat.go" and "cat.go"
```

其原因在于，对于 go run cat.go 命令，第 2 个 cat.go 用作命令行参数——对此，Go 语言无法理解。相反，go run 尝试编译 cat.go 两次，这将导致错误消息的出现。对此，解决方法是首先执行 go build cat.go，随后执行 cat.go，或其他 Go 源文件作为生成后的二进制可执行文件的参数。

8.18 syscall.PtraceRegs

假设在 syscall 标准包的处理过程中出现了错误。对此，本节将尝试与 syscall.PtraceRegs 协调工作以解决相关问题。这里，syscall.PtraceRegs 是一个结构，其中加载了与寄存器相关的信息。

本节将讨论如何利用 ptraceRegs.go 包在屏幕上输出全部寄存器中的值，相关内容将被分为 4 部分加以讨论。ptraceRegs.go 实用程序的核心内容是 syscall.PtraceGetRegs()函数。除此之外，syscall.PtraceSetRegs()、syscall.PtraceAttach()、syscall.PtracePeekData()和 syscall.PtracePokeData()函数也可帮助我们处理寄存器，但这些函数并未在 ptraceRegs.go 文件中加以使用。

ptraceRegs.go 文件的第 1 部分内容如下所示。

```
package main
```

```go
import (
    "fmt"
    "os"
    "os/exec"
    "syscall"
    "time"
)
```

ptraceRegs.go 文件的第 2 部分内容如下所示。

```go
func main() {
    var r syscall.PtraceRegs
    cmd := exec.Command(os.Args[1], os.Args[2:]...)

    cmd.Stdout = os.Stdout
    cmd.Stderr = os.Stderr
```

最后两条语句将标准输出和标准错误分别从当前执行命令重定向至 UNIX 标准输出和标准错误处。

ptraceRegs.go 文件的第 3 部分内容如下所示。

```go
cmd.SysProcAttr = &syscall.SysProcAttr{Ptrace: true}
err := cmd.Start()
if err != nil {
    fmt.Println("Start:", err)
    return
}

err = cmd.Wait()
fmt.Printf("State: %v\n", err)
wpid := cmd.Process.Pid
```

在上述代码中，我们调用了一条外部命令，该命令在程序的命令行参数中予以指定；随后我们得到了其进程 ID，并在 syscall.PtraceGetRegs() 调用中加以使用。&syscall.SysProcAttr{Ptrace: true}语句表明需要在子进程中使用 ptrace。

traceRegs.go 文件的第 4 部分内容如下所示。

```go
    err = syscall.PtraceGetRegs(wpid, &r)
    if err != nil {
        fmt.Println("PtraceGetRegs:", err)
        return
    }
    fmt.Printf("Registers: %#v\n", r)
```

```
    fmt.Printf("R15=%d, Gs=%d\n", r.R15, r.Gs)

    time.Sleep(2 * time.Second)
}
```

此处调用了 syscall.PtraceGetRegs() 函数,并输出存储于变量 r 中的结果,这将作为一个指针进行传递。

在 macOS Mojave 机器上执行 ptraceRegs.go 文件将生成下列输出结果。

```
$ go run ptraceRegs.go
# command-line-arguments
./ptraceRegs.go:11:8: undefined: syscall.PtraceRegs
./ptraceRegs.go:14:9: undefined: syscall.PtraceGetRegs
```

这意味着,当前程序无法在运行 macOS 和 Mac OS X 的机器上工作。

在 Debian Linux 机器上执行 ptraceRegs.go 文件将生成下列输出结果。

```
$ go version
go version go1.7.4 linux/amd64
$ go run ptraceRegs.go echo "Mastering Go!"
State: stop signal: trace/breakpoint trap
Registers: syscall.PtraceRegs{R15:0x0, R14:0x0, R13:0x0, R12:0x0, Rbp:0x0,
Rbx:0x0, R11:0x0, R10:0x0, R9:0x0, R8:0x0, Rax:0x0, Rcx:0x0, Rdx:0x0,
Rsi:0x0, Rdi:0x0, Orig_rax:0x3b, Rip:0x7f4045f81c20, Cs:0x33, Eflags:0x200,
Rsp:0x7ffe1905b070, Ss:0x2b, Fs_base:0x0, Gs_base:0x0, Ds:0x0, Es:0x0,
Fs:0x0, Gs:0x0}
R15=0, Gs=0
Mastering Go!
```

读者可访问 syscall 包的文档页面查看寄存器列表。

8.19 跟踪系统调用

本节将展示与 syscall 调用相关的高级技术,并监测在 Go 程序中执行的系统调用。本节中的 Go 实用程序为 traceSyscall.go 文件,该文件将被分为 5 部分内容加以讨论。traceSyscall.go 文件的第 1 部分内容如下所示。

```
package main

import (
    "bufio"
    "fmt"
```

```
    "os"
    "os/exec"
    "strings"
    "syscall"
)

var maxSyscalls = 0

const SYSCALLFILE = "SYSCALLS"
```

稍后将学习更多与 SYSCALLFILE 变量相关的功能。

traceSyscall.go 文件的第 2 部分内容如下所示。

```
func main() {
    var SYSTEMCALLS []string
    f, err := os.Open(SYSCALLFILE)
    defer f.Close()
    if err != nil {
        fmt.Println(err)
        return
    }

    scanner := bufio.NewScanner(f)
    for scanner.Scan() {
        line := scanner.Text()
        line = strings.Replace(line, " ", "", -1)
        line = strings.Replace(line, "SYS_", "", -1)
        temp := strings.ToLower(strings.Split(line, "=")[0])
        SYSTEMCALLS = append(SYSTEMCALLS, temp)
        maxSyscalls++
    }
```

注意，SYSCALLS 文本文件的信息源自 syscall 包的文档，且与基于数字的每次系统调用（这也是系统调用的 Go 语言内部表达方式）所关联。该文件主要用于输出被跟踪程序所用的系统调用的名称。

SYSCALLS 文本文件的格式如下所示。

```
SYS_READ = 0
SYS_WRITE = 1
SYS_OPEN = 2
SYS_CLOSE = 3
SYS_STAT = 4
```

在文本文件读取完毕后，程序创建一个名为 SYSTEMCALLS 的切片以存储该信息。

traceSyscall.go 文件的第 3 部分内容如下所示。

```go
COUNTER := make([]int, maxSyscalls)
var regs syscall.PtraceRegs
cmd := exec.Command(os.Args[1], os.Args[2:]...)

cmd.Stdin = os.Stdin
cmd.Stdout = os.Stdout
cmd.Stderr = os.Stderr
cmd.SysProcAttr = &syscall.SysProcAttr{Ptrace: true}

err = cmd.Start()
err = cmd.Wait()
if err != nil {
    fmt.Println("Wait:", err)
}

pid := cmd.Process.Pid
fmt.Println("Process ID:", pid)
```

COUNTER 切片存储被跟踪程序中系统调用的次数。

traceSyscall.go 文件的第 4 部分内容如下所示。

```go
    before := true
forCount := 0
    for {
        if before {
            err := syscall.PtraceGetRegs(pid, &regs)
            if err != nil {
                break
            }
            if regs.Orig_rax > uint64(maxSyscalls) {
                fmt.Println("Unknown:", regs.Orig_rax)
                return
            }

            COUNTER[regs.Orig_rax]++
            forCount++
        }

        err = syscall.PtraceSyscall(pid, 0)
        if err != nil {
            fmt.Println("PtraceSyscall:", err)
```

```
        return
    }
    _, err = syscall.Wait4(pid, nil, 0, nil)
    if err != nil {
        fmt.Println("Wait4:", err)
        return
    }
    before = !before
}
```

syscall.PtraceSyscall()函数通知 Go 语言持续运行所跟踪的程序,并在该程序进入或退出系统时终止,这也是我们期望的结果。由于每次系统调用均在调用前被跟踪,因此在结束其任务时,我们使用 before 变量计数系统调用一次。

traceSyscall.go 文件的第 5 部分内容如下所示。

```
for i, x := range COUNTER {
    if x != 0 {
        fmt.Println(SYSTEMCALLS[i], "->", x)
    }
}
fmt.Println("Total System Calls:", forCount)
}
```

上述代码输出了 COUNTER 切片中的内容。这里,SYSTEMCALLS 切片用于查找系统调用名称,前提是已经知道其在 Go 语言中的数字表达结果。

在 macOS Mojave 机器上执行 traceSyscall.go 文件将生成下列输出结果。

```
$ go run traceSyscall.go
# command-line-arguments
./traceSyscall.go:36:11: undefined: syscall.PtraceRegs
./traceSyscall.go:57:11: undefined: syscall.PtraceGetRegs
./traceSyscall.go:70:9: undefined: syscall.PtraceSyscall
```

再次强调,traceSyscall.go 实用程序无法在 macOS 和 Mac OS X 系统上运行。

在 Debian Linux 机器上执行 traceSyscall.go 文件将生成下列输出结果。

```
$ go run traceSyscall.go ls /tmp/
Wait: stop signal: trace/breakpoint trap
Process ID: 5657
go-build084836422 test.go upload_progress_cache
read -> 11
write -> 1
open -> 37
```

```
close -> 27
stat -> 1
fstat -> 25
mmap -> 39
mprotect -> 16
munmap -> 4
brk -> 3
rt_sigaction -> 2
rt_sigprocmask -> 1
ioctl -> 2
access -> 9
execve -> 1
getdents -> 2
getrlimit -> 1
statfs -> 2
arch_prctl -> 1
futex -> 1
set_tid_address -> 1
openat -> 1
set_robust_list -> 1
Total System Calls: 189
```

在程序结尾处，traceSyscall.go 程序输出了系统调用的次数，其正确性则通过 strace -c 命令进行验证。

```
$ strace -c ls /tmp
test.go  upload_progress_cache
% time     seconds  usecs/call     calls    errors syscall
------ ----------- ----------- --------- --------- ----------------
  0.00    0.000000           0        11           read
  0.00    0.000000           0         1           write
  0.00    0.000000           0        37        13 open
  0.00    0.000000           0        27           close
  0.00    0.000000           0         1           stat
  0.00    0.000000           0        25           fstat
  0.00    0.000000           0        39           mmap
  0.00    0.000000           0        16           mprotect
  0.00    0.000000           0         4           munmap
  0.00    0.000000           0         3           brk
  0.00    0.000000           0         2           rt_sigaction
  0.00    0.000000           0         1           rt_sigprocmask
  0.00    0.000000           0         2           ioctl
  0.00    0.000000           0         9         9 access
```

```
  0.00    0.000000              0            1         execve
  0.00    0.000000              0            2         getdents
  0.00    0.000000              0            1         getrlimit
  0.00    0.000000              0            2    2    statfs
  0.00    0.000000              0            1         arch_prctl
  0.00    0.000000              0            1         futex
  0.00    0.000000              0            1         set_tid_address
  0.00    0.000000              0            1         openat
  0.00    0.000000              0            1         set_robust_list
------ ----------- ----------- --------- --------- ----------------
100.00    0.000000                       189       24 total
```

8.20 用户 ID 和组 ID

本节将学习如何查找当前用户的用户 ID 及其所属的组 ID。注意，用户 ID 和组 ID 在 UNIX 系统文件中均为正整数值。

ids.go 文件将被分为两部分内容加以讨论，该文件的第 1 部分内容如下所示。

```
package main

import (
    "fmt"
    "os"
    "os/user"
)

func main() {
    fmt.Println("User id:", os.Getuid())
```

这里，简单地调用 os.Getuid()函数即可获得当前用户的用户 ID。

ids.go 文件的第 2 部分内容如下所示。

```
    var u *user.User
    u, _ = user.Current()
    fmt.Print("Group ids: ")
    groupIDs, _ := u.GroupIds()
    for _, i := range groupIDs {
        fmt.Print(i, " ")
    }
    fmt.Println()
}
```

另外，查找某个用户所属的组 ID 则具有一定的技巧。

执行 ids.go 文件将生成下列输出结果。

```
$ go run ids.go
User id: 501
Group ids: 20 701 12 61 79 80 81 98 33 100 204 250 395 398 399
```

8.21　Docker API 和 Go 语言

当与 Docker 协调工作时，读者将会发现本节内容十分有用，相关内容涉及如何利用 Go 语言和 Docker API 与 Docker 通信。

dockerAPI.go 文件（实用程序）将被分为 4 部分内容加以讨论。该文件实现了 docker ps 和 the docker image ls 命令。其中，第 1 条命令列出了所有处于运行状态下的容器；而第 2 条命令则列出了本地机器上所有可用的镜像。

dockerAPI.go 文件的第 1 部分内容如下所示。

```
package main

import (
    "fmt"
    "github.com/docker/docker/api/types"
    "github.com/docker/docker/client"
    "golang.org/x/net/context"
)
```

dockerAPI.go 文件需要使用多个外部包，较好的方法是利用 Go 模块执行该文件。因此，可在首次运行 dockerAPI.go 文件之前执行 export GO111MODULE=on 命令，因而无须采用手动方式下载所有所需的包。

dockerAPI.go 文件的第 2 部分内容如下所示。

```
func listContainers() error {
    cli, err := client.NewEnvClient()
    if err != nil {
        return (err)
    }

    containers, err := cli.ContainerList(context.Background(), types.ContainerListOptions{})
    if err != nil {
```

```
        return (err)
    }

    for _, container := range containers {
        fmt.Println("Images:", container.Image, "with ID:", container.ID)
    }
    return nil
}
```

types.Container 结构定义（https://godoc.org/github.com/docker/docker/api/types#Container）由 ContainerList()返回，如下所示。

```
type Container     struct {
    ID             string `json:"Id"`
    Names          []string
    Image          string
    ImageID        string
    Command        string
    Created        int64
    Ports          []Port
    SizeRw         int64 `json:",omitempty"`
    SizeRootFs     int64 `json:",omitempty"`
    Labels         map[string]string
    State          string
    Status         string
    HostConfig     struct {
        NetworkMode string `json:",omitempty"`
    }
    NetworkSettings *SummaryNetworkSettings
    Mounts          []MountPoint
}
```

当查找与运行 Docker 镜像（容器）列表相关的其他信息时，可使用 types.Container 结构的其他字段。

dockerAPI.go 文件的第 3 部分内容如下所示。

```
func listImages() error {
    cli, err := client.NewEnvClient()
    if err != nil {
        return (err)
    }

    images, err := cli.ImageList(context.Background(),
```

```
types.ImageListOptions{})
    if err != nil {
        return (err)
    }

    for _, image := range images {
        fmt.Printf("Images %s with size %d\n", image.RepoTags, image.Size)
    }
    return nil
}
```

types.ImageSummary 结构定义(https://godoc.org/github.com/docker/docker/api/types#ImageSummary)表示为 ImageList()函数返回的切片数据类型,如下所示。

```
type ImageSummary struct {
    Containers int64 `json:"Containers"`
    Created int64 `json:"Created"`
    ID string `json:"Id"`
    Labels map[string]string `json:"Labels"`
    ParentID string `json:"ParentId"`
    RepoDigests []string `json:"RepoDigests"`
    RepoTags []string `json:"RepoTags"`
    SharedSize int64 `json:"SharedSize"`
    Size int64 `json:"Size"`
    VirtualSize int64 `json:"VirtualSize"`
}
```

dockerAPI.go 文件的第 4 部分内容如下所示。

```
func main() {
    fmt.Println("The available images are:")
    err := listImages()
    if err != nil {
        fmt.Println(err)
    }

    fmt.Println("The running Containers are:")
    err = listContainers()
    if err != nil {
        fmt.Println(err)
    }
}
```

在 macOS Mojave 机器上执行 dockerAPI.go 文件将生成下列输出结果。

```
$ go run dockerAPI.go
The available images are:
Images [golang:1.12] with size 772436547
Images [landoop/kafka-lenses-dev:latest] with size 1379088343
Images [confluentinc/cp-kafka:latest] with size 568503378
Images [landoop/fast-data-dev:latest] with size 1052076831
The running Containers are:
Images: landoop/kafka-lenses-dev with ID:
90e1caaab4329781034129013718642578ef5891c787f6707c03be617862db5
```

如果 Docker 不可用，或者未处于运行状态，此时将得到下列错误消息。

```
$ go run dockerAPI.go
The available images are:
Cannot connect to the Docker daemon at unix:///var/run/docker.sock. Is the
docker daemon running?
The running Containers are:
Cannot connect to the Docker daemon at unix:///var/run/docker.sock. Is the
docker daemon running?
```

8.22　附加资源

- io 包文档页面：https://golang.org/pkg/io/。
- Dave Cheney 关于错误处理机制方面的内容：https://dave.cheney.net/2016/04/27/dont-just-check-errors-handle-themgracefully。
- 关于 Glot 绘图库方面的更多内容，读者可访问其官方网站，对应网址为 https://github.com/Arafatk/glot。
- 读者可访问 https://docs.docker.com/develop/sdk/examples/，并查看在 Go、Python 和 HTTP 中使用 Docker API 的更多示例。
- 读者可访问 https://golang.org/pkg/encoding/binary/，并查看与 encoding/binary 标准包相关的更多内容。
- 读者可访问 https://golang.org/pkg/encoding/gob/，并查看 encoding/gob 包的文档页面。
- 读者可访问 https://www.youtube.com/watch?v=JRFNIKUROPE 和 https://www.youtube.com/watch?v=w8nFRoFJ6EQ 观看相关视频内容。

- 读者可访问 https://en.wikipedia.org/wiki/Endianness 以查看与字节顺序相关的内容。
- 访问 https://golang.org/pkg/flag/ 并查看 flag 包的文档页面。

8.23 本章练习

- 编写一个 Go 程序并接收 3 个参数，即文本文件名和两个字符串。当出现第 1 个字符串时，利用第 2 个字符串予以替换。出于安全原因，最终的输出结果将显示于屏幕上，也就是说，原始文本文件不会受到任何影响。
- 使用 encoding/gob 包序列化和反序列化一个 Go 映射和一个结构切片。
- 生成一个 Go 程序并处理所选取的 3 个信号。
- 创建一个 Go 实用程序，将文本文件中的所有制表符替换为给定数量的空格（指定该程序的命令行参数）。再次说明，输出结果将输出在屏幕上。
- 编写一个实用程序，逐行读取一个文本文件，并利用 strings.TrimSpace()函数移除每行中的空格字符。
- 修改 kvSaveLoad.go 文件并支持单个命令行参数，即加载和保存数据所用的文件名。
- 尝试创建一个 Go 版本的 wc(1)实用程序。对此，可查看 wc(1)文档页面，以了解其所支持的命令行选项。
- 尝试编写一个程序并使用 Glot 绘制一个函数。
- 修改 traceSyscall.go 文件，显示每个被跟踪的系统调用。
- 修改 cat.go 文件只是为了执行 io.Copy（os.Stdout、f）文件，以便直接复制文件的内容，而不是扫描所有内容。
- 使用 Docker API 编写一个实用程序，并终止以给定字符串开始的所有容器。
- cobra 包同样支持子命令，即与特定命令（如 go run main.go 命令列表）关联的命令。尝试利用子命令实现一个实用程序。
- 可使用 bufio.NewScanner()和 bufio.ScanWords()函数逐个单词地读取一行内容。对此，尝试创建 byWord.go 实用程序的新版本。

8.24 本章小结

本章讨论了多个话题，包括读取文件、写入文件、使用 Docker API、使用 flag-cobraviper 包。尽管如此，仍有一些与系统编程相关的主题尚未介绍，如与目录协同工作；复制、删除和重命名文件；处理 UNIX 用户、组合 UNIX 进程；修改 UNIX 文件权限；生成稀疏文件；文件锁定和创建；使用和旋转（rotate）自己的日志文件，以及 os.Stat()函数调用返回结构中的信息。

本章结尾处介绍了两个相对高级的实用程序。其中，第 1 个实用程序可查看寄存器状态，而第 2 个实用程序则用于跟踪程序的系统调用。

第 9 章将讨论协程、通道和管道，这也是 Go 语言中独特而强大的特性。

第 9 章　Go 语言中的并发编程——协程、通道和管道

第 8 章讨论了 Go 语言编程，包括 Go 函数和操作系统通信机制，但并未涉及并发编程和如何创建和管理多线程。本章和第 10 章将对此予以介绍。

Go 语言自身提供了新颖、独特的并发机制并通过协程和通道的方式呈现。其中，协程可视为 Go 程序中可自身执行的最小实体；而通道（channel）则可从协程中以并发和高效的方式获取数据。这使得协程包含一个参考点，并可彼此间通信。Go 语言中的一切事物都是使用协程执行的，这是非常有意义的，因为从设计上来说，Go 语言是一种并发编程语言。因此，当 Go 程序开始运行时，其单一协程将调用 main() 函数，从而启动实际程序的执行过程。

本章内容和代码相对简单，更为高级的话题则在第 10 章中讲解。

本章主要涉及以下主题。
- 进程、线程和协程。
- Go 调度器。
- 并发和并行。
- 创建协程。
- 等待协程结束。
- 创建通道。
- 从通道中读取或接收数据。
- 创建管道。
- 竞态条件。
- Go 语言和 Rust 语言并发模型的比较。
- Go 语言和 Erlang 语言并发模型的比较。

9.1　进程、线程和协程

进程是一个执行环境，包含指令、用户数据、部分系统数据，以及运行期内获取的其他资源类型；而程序则表示为一个文件，该文件包含了指令和数据，用于初始化指令

和进程的用户数据部分。

与进程和程序相比，线程是一个较小的轻量级实体。线程由进程创建，且包含自身的控制流和栈。区分线程和进程的一种简单方法是，可将进程视为一个处于运行状态的二进制文件，而将线程视为一个进程的子集。

协程是一个最小的 Go 实体，并可通过并发方式运行。这里，"最小"这一描述方式十分重要，因为协程并不是 UNIX 进程那样的自主实体——协程位于 UNIX 线程中，而此类线程又处于 UNIX 进程中。协程的轻量级特性，以及可在一台机器上运行数十万个协程可视为其主要优点。

这里，轻量级的顺序依次为协程、线程和进程。在实际操作过程中，这意味着进程可包含多个线程以及大量的协程；而协程则需要一个进程环境而存在。因此，当创建协程时，必须持有至少包含一个线程的进程——UNIX 一般关注于进程和线程管理，而 Go 语言和开发人员则负责协程问题。

在了解了进程、程序、线程和协程的基础知识后，接下来讨论 Go 调度器。

9.1.1 Go 调度器

UNIX 内核调度器负责程序的线程执行。另外，Go 运行期也包含其自身的调度器，负责通过 $m:n$ 调度机制执行协程。其中，通过多路复用技术，m 个协程使用 n 个操作系统线程运行。这里，Go 调度器表示为负责 Go 程序中协程的执行方式和顺序的 Go 组件。这也使得 Go 调度器成为 Go 编程语言中的重要一环，因为 Go 程序中的一切事物将作为一个协程而执行。

由于 Go 调度器仅处理单一程序的协程，因此与内核调度器操作相比，其操作更加简单，经济和快速。

第 10 章还将深入讨论 Go 调度器的操作方式。

9.1.2 并发和并行

人们常把并发和并行这两个概念混淆。并行机制是指某种类型的多个实体同步执行；而并发则是一种构建组件的方法，并在必要时能够独立地执行这些组件。

仅当采用并发方式构建软件组件时，方可通过并行方式执行这些组件，同时操作系统和硬件还应对此予以支持。Erlang 编程语言很早以前就做到了这一点——在 CPU 拥有多核和计算机拥有大量 RAM 之前。

在有效的并发设计中，添加并发实体可以使整个系统运行得更快，因为更多事务可采用并行方式执行。因此,并行机制源于较好的并发表达和问题实现。开发人员负责在系统的设计阶段考虑并发性,并将从系统组件的潜在并行执行中获益。因此,开发人员不应该考虑并行机制,而应该将事物分解成独立的组件,以便在组合起来时解决初始问题。

即使无法在 UNIX 机器上以并行方式运行,有效的并发设计仍可改进程序的设计方案和可维护性。换而言之,并发优于并行机制。

9.2 协　　程

利用关键字 go 且后随函数名,或匿名函数的完整定义,我们可定义、创建和执行新的协程。其中,go 关键字使函数调用即刻返回,同时函数作为协程在后台开始执行,程序的其余部分则继续执行。

稍后将会看到,我们无法控制或假定协程的执行顺序,因为这取决于操作系统的调度器、Go 调度器,以及操作系统的负载。

9.2.1 创建一个协程

本节将学习两种方法创建协程:第 1 种方法使用常规函数;第 2 种方法则使用匿名函数。这两种方式彼此等价。

本节的程序名称是 simple.go 文件,该文件将被分为 3 部分内容加以讨论。

simple.go 文件的第 1 部分内容如下所示。

```
package main

import (
    "fmt"
    "time"
)

func function() {
    for i := 0; i < 10; i++ {
        fmt.Print(i)
    }
}
```

除 import 代码块外,上述代码还定义了一个名为 function() 的函数以供后续操作使用。这里的函数名并无特别之处,我们可定义任何有效的函数名。

simple.go 文件的第 2 部分内容如下所示。

```go
func main() {
    go function()
```

上述代码作为一个协程执行 function()函数。随后，程序继续其执行过程，此时 function()函数开始在后台运行。

simple.go 文件的第 3 部分内容如下所示。

```go
    go func() {
        for i := 10; i < 20; i++ {
            fmt.Print(i, " ")
        }
    }()

    time.Sleep(1 * time.Second)
    fmt.Println()
}
```

上述代码通过匿名函数创建了一个协程，该方法适用于较小的函数；而对于大量的代码，最好创建一个常规函数并使用 go 关键字执行该函数。

稍后将会看到，我们可以任意方式创建多个协程，包括使用 for 循环。

执行 simple.go 文件 3 次将生成下列输出结果。

```
$ go run simple.go
10 11 12 13 14 15 16 17 18 19 0123456789
$ go run simple.go
10 11 12 13 14 15 16 0117 2345678918 19
$ go run simple.go
10 11 12 012345678913 14 15 16 17 18 19
```

虽然此处希望程序针对输入内容输出相同的输出结果，但 simple.go 文件的输出并不总是这样。上述输出结果表明，如果缺少额外的操作，我们无法控制协程的执行顺序。这意味着，需要编写额外的代码。对此，第 10 章将学习如何控制协程的执行顺序并输出结果。

9.2.2 创建多个协程

本节将学习如何创建可变数量的协程，相关程序为 create.go 文件，该文件将被分为 4 部分内容加以讨论，进而生成动态数量的协程。其间，协程的数量将作为程序的命令行参数予以设定,同时采用 flag 包处理命令行参数。

create.go 文件的第 1 部分内容如下所示。

```
package main

import (
    "flag"
    "fmt"
    "time"
)
```

create.go 文件的第 2 部分内容如下所示。

```
func main() {
    n := flag.Int("n", 10, "Number of goroutines")
    flag.Parse()

    count := *n
    fmt.Printf("Going to create %d goroutines.\n", count)
```

函数代码读取 n 命令行选项值,进而确定将要创建的协程的数量。如果不存在 n 命令行选项,那么 n 变量值将为 10。

create.go 文件的第 3 部分内容如下所示。

```
for i := 0; i < count; i++ {
    go func(x int) {
        fmt.Printf("%d ", x)
    }(i)
}
```

其中,for 循环用于生成所需的协程数量。再次强调,关于协程的创建和执行顺序,我们不应做任何假设。

create.go 文件的第 4 部分内容如下所示。

```
    time.Sleep(time.Second)
    fmt.Println("\nExiting...")
}
```

这里,time.Sleep()语句的目的在于赋予协程足够的时间结束其任务,以便其输出结果可显示于屏幕上。在实际的程序中并不需要 time.Sleep()语句,而是希望尽快地结束工作。对此,我们将学习一种更好的技术,以使程序能够等待各种协程并在 main()函数返回之前结束。

执行 create.go 文件多次将生成下列生成结果。

```
$ go run create.go -n 100
Going to create 100 goroutines.
5 3 2 4 19 9 0 1 7 11 10 12 13 14 15 31 16 20 17 22 8 18 28 29 21 52 30 45
25 24 49 38 41 46 6 56 57 54 23 26 53 27 59 47 69 66 51 44 71 48 74 33 35
73 39 37 58 40 50 78 85 86 90 67 72 91 32 64 65 95 75 97 99 93 36 60 34 77
94 61 88 89 83 84 43 80 82 87 81 68 92 62 55 98 96 63 76 79 42 70
Exiting...
$ go run create.go -n 100
Going to create 100 goroutines.
2 5 3 16 6 7 8 9 1 22 10 12 13 17 11 18 15 14 19 20 31 23 26 21 29 24 30 25
37 32 36 38 35 33 45 41 43 42 40 39 34 44 48 46 47 56 53 50 0 49 55 59 58
28 54 27 60 4 57 51 52 64 61 65 72 62 63 67 69 66 74 73 71 75 89 70 76 84
85 68 79 80 93 97 83 82 99 78 88 91 92 77 81 95 94 98 87 90 96 86
Exiting...
```

再次可以看到，输出结果是不确定的。从某种意义上讲，这需要搜索输出结果才能查找到所需内容。

除此之外，如果未在 time.Sleep()函数调用中使用适当的延迟，那么将不会看到协程的输出结果。当前，time.Second 虽可正常工作，但此类代码将还在后续操作过程中带来问题。

稍后将学习如何在程序结束前通过赋予足够的时间终止协程，且无须调用 time.Sleep()函数。

9.3 等待协程结束

本节将通过 sync 包在等待协程完成时防止 main()函数结束。syncGo.go 文件的逻辑在 create.go 文件的基础上完成。

syncGo.go 文件的第 1 部分内容如下所示。

```
package main

import (
    "flag"
    "fmt"
    "sync"
)
```

可以看到，此处不需要导入和使用 time 包，因为我们将使用 sync 包中的功能，并等待所有的协程结束。

提示:

第 10 章将讨论两种技术处理协程超时问题。

syncGo.go 文件的第 2 部分内容如下所示。

```
func main() {
    n := flag.Int("n", 20, "Number of goroutines")
    flag.Parse()
    count := *n
    fmt.Printf("Going to create %d goroutines.\n", count)

    var waitGroup sync.WaitGroup
```

上述代码定义了一个 sync.WaitGroup 变量。当查看 sync 包中的源代码,特别是 sync 目录中的 waitgroup.go 文件时,将会看到 sync.WaitGroup 类型是一个被定义为包含 3 个字段的结构,如下所示。

```
type WaitGroup struct {
        noCopy
        state1 [12]byte
        sema uint32
}
```

syncGo.go 文件的输出结果展示了与 sync.WaitGroup 变量工作方式相关的更多信息。属于 sync.WaitGroup 组的协程数量通过一次或多次的 sync.Add()函数调用加以定义。

syncGo.go 文件的第 3 部分内容如下所示。

```
fmt.Printf("%#v\n", waitGroup)
for i := 0; i < count; i++ {
    waitGroup.Add(1)
    go func(x int) {
        defer waitGroup.Done()
        fmt.Printf("%d ", x)
    }(i)
}
```

这里通过 for 循环(也可使用多条 Go 语句)创建了所需的协程数量。

每次调用 sync.Add()函数将递增 sync.WaitGroup 变量中的计数器。注意,在 go 语句之前调用 sync.Add(1)函数是非常重要的,这可防止出现任何竞态条件。当每个协程完成其任务后,将运行 sync.Done()函数,进而递减同一计数器。

syncGo.go 文件的第 4 部分内容如下所示。

```
    fmt.Printf("%#v\n", waitGroup)
    waitGroup.Wait()
    fmt.Println("\nExiting...")
}
```

sync.Wait()函数将处于阻塞状态，直至 sync.WaitGroup 变量中的计数器为 0，进而生成协程的结束时间。

执行 syncGo.go 文件将生成下列输出结果。

```
$ go run syncGo.go
Going to create 20 goroutines.
sync.WaitGroup{noCopy:sync.noCopy{}, state1:[12]uint8{0x0, 0x0, 0x0, 0x0,
0x0, 0x0, 0x0, 0x0, 0x0, 0x0, 0x0, 0x0}, sema:0x0}
sync.WaitGroup{noCopy:sync.noCopy{}, state1:[12]uint8{0x0, 0x0, 0x0, 0x0,
0x14, 0x0, 0x0, 0x0, 0x0, 0x0, 0x0, 0x0}, sema:0x0}
19 7 8 9 10 11 12 13 14 15 16 17 0 1 2 5 18 4 6 3
Exiting...
$ go run syncGo.go -n 30
Going to create 30 goroutines.
sync.WaitGroup{noCopy:sync.noCopy{}, state1:[12]uint8{0x0, 0x0, 0x0, 0x0,
0x0, 0x0, 0x0, 0x0, 0x0, 0x0, 0x0, 0x0}, sema:0x0}
1 0 4 5 17 7 8 9 10 11 12 13 2 sync.WaitGroup{noCopy:sync.noCopy{},
state1:[12]uint8{0x0, 0x0, 0x0, 0x0, 0x17, 0x0, 0x0, 0x0, 0x0, 0x0, 0x0,
0x0}, sema:0x0}
29 15 6 27 24 25 16 22 14 23 18 26 3 19 20 28 21
Exiting...
$ go run syncGo.go -n 30
Going to create 30 goroutines.
sync.WaitGroup{noCopy:sync.noCopy{}, state1:[12]uint8{0x0, 0x0, 0x0, 0x0,
0x0, 0x0, 0x0, 0x0, 0x0, 0x0, 0x0, 0x0}, sema:0x0}
sync.WaitGroup{noCopy:sync.noCopy{}, state1:[12]uint8{0x0, 0x0, 0x0, 0x0,
0x1e, 0x0, 0x0, 0x0, 0x0, 0x0, 0x0, 0x0}, sema:0x0}
29 1 7 8 2 9 10 11 12 4 13 15 0 6 5 22 25 23 16 28 26 20 19 24 21 14 3 17
18 27
Exiting...
```

syncGo.go 文件的输出结果在每次运行过程中仍会发生变化，特别是处理大量的协程时。大多数时候，这一结果是可接收的，但某些时候，这并非是所期望的行为。除此之外，当协程数量等于 30 时，某些协程在第 2 条 fmt.Printf("%#v\n", waitGroup)语句之前结束其任务。最后还需要注意的一点是，sync.WaitGroup 中 state1 字段的一个元素保存了计数器,并根据 sync.Add() 和 sync.Done() 函数调用递增和递减。

当 sync.Add() 和 sync.Done() 函数调用的数量相等时,程序中的一切内容工作良好。这里的问题是,如果二者数量不一致,情况又当如何?

如果 sync.Add() 函数调用次数大于 sync.Done() 函数调用,通过在 syncGo.go 程序的第 1 个 fmt.Printf("%#v\n",waitGroup) 语句之前添加一个 waitGroup.Add(1) 语句,go run 命令的输出结果如下所示。

```
$ go run syncGo.go
Going to create 20 goroutines.
sync.WaitGroup{noCopy:sync.noCopy{}, state1:[12]uint8{0x0, 0x0, 0x0, 0x0,
0x1, 0x0, 0x0, 0x0, 0x0, 0x0, 0x0, 0x0}, sema:0x0}
sync.WaitGroup{noCopy:sync.noCopy{}, state1:[12]uint8{0x0, 0x0, 0x0, 0x0,
0x15, 0x0, 0x0, 0x0, 0x0, 0x0, 0x0, 0x0}, sema:0x0}
19 10 11 12 13 17 18 8 5 4 6 14 1 0 7 3 2 15 9 16 fatal error: all
goroutines are asleep - deadlock!
goroutine 1 [semacquire]:
sync.runtime_Semacquire(0xc4200120bc)
        /usr/local/Cellar/go/1.9.3/libexec/src/runtime/sema.go:56 +0x39
sync.(*WaitGroup).Wait(0xc4200120b0)
        /usr/local/Cellar/go/1.9.3/libexec/src/sync/waitgroup.go:131 +0x72
main.main()
        /Users/mtsouk/Desktop/masterGo/ch/ch9/code/syncGo.go:28 +0x2d7
exit status 2
```

此处错误消息相当明显,即 fatal error: all goroutines are asleep -deadlock。其原因在于,我们通知程序等待 n+1 个协程,也就是说,调用 sync.Add(1) 函数 n+1 次。然而,n 个协程仅执行了 n 个 sync.Done() 语句。最终,sync.Wait() 函数调用将无限期地等待一个或多个 sync.Done() 函数调用,进而导致死锁状态。

如果 sync.Add() 的调用次数少于 sync.Done()——这可通过在 syncGo.go 程序的 for 循环后添加一个 waitGroup.Done() 语句进行模拟——那么 go run 的输出结果如下所示。

```
$ go run syncGo.go
Going to create 20 goroutines.
sync.WaitGroup{noCopy:sync.noCopy{}, state1:[12]uint8{0x0, 0x0, 0x0, 0x0,
0x0, 0x0, 0x0, 0x0, 0x0, 0x0, 0x0, 0x0}, sema:0x0}
sync.WaitGroup{noCopy:sync.noCopy{}, state1:[12]uint8{0x0, 0x0, 0x0, 0x0,
0x12, 0x0, 0x0, 0x0, 0x0, 0x0, 0x0, 0x0}, sema:0x0}
19 6 1 2 9 7 8 15 13 0 14 16 17 3 11 4 5 12 18 10 panic: sync: negative
WaitGroup counter
goroutine 22 [running]:
```

```
sync.(*WaitGroup).Add(0xc4200120b0, 0xffffffffffffffff)
    /usr/local/Cellar/go/1.9.3/libexec/src/sync/waitgroup.go:75 +0x134
sync.(*WaitGroup).Done(0xc4200120b0)
    /usr/local/Cellar/go/1.9.3/libexec/src/sync/waitgroup.go:100 +0x34
main.main.func1(0xc4200120b0, 0x11)
    /Users/mtsouk/Desktop/masterGo/ch/ch9/code/syncGo.go:25 +0xd8
created by main.main
    /Users/mtsouk/Desktop/masterGo/ch/ch9/code/syncGo.go:21 +0x206
exit status 2
```

此处清晰地阐述了问题的根源，即 panic: sync: negative WaitGroup counter。

虽然错误消息表述得十分清晰，且有助于处理相关问题，但我们应仔细地处理置于程序中的 sync.Add() 和 sync.Done() 函数调用的数量。除此之外，还应进一步关注第 2 种错误情形（panic: sync: negative WaitGroup counter），此类问题不一定总是被显示。

9.4 通　　道

通道是一种通信机制，以使协程可交换数据。

然而，一些规则仍然需要引起我们足够的重视。首先，每个通道仅支持特定数据类型的交换，这也被称作通道的元素类型。其次，对于正常操作的通道，我们需要某种角色接收通过通道发送的内容。对此，可采用 chan 关键字声明一个新的通道，并利用 close() 函数关闭一个通道。

最后一个细节要点是，当使用通道作为函数参数时，可指定其方向。也就是说，通道用于发送还是接收。根据个人观点，如果事先了解通道的用途，那么就应运用这一功能，因为这将使得程序更加健壮和安全。相应地，针对仅接收数据的通道，我们无法向其中发送数据，反之亦然——我们无法从仅发送数据的通道中接收数据。最终，如果声明了一个只读通道函数参数，那么尝试向其执行写入操作将会得到一条错误消息，并很可能导致 bug。稍后将对此加以详细介绍。

> 💡 提示：
> 虽然本章涉及较多与通道相关的内容，但读者还需阅读第 10 章中的内容，方得以整体理解通道所体现的强大功能和灵活性。

9.4.1 写入通道

本节代码将展示如何写入通道。将值 x 写入通道 c 中十分简单，形如 c <- x。其中，

箭头<-体现了值的方向。只要 x 和 c 具有相同类型，该语句即可正常工作。具体来说，本节中的示例代码保存在 writeCh.go 文件中，该文件将被分为 3 部分内容加以讨论。

writeCh.go 文件的第 1 部分内容如下所示。

```
package main

import (
    "fmt"
    "time"
)

func writeToChannel(c chan int, x int) {
    fmt.Println(x)
    c <- x
    close(c)
    fmt.Println(x)
}
```

这里，chan 关键字用于声明 c 函数参数表示为一个通道，随后是通道类型（int）。另外，c <- x 语句可将值 x 写入通道 c 中；而 close() 函数则负责关闭通道，即关闭写入机制。

writeCh.go 文件的第 2 部分内容如下所示。

```
func main() {
    c := make(chan int)
```

在上述代码中可以看到通道变量的定义，即 c。注意，此处首次使用了 make() 函数和关键字 chan。全部通道均包含与其关联的类型，在当前示例中为 int。

writeCh.go 文件的第 3 部分内容如下所示。

```
    go writeToChannel(c, 10)
    time.Sleep(1 * time.Second)
}
```

此处作为一个协程运行 writeToChannel() 函数并调用 time.Sleep() 函数，进而向 writeToChannel() 函数赋予足够的执行时间。

执行 writeCh.go 文件将生成下列生成结果。

```
$ go run writeCh.go
10
```

这里的问题是，writeToChannel() 函数仅输出一次给定值，其原因在于，第 2 个 fmt.Println(x) 语句从未被执行。一旦理解了通道的工作方式，该问题就会迎刃而解：c <- x

语句阻塞了 writeToChannel()函数其余代码的执行,因为没有人读取写入 c 通道中的内容。因此,当 time.Sleep(1 * time.Second)语句结束时,程序不会等待 writeToChannel()且即刻终止。

接下来将讨论如何从通道中读取数据。

9.4.2　从通道中读取数据

本节将讨论通道的读取方式。通过执行<-c,我们可从名为 c 的通道中读取一个值,在当前示例中,对应方向为通道至外部环境。

关于通道的读取方式,读者可查看 readCh.go 文件,该文件将被分为 3 部分内容加以讨论。

readCh.go 文件的第 1 部分内容如下所示。

```go
package main

import (
    "fmt"
    "time"
)

func writeToChannel(c chan int, x int) {
    fmt.Println("1", x)
    c <- x
    close(c)
    fmt.Println("2", x)
}
```

这里,writeToChannel()函数实现与之前相比并无变化。

readCh.go 文件的第 2 部分内容如下所示。

```go
func main() {
    c := make(chan int)
    go writeToChannel(c, 10)
    time.Sleep(1 * time.Second)
    fmt.Println("Read:", <-c)
    time.Sleep(1 * time.Second)
```

上述代码通过<-c 表示法从通道 c 中读取数据。如果需要将对应值存储至 k 变量中(而非输出),则可使用 k := <-c 语句。另外,第 2 个 time.Sleep(1 * time.Second)语句则生成相应的时间执行通道的读取操作。

readCh.go 文件的第 3 部分内容如下所示。

```
    _, ok := <-c
    if ok {
        fmt.Println("Channel is open!")
    } else {
        fmt.Println("Channel is closed!")
    }
}
```

上述代码判断给定通道是否处于开启状态。当通道处于关闭状态时，当前 Go 代码工作良好；然而，如果通道处于开启状态，则鉴于 _, ok := <-c 语句中的_字符，此处显示的 Go 代码将丢弃通道的读取值。如果打算在通道开启时存储其中的值，应使用适当的变量名，而非_。

执行 readCh.go 文件将生成下列输出结果。

```
$ go run readCh.go
1 10
Read: 10
2 10
Channel is closed!
$ go run readCh.go
1 10
2 10
Read: 10
Channel is closed!
```

虽然输出结果仍然不确定，但 writeToChannel()函数的 fmt.Println(x)语句都会被执行，因为当读取通道时，该通道处于未锁定状态。

9.4.3 从关闭的通道中读取

本节将尝试从关闭的通道中执行读取操作，对应代码位于 readClose.go 文件中，该文件将被分为两部分内容加以讨论。

readClose.go 文件的第 1 部分内容如下所示。

```
package main

import (
    "fmt"
)
```

```
func main() {
    willClose := make(chan int, 10)

    willClose <- -1
    willClose <- 0
    willClose <- 2

    <-willClose
    <-willClose
    <-willClose
```

上述代码创建了一个名为 willClose 的新的 int 通道并向其写入数据。随后，可读取所有数据且无须执行任何操作。

readClose.go 文件的第 2 部分内容如下所示。

```
    close(willClose)
    read := <-willClose
    fmt.Println(read)
}
```

在上述代码中，我们关闭了 willClose 通道，并尝试从 willClose 通道（之前已清空）中读取数据。

执行 readClose.go 文件将生成下列输出结果。

```
$ go run readClose.go
0
```

这意味着，从关闭通道中执行读取操作将返回对应类型的零值，在当前示例中为 0。

9.4.4 作为函数参数的通道

虽然 readCh.go 和 writeCh.go 均无法使用这一特性，但 Go 语言可在通道用作函数参数时指定其方向，无论是读取和写入操作。这两种通道类型均被称作无向通道；而默认状态下，通道则是双向的。

考查下列两个 Go 函数代码。

```
func f1(c chan int, x int) {
    fmt.Println(x)
    c <- x
}
func f2(c chan<- int, x int) {
```

```
    fmt.Println(x)
    c <- x
}
```

虽然两个函数实现了同一功能，但二者定义稍有不同。其差别在于，f2()函数定义中 chan 关键字右侧的<-符号。这表明，通道 c 仅可用于写入操作。如果 Go 函数代码从只写（仅执行发送操作的通道）通道参数中执行读取操作，那么 Go 编译器将生成下列错误消息。

```
# command-line-arguments
a.go:19:11: invalid operation: range in (receive from send-only type chan<-int)
```

类似地，还可定义下列函数。

```
func f1(out chan<- int64, in <-chan int64) {
    fmt.Println(x)
    c <- x
}

func f2(out chan int64, in chan int64) {
    fmt.Println(x)
    c <- x
}
```

函数 f2()的定义整合了只读通道 in 和只写通道 out。如果尝试写入和关闭函数的只读通道（仅接收数据的通道）参数，那么将得到下列错误消息。

```
# command-line-arguments
a.go:13:7: invalid operation: out <- i (send to receive-only type <-chan int)
a.go:15:7: invalid operation: close(out) (cannot close receive-only channel)
```

9.5 管 道

管道是连接协程和通道的虚拟方法，以便通过通道使得一个协程的输出变为另一个协程的输入，进而传输数据。

管道的优点之一是，因为不存在协程和通道且必须等待一切都完成后才可以开始其执行，所以程序中存在一个恒定的数据流。此外，由于无须将所有事务保存为变量，因此较少的变量将节省更多的内存空间。最后，管道简化了程序设计并改善了程序的可维护性。

pipeline.go 文件包含了与管道相关的代码，该文件将被分为 6 部分内容加以讨论。pipeline.go 文件将在给定范围内生成随机数，程序将在某个数字第 2 次出现时终止。在结束程序之前，程序将在重复数字之后输出所有随机数之和。其间，需要 3 个函数连接程序的通道。除了管道的通道中的数据流之外，程序背后的逻辑也位于这 3 个函数中。

当前程序包含两个通道：第 1 个通道（通道 A）用于从第 1 个函数中获取随机数，并将其发送至第 2 个函数中；第 2 个通道（通道 B）供第 2 个函数使用，并将可接收的随机数发送至第 3 个函数中；第 3 个函数负责从通道 B 中获取数据，经计算后显示最终的结果。

pipeline.go 文件的第 1 部分内容如下所示。

```
package main

import (
    "fmt"
    "math/rand"
    "os"
    "strconv"
    "time"
)

var CLOSEA = false

var DATA = make(map[int]bool)
```

由于 second() 函数需要某种方式通知 first() 函数以关闭第 1 个通道，因此此处使用了一个名为 CLOSEA 的全局变量。CLOSEA 变量由 first() 函数进行检查，且仅可被 second() 函数修改。

pipeline.go 文件的第 2 部分内容如下所示。

```
func random(min, max int) int {
    return rand.Intn(max-min) + min
}

func first(min, max int, out chan<- int) {
    for {
        if CLOSEA {
            close(out)
            return
        }
```

```
        out <- random(min, max)
    }
}
```

上述代码展示了 random() 和 first() 函数实现。其中，random() 函数用于生成给定范围内的随机数，而 first() 函数则通过 for 循环一直处于运行状态，直至布尔变量 CLOSEA 变为 true。在当前示例中，这将关闭其 out 通道。

pipeline.go 文件的第 3 部分内容如下所示。

```
func second(out chan<- int, in <-chan int) {
    for x := range in {
        fmt.Print(x, " ")
        _, ok := DATA[x]
        if ok {
            CLOSEA = true
        } else {
            DATA[x] = true
            out <- x
        }
    }
    fmt.Println()
    close(out)
}
```

second() 函数接收源自 in 通道中的数据，并持续将其发送至 out 通道中。然而，一旦 second() 函数发现某个随机数已存在于 DATA 映射中，它就会将 CLOSEA 全局变量设置为 true，并终止向 out 通道发送任何数字，随后它关闭 out 通道。

💡 提示：
range 循环遍历各个通道，并在通道被关闭时自动退出。

pipeline.go 文件的第 4 部分内容如下所示。

```
func third(in <-chan int) {
    var sum int
    sum = 0
    for x2 := range in {
        sum = sum + x2
    }
    fmt.Printf("The sum of the random numbers is %d\n", sum)
}
```

third() 函数持续从 in 函数参数通道中读取数据。当该通道被 second() 函数关闭时，for

循环将终止获取更多的数据,同时该函数将显示其输出结果。此时可以看到,second()函数控制诸多内容。

pipeline.go 文件的第 5 部分内容如下所示。

```go
func main() {
    if len(os.Args) != 3 {
        fmt.Println("Need two integer parameters!")
        return
    }

    n1, _ := strconv.Atoi(os.Args[1])
    n2, _ := strconv.Atoi(os.Args[2])

    if n1 > n2 {
        fmt.Printf("%d should be smaller than %d\n", n1, n2)
        return
    }
```

上述代码用于处理程序的命令行参数。

pipeline.go 文件的第 6 部分内容如下所示。

```go
    rand.Seed(time.Now().UnixNano())
    A := make(chan int)
    B := make(chan int)

    go first(n1, n2, A)
    go second(B, A)
    third(B)
}
```

此处定义了所需的通道,并运行两个协程和一个函数。third()函数用于防止 main()函数即刻返回,因为该函数并不是作为协程而被执行的。

执行 pipeline.go 文件将生成下列输出结果。

```
$ go run pipeline.go 1 10
2 2
The sum of the random numbers is 2
$ go run pipeline.go 1 10
9 7 8 4 3 3
The sum of the random numbers is 31
$ go run pipeline.go 1 10
1 6 9 7 1
The sum of the random numbers is 23
```

```
$ go run pipeline.go 10 20
16 19 16
The sum of the random numbers is 35
$ go run pipeline.go 10 20
10 16 17 11 15 10
The sum of the random numbers is 69
$ go run pipeline.go 10 20
12 11 14 15 10 15
The sum of the random numbers is 62
```

这里的要点是,虽然 first()函数以自身的速度持续生成随机数,且 second()函数将所有随机数输出至屏幕上,但一些不必要的数字(已曾出现的随机数)并不会被发送至 third() 函数中,因此这些不必要的数字也不会被纳入最终的求和计算中。

9.6 竞态条件

pipeline.go 持续代码并不完美并包含了一个逻辑错误。从并发角度来看,这一错误被称作竞态条件,并可通过执行下列命令予以体现。

```
$ go run -race pipeline.go 1 10
2 2 ==================
WARNING: DATA RACE
Write at 0x00000122bae8 by goroutine 7:
  main.second()
      /Users/mtsouk/ch09/pipeline.go:34 +0x15c
Previous read at 0x00000122bae8 by goroutine 6:
  main.first()
      /Users/mtsouk/ch09/pipeline.go:21 +0xa3
Goroutine 7 (running) created at:
  main.main()
      /Users/mtsouk/ch09/pipeline.go:72 +0x2a1
Goroutine 6 (running) created at:
  main.main()
      /Users/mtsouk/ch09/pipeline.go:71 +0x275
==================
2
The sum of the random numbers is 2.
Found 1 data race(s)
exit status 66
```

此处的问题可描述为，执行 second()函数的协程可能会在 first()函数读取 CLOSEA 变量时改变 CLOSEA 变量值，且执行的顺序也是不确定的，因而被视为一种竞态条件。为了修正这一竞态条件，我们需要使用一个信号通道和 select 关键字。

> 💡 提示：
>
> 关于竞态条件、信号通道和关键字 select 的更多内容，读者可参考第 10 章。

diff(1)命令的输出结果体现了对 pipeline.go 文件所做出的更改——相应的最新版本被称作 plNoRace.go，如下所示。

```
$ diff pipeline.go plNoRace.go
14a15,16
> var signal chan struct{}
>
21c23,24
<         if CLOSEA {
---
>         select {
>         case <-signal:
23a27
>         case out <- random(min, max):
25d28
<         out <- random(min, max)
31d33
<         fmt.Print(x, " ")
34c36
<            CLOSEA = true
---
>            signal <- struct{}{}
35a38
>            fmt.Print(x, " ")
61d63
<
66a69,70
>     signal = make(chan struct{})
>
```

plNoRace.go 文件的逻辑正确性可通过下列命令的输出结果加以验证。

```
$ go run -race plNoRace.go 1 10
8 1 4 9 3
The sum of the random numbers is 25.
```

9.7　Go 语言和 Rust 语言并发模型的比较

Rust 是一门十分流行的系统编程语言，同样支持并发编程，简而言之，Rust 语言和 Rust 并发模型包含以下特征。

- Rust 线程为 UNIX 线程，这意味着它们是一类重量型线程并可执行多项操作。
- Rust 语言同时支持消息传递和共享状态并发，就像 Go 语言支持通道、互斥锁和共享变量一样。
- 基于严格的类型和所有权系统，Rust 语言提供了一个安全的线程可变状态。这些规则由 Rust 语言编译器强制执行。
- 存在多个 Rust 结构支持共享状态。
- 如果某个线程在启动时行为异常，系统并不会崩溃，这一类情形是可以处理和控制的。
- Rust 编程语言仍处于发展中，这会使一些用户不愿意使用它，因为可能需要不断更改现有的代码。

因此，Rust 语言包含了比 Go 语言更为灵活的并发模型。然而，这种灵活性所付出的代价是与 Rust 语言及其特性共存的。

9.8　Go 语言和 Erlang 语言并发模型的比较

Erlang 是一门非常流行的并发函数式编程语言，旨在实现高可用性。简单地讲，Erlang 语言及其并发模型的主要特征如下所示。

- Erlang 是一种成熟且经过测试的编程语言——这也适用于其并发模型。
- 如果读者不喜欢 Erlang 语言的代码工作方式，那么可尝试 Elixir。Elixir 是一种基于 Erlang 的编程语言并使用了 Erlang VM，但其代码令人赏心悦目。
- Erlang 使用了异步通信。
- 针对开发健壮的并发系统，Erlang 语言使用了错误处理机制。
- Erlang 进程可能会出现崩溃，但如果经过适当的处理，系统仍可正常工作。
- 类似于 Go 协程，Erlang 线程是一种轻量级线程。这意味着，我们可根据需要创建多个进程。

总而言之，针对可靠的、高可用性的系统以及并发方案，Erlang 和 Elixir 都是可供选择的方案。

9.9 附加资源

- 读者可访问 https://golang.org/pkg/sync/以查看 sync 包的文档页面。
- Rust 网站：https://www.rust-lang.org/。
- Erlang 网站：https://www.erlang.org/。
- 查看 sync 包，并关注 sync.Mutex 和 sync.RWMutex 类型，第 10 章将对此加以讨论。

9.10 本章练习

- 创建一个读取文本文件的管道，查找每个文本文件中给定短语的出现次数，并计算所有文件中该短语的出现次数。
- 创建一个管道，计算给定范围内全部自然数的平方和。
- 从 simple.go 程序中移除 time.Sleep(1 * time.Second)语句并查看变化结果。试解释其中的原因。
- 修改 pipeline.go 文件中的 Go 代码，创建包含 5 个函数和适宜数量通道的管道。
- 修改 pipeline.go 文件中的 Go 代码，如果忘记关闭 first()函数的 out 通道，那么情况又当如何？

9.11 本章小结

本章介绍了 Go 语言中的多种特性，包括协程、通道和管道。除此之外，我们还学习了如何利用 sync 包提供的功能向协程赋予足够的时间，以使其完成任务。最后，本章还介绍了用作 Go 函数参数的通道，这使得开发人员可创建数据流管道。

第 10 章将继续讨论 Go 并发，并引入了功能强大的 select 关键字。该关键字有助于 Go 通道实现多项任务。

随后，我们将考查如何暂停出于相同原因停滞的一个或多个协程。接下来将学习 nil 通道、信号通道、通道的通道、缓冲通道，以及 context 包。

此外，第 10 章还将讨论共享内存，这是一种传统的相同 UNIX 进程的线程间的信息共享方式，且适用于协程。共享内存在 Go 程序中并不十分常见，因为 Go 语言针对协程提供了更好、更安全和更加快速的数据交换方法。

第 10 章 Go 语言的并发性——高级话题

第 9 章讨论了协程（这也是 Go 语言中最为重要的特性）、通道和管道。本章将讨论与协程、通道和 select 关键字相关的更多内容，随后将介绍共享变量、sync.Mutex 和 sync.RWMutex 类型。

除此之外，本章还将展示相关的示例代码，以说明信号通道、缓冲通道、nil 通道和通道的通道的应用方式。接下来，我们还将考查给定时间量之后的协程暂停技术，因为没有人能够保证所有协程在所需时间内结束。

本章最后还将讲解 atomic 包、竞态条件、context 标准包和 worker 池。

本章主要涉及以下主题。

- Go 调度器的工作方式。
- select 关键字。
- 暂停超出预期时间完成的协程。
- 信号通道。
- 缓冲通道。
- nil 通道。
- 监测协程。
- 共享内存和互斥体。
- sync.Mutex 和 sync.RWMutex 类型。
- atomic 包。
- 缓存竞态条件。
- context 包及其高级特性。
- worker 池。

10.1 再访 Go 调度器

调度器负责以一种有效的方式将需要完成的工作量分配到可用资源上。本节将深入考查 Go 调度器的工作方式。如前所述，Go 语言采用 m:n 调度器（或 M:N 调度器）这一方式工作，并利用线程调度轻量级协程（相比于线程）。下面首先介绍一些基本理论和术语。

Go 语言采用 fork-join 并发模型。其中，模型的 fork 部分表明在程序的任一点可创建一个子分支。类似地，Go 并发模型的 join 部分则是子分支结束并与其父分支连接之处。除此之外，收集协程结果的 sync.Wait()语句表示为连接点，而每个新的协程则创建一个子分支。

> **提示：**
> fork-join 模型中的 fork 阶段和 fork(2) C 系统调用是两种完全不同的事物。

公平调度策略较为直观，且实现起来较为简单。该策略在可用的处理器之间均匀地分担所有负载。初看之下，这像是一种完美的策略，因为在保持所有的处理器被均等地占用时无须考虑过多的因素。但实际情况则有所不用，其原因在于，大多数分布式任务通常会依赖于其他任务。因此，某些处理器并未得到充分利用；或者一些处理器的利用率高于其他处理器。

Go 语言中的一个协程是一项任务（task），而协程调用语句之后的一切内容被称作延续（continuation）。在 Go 调度器所用的工作窃取策略中，未充分利用的（逻辑）处理器将从其他处理器中寻找额外的任务。如果发现此类任务，那么 Go 语言的工作窃取算法将排队并窃取延续。顾名思义，延迟连接（stalling join）表示为一个点，其中，执行线程在连接处暂停并开始查找其他工作。

虽然任务窃取和延续窃取均包含延迟连接，但与任务相比，延续则更常出现。因此，Go 算法常与延续协同工作而非任务。

延续窃取的主要缺点是需要源自编程语言编译器的额外工作。但好的一面是，Go 语言提供了附加帮助以在其工作窃取算法中使用延续偷窃机制。

延续窃取的优点是，当仅采用函数（而非协程或包含多个协程的单线程）时，我们可获得相同的结果。这很有意义，因为在这两种情况下，在任何给定的时间点，我们仅可执行一件事情。

下面继续讨论 Go 语言中的 $m{:}n$ 调度算法。严格地讲，当在任意时刻，我们持有 m 个被执行的协程进而在 n 个 OS 线程上被调度运行，同时最多使用 GOMAXPROCS 个逻辑处理器。稍后将讨论 GOMAXPROCS。

Go 调度器主要通过 3 种实体工作，即与所用操作系统相关的 OS 线程（M）、协程（G）以及逻辑处理器（P）。Go 程序可用的处理器数量由 GOMAXPROCS 环境变量值指定——在任意时刻，最多存在 GOMAXPROCS 个处理器。

图 10.1 描述了 Go 调度器的工作方式。

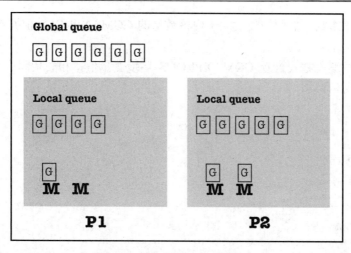

图 10.1　Go 调度器的工作方式

图 10.1 表明当前存在两种不同类型的队列，即全局队列和一个与每个逻辑处理器绑定的局部队列。源自全局队列的协程被分配至逻辑处理器的队列中以被执行。最终，Go 调度器需要检查全局队列，进而避免运行仅位于每个逻辑处理器局部队列处的协程。然而，全局队列并不总是被检查，这意味着，全局队列优于局部队列。

除此之外，每个逻辑处理器包含多个线程，且偷窃行为出现于可用逻辑处理器的局部队列之间。最后需要记住的是，Go 调度器必要时可创建更多的线程。然而，OS 线程代价高昂，这意味着，处理过多的 OS 线程可能会减缓 Go 应用程序的运行速度。

记住，在程序中使用更多的协程对于性能来说并非是万能的方法。除了 sync.Add()、sync.Wait() 和 sync.Done() 函数调用之外，更多的协程可能会降低应用程序的速度，因为额外的管理工作需要由 Go 调度器来完成。

提示：

Go 调度器和大多数组件仍处于发展过程中，也就是说，Go 调度器的开发人员不断尝试通过对其工作方式进行微调以提高性能，而核心原则则保持不变。

当编写基于协程的 Go 代码时，读者不必了解所有信息。但知晓幕后内容将有助于我们处理异常情况，以及了解 Go 调度器的工作方式，从而提升我们的开发技能。

GOMAXPROCS 环境变量（和 Go 函数）可限制操作系统线程的数量，这些线程可与用户级别的 Go 代码同步运行。自 Go 1.5 以来，GOMAXPROCS 的默认值应为 UNIX 机器中逻辑内核的数量。

如果打算将某个小于 UNIX 机器内核数量的值分配与 GOMAXPROCS，这可能会对程序的性能带来影响。然而，使用大于内核数量的 GOMAXPROCS 值并不会使 Go 程序运行得更快。

我们可通过编程方式查看 GOMAXPROCS 环境变量值，相关代码位于 maxprocs.go 文件中，如下所示。

```go
package main

import (
    "fmt"
    "runtime"
)

func getGOMAXPROCS() int {
    return runtime.GOMAXPROCS(0)
}

func main() {
    fmt.Printf("GOMAXPROCS: %d\n", getGOMAXPROCS())
}
```

在 Intel i7 处理器机器上运行 maxprocs.go 文件上将生成下列输出结果。

```
$ go run maxprocs.go
GOMAXPROCS: 8
```

可通过在程序执行之前更改 GOMAXPROCS 环境变量值来修改上述输出结果。接下来在 bash(1) UNIX Shell 中执行下列命令。

```
$ go version
go version go1.12.3 darwin/amd64
$ export GOMAXPROCS=800; go run maxprocs.go
GOMAXPROCS: 800
$ export GOMAXPROCS=4; go run maxprocs.go
GOMAXPROCS: 4
```

10.2 select 关键字

select 关键字功能十分强大，并可在各种场合下实现多项任务。Go 语言中的 select 语句类似于 switch 语句，但针对于通道。在实际操作过程中，这意味着 select 允许协程等待多项通信操作。

因此，select 关键字的主要优点是，利用单一 select 代码块可与多个通道协同工作。相应地，如果设置了相应的 select 代码块，我们可在通道上执行非阻塞操作。

> **提示：**
> 使用多个通道和 select 关键字的最大问题是死锁。这意味着，在进程的设计和实现过程中，应仔细处理这一类问题，进而避免出现死锁现象。

select.go 文件清晰地展示了 select 关键字的应用，该文件将被分为 5 部分内容加以讨论。select.go 文件的第 1 部分内容如下所示。

```
package main

import (
    "fmt"
    "math/rand"
    "os"
    "strconv"
    "time"
)
```

select.go 文件的第 2 部分内容如下所示。

```
func gen(min, max int, createNumber chan int, end chan bool) {
    for {
        select {
        case createNumber <- rand.Intn(max-min) + min:
        case <-end:
            close(end)
            return
        case <-time.After(4 * time.Second):
            fmt.Println("\ntime.After()!")
        }
    }
}
```

那么，在上述 select 代码块中究竟发生了什么？这里，select 语句涉及 3 种情况。注意，select 语句并不需要 default 分支。我们可将上述代码中 select 语句的第 3 个分支视为智能型 default 分支。出现这种情况是因为 time.After() 函数等待指定的持续时间，并随后在返回的通道上发送当前时间——如果出于某种原因其他通道均被阻塞，那么这将解锁 select 语句。

select 语句并未以序列方式被评估，因为其通道被同步检查。如果 select 语句中的通道未处于就绪状态，select 语句将处于阻塞状态，直至某个通道处于就绪状态。如果 select 语句的多个通道处于就绪状态，那么 Go 协程将从这些就绪的通道中进行随机选择。

Go 运行期尝试尽量均匀、公平地在这些就绪通道中进行随机选取。

select.go 文件的第 3 部分内容如下所示。

```go
func main() {
    rand.Seed(time.Now().Unix())
    createNumber := make(chan int)
    end := make(chan bool)

    if len(os.Args) != 2 {
        fmt.Println("Please give me an integer!")
        return
    }
}
```

select.go 文件的第 4 部分内容如下所示。

```go
n, _ := strconv.Atoi(os.Args[1])
fmt.Printf("Going to create %d random numbers.\n", n)
go gen(0, 2*n, createNumber, end)

for i := 0; i < n; i++ {
    fmt.Printf("%d ", <-createNumber)
}
```

💡 提示：

这里，未检查 strconv.Atoi() 函数返回的 error 值的原因旨在节省一些篇幅所占用的空间。在实际的应用程序中，不建议此类做法。

select.go 文件的第 5 部分内容如下所示。

```go
    time.Sleep(5 * time.Second)
    fmt.Println("Exiting...")
    end <- true
}
```

time.Sleep(5 * time.Second) 语句的主要目的是分配 gen() 中的 time.After() 函数足够的时间以返回，并因此激活 select 语句的相关分支。

main() 函数的最后一条语句通过激活 gen() 中 select 语句的 case <-end 分支，并执行相关的 Go 代码进而终止当前程序。

执行 select.go 文件将生成下列输出结果。

```
$ go run select.go 10
Going to create 10 random numbers.
13 17 8 14 19 9 2 0 19 5
time.After()!
Exiting...
```

> **提示:**
> select 语句最大的优点是可连接、编排和管理多个通道。当通道连接协程时，select 语句则连接通道（该通道连接上述协程）。因此，select 语句可被视为 Go 并发模型中的重中之重。

10.3 协程超时

本节将讨论两种重要技术，以帮助我们实现协程超时。简而言之，这两种技术将避免等待协程任务的结束过程，进而完全控制等待协程结束的时间量。其间将结合使用 select 关键字和前述 time.After()函数。

10.3.1 协程超时第1部分

本节的源代码位于 timeOut1.go 文件中，该文件将被分为 4 部分内容加以讨论。timeOut1.go 文件的第 1 部分内容如下所示。

```
package main

import (
    "fmt"
    "time"
)
```

timeOut1.go 文件的第 2 部分内容如下所示。

```
func main() {
    c1 := make(chan string)
    go func() {
        time.Sleep(time.Second * 3)
        c1 <- "c1 OK"
    }()
```

其中，time.Sleep()函数调用用于模拟实现函数任务所占用的时间。在当前示例中，在将消息写入 c1 通道中之前，作为协程执行的匿名函数将占用大约 3s 的时间（time.Second * 3）。

timeOut1.go 文件的第 3 部分内容如下所示。

```
select {
case res := <-c1:
    fmt.Println(res)
case <-time.After(time.Second * 1):
    fmt.Println("timeout c1")
}
```

time.After() 函数调用的功能是等待所选时间量。在当前示例中，我们并不关注 time.After() 函数返回的实际值，而是对 time. after() 函数调用已经结束这一事实感兴趣，这意味着经历了一定的等待时间。此处，由于传递至 time.After() 函数中的值小于 time.Sleep() 函数调用（该函数调用在前述代码段中作为协程执行）中所用的值，因此很可能获得一条超时消息。

timeOut1.go 文件的第 4 部分内容如下所示。

```
    c2 := make(chan string)
    go func() {
        time.Sleep(3 * time.Second)
        c2 <- "c2 OK"
    }()

    select {
    case res := <-c2:
        fmt.Println(res)
    case <-time.After(4 * time.Second):
        fmt.Println("timeout c2")
    }
}
```

由于 time.Sleep() 函数调用，上述代码运行了一个占用大约 3s 执行时间的协程，并通过 time.After(4 * time.Second) 函数定义了 4s 的超时时间。在从 select 代码块的第 1 个 case 中查找到的 c2 通道中获取某个值后，如果 time.After(4 * time.Second) 函数调用返回，则不存在任何超时；否则将得到一个超时值。然而，在当前示例中，time.After() 函数调用值针对 time.Sleep() 函数调用提供了足够的返回时间，因而很可能不会获得一条超时消息。

执行 timeOut1.go 文件将生成下列输出结果。

```
$ go run timeOut1.go
timeout c1
c2 OK
```

正如期望的那样,第一个协程并未完成其任务,而第 2 个协程则具有足够的时间以结束任务。

10.3.2 协程超时第 2 部分

本节的源代码保存在 timeOut2.go 文件中,该文件将被分为 5 部分内容加以讨论。此处,超时期作为程序的命令行参数被提供。

timeOut2.go 文件的第 1 部分内容如下所示。

```
package main

import (
    "fmt"
    "os"
    "strconv"
    "sync"
    "time"
)
```

timeOut2.go 文件的第 2 部分内容如下所示。

```
func timeout(w *sync.WaitGroup, t time.Duration) bool {
    temp := make(chan int)
    go func() {
        defer close(temp)
        time.Sleep(5 * time.Second)

        w.Wait()
    }()

    select {
    case <-temp:
        return false
    case <-time.After(t):
        return true
    }
}
```

在上述代码中，time.After()函数调用所用的时长表示为 timeout()函数的参数，这意味着，该值可发生变化。再次强调，select 语句实现了超时的逻辑内容。除此之外，w.Wait()函数调用将使 timeout()函数无限期地等待一个匹配的 sync.Done()函数以便结束。当 w.Wait()函数调用返回时，select 语句的第 1 个分支将被执行。

timeOut2.go 文件的第 3 部分内容如下所示。

```go
func main() {
    arguments := os.Args
    if len(arguments) != 2 {
        fmt.Println("Need a time duration!")
        return
    }

    var w sync.WaitGroup
    w.Add(1)

    t, err := strconv.Atoi(arguments[1])
    if err != nil {
        fmt.Println(err)
        return
    }
}
```

timeOut2.go 文件的第 4 部分内容如下所示。

```go
duration := time.Duration(int32(t)) * time.Millisecond
fmt.Printf("Timeout period is %s\n", duration)

if timeout(&w, duration) {
    fmt.Println("Timed out!")
} else {
    fmt.Println("OK!")
}
```

time.Duration()函数将整数值转换为一个 time.Duration 变量，以供后续操作使用。

timeOut2.go 文件的第 5 部分内容如下所示。

```go
    w.Done()
    if timeout(&w, duration) {
        fmt.Println("Timed out!")
    } else {
        fmt.Println("OK!")
    }
}
```

一旦 w.Done()函数调用被执行，前一个 timeout()函数就会返回。但是，对 timeout()函数的第 2 次调用则不包含需要等待的 sync.Done()语句。

执行 timeOut2.go 文件将生成下列输出结果。

```
$ go run timeOut2.go 10000
Timeout period is 10s
Timed out!
OK!
```

在 timeOut2.go 文件的执行过程中，超时时间大于匿名协程的 time.Sleep(5 *time.Second)调用。然而，如果缺少必要的 w.Done()函数调用，那么匿名协程将无法返回，因此 time.After(t)函数调用将首先结束，且第 1 个 if 语句的 timeout()函数将返回 true。在第 2 个 if 语句中，匿名函数无须等待任何事物，因此 timeout()函数将返回 false，因为 time.Sleep(5 * time.Second)函数将在 time.After(t)函数之前结束。

```
$ go run timeOut2.go 100
Timeout period is 100ms
Timed out!
Timed out!
```

在第 2 次程序执行过程中，因为超时时长过小，timeout()函数的两次执行都没有足够的时间结束，所以二者都将超时。因此，当定义超时时长时，应确保选择了合适的值，否则结果可能不是所期望的。

10.4　再访 Go 通道

与第 9 章所述内容相比，一旦 select 关键字开始发挥作用，Go 通道就可以独特的方式执行多项操作。本节将展示 Go 通道的多项应用。

记住，通道类型的零值被定义为 nil，如果向关闭通道发送一条消息，程序将处于异常状态。然而，如果尝试从关闭通道中读取数据，那么将得到该通道类型的零值。因此，在关闭了通道后，我们将无法再向其执行写入操作，但可执行读取操作。

当关闭一个通道时，该通道不应是只收（receive-only）通道。除此之外，nil 通道通常处于阻塞状态，也就是说，尝试从 nil 通道中执行读、写操作将获得阻塞状态。当禁用 select 语句的某个分支时（将 nil 值分配与某个通道变量），此类通道属性将十分有用。

最后，如果尝试关闭 nil 通道，那么程序将处于异常状态，如下列 closeNilChannel.go 程序所示。

```
package main

func main() {
    var c chan string
    close(c)
}
```

执行 closeNilChannel.go 文件将生成下列输出结果。

```
$ go run closeNilChannel.go
panic: close of nil channel
goroutine 1 [running]:
main.main()
    /Users/mtsouk/closeNilChannel.go:5 +0x2a
exit status 2
```

10.4.1 信号通道

信号通道仅用于信号机制。简而言之，当通知另一个协程时，可以使用信号通道。信号通道不应用于传输数据。

💡 提示：

不应将信号通道与 UNIX 信号处理机制混淆，因为二者间毫无共同之处。关于 UNIX 信号处理机制，读者可参考第 8 章。

本章后续内容将介绍与信号通道应用相关的示例代码。

10.4.2 缓冲通道

缓冲通道允许 Go 调度器迅速将任务作业置于队列中，进而可处理更多的请求。

不仅如此，还可将缓冲通道用作信号，进而限制应用程序的吞吐量。

缓冲通道的工作方式如下：全部输入请求均被转发至一个通道中，该通道将逐一处理这些请求；当通道对某个请求处理完毕后，将向原始调用者发送一条消息，以表明可处理一个新的请求。因此，通道缓冲区功能将限制其持有的同步请求数量。

缓冲区通道的相应代码位于 bufChannel.go 文件中，该文件将被分为 4 部分内容加以讨论。

bufChannel.go 文件的第 1 部分内容如下所示。

```
package main
```

```
import (
    "fmt"
)
```

bufChannel.go 文件的第 2 部分内容如下所示。

```
func main() {
    numbers := make(chan int, 5)
    counter := 10
```

这里，numbers 通道的定义为它提供了一个可存储 5 个整数的位置。

bufChannel.go 文件的第 3 部分内容如下所示。

```
for i := 0; i < counter; i++ {
    select {
    case numbers <- i:
    default:
        fmt.Println("Not enough space for", i)
    }
}
```

在上述代码中，我们尝试将 10 个整数置于 numbers 通道中。考虑到 numbers 通道仅可容纳 5 个整数，因而无法于其中存储 10 个整数。

bufChannel.go 文件的第 4 部分内容如下所示。

```
    for i := 0; i < counter+5; i++ {
        select {
        case num := <-numbers:
            fmt.Println(num)
        default:
            fmt.Println("Nothing more to be done!")
            break
        }
    }
}
```

在上述代码中，我们尝试利用 for 循环和 select 语句读取 numbers 通道。只要存在从 nubmbers 通道中读取的内容，就可执行 select 语句的第 1 个分支；如果 numbers 通道为空，则执行默认的 default 分支。

执行 bufChannel.go 文件将生成下列输出结果。

```
$ go run bufChannel.go
Not enough space for 5
Not enough space for 6
```

```
Not enough space for 7
Not enough space for 8
Not enough space for 9
0
1
2
3
4
Nothing more to be done!
Nothing more to be done!
Nothing more to be done!
Nothing more to be done!
Nothing more to be done!
Nothing more to be done!
Nothing more to be done!
Nothing more to be done!
Nothing more to be done!
Nothing more to be done!
```

10.4.3 nil 通道

本节将讨论 nil 通道，由于 nil 通道总是处于阻塞状态，因此此类通道较为特殊。nil 通道的相关代码位于 nilChannel.go 文件中，该文件将被分为 4 部分内容加以讨论。

nilChannel.go 文件的第 1 部分内容如下所示。

```
package main

import (
    "fmt"
    "math/rand"
    "time"
)
```

nilChannel.go 文件的第 2 部分内容如下所示。

```
func add(c chan int) {
    sum := 0
    t := time.NewTimer(time.Second)

    for {
        select {
```

```
        case input := <-c:
            sum = sum + input
        case <-t.C:
            c = nil
            fmt.Println(sum)
        }
    }
}
```

其中，add()函数展示了 nil 通道的使用方式。<-t.C 语句阻塞了计数器 t 的 c 通道，其时长由 time.NewTimer()函数调用指定。此处不要将通道 c（当前函数的参数）与通道 t.C（隶属于计时器 t）混淆。当时间过期后，计时器将数值发送至 t.C 通道中，这将触发 select 语句的相应分支的执行。也就是说，将值 nil 分配予通道 c 并输出 sum 变量。

nilChannel.go 文件的第 3 部分内容如下所示。

```
func send(c chan int) {
    for {
        c <- rand.Intn(10)
    }
}
```

send()函数的目的是生成随机数并持续将其发送至处于开放状态的通道。

nilChannel.go 文件的第 4 部分内容如下所示。

```
func main() {
    c := make(chan int)
    go add(c)
    go send(c)

    time.Sleep(3 * time.Second)
}
```

time.Sleep()函数用于向两个操作协程分配足够的时间。

执行 nilChannel.go 文件将生成下列输出结果。

```
$ go run nilChannel.go
13167523
$ go run nilChannel.go
12988362
```

由于 add()函数中 select 语句的第 1 个分支的执行次数并不固定，因此将从 nilChannel.go 文件的执行过程中得到不同的结果。

10.4.4 通道的通道

通道的通道是一类较为特殊的、与通道协同工作的通道变量（而非其他变量类型）。无论如何，我们都需要针对通道的通道声明一种数据类型。对此，可在一行中使用关键字 chan 两次，进而定义通道的通道，如下所示。

```
c1 := make(chan chan int)
```

> **提示**：
> 与通道的通道相比，本章讨论的其他通道类型则更为流行和有用。

通道的通道其相关代码位于 chSquare.go 文件中，该文件将被分为 4 部分内容加以讨论。chSquare.go 文件的第 1 部分内容如下所示。

```go
package main

import (
    "fmt"
    "os"
    "strconv"
    "time"
)

var times int
```

chSquare.go 文件的第 2 部分内容如下所示。

```go
func f1(cc chan chan int, f chan bool) {
    c := make(chan int)
    cc <- c
    defer close(c)

    sum := 0
    select {
    case x := <-c:
        for i := 0; i <= x; i++ {
            sum = sum + i
        }
        c <- sum
    case <-f:
```

在声明了 int 通道后，可将其发送至通道的通道变量中，并随后使用 select 语句从常规 int 通道中读取数据；或者通过 f 信号通道退出函数。

当从通道 c 读取单一值后，可启用 for 循环计算所有整数之和，对应范围为 0 至刚刚读取的整数值。接下来，可将计算后的结果值发送至 c int 通道并结束操作。

chSquare.go 文件的第 3 部分内容如下所示。

```go
func main() {
    arguments := os.Args
    if len(arguments) != 2 {
        fmt.Println("Need just one integer argument!")
        return
    }

    times, err := strconv.Atoi(arguments[1])
    if err != nil {
        fmt.Println(err)
        return
    }

    cc := make(chan chan int)
```

上述代码的最后一条语句声明了名为 cc 的通道的通道变量。此处，一切事物均依赖于该变量，因而它也是当前程序的核心内容。cc 变量被传递至 f1() 函数后将用于接下来的 for 循环中。

chSquare.go 文件的第 4 部分内容如下所示。

```go
for i := 1; i < times+1; i++ {
    f := make(chan bool)
    go f1(cc, f)
    ch := <-cc
    ch <- i
    for sum := range ch {
        fmt.Print("Sum(", i, ")=", sum)
    }
    fmt.Println()
    time.Sleep(time.Second)
    close(f)
}
```

其中，通道 f 是一个信号通道，当实际工作完成后用于结束当前协程。ch := <-cc 语句可从通道的通道变量中获取常规通道，并利用 ch <- i 将 int 值发送其中，随后，可通过一个 for 循环从中开始读取操作。虽然 f1()函数定义为发回一个单一值，但也可读取多个值。注意，每个 i 值通过不同的协程被操作。

信号通道可以是任意类型，包括上述代码中采用的 bool，以及稍后信号通道中所用的 struct{}。struct{}信号通道的主要优点是，不可向其中发送数据，从而防止 bug 和错误的出现。

执行 chSquare.go 文件将生成下列输出结果。

```
$ go run chSquare.go 4
Sum(1)=1
Sum(2)=3
Sum(3)=6
Sum(4)=10
$ go run chSquare.go 7
Sum(1)=1
Sum(2)=3
Sum(3)=6
Sum(4)=10
Sum(5)=15
Sum(6)=21
Sum(7)=28
```

10.4.5　指定协程的执行顺序

尽管不应假设协程的执行顺序，但有些时候仍需要能够控制协程的顺序。本节将展示如何利用信号通道实现这一技术。

💡 提示：

如果简单的函数即可更方便地实现相同任务，那么为何还要以既定的顺序执行协程？对此，答案十分简单：协程能够以并发方式操作，并等待其他协程结束；而顺序执行的函数则无法实现这一点。

相关的 Go 代码位于 defineOrder.go 文件中，该文件将被分为 5 部分内容加以讨论。defineOrder.go 文件的第 1 部分内容如下所示。

```
package main

import (
```

```
    "fmt"
    "time"
)
func A(a, b chan struct{}) {
    <-a
    fmt.Println("A()!")
    time.Sleep(time.Second)
    close(b)
}
```

其中，函数 A()通过存储于参数中的通道被阻塞。一旦该通道在 main()函数解除阻塞状态，A()函数就将开始工作。最后，该函数将关闭通道 b，这将使另一个函数处于非阻塞状态，在当前示例中为函数 B()。

defineOrder.go 文件的第 2 部分内容如下所示。

```
func B(a, b chan struct{}) {
    <-a
    fmt.Println("B()!")
    close(b)
}
```

函数 B()中的逻辑等同于函数 A()。函数 B()在通道 a 关闭之前一直处于阻塞状态。接下来，函数 B()执行器任务作业并关闭通道 b。注意，通道 a 和 b 引用了函数参数的名称。

defineOrder.go 文件的第 3 部分内容如下所示。

```
func C(a chan struct{}) {
    <-a
    fmt.Println("C()!")
}
```

这里，函数 C()被阻塞并等待通道 a 关闭，进而开始其工作。

defineOrder.go 文件的第 4 部分内容如下所示。

```
func main() {
    x := make(chan struct{})
    y := make(chan struct{})
    z := make(chan struct{})
```

上述 3 个通道将分别被定义为 3 个函数的参数。

defineOrder.go 文件的第 5 部分内容如下所示。

```
		go C(z)
		go A(x, y)
		go C(z)
		go B(y, z)
		go C(z)

		close(x)
		time.Sleep(3 * time.Second)
}
```

在上述代码中，在关闭 x 通道并睡眠 3s 之前，此处执行了所需的协程。

执行 defineOrder.go 文件将生成下列输出结果，即使函数 C() 被多次调用。

```
$ go run defineOrder.go
A()!
B()!
C()!
C()!
C()!
```

作为协程多次调用 C() 函数将不会产生任何问题，因为函数 C() 并不关闭任何通道。然而，如果多次调用 A() 或 B() 函数，则很可能获得下列错误消息。

```
$ go run defineOrder.go
A()!
A()!
B()!
C()!
C()!
C()!
panic: close of closed channel
goroutine 7 [running]:
main.A(0xc420072060, 0xc4200720c0)
        /Users/mtsouk/Desktop/defineOrder.go:12 +0x9d
created by main.main
        /Users/mtsouk/Desktop/defineOrder.go:33 +0xfa
exit status 2
```

从上述输出结果中可以看到，函数 A() 被调用两次。然而，由于函数 A() 关闭了一个通道，而某个协程将会发现该通道已处于关闭状态，并在尝试再次对其进行关闭时出现异常情况。如果多次调用函数 B()，那么同样会出现类似的情况。

10.4.6　如何使用协程

本节将考查一种基于协程的自然数排序的简单方法，对应的程序名称为 sillySort.go 文件，该文件将被分为两部分内容加以讨论。sillySort.go 文件的第 1 部分内容如下所示。

```go
package main

import (
    "fmt"
    "os"
    "strconv"
    "sync"
    "time"
)

func main() {
    arguments := os.Args

    if len(arguments) == 1 {
        fmt.Println(os.Args[0], "n1, n2, [n]")
        return
    }

    var wg sync.WaitGroup
    for _, arg := range arguments[1:] {
        n, err := strconv.Atoi(arg)
        if err != nil || n < 0 {
            fmt.Print(". ")
            continue
        }
```

sillySort.go 文件的第 2 部分内容如下所示。

```go
        wg.Add(1)
        go func(n int) {
            defer wg.Done()
            time.Sleep(time.Duration(n) * time.Second)
            fmt.Print(n, " ")
        }(n)
    }

    wg.Wait()
```

```
        fmt.Println()
}
```

排序过程借助于 time.Sleep() 函数完成——自然数越大,那么等待 fmt.Print() 语句的执行时间也就越长。

执行 sillySort.go 文件将生成下列输出结果。

```
$ go run sillySort.go a -1 1 2 3 5 0 100 20 60
. . 0 1 2 3 5 20 60 100
$ go run sillySort.go a -1 1 2 3 5 0 100 -1 a 20 hello 60
. . . . . 0 1 2 3 5 20 60 100
$ go run sillySort.go 0 0 10 2 30 3 4 30
0 0 2 3 4 10 30 30
```

10.5 共享内存和共享变量

共享内存和共享变量是 UNIX 线程间最为常见的通信方式。

互斥体(mutex)变量主要用于线程同步,以及多次写入操作同时发生时的共享数据保护。互斥体的工作原理类似于容量为 1 的缓冲通道,最多允许一个协程在任意时刻访问共享变量。这意味着,两个或多个协程无法尝试同步更新该变量。

并发程序的临界区是指一段代码且无法被进程、线程和协程同时执行。此类代码需要受到互斥体的保护。因此,识别代码的临界区将使整个编程过程变得非常简单,因而应引起我们足够的重视。

💡 提示:

当两个临界区使用相同的 sync.Mutex 或 sync.RWMutex 变量时,一个临界区则无法嵌入另一个临界区中。简而言之,无论如何都应避免在函数间传播互斥体,进而难以查看互斥体的嵌入过程。

接下来将讨论 sync.Mutex 和 sync.RWMutex 类型的应用方式。

10.5.1 sync.Mutex 类型

sync.Mutex 类型被定义为互斥体的 Go 语言实现,其定义位于 sync 目录下的 mutex.go 文件中,如下所示。

```
// A Mutex is a mutual exclusion lock.
// The zero value for a Mutex is an unlocked mutex.
```

```
//
// A Mutex must not be copied after first use.
type Mutex struct {
        state int32
        sema uint32
}
```

> **提示**：
> 如果读者对标准库中的代码实现感兴趣,不要忘记,Go 语言的开源特性给我们提供了更加方便的参考方式。

sync.Mutex 类型定义并无特别之处,全部工作均在 sync.Lock()和 sync.Unlock()函数中实现,进而可分别锁定/解锁一个 sync.Mutex 互斥体。这里,锁定互斥体意味着,在通过 sync.Unlock()函数被释放前,任何人都无法对其上锁。

mutex.go 文件将被分为 5 部分内容加以讨论,进而展示 sync.Mutex 类型的应用方式。

mutex.go 文件的第 1 部分内容如下所示。

```
package main

import (
    "fmt"
    "os"
    "strconv"
    "sync"
    "time"
)

var (
    m sync.Mutex
    v1 int
)
```

mutex.go 文件的第 2 部分内容如下所示。

```
func change(i int) {
    m.Lock()
    time.Sleep(time.Second)
    v1 = v1 + 1
    if v1%10 == 0 {
        v1 = v1 - 10*i
    }
    m.Unlock()
}
```

上述函数的临界区为 m.Lock() 和 m.Unlock() 语句之间的 Go 代码。

mutex.go 文件的第 3 部分内容如下所示。

```go
func read() int {
    m.Lock()
    a := v1
    m.Unlock()
    return a
}
```

类似地，上述函数的临界区由 m.Lock() 和 m.Unlock() 语句加以定义。

mutex.go 文件的第 4 部分内容如下所示。

```go
func main() {
    if len(os.Args) != 2 {
        fmt.Println("Please give me an integer!")
        return
    }

    numGR, err := strconv.Atoi(os.Args[1])
    if err != nil {
        fmt.Println(err)
        return
    }
    var waitGroup sync.WaitGroup
```

mutex.go 文件的第 5 部分内容如下所示。

```go
    fmt.Printf("%d ", read())
    for i := 0; i < numGR; i++ {
        waitGroup.Add(1)
        go func(i int) {
            defer waitGroup.Done()
            change(i)
            fmt.Printf("-> %d", read())
        }(i)
    }

    waitGroup.Wait()
    fmt.Printf("-> %d\n", read())
}
```

执行 mutex.go 文件将生成下列输出结果。

```
$ go run mutex.go 21
0 -> 1-> 2-> 3-> 4-> 5-> 6-> 7-> 8-> 9-> -30-> -29-> -28-> -27-> -26->
-25-> -24-> -23-> -22-> -21-> -210-> -209-> -209
$ go run mutex.go 21
0 -> 1-> 2-> 3-> 4-> 5-> 6-> 7-> 8-> 9-> -130-> -129-> -128-> -127-> -126->
-125-> -124-> -123-> -122-> -121-> -220-> -219-> -219
$ go run mutex.go 21
0 -> 1-> 2-> 3-> 4-> 5-> 6-> 7-> 8-> 9-> -100-> -99-> -98-> -97-> -96->
-95-> -94-> -93-> -92-> -91-> -260-> -259-> -259
```

如果移除 change() 函数中的 m.Lock() 和 m.Unlock() 语句,那么执行 mutex.go 文件将生成下列输出结果。

```
$ go run mutex.go 21
0 -> 1-> 6-> 7-> 5-> -60-> -59-> 9-> 2-> -58-> 3-> -52-> 4-> -57-> 8->
-55-> -90-> -54-> -89-> -53-> -56-> -51-> -89
$ go run mutex.go 21
0 -> 1-> 7-> 8-> 9-> 5-> -99-> 4-> 2-> -97-> -96-> 3-> -98-> -95-> -100->
-93-> -94-> -92-> -91-> -230-> 6-> -229-> -229
$ go run mutex.go 21
0 -> 3-> 7-> 8-> 9-> -120-> -119-> -118-> -117-> 1-> -115-> -114-> -116->
4-> 6-> -112-> 2-> -111-> 5-> -260-> -113-> -259-> -259
```

输出结果中的变化原因是,所有的协程同步修改共享变量,因而呈现随机结果。

10.5.2 忘记解锁互斥体

如果忘记解锁 sync.Mutex,那么情况又当如何?对此,我们考查 forgetMutex.go 文件中的 Go 代码,该文件将被分为两部分内容加以讨论。

forgetMutex.go 文件的第 1 部分内容如下所示。

```
package main

import (
    "fmt"
    "sync"
)

var m sync.Mutex

func function() {
    m.Lock()
```

```
        fmt.Println("Locked!")
}
```

这里,问题的根源来自开发人员忘记释放与 m sync.Mutex 相关的锁。然而,如果程序仅调用 function()函数一次,则一切恢复正常。

forgetMutex.go 文件的第 2 部分内容如下所示。

```
func main() {
    var w sync.WaitGroup

    go func() {
        defer w.Done()
        function()
    }()
    w.Add(1)

    go func() {
        defer w.Done()
        function()
    }()
    w.Add(1)

    w.Wait()
}
```

main()函数工作正常,其间仅生成了两个协程并等待其结束。

执行 forgetMutex.go 文件将生成下列输出结果。

```
$ go run forgetMutex.go
Locked!
fatal error: all goroutines are asleep - deadlock!
goroutine 1 [semacquire]:
sync.runtime_Semacquire(0xc42001209c)
    /usr/local/Cellar/go/1.12.3/libexec/src/runtime/sema.go:56 +0x39
sync.(*WaitGroup).Wait(0xc420012090)
    /usr/local/Cellar/go/1.12.3/libexec/src/sync/waitgroup.go:131 +0x72
main.main()
    /Users/mtsouk/forgetMutex.go:30 +0xb6
goroutine 5 [semacquire]:
sync.runtime_SemacquireMutex(0x115c6fc, 0x0)
    /usr/local/Cellar/go/1.12.3/libexec/src/runtime/sema.go:71 +0x3d
sync.(*Mutex).Lock(0x115c6f8)
    /usr/local/Cellar/go/1.12.3/libexec/src/sync/mutex.go:134 +0xee
```

```
main.function()
    /Users/mtsouk/forgetMutex.go:11 +0x2d
main.main.func1(0xc420012090)
    /Users/mtsouk/forgetMutex.go:20 +0x48
created by main.main
    /Users/mtsouk/forgetMutex.go:18 +0x58
exit status 2
```

因此，即使在最为简单的程序中，忘记解锁互斥体 sync.Mutex 也将会出现异常情况。这一情形同样适用于 sync.RWMutex 互斥体类型。

10.5.3　sync.RWMutex 类型

sync.RWMutex 是另一种互斥体类型——实际上，sync.RWMutex 可被视为 sync.Mutex 的改进版本，它被定义于 sync 目录的 rwmutex.go 文件中，如下所示。

```
type RWMutex struct {
        w               Mutex    // held if there are pending writers
        writerSem       uint32   // semaphore for writers to wait for completing readers
        readerSem       uint32   // semaphore for readers to wait for completing writers
        readerCount     int32    // number of pending readers
        readerWait      int32    // number of departing readers
}
```

换而言之，sync.RWMutex 基于 sync.Mutex，且包含了必要的附加内容和改进措施。

接下来讨论 sync.RWMutex 针对于 sync.Mutex 的改进方式。虽然利用 sync.RWMutex 互斥体仅允许一个函数执行写入操作，但可持有包含 sync.RWMutex 互斥体的多个读取器。但需要注意的是，直至所有的 sync.RWMutex 的读取器解锁该互斥体，我们才可锁定该互斥体进行写入操作，这也是支持多个读取器所付出的些许代价。

RLock()和 RUnlock()函数可帮助我们处理 sync.RWMutex 互斥体，这两个函数分别用于互斥体读取时的锁定/解锁行为。相应地，当对 sync.RWMutex 互斥体锁定/解锁以执行写入操作时，仍可使用 sync.Mutex 互斥体中的 Lock()和 Unlock()函数。因此，基于读取功能的 RLock()函数应与 RUnlock()函数配对出现。最后，不应对 RLock()和 RUnlock()代码块中的共享变量进行任何修改。

rwMutex.go 文件中的代码展示了 sync.RWMutex 类型的应用。该文件将被分为 6 部分内容加以讨论，其中包含了两个函数的改进版本：第 1 个函数使用 sync.RWMutex 互斥体进行读取；第 2 个函数则使用 sync.Mutex 互斥体进行读取。针对读取行为，二者间性能方面的差异有助于我们理解 sync.RWMutex 互斥体的优点。

rwMutex.go 文件的第 1 部分内容如下所示。

```go
package main

import (
    "fmt"
    "os"
    "sync"
    "time"
)

var Password = secret{password: "myPassword"}

type secret struct {
    RWM      sync.RWMutex
    M        sync.Mutex
    password string
}
```

其中，secrect 结构保存一个共享变量、结构 sync.RWMutex 互斥体和一个 sync.Mutex 互斥体。

rwMutex.go 文件的第 2 部分内容如下所示。

```go
func Change(c *secret, pass string) {
    c.RWM.Lock()
    fmt.Println("LChange")
    time.Sleep(10 * time.Second)
    c.password = pass
    c.RWM.Unlock()
}
```

这里，Change()函数修改了共享变量，这意味着需要使用一个互斥锁，这也是使用 Lock()和 Unlock()函数的原因。当改变事物时，互斥锁的使用不可避免。

rwMutex.go 文件的第 3 部分内容如下所示。

```go
func show(c *secret) string {
    c.RWM.RLock()
    fmt.Print("show")
    time.Sleep(3 * time.Second)
    defer c.RWM.RUnlock()
    return c.password
}
```

考虑到临界区用于读取一个共享变量，因而 show() 函数使用了 RLock() 和 RUnlock() 函数。因此，虽然多个协程可读取共享变量，但没有一个线程可在缺少 Lock() 和 Unlock() 函数的前提下修改共享变量。只要存在基于互斥体的共享变量的读取行为，Lock() 函数就会处于阻塞状态。

rwMutex.go 文件的第 4 部分内容如下所示。

```go
func showWithLock(c *secret) string {
    c.RWM.Lock()
    fmt.Println("showWithLock")
    time.Sleep(3 * time.Second)
    defer c.RWM.Unlock()
    return c.password
}
```

showWithLock() 函数和 show() 函数间的唯一差别在于，showWithLock() 函数使用互斥锁进行读取。也就是说，仅 showWithLock() 函数可读取 secret 结构的 password 字段。

rwMutex.go 文件的第 5 部分内容如下所示。

```go
func main() {
    var showFunction = func(c *secret) string { return "" }
    if len(os.Args) != 2 {
        fmt.Println("Using sync.RWMutex!")
        showFunction = show
    } else {
        fmt.Println("Using sync.Mutex!")
        showFunction = showWithLock
    }

    var waitGroup sync.WaitGroup

    fmt.Println("Pass:", showFunction(&Password))
```

rwMutex.go 文件的第 6 部分内容如下所示。

```go
    for i := 0; i < 15; i++ {
        waitGroup.Add(1)
        go func() {
            defer waitGroup.Done()
            fmt.Println("Go Pass:", showFunction(&Password))
        }()
    }
```

```
    go func() {
        waitGroup.Add(1)
        defer waitGroup.Done()
        Change(&Password, "123456")
    }()

    waitGroup.Wait()
    fmt.Println("Pass:", showFunction(&Password))
}
```

执行 rwMutex.go 文件两次，并使用 time(1)命令行实用程序对程序的两个版本进行基准测试将生成下列输出结果。

```
$ time go run rwMutex.go 10 >/dev/null
real    0m51.206s
user    0m0.130s
sys     0m0.074s
$ time go run rwMutex.go >/dev/null
real    0m22.191s
user    0m0.135s
sys     0m0.071s
```

注意，上述命令尾部的>/dev/null 将忽略两个命令的输出结果。因此，使用 sync.RWMutex 互斥体的版本将快于采用 sync.Mutex 的版本。

10.5.4 atomic 包

原子操作是指在与其他线程（在当前示例中为其他协程）相关的单一步骤中完成的操作。这表明，原子操作无法中断。

Go 语言标准库提供了 atomic 包，在某些时候可帮助我们避免使用互斥体。然而，与原子操作相比，互斥体更具多样性。当使用 atomic 包时，多个协程可访问原子计数器，且不存在同步和竞态条件问题。

注意，对于原子变量，所有的读写行为需要通过 atomic 包提供的原子函数完成。atomic 包的使用位于 atom.go 文件（程序）中，该文件将被分为 3 部分内容加以讨论。

atom.go 文件的第 1 部分内容如下所示。

```
package main

import (
    "flag"
```

```
    "fmt"
    "sync"
    "sync/atomic"
)

type atomCounter struct {
    val int64
}

func (c *atomCounter) Value() int64 {
    return atomic.LoadInt64(&c.val)
}
```

atom.go 文件的第 2 部分内容如下所示。

```
func main() {
    minusX := flag.Int("x", 100, "Goroutines")
    minusY := flag.Int("y", 200, "Value")
    flag.Parse()
    X := *minusX
    Y := *minusY

    var waitGroup sync.WaitGroup
    counter := atomCounter{}
```

atom.go 文件的第 3 部分内容如下所示。

```
    for i := 0; i < X; i++ {
        waitGroup.Add(1)
        go func(no int) {
            defer waitGroup.Done()
            for i := 0; i < Y; i++ {
                atomic.AddInt64(&counter.val, 1)
            }
        }(i)
    }

    waitGroup.Wait()

    fmt.Println(counter.Value())
}
```

通过 atomic.AddInt64() 函数，相关变量发生了变化。

执行 atom.go 文件将生成下列输出结果。

```
$ go run atom.go
20000
$ go run atom.go -x 4000 -y 10
40000
```

atom.go 文件的输出结果表明，当前程序中所用的计数器是安全的。我们还可尝试修改 atom.go 程序，以便通过常规的数学运算（counter.val++）而非 atomic.AddInt64()函数调整计数器变量。届时，程序的输出结果如下所示。

```
$ go run atom.go -x 4000 -y 10
37613
$ go run atom.go
15247
```

上述输出结果表明，使用 counter.val++将使得程序处于不安全状态。

第 12 章还将通过 HTTP 服务器考查类似的示例。

10.5.5 基于协程的共享内存

本节将展示如何利用专用协程共享数据。虽然共享内存是线程通信的传统方式，但 Go 语言内置了同步特性，以使单协程拥有一个共享数据片段。这意味着，其他协程需要向持有共享数据的该单协程发送消息，进而防止数据受损。此类协程被称作监控协程。在 Go 术语中，这是一种通信共享，而非共享通信。

基于协程共享内存技术的实现代码位于 monitor.go 文件中，该文件将被分为 5 部分内容加以讨论。其间，monitor.go 文件（程序）利用监控协程生成随机数。

monitor.go 文件的第 1 部分内容如下所示。

```
package main

import (
    "fmt"
    "math/rand"
    "os"
    "strconv"
    "sync"
    "time"
)

var readValue = make(chan int)
var writeValue = make(chan int)
```

第 10 章　Go 语言的并发性——高级话题

其中，readValue 通道用于读取随机数，而 writeValue 通道则用于获取新的随机数。monitor.go 文件的第 2 部分内容如下所示。

```go
func set(newValue int) {
    writeValue <- newValue
}

func read() int {
    return <-readValue
}
```

set()函数的目的在于设置共享变量值，而 read()函数则用于读取保存后的变量值。monitor.go 文件的第 3 部分内容如下所示。

```go
func monitor() {
    var value int
    for {
        select {
        case newValue := <-writeValue:
            value = newValue
            fmt.Printf("%d ", value)
        case readValue <- value:
        }
    }
}
```

程序的全部逻辑内容位于 monitor()函数中。特别地，select 语句负责编排程序的整体操作。

对于读取请求，read()函数将从 readValue 通道中读取，该通道通过 monitor()函数予以控制。这将返回保存于 value 变量中的当前值。另外，当尝试修改存储值时，则可调用 set()函数。这将写入 writeValue 通道中，同样由 select 语句负责处理。最终，如果缺少 monitor()函数，则无法处理 value 共享变量。

monitor.go 文件的第 4 部分内容如下所示。

```go
func main() {
    if len(os.Args) != 2 {
        fmt.Println("Please give an integer!")
        return
    }
    n, err := strconv.Atoi(os.Args[1])
    if err != nil {
        fmt.Println(err)
```

```
        return
    }

    fmt.Printf("Going to create %d random numbers.\n", n)
    rand.Seed(time.Now().Unix())
    go monitor()
```

monitor.go 文件的第 5 部分内容如下所示。

```
    var w sync.WaitGroup

    for r := 0; r < n; r++ {
        w.Add(1)
        go func() {
            defer w.Done()
            set(rand.Intn(10 * n))
        }()
    }
    w.Wait()
    fmt.Printf("\nLast value: %d\n", read())
}
```

执行 monitor.go 文件将生成下列输出结果。

```
$ go run monitor.go 20
Going to create 20 random numbers.
89 88 166 42 149 89 20 84 44 178 184 28 52 121 62 91 31 117 140 106
Last value: 106
$ go run monitor.go 10
Going to create 10 random numbers.
30 16 66 70 65 45 31 57 62 26
Last value: 26
```

提示：

就个人而言，建议使用监控协程而非传统的内存共享技术，因为监控协程的实现更加安全、整洁，也更接近于 Go 语言的哲学。

10.6　重访 Go 语句

虽然协程速度较快，以至于我们可在机器上执行数千个协程，但这是有代价的。本节将讨论 Go 语句及其行为，以及在 Go 程序中启动新协程时所产生的各种情况。

第 10 章　Go 语言的并发性——高级话题

注意，当协程实际运行以及为了创建一个新协程而执行 Go 语句时，协程中的闭包变量将会被求值。这意味着，当 Go 调度器决定执行相关代码时，闭包变量将被其值所替代。下列 Go 代码对此进行了说明，该代码被保存于 cloGo.go 文件中。

```go
package main

import (
    "fmt"
    "time"
)

func main() {
    for i := 0; i <= 20; i++ {
        go func() {
            fmt.Print(i, " ")
        }()
    }
    time.Sleep(time.Second)
    fmt.Println()
}
```

一种较好的做法是，终止读取片刻，并尝试猜测代码的输出内容。

多次执行 cloGo.go 文件将会产生我们这里所讨论的问题。

```
$ go run cloGo.go
9 21 21 21 21 21 21 21 21 21 21 21 21 21 21 21 21 21 21 21 21
$ go run cloGo.go
4 21 21 21 21 21 21 21 6 21 21 21 21 21 21 21 21 21 21 21 21
$ go run cloGo.go
6 21 6 6 21 21 21 21 21 21 21 21 21 21 21 21 21 21 21 6 21
```

程序主要输出数字 21，该数字也是 for 循环变量的最后一个值，而非其他数字。由于 i 被定义为闭包变量，因此将在执行时被评估。当协程启动并等待 Go 调度器允许其执行时，for 循环结束，此时所用的 i 值为 21。最后，同样的问题也会出现于通道中，因而需谨慎使用。

对此，存在一种相对有趣但有些意外的方法来解决这一问题，其间涉及一些 Go 语言惯用方法。相关代码位于 cloGoCorrect.go 文件中，如下所示。

```go
package main

import (
```

```
    "fmt"
    "time"
)

func main() {
    for i := 0; i <= 20; i++ {
        i := i
        go func() {
            fmt.Print(i, " ")
        }()
    }
    time.Sleep(time.Second)
    fmt.Println()
}
```

其中，语句 i:=i 虽然较为奇特，并针对当前协程创建了一个新的变量实例，这使得 cloGoCorrect.go 文件生成下列输出结果。

```
$ go run cloGoCorrect.go
1 5 4 3 6 0 13 7 8 9 10 11 12 17 14 15 16 19 18 20 2
$ go run cloGoCorrect.go
5 2 20 13 6 7 1 9 10 11 0 3 17 14 15 16 4 19 18 8 12
```

接下来将会看到另一个采用 Go 语句的较为奇特的示例。考查下列 Go 代码，该代码被保存于 endlessComp.go 文件中。

```
package main

import (
    "fmt"
    "runtime"
)

func main() {
    var i byte
    go func() {
        for i = 0; i <= 255; i++ {
        }
    }()
    fmt.Println("Leaving goroutine!")
    runtime.Gosched()
    runtime.GC()
```

```
    fmt.Println("Good bye!")
}
```

执行 endlessComp.go 文件后将会惊奇地发现，程序将永远无法终止——该程序处于阻塞状态，因而需要通过手动方式结束程序。

```
$ go run endlessComp.go
Leaving goroutine!
^Csignal: interrupt
```

相信读者已经猜测到，问题的根源与 Go 语言垃圾收集器及其工作方式有关。runtime.Gosched()函数回收调用请求调度器运行另一个协程，并随后调用尝试完成其任务的 Go 垃圾收集器。

首先，垃圾收集器在执行工作前需要所有的协程均处于休眠状态。这里的问题在于，for 循环永远不会结束，因为 for 循环变量类型为 byte。这表明，for 循环禁止系统执行其他任务——基于 for 循环的协程永远不会休眠。即使机器包含多个内核，这一现象也无法避免。

注意，如果 for 循环不为空，那么程序将会正常执行并结束，因为垃圾收集器将拥有一个结束位置。

最后还需要记住的一点是，协程需要被显式地标记方可结束。对此，可采用简单的 return 语句轻松地结束协程。

10.7 缓存竟态条件

数据竟态条件是指，两个或多个运行元素（如线程和协程）尝试控制或修改程序的共享资源或某个变量。严格地讲，数据竟态条件出现于当两个或多条指令访问同一内存地址时，其中，至少一条指令执行写入操作。如果全部操作均为读取操作，则不存在竟态条件。

当运行或构件 Go 源文件时，使用-race 标记将开启 Go 竟态检测器，这将使编译器创建一个典型可执行文件的修正版本。该修正版本可记录全部共享变量的访问行为以及出现的所有同步事件，包括 sync.Mutex 和 sync.WaitGroup 调用。在相关事件分析完毕后，竟态检测器将输出一份报告，进而识别可能存在的潜在问题，以便我们进行改正。

与竟态条件相关的代码存储于 raceC.go 文件中，该文件将被分为 3 部分内容加以讨论。raceC.go 文件的第 1 部分内容如下所示。

```go
package main

import (
    "fmt"
    "os"
    "strconv"
    "sync"
)

func main() {
    arguments := os.Args
    if len(arguments) != 2 {
        fmt.Println("Give me a natural number!")
        return
    }
    numGR, err := strconv.Atoi(os.Args[1])
    if err != nil {
        fmt.Println(err)
        return
    }
```

raceC.go 文件的第 2 部分内容如下所示。

```go
var waitGroup sync.WaitGroup
var i int

k := make(map[int]int)
k[1] = 12

for i = 0; i < numGR; i++ {
    waitGroup.Add(1)
    go func() {
        defer waitGroup.Done()
        k[i] = i
    }()
}
```

raceC.go 文件的第 3 部分内容如下所示。

```go
    k[2] = 10
    waitGroup.Wait()
    fmt.Printf("k = %#v\n", k)
}
```

这里，似乎访问 k 映射的协程的数量尚有缺乏，因而我们加入了另一个语句，并在调用 sync.Wait()函数之前访问 k 映射。

当执行 raceC.go 文件时，将得到下列输出结果。

```
$ go run raceC.go 10
k = map[int]int{7:10, 2:10, 10:10, 1:12}
$ go run raceC.go 10
k = map[int]int{2:10, 10:10, 1:12, 8:8, 9:9}
$ go run raceC.go 10
k = map[int]int{10:10, 1:12, 6:7, 7:7, 2:10}
```

如果仅执行 raceC.go 文件一次，那么尽管在输出 k 映射的内容时未得到预期结果，但一切看起来都还正常。然而，执行 raceC.go 多次则会出现问题，主要是因为每次执行都将生成不同的输出结果。

当采用 Go 竟态检测器进行分析时，我们可从 raceC.go 文件及其结果（包括非期望结果）中获取更多内容。

```
$ go run -race raceC.go 10
==================
WARNING: DATA RACE
Read at 0x00c00001a0a8 by goroutine 6:
  main.main.func1()
      /Users/mtsouk/Desktop/mGo2nd/raceC.go:32 +0x66
Previous write at 0x00c00001a0a8 by main goroutine:
  main.main()
      /Users/mtsouk/Desktop/mGo2nd/raceC.go:28 +0x23f
Goroutine 6 (running) created at:
  main.main()
      /Users/mtsouk/Desktop/mGo2nd/raceC.go:30 +0x215
==================
==================
WARNING: DATA RACE
Write at 0x00c0000bc000 by goroutine 7:
  runtime.mapassign_fast64()
      /usr/local/Cellar/go/1.12.3/libexec/src/runtime/map_fast64.go:92 +0x0
  main.main.func1()
      /Users/mtsouk/Desktop/mGo2nd/raceC.go:32 +0x8d
Previous write at 0x00c0000bc000 by goroutine 6:
  runtime.mapassign_fast64()
      /usr/local/Cellar/go/1.12.3/libexec/src/runtime/map_fast64.go:92 +0x0
  main.main.func1()
      /Users/mtsouk/Desktop/mGo2nd/raceC.go:32 +0x8d
```

```
Goroutine 7 (running) created at:
  main.main()
      /Users/mtsouk/Desktop/mGo2nd/raceC.go:30 +0x215
Goroutine 6 (finished) created at:
  main.main()
      /Users/mtsouk/Desktop/mGo2nd/raceC.go:30 +0x215
==================
==================
WARNING: DATA RACE
Write at 0x00c0000bc000 by goroutine 8:
  runtime.mapassign_fast64()
      /usr/local/Cellar/go/1.12.3/libexec/src/runtime/map_fast64.
go:92 +0x0
  main.main.func1()
      /Users/mtsouk/Desktop/mGo2nd/raceC.go:32 +0x8d
Previous write at 0x00c0000bc000 by goroutine 6:
  runtime.mapassign_fast64()
      /usr/local/Cellar/go/1.12.3/libexec/src/runtime/map_fast64.
go:92 +0x0
  main.main.func1()
      /Users/mtsouk/Desktop/mGo2nd/raceC.go:32 +0x8d
Goroutine 8 (running) created at:
  main.main()
      /Users/mtsouk/Desktop/mGo2nd/raceC.go:30 +0x215
Goroutine 6 (finished) created at:
  main.main()
      /Users/mtsouk/Desktop/mGo2nd/raceC.go:30 +0x215
==================
k = map[int]int{1:1, 2:10, 3:3, 4:4, 5:5, 6:6, 7:7, 8:8, 9:9, 10:10}
Found 3 data race(s)
exit status 66
```

因此，竞态检查器发现了 3 次数据竞争。每个数据竞争在其输出中均以 WARNING: DATA RACE 消息开始。

第 1 次数据竞争出现于 main.main.func1()函数中，该函数被协程创建的 for 循环所调用。此处的问题通过 Previous write 消息予以表示。在检查完相关代码后，实际问题便浮出水面，即匿名函数未接收任何参数。这意味着，用于 for 循环中的 i 值无法被确定地辨别，并随着 for 循环而持续变化（写操作）。

第 2 次数据竞争所生成的消息为 Write at 0x00c0000bc000 by goroutine 7。在输出结果中可以看到，数据竞争与写入操作相关，并通过至少启动两个协程出现于 Go 映射上。由于这两个协程包含相同的名称（main.main.func1()），也就是说，我们正在处理同一个协程。相应地，尝试修改同一变量的这两个协程被称作数据竞态条件。第 3 次数据竞争与第 2 次数据竞争十分类似。

> **提示：**
> Go 语言采用了 main.main.func1()这一表示法，并从内部命名一个匿名函数。如果持有不同的匿名函数，那么它们的名称也将有所不同。

这里的问题是，如何修正源自两次数据竞争中的问题。

对此，可重写 raceC.go 文件中的 main()函数，如下所示。

```go
func main() {
    arguments := os.Args
    if len(arguments) != 2 {
        fmt.Println("Give me a natural number!")
        return
    }
    numGR, err := strconv.Atoi(os.Args[1])
    if err != nil {
        fmt.Println(err)
        return
    }

    var waitGroup sync.WaitGroup
    var i int

    k := make(map[int]int)
    k[1] = 12

    for i = 0; i < numGR; i++ {
        waitGroup.Add(1)
        go func(j int) {
            defer waitGroup.Done()
            aMutex.Lock()
            k[j] = j
            aMutex.Unlock()
        }(i)
    }

    waitGroup.Wait()
    k[2] = 10
```

```
        fmt.Printf("k = %#v\n", k)
}
```

其中，aMutex 变量表示为定义于 main()函数外部的全局 sync.Mutex 变量，该全局变量可于程序各处进行访问。虽然这并非必需，但此类全局变量避免了一直以来的函数传递行为。

接下来，将 raceC.go 的新版本保存为 noRaceC.go 文件，执行该文件将生成下列生成结果。

```
$ go run noRaceC.go 10
k = map[int]int{1:1, 0:0, 5:5, 3:3, 6:6, 9:9, 2:10, 4:4, 7:7, 8:8}
```

利用 Go 竞态检测器处理 noRaceC.go 文件将生成下列输出结果。

```
$ go run -race noRaceC.go 10
k = map[int]int{5:5, 7:7, 9:9, 1:1, 0:0, 4:4, 6:6, 8:8, 2:10, 3:3}
```

注意，在访问 k 映射时，此处需要使用一种锁定机制；如果不使用这种机制而仅修改作为协程运行的匿名函数的实现过程，那么在运行 go run noRaceC.go 命令后将生成下列输出结果。

```
$ go run noRaceC.go 10
fatal error: concurrent map writes
goroutine 10 [running]:
runtime.throw(0x10ca0bd, 0x15)
    /usr/local/Cellar/go/1.9.3/libexec/src/runtime/panic.go:605 +0x95
fp=0xc420024738 sp=0xc420024718 pc=0x10276b5
runtime.mapassign_fast64(0x10ae680, 0xc420074180, 0x5, 0x0)
    /usr/local/Cellar/go/1.9.3/libexec/src/runtime/hashmap_fast.go:607
+0x3d2 fp=0xc420024798 sp=0xc420024738 pc=0x100b582
main.main.func1(0xc420010090, 0xc420074180, 0x5)
    /Users/mtsouk/ch10/code/noRaceC.go:35 +0x6b fp=0xc4200247c8
sp=0xc420024798 pc=0x1096f5b
runtime.goexit()
    /usr/local/Cellar/go/1.9.3/libexec/src/runtime/asm_amd64.s:2337 +0x1
fp=0xc4200247d0 sp=0xc4200247c8 pc=0x1050c21
created by main.main
    /Users/mtsouk/ch10/code/noRaceC.go:32 +0x15a
goroutine 1 [semacquire]:
sync.runtime_Semacquire(0xc42001009c)
    /usr/local/Cellar/go/1.9.3/libexec/src/runtime/sema.go:56 +0x39
sync.(*WaitGroup).Wait(0xc420010090)
    /usr/local/Cellar/go/1.9.3/libexec/src/sync/waitgroup.go:131 +0x72
```

```
main.main()
    /Users/mtsouk/ch10/code/noRaceC.go:40 +0x17a
goroutine 12 [runnable]:
sync.(*WaitGroup).Done(0xc420010090)
    /usr/local/Cellar/go/1.9.3/libexec/src/sync/waitgroup.go:99 +0x43
main.main.func1(0xc420010090, 0xc420074180, 0x7)
    /Users/mtsouk/ch10/code/noRaceC.go:37 +0x79
created by main.main
    /Users/mtsouk/ch10/code/noRaceC.go:32 +0x15a
exit status 2
```

这里，可以清楚地看到问题的根源，即 concurrent map writes。

10.8　context 包

context 包的主要目的是定义 Context 类型以支持取消机制。实际情况也确实如此，某些时候，我们会放弃某些正在执行的任务。然而，包含某些与取消决策相关的额外信息将十分有用。对此，context 包可实现这一类任务。

查看 context 包的源代码将会发现，其实现过程十分简单——甚至 Context 类型也十分简单，但 context 包十分重要。

💡 提示：

作为外部包，context 包已经存在了一段时间，并作为标准包首先出现于 Go 1.7 版本中。因此，对于早期 Go 版本，需要下载 context 包或安装新的 Go 版本。

Context 类型是一个包含 4 个方法的接口，即 Deadline()、Done()、Err()和 Value()方法。这里，较好的一面是无须实现 Context 接口类型中的全部函数，也就是说，仅需通过 context.WithCancel()、context.WithDeadline()和 context.WithTimeout()这一类函数修改 Context 变量即可。

上述 3 个函数返回一个派生的 Context（子类型）和一个 CancelFunc()函数。调用 CancelFunc()函数将移除指向子类型的引用，并终止所关联的计时器。这表明，Go 垃圾收集器可自由地对不再与父协程关联的子协程进行垃圾收集。对于正常工作的垃圾收集器，父协程需要保存指向每个子协程的引用。如果子协程在父协程不知情的情况下结束，则会发生内存泄漏，直至父进程也被取消。

simpleContext.go 文件展示了 context 包的简单应用，该文件将被分为 6 部分内容加以讨论。

simpleContext.go 文件的第 1 部分内容如下所示。

```go
package main

import (
    "context"
    "fmt"
    "os"
    "strconv"
    "time"
)
```

simpleContext.go 文件的第 2 部分内容如下所示。

```go
func f1(t int) {
    c1 := context.Background()
    c1, cancel := context.WithCancel(c1)
    defer cancel()

    go func() {
        time.Sleep(4 * time.Second)
        cancel()
    }()
```

f1()函数仅接收一个参数，即时间延迟，因为其他内容则定义于该函数内部。注意，cancel 变量类型为 context.CancelFunc。

我们需要调用 context.Background()函数以便初始化空 Context。context.WithCancel()函数使用现有的 Context，并基于消除机制生成其子类型。当调用 cancel()函数时（如下列代码所示），或者父 Context 的 Done 通道关闭时，context.WithCancel()函数也创建了一个可关闭的 Done 通道。

simpleContext.go 文件的第 3 部分内容包含了 f1()函数的其余代码，如下所示。

```go
    select {
    case <-c1.Done():
        fmt.Println("f1():", c1.Err())
        return
    case r := <-time.After(time.Duration(t) * time.Second):
        fmt.Println("f1():", r)
    }
    return
}
```

此处展示了 Context 变量的 Done()函数应用。当调用该函数时，我们即持有一个消除机制。Context.Done()函数的返回值表示为一个通道,否则将无法在 select 语句中使用它。

simpleContext.go 文件的第 4 部分内容如下所示。

```
func f2(t int) {
    c2 := context.Background()
    c2, cancel := context.WithTimeout(c2, time.Duration(t)*time.Second)
    defer cancel()

    go func() {
        time.Sleep(4 * time.Second)
        cancel()
    }()

    select {
    case <-c2.Done():
        fmt.Println("f2():", c2.Err())
        return
    case r := <-time.After(time.Duration(t) * time.Second):
        fmt.Println("f2():", r)
    }
    return
}
```

上述代码展示了 context.WithTimeout()函数的应用,且需要两个参数,即 Context 参数和 time.Duration 参数。当超时时间到期后,会自动调用 cancel()函数。

simpleContext.go 文件的第 5 部分内容如下所示。

```
func f3(t int) {
    c3 := context.Background()
    deadline := time.Now().Add(time.Duration(2*t) * time.Second)
    c3, cancel := context.WithDeadline(c3, deadline)
    defer cancel()

    go func() {
        time.Sleep(4 * time.Second)
        cancel()
    }()

    select {
    case <-c3.Done():
        fmt.Println("f3():", c3.Err())
        return
```

```
        case r := <-time.After(time.Duration(t) * time.Second):
            fmt.Println("f3():", r)
        }
        return
}
```

上述代码展示了 context.WithDeadline() 函数的应用,且需要两个参数,即 Context 变量和表示操作最后期限的未来时间点。当超过最后期限后,cancel() 函数将被自动调用。

simpleContext.go 文件的第 6 部分内容如下所示。

```
func main() {
    if len(os.Args) != 2 {
        fmt.Println("Need a delay!")
        return
    }

    delay, err := strconv.Atoi(os.Args[1])
    if err != nil {
        fmt.Println(err)
        return
    }
    fmt.Println("Delay:", delay)

    f1(delay)
    f2(delay)
    f3(delay)
}
```

main() 函数的主要功能是初始化数据。

执行 simpleContext.go 文件将生成下列输出结果。

```
$ go run simpleContext.go 4
Delay: 4
f1(): context canceled
f2(): 2019-04-11 18:18:43.327345 +0300 EEST m=+8.004588898
f3(): 2019-04-11 18:18:47.328073 +0300 EEST m=+12.005483099
$ go run simpleContext.go 2
Delay: 2
f1(): 2019-04-11 18:18:53.972045 +0300 EEST m=+2.005231943
f2(): context deadline exceeded
f3(): 2019-04-11 18:18:57.974337 +0300 EEST m=+6.007690061
$ go run simpleContext.go 10
Delay: 10
```

```
f1(): context canceled
f2(): context canceled
f3(): context canceled
```

其中，较长的输出行表示 time.After()函数调用的返回值，表明程序正常运行。这里的要点是，当程序的执行出现延迟时，程序的操作就会被取消。

这与 context 包的使用一样简单，因为所提供的代码并未对 Context 接口进行实质性的操作。稍后将讨论一个更为实用的例子。

10.8.1　context 包的高级示例

context 包的功能将在 useContext.go 文件中予以展示，该文件将被分为 5 部分内容加以讨论。在该示例中，我们将创建一个客户端，并且不会等待太长时间以响应 HTTP 服务器，这也是编程过程中的一种常见示例。实际上，几乎所有的 HTTP 客户端均支持此项功能。第 12 章还将学习另一种技术以处理 HTTP 响应超时。

useContext.go 程序需要两个命令行参数，即连接的服务器的 URL，以及实用程序应等待的时间。如果程序仅包含一个命令行参数，那么延迟将为 5s。

useContext.go 文件的第 1 部分内容如下所示。

```go
package main

import (
    "context"
    "fmt"
    "io/ioutil"
    "net/http"
    "os"
    "strconv"
    "sync"
    "time"
)

var (
    myUrl string
    delay int = 5
    w     sync.WaitGroup
)

type myData struct {
    r    *http.Response
```

```
    err error
}
```

其中，myURL 和 delay 均为全局变量，因此可在代码任意位置进行访问。除此之外，名为 w 的 sync.WaitGroup 变量也拥有全局空间；名为 myData 的结构定义用于保存 Web 服务器以及产生错误时的 error 变量。useContext.go 文件的第 2 部分内容如下所示。

```
func connect(c context.Context) error {
    defer w.Done()
    data := make(chan myData, 1)

    tr := &http.Transport{}
    httpClient := &http.Client{Transport: tr}

    req, _ := http.NewRequest("GET", myUrl, nil)
```

上述代码用于处理 HTTP 连接。

> 提示：
> 关于 HTTP 服务器和客户端开发的更多内容，读者可参考第 12 章。

useContext.go 文件的第 3 部分内容如下所示。

```
go func() {
    response, err := httpClient.Do(req)
    if err != nil {
        fmt.Println(err)
        data <- myData{nil, err}
        return
    } else {
        pack := myData{response, err}
        data <- pack
    }
}()
```

useContext.go 文件的第 4 部分内容如下所示。

```
        select {
        case <-c.Done():
            tr.CancelRequest(req)
            <-data
            fmt.Println("The request was cancelled!")
            return c.Err()
        case ok := <-data:
```

```go
        err := ok.err
        resp := ok.r
        if err != nil {
            fmt.Println("Error select:", err)
            return err
        }
        defer resp.Body.Close()

        realHTTPData, err := ioutil.ReadAll(resp.Body)
        if err != nil {
            fmt.Println("Error select:", err)
            return err
        }
        fmt.Printf("Server Response: %s\n", realHTTPData)

    }
    return nil
}
```

useContext.go 文件的第 5 部分内容如下所示。

```go
func main() {
    if len(os.Args) == 1 {
    fmt.Println("Need a URL and a delay!")
        return
    }

    myUrl = os.Args[1]
    if len(os.Args) == 3 {
        t, err := strconv.Atoi(os.Args[2])
        if err != nil {
            fmt.Println(err)
            return
        }
        delay = t
    }

    fmt.Println("Delay:", delay)
    c := context.Background()
    c, cancel := context.WithTimeout(c, time.Duration(delay)*time.Second)
    defer cancel()

    fmt.Printf("Connecting to %s \n", myUrl)
```

```
    w.Add(1)
    go connect(c)
    w.Wait()
    fmt.Println("Exiting...")
}
```

其中，超时时间由 context.WithTimeout()方法加以定义。作为协程运行的 connect()函数将正常终止，或者当 cancel()函数执行时终止。注意，在 main()函数或包中的 init()函数或测试中使用 context.Background()函数可被视为一种较好的做法。

虽然无须了解操作的服务器一侧内容，但以随机方式查看 Web 服务器的 Go 版本变慢方式仍不失为一种较好的做法。在当前示例中，随机数生成器决定了 Web 服务器的缓慢程度——真实的 Web 服务器可能会过于繁忙而无法响应；或者存在导致延迟的网络问题。相应地，对应的源代码名称为 slowWWW.go 文件，该文件的内容如下所示。

```
package main

import (
    "fmt"
    "math/rand"
    "net/http"
    "os"
    "time"
)

func random(min, max int) int {
    return rand.Intn(max-min) + min
}

func myHandler(w http.ResponseWriter, r *http.Request) {
    delay := random(0, 15)
    time.Sleep(time.Duration(delay) * time.Second)

    fmt.Fprintf(w, "Serving: %s\n", r.URL.Path)
    fmt.Fprintf(w, "Delay: %d\n", delay)
    fmt.Printf("Served: %s\n", r.Host)
}

func main() {
    seed := time.Now().Unix()
    rand.Seed(seed)
```

```
    PORT := ":8001"
    arguments := os.Args
    if len(arguments) == 1 {
        fmt.Println("Using default port number: ", PORT)
    } else {
        PORT = ":" + arguments[1]
    }

    http.HandleFunc("/", myHandler)
    err := http.ListenAndServe(PORT, nil)
    if err != nil {
        fmt.Println(err)
        return
    }
}
```

可以看到，slowWWW.go 文件中无须使用 context 包，因为 Web 客户端的工作决定等待响应的时间。

myHandler()函数负责处理 Web 服务器的缓慢程度。对应的延迟时间可能是 0～14s，并由 random(0,15)函数调用引入。

如果尝试通过 wget(1)这一类工具使用 slowWWW.go Web 服务器，那么将得到下列输出结果。

```
$ wget -qO- http://localhost:8001/
Serving: /
Delay: 4
$ wget -qO- http://localhost:8001/
Serving: /
Delay: 13
```

出现这种情况的原因是，wget(1)默认超时值较大。当 slowWWW.go 文件已经在另一个 UNIX Shell 中运行时，执行 useContext.go 将在处理 time(1)实用程序时生成下列输出结果。

```
$ time go run useContext.go http://localhost:8001/ 1
Delay: 1
Connecting to http://localhost:8001/
Get http://localhost:8001/: net/http: request canceled
The request was cancelled!
Exiting...
real    0m1.374s
user    0m0.304s
```

```
sys     0m0.117s
$ time go run useContext.go http://localhost:8001/ 10
Delay: 10
Connecting to http://localhost:8001/
Get http://localhost:8001/: net/http: request canceled
The request was cancelled!
Exiting...
real    0m10.381s
user    0m0.314s
sys     0m0.125s
$ time go run useContext.go http://localhost:8001/ 15
Delay: 15
Connecting to http://localhost:8001/
Server Response: Serving: /
Delay: 13
Exiting...
real    0m13.379s
user    0m0.309s
sys     0m0.118s
```

上述输出结果表明，仅第 3 个命令从 HTTP 服务器中获取响应，而前两个命令超时。

10.8.2 context 包的另一个示例

本节将讨论与 context 包相关的更多内容，进而彰显其功能性和独特性。这里将使用 context.TODO()函数创建一个上下文，而非 context.Background()函数。虽然这两个函数均返回非 nil 的空 Context，但实际功能则有所不同。除此之外，本章还将展示 context.WithValue()函数的使用方法。对应程序位于 moreContext.go 文件中，该文件将被分为 4 部分内容加以讨论。

moreContext.go 文件的第 1 部分内容如下所示。

```
package main

import (
    "context"
    "fmt"
)

type aKey string
```

moreContext.go 文件的第 2 部分内容如下所示。

第 10 章　Go 语言的并发性——高级话题

```go
func searchKey(ctx context.Context, k aKey) {
    v := ctx.Value(k)
    if v != nil {
        fmt.Println("found value:", v)
        return
    } else {
        fmt.Println("key not found:", k)
    }
}
```

上述函数从一个上下文中接收一个值，并检查该值是否存在。

moreContext.go 文件的第 3 部分内容如下所示。

```go
func main() {
    myKey := aKey("mySecretValue")
    ctx := context.WithValue(context.Background(), myKey, "mySecretValue")

    searchKey(ctx, myKey)
```

context.WithValue() 函数提供了一种值与 Context 之间的关联方式。

注意，上下文不应被存储于结构中，它们将作为独立参数被传递至函数中。较好的做法是将其作为函数的第 1 个参数进行传递。

moreContext.go 文件的第 4 部分内容如下所示。

```go
    searchKey(ctx, aKey("notThere"))
    emptyCtx := context.TODO()
    searchKey(emptyCtx, aKey("notThere"))
}
```

在当前示例中，虽然我们声明并打算使用操作上下文，但实际对此仍不确定——这可以通过使用 context.todo() 函数来表示。较好的一面是，TODO() 函数可通过静态分析工具识别，进而确定 Context 是否在程序中被正确地传播。

执行 moreContext.go 文件将生成下列输出结果。

```
$ go run moreContext.go
found value: mySecretValue
key not found: notThere
key not found: notThere
```

记住，永远不要传递一个 nil 上下文——可采用 context.TODO() 函数生成适宜的上下文。另外，context.TODO() 函数应在不确定是否需要使用 Context 时加以使用。

10.8.3　worker 池

一般来讲，worker 池是一组线程，并处理与其相关的多项任务作业。Apache Web 服务器和 Go 语言中的 net/http 包其工作方式基本上可描述为，主线程接收所有的输入请求，并被转发至 worker 线程中以备处理。一旦某个 worker 线程结束了其任务作业，它就准备好为服务一个新的客户端。

尽管如此，此处仍然存在较为明显的差异，因为 worker 池使用协程而非线程。除此之外，线程通常不会在请求处理完毕后消亡，因为结束线程和创建新的线程代价高昂。相比之下，协程在完成其任务作业后消亡。稍后将会看到，Go 语言中的 worker 池借助于缓冲通道实现，同时限制处于运行状态下的协程的数量。

接下来的程序代码位于 workerPool.go 文件中，该文件将被分为 5 部分内容加以讨论。该程序将实现一项简单任务：它将处理整数并利用单协程输出其平方值，进而处理每项请求。尽管 workerPool.go 文件（程序）较为简单，但程序的 Go 代码可很容易地被用作实现复杂任务的模板。

> 💡 **提示：**
> 这一高级技术可帮助我们创建 Go 语言中的服务器进程，并利用协程接收和处理多个客户端。

workerPool.go 文件的第 1 部分内容如下所示。

```
package main

import (
    "fmt"
    "os"
    "strconv"
    "sync"
    "time"
)

type Client struct {
    id      int
    integer int
}

type Data struct {
```

```
    job     Client
    square  int
}
```

这里的技术采用了 Client 结构将唯一的 ID 分配予每个将要处理的请求。Data 结构基于程序生成的实际结果对 Client 数据进行分组。简而言之，Client 结构保存每个请求的输入数据，而 Data 结构则保存某个请求的结果。

workerPool.go 文件的第 2 部分内容如下所示。

```
var (
    size    = 10
    clients = make(chan Client, size)
    data    = make(chan Data, size)
)

func worker(w *sync.WaitGroup) {
    for c := range clients {
        square := c.integer * c.integer
        output := Data{c, square}
        data <- output
        time.Sleep(time.Second)
    }
    w.Done()
}
```

上述代码涵盖了两部分内容。其中，第 1 部分内容创建了 3 个全局变量。clients 和 data 缓冲通道分别用于获取新的客户端请求和写入结果。如果希望提升程序的运行速度，则可适当地增加 size 参数值。

第 2 部分内容为 worker()函数实现，该函数读取 clients 通道并获取新的请求进行处理。一旦处理过程完成，对应结果就会被写入 data 通道中。这里，time.Sleep(time.Second) 语句引入的延迟并非必需，但可使我们更好地了解所生成结果的输出方式。

最后需要记住的是，worker()函数的 sync.WaitGroup 参数使用了一个指针，否则，sync.WaitGroup 变量将被复制并导致无效结果。

workerPool.go 文件的第 3 部分内容如下所示。

```
func makeWP(n int) {
    var w sync.WaitGroup
    for i := 0; i < n; i++ {
        w.Add(1)
        go worker(&w)
```

```go
    }
    w.Wait()
    close(data)
}

func create(n int) {
    for i := 0; i < n; i++ {
        c := Client{i, i}
        clients <- c
    }
    close(clients)
}
```

上述代码实现了 makeWP() 和 create() 函数。其中，makeWP() 函数的目的是生成所需的 worker() 协程数量以处理全部请求。虽然 w.Add(1) 函数在 makeWP() 函数中被调用，但是，一旦某个 worker 结束其任务作业，w.Done() 函数就会在 worker() 函数中被调用。另外，create() 函数的目的是利用 Client 类型以适当方式创建所有的请求，并随后将其写入 clients 通道中以供处理。注意，clients 通道通过 worker() 函数被读取。

workerPool.go 文件的第 4 部分内容如下所示。

```go
func main() {
    fmt.Println("Capacity of clients:", cap(clients))
    fmt.Println("Capacity of data:", cap(data))

    if len(os.Args) != 3 {
        fmt.Println("Need #jobs and #workers!")
        os.Exit(1)
    }

    nJobs, err := strconv.Atoi(os.Args[1])
    if err != nil {
        fmt.Println(err)
        return
    }

    nWorkers, err := strconv.Atoi(os.Args[2])
    if err != nil {
        fmt.Println(err)
        return
    }
```

上述代码读取命令行参数。首先，可使用 cap() 函数获取通道容量。

如果 worker 的数量大于 clients 缓冲通道的尺寸，那么即将创建的协程的数量将等于 clients 通道的尺寸。类似地，如果任务作业数量大于 worker 数量，那么对应任务作业将在较小的集合中被处理。

当前程序可通过命令行参数确定 worker 数量和任务作业数量。然而，当改变 clients 尺寸和 data 通道时，则需要对程序的源代码进行修改。

workerPool.go 文件的第 5 部分内容如下所示。

```
go create(nJobs)
finished := make(chan interface{})
go func() {
    for d := range data {
        fmt.Printf("Client ID: %d\tint: ", d.job.id)
        fmt.Printf("%d\tsquare: %d\n", d.job.integer, d.square)
    }
    finished <- true
}()

makeWP(nWorkers)
fmt.Printf(": %v\n", <-finished)
}
```

首先代码调用 create() 函数模拟需要处理的客户端请求。此处使用了一个匿名函数读取 data 通道，并向屏幕输出结果。另外，finished 通道则用于阻塞程序，直至匿名函数完成读取 data 通道。因此，finished 通道无须特定的类型。

接下来调用 makeWP() 函数以实际处理相关请求。fmt.Printf() 代码块中的 <-finished 语句表明，直至将数据写入 finished 通道中，程序才可终止，而负责数据写入操作的是 main() 函数中的匿名协程。除此之外，虽然匿名函数将 true 值写入 finished 通道中，但我们也可将 false 值写入其中并得到相同的结果，这将解除 main() 函数的阻塞状态，读者不妨一试。

执行 workerPool.go 文件将生成下列输出结果。

```
$ go run workerPool.go 15 5
Capacity of clients: 10
Capacity of data: 10
Client ID: 0      int: 0      square: 0
Client ID: 4      int: 4      square: 16
Client ID: 1      int: 1      square: 1
Client ID: 3      int: 3      square: 9
Client ID: 2      int: 2      square: 4
Client ID: 5      int: 5      square: 25
Client ID: 6      int: 6      square: 36
```

```
Client ID: 7       int: 7        square: 49
Client ID: 8       int: 8        square: 64
Client ID: 9       int: 9        square: 81
Client ID: 10      int: 10       square: 100
Client ID: 11      int: 11       square: 121
Client ID: 12      int: 12       square: 144
Client ID: 13      int: 13       square: 169
Client ID: 14      int: 14       square: 196
: true
```

当打算为每个单独的请求提供服务，且不希望在 main()函数内从中得到响应时，就像 workerPool.go 文件中那样，我们所担心的事物就更少了。当使用协程处理请求，并在 main()函数内从中获得响应时，一种简单的方法是使用共享内存或监测进程收集数据，而非仅仅是将数据输出至屏幕上。

最后，workerPool.go 程序的工作内容则要简单得多，因为 worker()函数一直工作正常。然而，当必须在计算机网络或者其他可能出现故障的资源上工作时，情况则有所变化。

10.9　附加资源

- sync 包文档页面：https://golang.org/pkg/sync/。
- context 包文档页面：https://golang.org/pkg/context/。
- 关于 Go 调度器的实现，读者可访问 https://golang.org/src/runtime/proc.go。
- atomic 包文档页面：https://golang.org/pkg/sync/atomic/。
- Go 调度器设计文档：https://golang.org/s/go11sched。

10.10　本章练习

- 尝试实现使用缓冲通道的 wc(1)实用程序的并发版本。
- 尝试实现使用共享内存的 wc(1)实用程序的并发版本。
- 尝试实现使用监控器协程的 wc(1)实用程序的并发版本。
- 修改 workerPool.go 文件的 Go 代码，以将结果保存至一个文件中。当处理该文件或监控器协程并将数据写入磁盘中时，尝试使用互斥体和临界区。
- 当 size 全局变量变为 1 时，试解释 workerPool.go 程序所发生的的情况及其原因。
- 修改 workerPool.go 文件的 Go 代码，以实现 wc(1)命令行实用程序的功能。

- 修改 workerPool.go 文件的 Go 代码,以便可利用命令行参数定义 clients 和 data 缓冲通道的尺寸。
- 尝试编写使用一个监控器协程的 find(1)命令行实用程序的并发版本。
- 修改 simpleContext.go 文件的 Go 代码,以便 f1()、f2()和 f3()函数中所用的匿名函数变为一个独立的函数。修改该代码面临的主要挑战是什么?
- 修改 simpleContext.go 文件的 Go 代码,以便所有的 f1()、f2()和 f3()函数均使用外部创建的 Context 变量,而非定义自己的 Context 变量。
- 修改 useContext.go 文件的 Go 代码,以便使用 context.WithDeadline()或 context.WithCancel()函数,而非 context.WithTimeout()函数。
- 尝试使用 sync.Mutex 互斥体并实现 find(1)命令行实用程序的并发版本。

10.11 本章小结

本章讨论了许多与协程和通道相关的主题,并探讨了 select 语句的强大功能。借助于 select 语句的功能,通道是用于连接使用多个协程的并发 Go 程序组件的首选 Go 方式。除此之外,本章还介绍了 context 标准包的应用,必要时,该包具有不可替代的属性。

并发编程包含多项规则,但重要的一点是,如果没有特殊理由,建议避免使用共享机制。共享数据是并发编程中许多 bug 的根源。

记住,虽然共享内存曾是在同一个进程的线程之间交换数据的唯一方法,但是 Go 语言为协程间彼此通信提供了更好的方式,所以决定在 Go 代码中使用共享内存之前,需要考虑使用相应的 Go 术语。如果必须使用共享内存,则建议使用监控器协程。

第 11 章主要讨论代码测试、代码优化和代码分析。此外,我们还将考查 Go 代码的基准测试、交叉编译、查找不可访问的代码。

在第 11 章的结尾,我们还将学习如何编写代码文档,以及如何利用 godoc 实用程序生成 HTML 输出结果。

第 11 章　代码测试、优化和分析

第 10 章讨论了 Go 语言的并发性、互斥体、atomic 包、各种通道类型、竞态条件，以及 select 语句如何将通道用作黏合剂以控制协程及其通信机制。

本章内容则具有实际操作意义且十分重要，特别是改进程序性能并快速查找 bug 时。本章主要介绍代码优化、代码测试、代码文档和代码分析。

代码优化是指开发人员尝试使程序的某一部分内容运行得更快、更加高效且使用更少的资源。简而言之，代码优化与消除程序瓶颈相关。

代码测试则确保代码与期望结果保持一致。本章将尝试实现代码测试的 Go 语言方式。这里，编写程序的最佳时间是开发阶段，因为这有助于尽早地显示代码中的 bug。

代码分析与测算程序特定方面的内容相关，进而深入理解代码的工作方式。代码分析结果有助于确定修改代码的哪一部分内容。

另外，希望读者能够认识到代码文档的重要性，从而在程序实现时描述所制定的决策。本章将考查如何针对实现模块生成文档内容。

> **提示：**
> 文档十分重要，以至于某些开发人员首先编写文档，随后编写代码。然而，文档真正的重要性体现于，程序的文档和功能应保持一致性。

本章主要涉及以下主题。
- 优化 Go 代码。
- 分析 Go 代码。
- net/http/pprof 标准包。
- go tool pprof 实用程序。
- 使用 Go 分析器的 Web 界面。
- go tool trace 实用程序。
- 测试 Go 代码。
- 测试代码覆盖率。
- 利用数据库后端测试 HTTP 服务器。
- testing/quick 包。
- Go 代码基准测试。

- ❏ 简单的基准测试示例。
- ❏ 缓冲写入的基准测试。
- ❏ 查找程序中不可访问的 Go 代码。
- ❏ 交叉编译。
- ❏ 生成示例函数。
- ❏ 从 Go 代码到机器代码。
- ❏ 生成 Go 代码文档。
- ❏ 使用 Docker 镜像。

11.1 优　　化

代码优化同时体现了艺术性与科学性，这意味着，并无笃定的方式可帮助我们优化 Go 代码，或任意编程语言中的其他代码。对此，我们应该展开头脑风暴并尝试各种事物，以提升代码的运行速度。

提示：

应该确保优化不包含任何 bug 的代码，因为优化 bug 没有任何意义。如果程序中包含任何 bug，应首先对其进行调试。

当进入代码优化阶段后，建议读者阅读 Alfred V. Aho、Monica S. Lam、Ravi Sethi 和 D. Ullman 编写的 *Compilers: Principles,Techniques, and Tools* 一书，该书重点讲解了编译器构造。除此之外，Donald Knuth 编写的 *The Art of Computer Programming* 系列丛书也是程序设计方面的优秀资源。

读者应牢记 Knuth 针对优化方面的箴言：

"实际问题是，程序员在错误的时间和地点花费了太多的时间担心效率问题；过早的优化是编程过程中的万恶之源（至少大部分如此）。"

另外，Erlang 的开发者之一 Joe Armstrong 针对优化问题也指出：

"代码之美应在其正常运行之后予以考虑，随后是运行速度。在 90%的情况下，漂亮的代码已经体现了其应有的速度。"

一般来讲,仅程序的小部分内容需要进行优化。此时,汇编语言可实现某些特定的 Go 语言概念,因而可视为最佳候选者,这将对程序的性能产生显著的影响。

11.2 优化 Go 代码

如前所述,代码优化是指尝试发现对程序性能产生巨大影响的代码内容,进而提升程序的运行速度或占用更少的资源。

稍后讨论的基准测试可帮助我们理解代码背后发生的事情,以及哪一个程序参数可对程序性能带来巨大的影响。然而,我们也不应低估一些常识内容的重要性。简而言之,如果某个函数的执行次数超出其他函数 10000 多倍,则应尝试首先优化该函数。

💡 **提示:**

关于优化的一般性建议是,应仅优化不包含 bug 的代码。这意味着,仅优化处于正常工作的代码。因此,首先应尝试编写正确的代码,即使其运行速度较慢。最后,程序员最常犯的一个错误是试图优化其代码的第一个版本,这是大多数 bug 的根源所在。

再次强调,代码优化兼具艺术性和科学性,也意味着这将是一项困难的任务。稍后在分析 Go 代码时可进一步帮助我们对代码进行优化,因为分析机制的主要目的是查找程序的瓶颈所在,进而优化程序中最为重要的部分。

11.3 分析 Go 代码

分析是一个动态程序分析过程,该分析过程测算与程序执行相关的各种值,从而较好地理解程序的行为。本节将学习如何分析 Go 代码,以更好地理解代码、改进其性能。某些时候,代码分析过程甚至可查找到 bug。

首先,我们将使用 Go 分析器的命令行界面,随后使用 Go 分析器的 Web 界面。

记住,当分析 Go 代码时,需要直接或间接地导入 runtime/pprof 标准包。执行 go tool pprof -help 命令可查看 pprof 工具的帮助页面,其中生成了大量的输出结果。

11.3.1 net/http/pprof 标准包

虽然 Go 语言内置了底层的 runtime/pprof 标准包,但也包含了一个高级的 net/http/pprof 包,该高级包在分析 Go 语言编写的 Web 应用程序时使用。由于本章并不打算讨论与 HTTP

服务器创建相关的内容，因此第 12 章将介绍 net/http/pprof 包。

11.3.2 简单的分析示例

Go 语言支持两种分析机制，即 CPU 分析和内存分析，但并不建议同时采用两种分析机制分析应用程序，因为两种不同类型的分析机制彼此间无法实现良好的协同工作；而 profileMe.go 应用程序则是一个例外，旨在用于展示这两种技术。

这里所分析的 Go 代码被保存为 profileMe.go 文件，该文件将被分为 5 部分内容加以讨论。profileMe.go 文件的第 1 部分内容如下所示。

```go
package main
import (
    "fmt"
    "math"
    "os"
    "runtime"
    "runtime/pprof"
    "time"
)
func fibo1(n int) int64 {
    if n == 0 || n == 1 {
        return int64(n)
    }
    time.Sleep(time.Millisecond)
    return int64(fibo2(n-1)) + int64(fibo2(n-2))
}
```

此处需要针对当前程序直接或间接导入 runtime/pprof 包以生成分析数据。相应地，在 fibo1() 函数中调用 time.Sleep() 函数的原因是为了降低其速度。稍后将解释其中的原因。

profileMe.go 文件的第 2 部分内容如下所示。

```go
func fibo2(n int) int {
    fn := make(map[int]int)
    for i := 0; i <= n; i++ {
        var f int
        if i <= 2 {
            f = 1
        } else {
            f = fn[i-1] + fn[i-2]
        }
        fn[i] = f
```

第 11 章 代码测试、优化和分析

```go
    }
    time.Sleep(50 * time.Millisecond)
    return fn[n]
}
```

上述代码包含了另一个 Go 函数实现,该函数使用了不同的算法计算斐波那契数列值。profileMe.go 文件的第 3 部分内容如下所示。

```go
func N1(n int) bool {
    k := math.Floor(float64(n/2 + 1))
    for i := 2; i < int(k); i++ {
        if (n % i) == 0 {
            return false
        }
    }
    return true
}

func N2(n int) bool {
    for i := 2; i < n; i++ {
        if (n % i) == 0 {
            return false
        }
    }
    return true
}
```

N1()和 N2()函数用于计算给定整数是否为质数。其中,对第 1 个函数进行了优化,因为其 for 循环访问了 N2()函数 for 循环中使用的大约一半数字。由于两个函数均相对较慢,因此此处未调用 time.Sleep()函数。

profileMe.go 文件的第 4 部分内容如下所示。

```go
func main() {
    cpuFile, err := os.Create("/tmp/cpuProfile.out")
    if err != nil {
        fmt.Println(err)
        return
    }
    pprof.StartCPUProfile(cpuFile)
    defer pprof.StopCPUProfile()
    total := 0
    for i := 2; i < 100000; i++ {
        n := N1(i)
```

```go
        if n {
            total = total + 1
        }
    }
    fmt.Println("Total primes:", total)
    total = 0
    for i := 2; i < 100000; i++ {
        n := N2(i)
        if n {
            total = total + 1
        }
    }
    fmt.Println("Total primes:", total)
    for i := 1; i < 90; i++ {
        n := fibo1(i)
        fmt.Print(n, " ")
    }
    fmt.Println()
    for i := 1; i < 90; i++ {
        n := fibo2(i)
        fmt.Print(n, " ")
    }
    fmt.Println()
    runtime.GC()
```

os.Create()函数调用用于生成一个文件，以向该文件中写入分析数据。pprof.StartCPUProfile()函数调用启动了当前程序的 CPU 分析，并调用 pprof.StopCPUProfile()函数终止该过程。

如果需要多次生成并使用临时文件和目录，则应关注 ioutil.TempFile()和 ioutil.TempDir()函数。

profileMe.go 文件的第 5 部分内容如下所示。

```go
// Memory profiling!
memory, err := os.Create("/tmp/memoryProfile.out")
if err != nil {
    fmt.Println(err)
    return
}
defer memory.Close()
for i := 0; i < 10; i++ {
    s := make([]byte, 50000000)
    if s == nil {
```

```
            fmt.Println("Operation failed!")
        }
        time.Sleep(50 * time.Millisecond)
    }
    err = pprof.WriteHeapProfile(memory)
    if err != nil {
        fmt.Println(err)
        return
    }
}
```

上述代码展示了内存分析技术的工作方式,它与 CPU 分析十分类似。再次强调,此处需要一个文件来写出分析数据。

执行 profileMe.go 文件将生成下列输出结果。

```
$ go run profileMe.go
Total primes: 9592
Total primes: 9592
1 2 2 3 5 8 13 21 34 55 89 144 233 377 610 987 1597 2584 4181 6765 10946
17711 28657 46368 75025 121393 196418 317811 514229 832040 1346269 2178309
3524578 5702887 9227465 14930352 24157817 39088169 63245986 102334155
165580141 267914296 433494437 701408733 1134903170 1836311903 2971215073
4807526976 7778742049 12586269025 20365011074 32951280099 53316291173
86267571272 139583862445 225851433717 365435296162 591286729879
956722026041 1548008755920 2504730781961 4052739537881 6557470319842
10610209857723 17167680177565 27777890035288 44945570212853 72723460248141
117669030460994 190392490709135 308061521170129 498454011879264
806515533049393 1304969544928657 2111485077978050 3416454622906707
5527939700884757 8944394323791464 14472334024676221 23416728348467685
37889062373143906 61305790721611591 99194853094755497 160500643816367088
259695496911122585 420196140727489673 679891637638612258
1100087778366101931 1779979416004714189
1 2 2 3 5 8 13 21 34 55 89 144 233 377 610 987 1597 2584 4181 6765 10946
17711 28657 46368 75025 121393 196418 317811 514229 832040 1346269 2178309
3524578 5702887 9227465 14930352 24157817 39088169 63245986 102334155
165580141 267914296 433494437 701408733 1134903170 1836311903 2971215073
4807526976 7778742049 12586269025 20365011074 32951280099 53316291173
86267571272 139583862445 225851433717 365435296162 591286729879
956722026041 1548008755920 2504730781961 4052739537881 6557470319842
10610209857723 17167680177565 27777890035288 44945570212853 72723460248141
117669030460994 190392490709135 308061521170129 498454011879264
806515533049393 1304969544928657 2111485077978050 3416454622906707
5527939700884757 8944394323791464 14472334024676221 23416728348467685
```

```
37889062373143906  61305790721611591  99194853094755497  160500643816367088
259695496911122585  420196140727489673  679891637638612258
1100087778366101931  1779979416004714189
```

除了输出结果，当前程序还将分析数据收集至两个文件中，如下所示。

```
$ cd /tmp
$ ls -l *Profile*
-rw-r--r--  1 mtsouk  wheel  1557 Apr 24 16:37 cpuProfile.out
-rw-r--r--  1 mtsouk  wheel   438 Apr 24 16:37 memoryProfile.out
```

仅当收集了分析数据之后才可对其进行查看。因此，可启动命令行分析器检查 CPU 数据，如下所示。

```
$ go tool pprof /tmp/cpuProfile.out
Type: cpu
Time: Apr 24, 2019 at 4:37pm (EEST)
Duration: 19.59s, Total samples = 4.46s (22.77%)
Entering interactive mode (type "help" for commands, "o" for options)
(pprof)
```

在分析器 Shell 中，输入 help 将生成下列输出结果。

```
(pprof) help
  Commands:
    callgrind       Outputs a graph in callgrind format
    comments        Output all profile comments
    disasm          Output assembly listings annotated with samples
    dot             Outputs a graph in DOT format
    eog             Visualize graph through eog
    evince          Visualize graph through evince
    gif             Outputs a graph image in GIF format
    gv              Visualize graph through gv
    kcachegrind     Visualize report in KCachegrind
    list            Output annotated source for functions matching regexp
    pdf             Outputs a graph in PDF format
    peek            Output callers/callees of functions matching regexp
    png             Outputs a graph image in PNG format
    proto           Outputs the profile in compressed protobuf format
    ps              Outputs a graph in PS format
    raw             Outputs a text representation of the raw profile
    svg             Outputs a graph in SVG format
    tags            Outputs all tags in the profile
    text            Outputs top entries in text form
```

```
    top              Outputs top entries in text form
    topproto         Outputs top entries in compressed protobuf format
    traces           Outputs all profile samples in text form
    tree             Outputs a text rendering of call graph
    web              Visualize graph through web browser
    weblist          Display annotated source in a web browser
    o/options        List options and their current values
    quit/exit/^D     Exit pprof
  Options:
    call_tree        Create a context-sensitive call tree
    compact_labels   Show minimal headers
    divide_by        Ratio to divide all samples before visualization
    drop_negative    Ignore negative differences
    edgefraction     Hide edges below <f>*total
    focus            Restricts to samples going through a node matching
regexp
    hide             Skips nodes matching regexp
    ignore           Skips paths going through any nodes matching regexp
    mean             Average sample value over first value (count)
    nodecount        Max number of nodes to show
    nodefraction     Hide nodes below <f>*total
    noinlines        Ignore inlines.
    normalize        Scales profile based on the base profile.
    output           filename for file-based outputs
    prune_from       Drops any functions below the matched frame.
    relative_percentages Show percentages relative to focused subgraph
    sample_index     Sample value to report (0-based index or name)
    show             Only show nodes matching regexp
    show_from        Drops functions above the highest matched frame.
    source_path      Search path for source files
    tagfocus         Restricts to samples with tags in range or matched by
regexp
    taghide          Skip tags matching this regexp
    tagignore        Discard samples with tags in range or matched by
regexp
    tagshow          Only consider tags matching this regexp
    trim             Honor nodefraction/edgefraction/nodecount defaults
    trim_path        Path to trim from source paths before search
    unit             Measurement units to display
  Option groups (only set one per group):
    cumulative
      cum            Sort entries based on cumulative weight
      flat           Sort entries based on own weight
```

```
    granularity
        addresses       Aggregate at the address level.
        filefunctions   Aggregate at the function level.
        files           Aggregate at the file level.
        functions       Aggregate at the function level.
        lines           Aggregate at the source code line level.
    :   Clear focus/ignore/hide/tagfocus/tagignore
  type "help <cmd|option>" for more information
(pprof)
```

> 💡 **提示：**
> 建议尝试 go tool pprof 实用程序的所有命令，并熟悉这些命令的使用方式。

top 命令返回文本形式的前 10 项内容。

```
(pprof) top
Showing nodes accounting for 4.42s, 99.10% of 4.46s total
Dropped 14 nodes (cum <= 0.02s)
Showing top 10 nodes out of 19
      flat  flat%   sum%        cum   cum%
     2.69s 60.31% 60.31%      2.69s 60.31%  main.N2
     1.41s 31.61% 91.93%      1.41s 31.61%  main.N1
     0.19s  4.26% 96.19%      0.19s  4.26%  runtime.nanotime
     0.10s  2.24% 98.43%      0.10s  2.24%  runtime.usleep
     0.03s  0.67% 99.10%      0.03s  0.67%  runtime.memclrNoHeapPointers
         0     0% 99.10%      4.14s 92.83%  main.main
         0     0% 99.10%      0.03s  0.67%  runtime.(*mheap).alloc
         0     0% 99.10%      0.03s  0.67%  runtime.largeAlloc
         0     0% 99.10%      4.14s 92.83%  runtime.main
         0     0% 99.10%      0.03s  0.67%  runtime.makeslice
```

如输出结果的第 1 行所示，所提供的函数占程序总执行时间的 99.10%。

特别地，main.N2 函数占用了程序执行时间的 60.31%。

top10 --cum 命令返回每个函数的累计时间。

```
(pprof) top10 --cum
Showing nodes accounting for 4390ms, 98.43% of 4460ms total
Dropped 14 nodes (cum <= 22.30ms)
Showing top 10 nodes out of 19
      flat  flat%   sum%        cum   cum%
         0     0%     0%     4140ms 92.83%  main.main
         0     0%     0%     4140ms 92.83%  runtime.main
    2690ms 60.31% 60.31%     2690ms 60.31%  main.N2
    1410ms 31.61% 91.93%     1410ms 31.61%  main.N1
```

```
         0        0%  91.93%       290ms   6.50%  runtime.mstart
         0        0%  91.93%       270ms   6.05%  runtime.mstart1
         0        0%  91.93%       270ms   6.05%  runtime.sysmon
     190ms     4.26%  96.19%       190ms   4.26%  runtime.nanotime
     100ms     2.24%  98.43%       100ms   2.24%  runtime.usleep
         0        0%  98.43%        50ms   1.12%  runtime.systemstack
```

当查看某个特定函数所发生的情况时,可使用 list 命令,随后是函数名并结合使用包名,进而可获得与该函数性能相关的详细信息,如下所示。

```
(pprof) list main.N1
Total: 4.18s
ROUTINE ======= main.N1 in /Users/mtsouk/ch11/code/profileMe.go
     1.41s      1.41s (flat, cum) 31.61% of Total
         .          .     32:    return fn[n]
         .          .     33:}
         .          .     34:
         .          .     35:func N1(n int) bool {
         .          .     36:    k := math.Floor(float64(n/2 + 1))
      60ms       60ms     37:    for i := 2; i < int(k); i++ {
     1.35s      1.35s     38:        if (n % i) == 0 {
         .          .     39:            return false
         .          .     40:        }
         .          .     41:    }
         .          .     42:    return true
         .          .     43:}
(pprof)
```

上述输出结果显示,main.N1 的 for 循环几乎占用了函数的全部执行时间。特别地,if (n % i) == 0 语句占用了函数整体执行时间 1.41s 中的 1.35s。

此外,还可利用 pdf 命令从 Go 分析器 Shell 中创建分析数据的 PDF 文件,如下所示。

```
(pprof) pdf
Generating report in profile001.pdf
```

注意,此处需要使用 Graphviz 生成 PDF 文件,该文件可通过 PDF 阅读器进行查看。

最后需要注意的是,如果程序执行过快,那么分析器将缺少足够的时间获取所需的样本;当加载数据文件时,用户可能会看到输出结果 Total samples = 0。此时,我们无法从分析处理过程中获取有用的信息,其原因在于,profileMe.go 程序中的某些函数中使用了 time.Sleep() 函数。

```
$ go tool pprof /tmp/cpuProfile.out
Type: cpu
```

```
Time: Apr 24, 2019 at 4:37pm (EEST)
Duration: 19.59s, Total samples = 4.46s (22.77%)
Entering interactive mode (type "help" for commands, "o" for options)
(pprof)
```

11.3.3 方便的外部包

本节将考查外部包的使用,相比于 runtime/pprof 标准包,我们将更加方便地构建分析环境。对应代码位于 betterProfile.go 文件中,该文件将被分为 3 部分内容加以讨论。

betterProfile.go 文件的第 1 部分内容如下所示。

```
package main
import (
    "fmt"
    "github.com/pkg/profile"
)
var VARIABLE int
func N1(n int) bool {
    for i := 2; i < n; i++ {
        if (n % i) == 0 {
            return false
        }
    }
    return true
}
```

上述代码使用了外部包(github.com/pkg/profile),读者可通过 go get 命令进行下载,如下所示。

```
$ go get github.com/pkg/profile
```

betterProfile.go 文件的第 2 部分内容如下所示。

```
func Multiply(a, b int) int {
    if a == 1 {
        return b
    }
    if a == 0 || b == 0 {
        return 0
    }
    if a < 0 {
        return -Multiply(-a, b)
    }
```

```
        return b + Multiply(a-1, b)
}
func main() {
        defer profile.Start(profile.ProfilePath("/tmp")).Stop()
```

github.com/pkg/profile 包（由 Dave Cheney 发布）需要插入一条语句以在 Go 应用程序中启用 CPU 分析机制。如果需要启用内存分析机制，则应插入下列语句。

```
        defer profile.Start(profile.MemProfile).Stop()
```

betterProfile.go 文件的第 3 部分内容如下所示。

```
        total := 0
        for i := 2; i < 200000; i++ {
            n := N1(i)
            if n {
                total++
            }
        }
        fmt.Println("Total: ", total)
        total = 0
        for i := 0; i < 5000; i++ {
            for j := 0; j < 400; j++ {
                k := Multiply(i, j)
                VARIABLE = k
                total++
            }
        }
        fmt.Println("Total: ", total)
}
```

执行 betterProfile.go 文件将生成下列输出结果。

```
$ go run betterProfile.go
2019/04/24 16:44:05 profile: cpu profiling enabled, /tmp/cpu.pprof
Total:  17984
Total:  2000000
2019/04/24 16:44:33 profile: cpu profiling disabled, /tmp/cpu.pprof
```

> **提示:**
>
> github.com/pkg/profile 包有助于实现数据捕捉部分，而处理部分则与以前保持一致。

```
$ go tool pprof /tmp/cpu.pprof
Type: cpu
```

```
Time: Apr 24, 2019 at 4:44pm (EEST)
Duration: 27.40s, Total samples = 25.10s (91.59%)
Entering interactive mode (type "help" for commands, "o" for options)
(pprof)
```

11.3.4　Go 分析器的 Web 界面

自 Go 1.10 版本以来，go tool pprof 命令包含了一个 Web 用户界面。

💡 提示：

对于 Web 用户界面特性，需要安装 Graphviz，且用户的 Web 浏览器需要支持 JavaScript。对此，读者可使用 Chrome 或 Firefox 浏览器以实现安全的应用。

用户可通过下列方式启用交互式 Go 分析器。

```
$ go tool pprof -http=[host]:[port] aProfile
```

1. 使用 Web 界面的分析示例

本节将使用从 profileMe.go 程序结果中捕捉的数据来学习 Go 分析器的 Web 界面。如前所述，首先需要执行下列命令。

```
$ go tool pprof -http=localhost:8080 /tmp/cpuProfile.out
Main binary filename not available.
```

在执行了上述命令后，图 11.1 描述了 Web 用户界面的初始画面。

类似地，图 11.2 显示了 Go 分析器的 http://localhost:8080/ui/source URL，它针对当前程序的每个函数显示了分析信息。

💡 提示：

鉴于篇幅问题，我们不可能展示 Go 分析器 Web 界面的每个页面，因此建议读者自行了解，因为对于程序的检查工作来说，Go 分析器是一个十分有用的工具。

2. Graphviz 简介

Graphviz 是一种非常方便的实用程序编译，同时也是一门支持绘制复杂图形的计算机语言。严格来讲，Graphviz 是一个工具集，可操控有向和无向图结构并生成图布局。Graphviz 包含自身的语言，即 DOT，且兼具简单、优雅和功能性。关于 Graphviz，较好的一面是可通过简单的纯文本编辑器编写代码。我们可方便地开发生成 Graphviz 代码的脚本。另外，大多数编程语言（如 Python、Ruby、C++）均提供了自身的接口，进而利用本地代码生成 Graphviz 文件。

第 11 章 代码测试、优化和分析

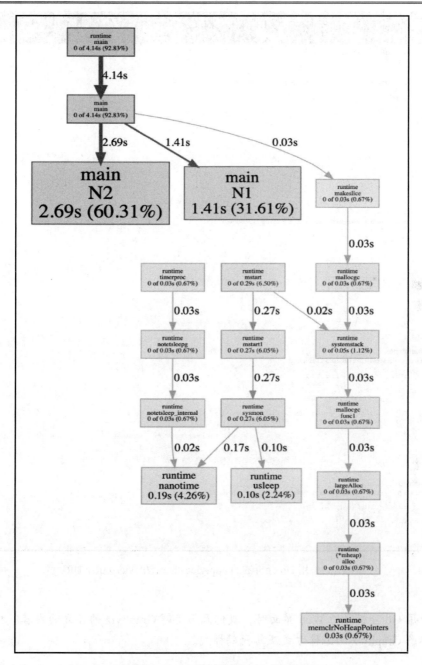

图 11.1 Go 分析器的 Web 界面

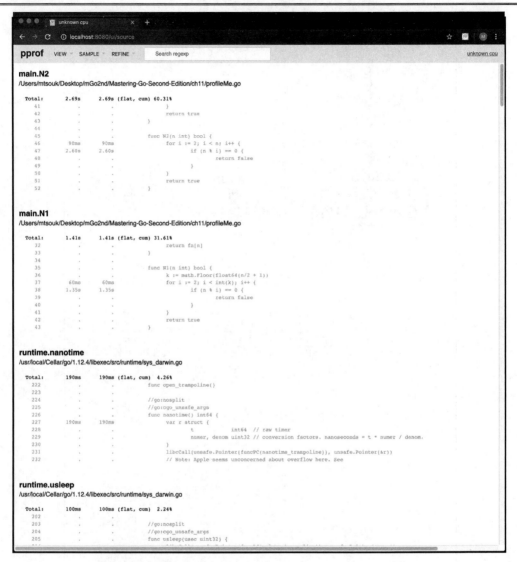

图 11.2 使用 Go 分析器的 http://localhost:8080/ui/source URL

💡 **提示：**

当使用 Go 分析器的 Web 界面时，我们无须了解 Graphviz 的各方面内容。相应地，我们应熟悉 Graphviz 的工作方式及其代码样式。

下列 Graphviz 代码被保存于 graph.dot 文件中，简单地展示了 Graphviz 的工作方式及其代码样式。

```
digraph G
{
    graph [dpi = 300, bgcolor = "gray"];
    rankdir = LR;
    node [shape=record, width=.2, height=.2, color="white" ];
    node0 [label = "<p0>; |<p1>|<p2>|<p3>|<p4>| | ", height = 3];
    node[ width=2 ];
    node1 [label = "{<e> r0 | 123 | <p> }", color="gray" ];
    node2 [label = "{<e> r10 | 13 | <p> }" ];
    node3 [label = "{<e> r11 | 23 | <p> }" ];
    node4 [label = "{<e> r12 | 326 | <p> }" ];
    node5 [label = "{<e> r13 | 1f3 | <p> }" ];
    node6 [label = "{<e> r20 | 143 | <p> }" ];
    node7 [label = "{<e> r40 | b23 | <p> }" ];
    node0:p0 -> node1:e [dir=both color="red:blue"];
    node0:p1 -> node2:e [dir=back arrowhead=diamond];
    node2:p -> node3:e;
    node3:p -> node4:e [dir=both arrowtail=box color="red"];
    node4:p -> node5:e [dir=forward];
    node0:p2 -> node6:e [dir=none color="orange"];
    node0:p4 -> node7:e;
}
```

其中，color 属性负责修改节点的颜色，shape 属性负责调整节点的形状。此外，dir 属性（可应用于边上）定义了边是否包含两个箭头、1 个箭头或不包含箭头。进一步讲，箭头的样式可利用 arrowhead 和 arrowtail 属性指定。

使用 Graphviz 命令行工具之一编译上述代码以创建 PNG 图像需要在 UNIX Shell 中执行下列命令。

```
$ dot -T png graph.dot -o graph.png
$ ls -l graph.png
-rw-r--r--@ 1 mtsouk staff 94862 Apr 24 16:48 graph.png
```

图 11.3 显示了执行上述命令后生成的图文件。

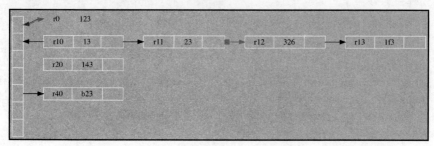

图 11.3　使用 Graphviz 生成图

因此，如果希望可视化任何种类的结构时，建议使用 Graphviz 及其工具，尤其是通过自身脚本实现自动化操作时。

11.4 go tool trace 实用程序

go tool trace 实用程序可通过下列 3 种方式查看生成的跟踪文件。
- 使用 runtime/trace 包。
- 使用 net/http/pprof 包。
- 执行 go test -trace 命令。

本节仅采用第 1 种技术。下列命令的输出结果可帮助我们理解 Go 执行跟踪器的内容。

```
$ go doc runtime/trace
package trace // import "runtime/trace"
Package trace contains facilities for programs to generate traces for the Go
    execution tracer.
    Tracing runtime activities
    The execution trace captures a wide range of execution events such as
    goroutine creation/blocking/unblocking, syscall enter/exit/block, GCrelated
    events, changes of heap size, processor start/stop, etc. A precise
    nanosecond-precision timestamp and a stack trace is captured for most
    events. The generated trace can be interpreted using `go tool trace`.
    The trace tool computes the latency of a task by measuring the time
between the task creation and the task end and provides latency
distributions for each task type found in the trace.
    func IsEnabled() bool
    func Log(ctx context.Context, category, message string)
    func Logf(ctx context.Context, category, format string, args ...interface{})
    func Start(w io.Writer) error
    func Stop()
    func WithRegion(ctx context.Context, regionType string, fn func())
    type Region struct{ ... }
        func StartRegion(ctx context.Context, regionType string) *Region
    type Task struct{ ... }
        func NewTask(pctx context.Context, taskType string) (ctx context.Context, task *Task)
```

第 2 章曾讨论了 Go 垃圾收集器和 Go 实用程序 gColl.go，进而可查看 Go 垃圾收集器中的某些变量。本节将利用 go tool trace 实用程序收集与 gColl.go 操作相关的更多信息。

下面首先检查 gColl.go 程序的修正版本，它通知 Go 收集性能数据。对应代码保存于 goGC.go 文件中，该文件将被分为 3 部分内容加以讨论。

goGC.go 文件的第 1 部分内容如下所示。

```go
package main
import (
    "fmt"
    "os"
    "runtime"
    "runtime/trace"
    "time"
)

func printStats(mem runtime.MemStats) {
    runtime.ReadMemStats(&mem)
    fmt.Println("mem.Alloc:", mem.Alloc)
    fmt.Println("mem.TotalAlloc:", mem.TotalAlloc)
    fmt.Println("mem.HeapAlloc:", mem.HeapAlloc)
    fmt.Println("mem.NumGC:", mem.NumGC)
    fmt.Println("-----")
}
```

这里，首先需要导入 runtime/trace 标准包，以针对 go tool trace 实用程序收集数据。

goGC.go 文件的第 2 部分内容如下所示。

```go
func main() {
    f, err := os.Create("/tmp/traceFile.out")
    if err != nil {
        panic(err)
    }
    defer f.Close()
    err = trace.Start(f)
    if err != nil {
        fmt.Println(err)
        return
    }
    defer trace.Stop()
```

这一部分内容与 go tool trace 实用程序的数据获取相关，且不涉及实际程序的相关功能。对此，首先需要创建一个新文件，该文件负责保存 go tool trace 实用程序的跟踪数据；随后通过 trace.Start()函数启用跟踪处理，当待完成后，调用 trace.Stop()函数。trace.Stop()

函数的 defer 调用表明程序结束后需要终止跟踪过程。

提示：

go tool trace 实用程序的使用包含两个阶段且需要额外的 Go 代码。针对于此，首先需要收集数据，随后将显示并处理数据。

goGC.go 文件的第 3 部分内容如下所示。

```go
var mem runtime.MemStats
    printStats(mem)
    for i := 0; i < 3; i++ {
        s := make([]byte, 50000000)
        if s == nil {
            fmt.Println("Operation failed!")
        }
    }
    printStats(mem)
    for i := 0; i < 5; i++ {
        s := make([]byte, 100000000)
        if s == nil {
            fmt.Println("Operation failed!")
        }
        time.Sleep(time.Millisecond)
    }
    printStats(mem)
}
```

执行 goGC.go 文件将生成下列输出结果，以及包含跟踪信息的名为 /tmp/traceFile.out 的新文件。

```
$ go run goGC.go
mem.Alloc: 108592
mem.TotalAlloc: 108592
mem.HeapAlloc: 108592
mem.NumGC: 0
-----
mem.Alloc: 109736
mem.TotalAlloc: 150127000
mem.HeapAlloc: 109736
mem.NumGC: 3
-----
mem.Alloc: 114672
mem.TotalAlloc: 650172952
```

第 11 章　代码测试、优化和分析

```
mem.HeapAlloc: 114672
mem.NumGC: 8
-----
$ cd /tmp
$ ls -l traceFile.out
-rw-r--r-- 1 mtsouk wheel 10108 Apr 24 16:51 /tmp/traceFile.out
$ file /tmp/traceFile.out
/tmp/traceFile.out: data
```

当执行下列命令时，go tool trace 实用程序使用了自动启动的 Web 界面。

```
$ go tool trace /tmp/traceFile.out
2019/04/24 16:52:06 Parsing trace...
2019/04/24 16:52:06 Splitting trace...
2019/04/24 16:52:06 Opening browser. Trace viewer is listening on
http://127.0.0.1:50383
```

当检查/tmp/traceFile.out 跟踪文件时，图 11.4 显示了 go tool trace 实用程序的 Web 界面的初始页面。

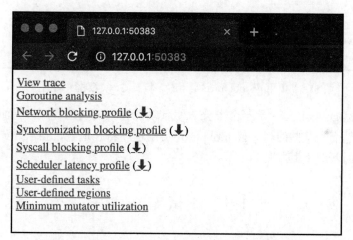

图 11.4　go tool trace 实用程序的 Web 界面的初始页面

当前应单击 View trace 链接，进而转至下一个页面，这将显示 go tool trace 实用程序 Web 界面的另一个视图，并使用了/tmp/traceFile.out 中的数据，如图 11.5 所示。

在图 11.5 中可以看到，Go 垃圾收集器运行自身的协程，但不会一直处于运行状态。除此之外，还可看到当前程序所用的协程数量。通过选取交互视图的特定内容，还可进一步查看与此相关的更多内容。由于当前仅关注垃圾收集器方面的操作，因此这里所显示的有用信息包括垃圾收集器运行的频率和时长。

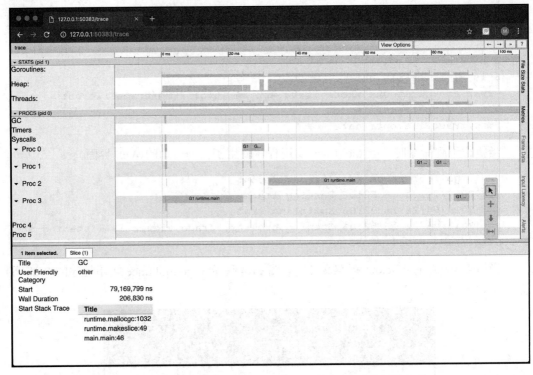

图 11.5　使用 go tool trace 实用程序检查 Go 垃圾收集器的操作

注意，虽然 go tool trace 是一个十分方便且功能强大的实用程序，因而尚无法解决各类性能问题。然而在某些时候，go tool pprof 实用程序特别适宜，当需要显示基于单一函数的程序消耗时长时尤其如此。

11.5　测试 Go 代码

软件测试是一个庞大的话题，我们无法在一章内容中叙述清晰。因此，本节尝试尽可能地展示一些实用信息。

Go 语言支持针对 Go 代码编写测试内容，进而检测 bug。严格地讲，本节主要讨论自动化测试，其中涉及编写额外的代码以验证实际代码（即产品代码）是否按照期望方式工作。因此，测试功能的结果为 PASS 或 FAIL。稍后将会看到具体的工作方式。

虽然初看之下 Go 测试方案可能比较简单，尤其是将其与其他编程语言测试实践进行比较时，但该方案十分高效且有效，同时不会占用开发人员过多的时间。

Go 语言遵循与测试相关的特定规则。首先，测试函数应包含在以_test.go 结尾的 Go 源文件中。如果我们具有一个名为 aGoPackage.go 的包，那么测试应被置于名为 aGoPackage_test.go 的文件中。另外，测试函数以 Test 开始，并检查产品包的函数行为的正确性。最后，还需要针对 go test 子命令导入 testing 标准包以实现正确工作。稍后将会看到，该导入行为同样适用于其他两种情形。

若测试代码正确，go test 子命令则负责全部繁重的工作，包括针对特定函数扫描所有的*_test.go 文件、获得结果以及生成最终的输出结果。

💡 **提示：**

通常可将测试代码置于不同的源代码中。此处无须生成难以阅读和维护的大型源文件。

11.5.1 针对现有 Go 代码编写测试

本节将学习如何针对现有的 Go 应用程序编写测试，其间涉及两个函数：第 1 个函数计算斐波那契数列的数量；第 2 个函数查找字符串的长度。这里，使用这两个函数的主要原因是简单性。此处的技巧在于，每个函数包含两个不同的实现版本：版本 1 可正常工作，而版本 2 则包含某些问题。

当前示例的 Go 包被命名为 testMe，然后它被保存为 testMe.go 文件，该文件将被分为 3 部分内容加以讨论。

testMe.go 文件的第 1 部分内容如下所示。

```
package testMe
func f1(n int) int {
    if n == 0 {
        return 0
    }
    if n == 1 {
        return 1
    }
    return f1(n-1) + f1(n-2)
}
```

在上述代码中可以看到，名为 f1()的函数定义用于计算斐波那契数列的自然数。
testMe.go 文件的第 2 部分内容如下所示。

```
func f2(n int) int {
    if n == 0 {
        return 0
```

```go
    }
    if n == 1 {
        return 2
    }
    return f2(n-1) + f2(n-2)
}
```

上述代码实现了另一个函数 f2()，该函数计算斐波那契数列的数量。然而，该函数包含了一个 bug——当 n 值为 1 时，该函数并未返回 1，这将使函数的整体功能受损。

testMe.go 文件的第 3 部分内容如下所示。

```go
func s1(s string) int {
    if s == "" {
        return 0
    }
    n := 1
    for range s {
        n++
    }
    return n
}

func s2(s string) int {
    return len(s)
}
```

上述代码实现了 s1() 和 s2() 两个函数，这两个函数对字符串进行处理，且均计算字符串的长度。然而，s1() 函数实现并不正确，其中，初始 n 值为 1 而非 0。

接下来开始考查测试和测试用例。首先，我们应创建一个 testMe_test.go 文件用于存储测试函数。接下来则无须修改 testMe.go 文件中的任何代码，这一点十分重要。最后需要记住的是，应尝试编写多次测试以覆盖所有的输入和输出内容。

testMe_test.go 文件的第 1 部分内容如下所示。

```go
package testMe

import "testing"

func TestS1(t *testing.T) {
    if s1("123456789") != 9 {
        t.Error(`s1("123456789") != 9`)
    }
    if s1("") != 0 {
```

```
        t.Error(`s1("") != 0`)
    }
}
```

上述函数在 s1() 函数上执行两项测试，且分别使用"123456789"和""作为输入内容。testMe_test.go 文件的第 2 部分内容如下所示。

```
func TestS2(t *testing.T) {
    if s2("123456789") != 9 {
        t.Error(`s2("123456789") != 9`)
    }
    if s2("") != 0 {
        t.Error(`s2("") != 0`)
    }
}
```

上述测试代码在 s2() 函数上执行了两项相同的测试。testMe_test.go 文件的第 3 部分内容如下所示。

```
func TestF1(t *testing.T) {
    if f1(0) != 0 {
        t.Error(`f1(0) != 0`)
    }
    if f1(1) != 1 {
        t.Error(`f1(1) != 1`)
    }
    if f1(2) != 1 {
        t.Error(`f1(2) != 1`)
    }
    if f1(10) != 55 {
        t.Error(`f1(10) != 55`)
    }
}

func TestF2(t *testing.T) {
    if f2(0) != 0 {
        t.Error(`f2(0) != 0`)
    }
    if f2(1) != 1 {
        t.Error(`f2(1) != 1`)
    }
    if f2(2) != 1 {
        t.Error(`f2(2) != 1`)
    }
```

```
        if f2(10) != 55 {
            t.Error(`f2(10) != 55`)
        }
    }
```

上述代码针对 f1() 和 f2() 函数操作进行测试。

执行测试将生成下列输出结果。

```
$ go test testMe.go testMe_test.go -v
=== RUN TestS1
--- FAIL: TestS1 (0.00s)
    testMe_test.go:7: s1("123456789") != 9
=== RUN TestS2
--- PASS: TestS2 (0.00s)
=== RUN TestF1
--- PASS: TestF1 (0.00s)
=== RUN TestF2
--- FAIL: TestF2 (0.00s)
    testMe_test.go:50: f2(1) != 1
    testMe_test.go:54: f2(2) != 1
    testMe_test.go:58: f2(10) != 55
FAIL
FAIL    command-line-arguments 0.005s
```

如果未包含-v 参数（该参数将生成更为丰富的内容），对应的输出结果如下所示。

```
$ go test testMe.go testMe_test.go
--- FAIL: TestS1 (0.00s)
    testMe_test.go:7: s1("123456789") != 9
--- FAIL: TestF2 (0.00s)
    testMe_test.go:50: f2(1) != 1
    testMe_test.go:54: f2(2) != 1
    testMe_test.go:58: f2(10) != 55
FAIL
FAIL    command-line-arguments 0.005s
```

如果需要多次连续运行某项测试，可使用-count 选项，如下所示。

```
$ go test testMe.go testMe_test.go -count 2
--- FAIL: TestS1 (0.00s)
    testMe_test.go:7: s1("123456789") != 9
--- FAIL: TestF2 (0.00s)
    testMe_test.go:50: f2(1) != 1
    testMe_test.go:54: f2(2) != 1
```

```
    testMe_test.go:58: f2(10) != 55
--- FAIL: TestS1 (0.00s)
    testMe_test.go:7: s1("123456789") != 9
--- FAIL: TestF2 (0.00s)
    testMe_test.go:50: f2(1) != 1
    testMe_test.go:54: f2(2) != 1
    testMe_test.go:58: f2(10) != 55
FAIL
FAIL command-line-arguments 0.005s
```

如果打算执行特定的测试，则应使用-run 命令行选项，这将接收一个正则表达式，并执行包含与给定正则表达式匹配的函数名的全部测试，如下所示。

```
$ go test testMe.go testMe_test.go -run='F2' -v
=== RUN TestF2
--- FAIL: TestF2 (0.00s)
    testMe_test.go:50: f2(1) != 1
    testMe_test.go:54: f2(2) != 1
    testMe_test.go:58: f2(10) != 55
FAIL
FAIL command-line-arguments 0.005s
$ go test testMe.go testMe_test.go -run='F1'
ok command-line-arguments (cached)
```

最后一条命令将验证 go test 命令是否使用了缓存。

> **提示：**
> 软件测试仅可显示存在一个或多个 bug，但不能确定没有 bug。这也意味着，永远不能确定代码中不包含 bug。

11.5.2 测试代码的覆盖率

本节将学习如何获取与程序代码覆盖率相关的更多信息。某些时候，查看代码的覆盖率可显示程序中的一些问题和 bug，因而不可低估其有效性。

codeCover.go 文件中的 Go 代码如下所示。

```
package codeCover

func fibo1(n int) int {
    if n == 0 {
        return 0
    } else if n == 1 {
```

```
            return 1
        } else {
            return fibo1(n-1) + fibo1(n-2)
        }
}

func fibo2(n int) int {
        if n >= 0 {
            return 0
        } else if n == 1 {
            return 1
        } else {
            return fibo1(n-1) + fibo1(n-2)
        }
}
```

其中，fibo2()函数实现一直返回 0，因而是错误的。该 bug 的原因在于，大多数 fibo2()函数代码永远不会被执行。

codeCover_test.go 文件中的测试代码如下所示。

```
package codeCover

import (
    "testing"
)

func TestFibo1(t *testing.T) {
    if fibo1(1) != 1 {
        t.Errorf("Error fibo1(1): %d\n", fibo1(1))
    }
}

func TestFibo2(t *testing.T) {
    if fibo2(0) != 0 {
        t.Errorf("Error fibo2(0): %d\n", fibo1(0))
    }
}

func TestFibo1_10(t *testing.T) {
    if fibo1(10) == 1 {
        t.Errorf("Error fibo1(1): %d\n", fibo1(1))
    }
}
```

```
func TestFibo2_10(t *testing.T) {
    if fibo2(10) != 0 {
        t.Errorf("Error fibo2(0): %d\n", fibo1(0))
    }
}
```

上述函数实现较为简单,旨在展示代码覆盖率的应用,而非生成测试函数。

接下来将检查上述代码的覆盖率。对此,可利用-cover参数执行go test命令,如下所示。

```
$ go test -cover -v
=== RUN      TestFibo1
--- PASS:    TestFibo1 (0.00s)
=== RUN      TestFibo2
--- PASS:    TestFibo2 (0.00s)
=== RUN      TestFibo1_10
--- PASS:    TestFibo1_10 (0.00s)
=== RUN      TestFibo2_10
--- PASS:    TestFibo2_10 (0.00s)
PASS
coverage: 70.0% of statements
ok      _/Users/mtsouk/cover 0.005s
```

因此,当前代码覆盖率为70.0%,这表明某处可能存在问题。注意,针对-cover选项,-v并非必需。

然而,对于覆盖率测试,主要命令存在一个变化版本,进而可生成一个覆盖率配置文件,如下所示。

```
$ go test -coverprofile=coverage.out
PASS
coverage: 70.0% of statements
ok      _/Users/mtsouk/cover 0.005s
```

在生成了特定的文件后,可通过下列方式对其进行分析。

```
$ go tool cover -func=coverage.out
/Users/mtsouk/cover/codeCover.go:3:     fibo1   100.0%
/Users/mtsouk/cover/codeCover.go:13:    fibo2   40.0%
total:  (statements)                    70.0%
```

除此之外,还可使用Web浏览器分析代码覆盖率文件,如下所示。

```
$ go tool cover -html=coverage.out
```

在自动打开的浏览器窗口中,将会看到带有绿色或红色的代码行。其中,红色代码行未被测试所覆盖,这意味着应利用更多的测试用例覆盖代码;或者被测试的 Go 代码出现了问题。无论如何,我们都应查看这些代码行并揭示问题所在。

最后,可通过下列方式保存 HTML 输出结果。

```
$ o tool cover -html=coverage.out -o output.html
```

11.6 利用数据库后端测试 HTTP 服务器

本节将考查如何测试数据库服务器,在当前示例中为与 Go 语言编写的 HTTP 服务器协同工作的 PostgreSQL 服务器。这是一种较为特殊的情况,因为必须获取数据才能测试 HTTP 服务器的正确性。

对此,本节将考查两个文件,即 webServer.go 和 webServer_test.go 文件。在执行代码之前,需要下载相关 Go 包,进而在 Go 语言中与 PostgreSQL 协同工作,相关命令如下所示。

```
$ go get github.com/lib/pq
```

webServer.go 文件的 Go 代码如下所示。

```go
package main

import (
    "database/sql"
    "fmt"
    _ "github.com/lib/pq"
    "net/http"
    "os"
    "time"
)

func myHandler(w http.ResponseWriter, r *http.Request) {
    fmt.Fprintf(w, "Serving: %s\n", r.URL.Path)
    fmt.Printf("Served: %s\n", r.Host)
}

func timeHandler(w http.ResponseWriter, r *http.Request) {
    t := time.Now().Format(time.RFC1123)
    Body := "The current time is:"
```

```go
    fmt.Fprintf(w, "<h1 align=\"center\">%s</h1>", Body)
    fmt.Fprintf(w, "<h2 align=\"center\">%s</h2>\n", t)
    fmt.Fprintf(w, "Serving: %s\n", r.URL.Path)
    fmt.Printf("Served time for: %s\n", r.Host)
}

func getData(w http.ResponseWriter, r *http.Request) {
    fmt.Printf("Serving: %s\n", r.URL.Path)
    fmt.Printf("Served: %s\n", r.Host)

    connStr := "user=postgres dbname=s2 sslmode=disable"
    db, err := sql.Open("postgres", connStr)
    if err != nil {
        fmt.Fprintf(w, "<h1 align=\"center\">%s</h1>", err)
        return
    }

    rows, err := db.Query("SELECT * FROM users")
    if err != nil {
        fmt.Fprintf(w, "<h3 align=\"center\">%s</h3>\n", err)
        return
    }
    defer rows.Close()

    for rows.Next() {
        var id int
        var firstName string
        var lastName string
        err = rows.Scan(&id, &firstName, &lastName)
        if err != nil {
            fmt.Fprintf(w, "<h1 align=\"center\">%s</h1>\n", err)
            return
        }
        fmt.Fprintf(w, "<h3 align=\"center\">%d, %s, %s</h3>\n", id, firstName, lastName)
    }

    err = rows.Err()
    if err != nil {
        fmt.Fprintf(w, "<h1 align=\"center\">%s</h1>", err)
        return
    }
```

```go
}

func main() {
    PORT := ":8001"
    arguments := os.Args
    if len(arguments) != 1 {
        PORT = ":" + arguments[1]
    }
    fmt.Println("Using port number: ", PORT)
    http.HandleFunc("/time", timeHandler)
    http.HandleFunc("/getdata", getData)
    http.HandleFunc("/", myHandler)

    err := http.ListenAndServe(PORT, nil)
    if err != nil {
        fmt.Println(err)
        return
    }
}
```

webServer_test.go 文件将被分为 6 部分内容加以讨论。这里，测试 Web 服务器并从中获取其数据，意味着需要编写多个实用程序代码以支持数据库测试机制。

webServer_test.go 文件的第 1 部分内容如下所示。

```go
package main

import (
    "database/sql"
    "fmt"
    _ "github.com/lib/pq"
    "net/http"
    "net/http/httptest"
    "testing"
)
```

webServer_test.go 文件的第 2 部分内容如下所示。

```go
func create_table() {
    connStr := "user=postgres dbname=s2 sslmode=disable"
    db, err := sql.Open("postgres", connStr)
    if err != nil {
        fmt.Println(err)
    }
```

```
    const query = `
        CREATE TABLE IF NOT EXISTS users (
            id SERIAL PRIMARY KEY,
            first_name TEXT,
            last_name TEXT
    )`

    _, err = db.Exec(query)
    if err != nil {
        fmt.Println(err)
        return
    }
    db.Close()
}
```

create_table()函数与PostgreSQL通信并在数据库中生成一个名为users的表，且仅用于测试目的。

webServer_test.go 文件的第 3 部分内容如下所示。

```
func drop_table() {
    connStr := "user=postgres dbname=s2 sslmode=disable"
    db, err := sql.Open("postgres", connStr)
    if err != nil {
        fmt.Println(err)
        return
    }

    _, err = db.Exec("DROP TABLE IF EXISTS users")
    if err != nil {
        fmt.Println(err)
        return
    }
    db.Close()
}

func insert_record(query string) {
    connStr := "user=postgres dbname=s2 sslmode=disable"
    db, err := sql.Open("postgres", connStr)
    if err != nil {
        fmt.Println(err)
        return
    }
```

```
    _, err = db.Exec(query)
    if err != nil {
        fmt.Println(err)
        return
    }
    db.Close()
}
```

上述代码定义了两个辅助函数。其中，第 1 个函数 drop_table()删除 create_table()函数生成的表；第 2 个函数 insert_record()则在 PostgreSQL 中插入一条记录。

webServer_test.go 文件的第 4 部分内容如下所示。

```
func Test_count(t *testing.T) {
    var count int
    create_table()

    insert_record("INSERT INTO users (first_name, last_name) VALUES ('Epifanios', 'Doe')")
    insert_record("INSERT INTO users (first_name, last_name) VALUES ('Mihalis', 'Tsoukalos')")
    insert_record("INSERT INTO users (first_name, last_name) VALUES ('Mihalis', 'Unknown')")

    connStr := "user=postgres dbname=s2 sslmode=disable"
    db, err := sql.Open("postgres", connStr)
    if err != nil {
        fmt.Println(err)
        return
    }

    row := db.QueryRow("SELECT COUNT(*) FROM users")
    err = row.Scan(&count)
    db.Close()

    if count != 3 {
        t.Errorf("Select query returned %d", count)
    }
    drop_table()
}
```

Test_count()是包中的第 1 个测试函数，并且它分为两个阶段进行操作。首先，该函数向数据库表中插入 3 条记录；其次，该函数验证数据库表中是否确实包含了这 3 条记录。

webServer_test.go 文件的第 5 部分内容如下所示。

```go
func Test_queryDB(t *testing.T) {
    create_table()

    connStr := "user=postgres dbname=s2 sslmode=disable"
    db, err := sql.Open("postgres", connStr)
    if err != nil {
        fmt.Println(err)
        return
    }

    query := "INSERT INTO users (first_name, last_name) VALUES ('Random Text', '123456')"
    insert_record(query)

    rows, err := db.Query(`SELECT * FROM users WHERE last_name=$1`, `123456`)
    if err != nil {
        fmt.Println(err)
        return
    }
    var col1 int
    var col2 string
    var col3 string
    for rows.Next() {
        rows.Scan(&col1, &col2, &col3)
    }
    if col2 != "Random Text" {
        t.Errorf("first_name returned %s", col2)
    }

    if col3 != "123456" {
        t.Errorf("last_name returned %s", col3)
    }

    db.Close()
    drop_table()
}
```

上述代码定义了另一个函数，将一条记录插入数据库表中，并验证数据是否被正确地写入。

webServer_test.go 文件的第 6 部分内容如下所示。

```go
func Test_record(t *testing.T) {
    create_table()
    insert_record("INSERT INTO users (first_name, last_name) VALUES ('John', 'Doe')")

    req, err := http.NewRequest("GET", "/getdata", nil)
    if err != nil {
        fmt.Println(err)
        return
    }
    rr := httptest.NewRecorder()
    handler := http.HandlerFunc(getData)
    handler.ServeHTTP(rr, req)

    status := rr.Code
    if status != http.StatusOK {
        t.Errorf("Handler returned %v", status)
    }
    if rr.Body.String() != "<h3 align=\"center\">1, John, Doe</h3>\n" {
        t.Errorf("Wrong server response!")
    }
    drop_table()
}
```

包中的最后一个测试函数与 Web 服务器进行交互并访问/getdata URL；随后验证返回值是否为期望结果。

此时，应该创建一个名为 s2 的 PostgreSQL 数据库，以供测试代码使用，如下所示。

```
$ psql -p 5432 -h localhost -U postgres -c "CREATE DATABASE s2"
CREATE DATABASE
```

如果一切顺利，我们将从 go test 命令中获得下列输出结果。

```
$ go test webServer* -v
=== RUN   Test_count
--- PASS: Test_count (0.05s)
=== RUN   Test_queryDB
--- PASS: Test_queryDB (0.04s)
=== RUN   Test_record
Serving: /getdata
Served:
--- PASS: Test_record (0.04s)
```

```
PASS
ok      command-line-arguments    0.138s
```

这里，忽略-v 选项将生成较少的输出结果，如下所示。

```
$ go test webServer*
ok      command-line-arguments    0.160s
```

注意，不应在 go test 命令之前启动 Web 服务器，因为该服务器将由 go test 命令自动启动。

如果 PostgreSQL 服务器未运行，那么测试将会失败并输出下列错误消息。

```
$ go test webServer* -v
=== RUN Test_count
dial tcp [::1]:5432: connect: connection refused
dial tcp [::1]:5432: connect: connection refused
dial tcp [::1]:5432: connect: connection refused
dial tcp [::1]:5432: connect: connection refused
dial tcp [::1]:5432: connect: connection refused
--- FAIL: Test_count (0.01s)
    webServer_test.go:85: Select query returned 0
=== RUN Test_queryDB
dial tcp [::1]:5432: connect: connection refused
dial tcp [::1]:5432: connect: connection refused
dial tcp [::1]:5432: connect: connection refused
--- PASS: Test_queryDB (0.00s)
=== RUN Test_record
dial tcp [::1]:5432: connect: connection refused
dial tcp [::1]:5432: connect: connection refused
Serving: /getdata
Served:
dial tcp [::1]:5432: connect: connection refused
--- FAIL: Test_record (0.00s)
    webServer_test.go:145: Wrong server response!
FAIL
FAIL    command-line-arguments 0.024s
```

第 12 章还将考查如何测试一个处理程序，以及采用 Go 语言编写的 HTTP 服务器的 HTTP 代码。

11.6.1 testing/quick 包

Go 语言标准库提供了 testing/quick 包，它可用于黑箱测试。testing/quick 包与 Haskell

编程语言中的 QuickCheck 包具有一定的关联，二者均实现了实用程序函数以执行黑箱测试。相比之下，Go 语言可生成内建类型的随机值，testing/quick 包支持使用这些随机值进行测试，且无须自行操作。

randomBuiltin.go 文件（程序）展示了 Go 语言如何生成随机值，如下所示。

```go
package main

import (
    "fmt"
    "math/rand"
    "reflect"
    "testing/quick"
    "time"
)

func main() {
    type point3D struct {
        X, Y, Z int8
        S       float32
    }
    ran := rand.New(rand.NewSource(time.Now().Unix()))

    myValues := reflect.TypeOf(point3D{})
    x, _ := quick.Value(myValues, ran)
    fmt.Println(x)
}
```

这里，首先利用 rand.New() 函数创建一个新的随机生成器，随后使用反射获取与 point3D 类型相关的信息。接下来通过类型描述符和随机数生成器从 testing/quick 包中调用 quick.Value() 函数，从而将某些随机数据置入 myValues 变量中。注意，当生成结构的任意值时，该结构的全部字段需要被导出。

执行 randomBuiltin.go 文件将生成下列输出结果。

```
$ go run randomBuiltin.go
{65 8 75 -3.3435536e+38}
$ go run randomBuiltin.go
{-38 33 36 3.2604468e+38}
```

注意，如果决定生成随机数据，那么将会得到包含奇特字符的 Unicode 字符串。

在了解了如何创建内建类型的随机值后，下面继续讨论 testing/quick 包。对此，本节将使用 quick.go 和 quick_test.go 这两个源文件。

quick.go 文件的 Go 代码如下所示。

```go
package main

import (
    "fmt"
)

func Add(x, y uint16) uint16 {
    var i uint16
    for i = 0; i < x; i++ {
        y++
    }
    return y
}

func main() {
    fmt.Println(Add(0, 0))
}
```

quick.gowe 文件中的 add()函数实现了基于 for 循环的无符号整数（uint16）的加法运算，并用于展示基于 testing/quick 包的黑盒测试。

quick_test.go 文件的 Go 代码如下所示。

```go
package main

import (
    "testing"
    "testing/quick"
)

var N = 1000000

func TestWithSystem(t *testing.T) {
    condition := func(a, b uint16) bool {
        return Add(a, b) == (b + a)
    }
    err := quick.Check(condition, &quick.Config{MaxCount: N})
    if err != nil {
        t.Errorf("Error: %v", err)
    }
}
```

```
func TestWithItself(t *testing.T) {
    condition := func(a, b uint16) bool {
        return Add(a, b) == Add(b, a)
    }

    err := quick.Check(condition, &quick.Config{MaxCount: N})
    if err != nil {
        t.Errorf("Error: %v", err)
    }
}
```

quick.Check()函数的两次调用将根据其第 1 个参数的签名自动生成随机数，即之前定义的一个函数。此处无须自己生成这些随机输入数字，这使得代码易于阅读和编写。实际的测试则发生于 condition 函数中。

执行测试将生成下列输出结果。

```
$ go test -v quick*
=== RUN    TestWithSystem
--- PASS:  TestWithSystem (8.36s)
=== RUN    TestWithItself
--- PASS:  TestWithItself (17.41s)
PASS
ok      command-line-arguments      (cached)
```

如果不希望使用缓存测试机制，则可通过下列方式执行 go test 命令。

```
$ go test -v quick* -count=1
=== RUN    TestWithSystem
--- PASS:  TestWithSystem (8.15s)
=== RUN    TestWithItself
--- PASS:  TestWithItself (15.95s)
PASS
ok      command-line-arguments              24.104s
```

💡 提示：

绕过测试缓存的惯用方法是在 go test 命令中使用-count=1，因为 GOCACHE=off 不再适用于 go 1.12。

若尝试使用 GOCACHE=off，则会得到 build cache is disabled by GOCACHE=off, but required as of Go 1.12 这一类错误消息。当执行 go help testflag 命令时，还将看到与此相关的更多信息。

11.6.2 测试时间过长或无法结束

如果 go test 工具占用过多的时间，或出于某种原因无法结束，则可尝试使用-timeout 参数。对此，可连同测试创建一个新的 Go 程序。

这里，main 包的 Go 代码被保存为 too_long.go 文件，如下所示。

```go
package main

import (
    "time"
)

func sleep_with_me() {
    time.Sleep(5 * time.Second)
}

func get_one() int {
    return 1
}

func get_two() int {
    return 2
}

func main() {

}
```

测试函数则被保存于 too_long_test.go 文件中，如下所示。

```go
package main

import (
    "testing"
)

func Test_test_one(t *testing.T) {
    sleep_with_me()
    value := get_one()
    if value != 1 {
        t.Errorf("Function returned %v", value)
```

```go
    }
    sleep_with_me()
}

func Test_test_two(t *testing.T) {
    sleep_with_me()
    value := get_two()
    if value != 2 {
        t.Errorf("Function returned %v", value)
    }
}

func Test_that_will_fail(t *testing.T) {
    value := get_one()
    if value != 2 {
        t.Errorf("Function returned %v", value)
    }
}
```

Test_that_will_fail()测试函数无法正常执行，而其他两个函数虽然正确但执行速度较为缓慢。

当包含/不包含-timeout 参数时，执行 go test 命令将生成下列输出结果。

```
$ go test too_long* -v
=== RUN   Test_test_one
--- PASS: Test_test_one (10.01s)
=== RUN   Test_test_two
--- PASS: Test_test_two (5.00s)
=== RUN   Test_that_will_fail
--- FAIL: Test_that_will_fail (0.00s)
    too_long_test.go:27: Function returned 1
FAIL
FAIL    command-line-arguments 15.019s
$ go test too_long* -v -timeout 20s
=== RUN   Test_test_one
--- PASS: Test_test_one (10.01s)
=== RUN   Test_test_two
--- PASS: Test_test_two (5.01s)
=== RUN   Test_that_will_fail
--- FAIL: Test_that_will_fail (0.00s)
    too_long_test.go:27: Function returned 1
FAIL
FAIL    command-line-arguments 15.021s
```

```
$ go test too_long* -v -timeout 15s
=== RUN   Test_test_one
--- PASS: Test_test_one (10.01s)
=== RUN   Test_test_two
panic: test timed out after 15s
goroutine 34 [running]:
testing.(*M).startAlarm.func1()
    /usr/local/Cellar/go/1.12.4/libexec/src/testing/testing.go:1334 +0xdf
created by time.goFunc
    /usr/local/Cellar/go/1.12.4/libexec/src/time/sleep.go:169 +0x44
goroutine 1 [chan receive]:
testing.(*T).Run(0xc0000dc000, 0x113a46d, 0xd, 0x1141a08, 0x1069b01)
    /usr/local/Cellar/go/1.12.4/libexec/src/testing/testing.go:917 +0x381
testing.runTests.func1(0xc0000c0000)
    /usr/local/Cellar/go/1.12.4/libexec/src/testing/testing.go:1157 +0x78
testing.tRunner(0xc0000c0000, 0xc00009fe30)
    /usr/local/Cellar/go/1.12.4/libexec/src/testing/testing.go:865 +0xc0
testing.runTests(0xc0000ba000, 0x1230280, 0x3, 0x3, 0x0)
    /usr/local/Cellar/go/1.12.4/libexec/src/testing/testing.go:1155 +0x2a9
testing.(*M).Run(0xc0000a8000, 0x0)
    /usr/local/Cellar/go/1.12.4/libexec/src/testing/testing.go:1072 +0x162
main.main()
    _testmain.go:46 +0x13e
goroutine 5 [runnable]:
runtime.goparkunlock(...)
    /usr/local/Cellar/go/1.12.4/libexec/src/runtime/proc.go:307
time.Sleep(0x12a05f200)
    /usr/local/Cellar/go/1.12.4/libexec/src/runtime/time.go:105 +0x159
command-line-arguments.sleep_with_me(...)
    /Users/mtsouk/Desktop/mGo2nd/Mastering-Go-Second-Edition/ch11/too_long.go:8
command-line-arguments.Test_test_two(0xc0000dc000)
    /Users/mtsouk/Desktop/mGo2nd/Mastering-Go-Second-Edition/ch11/too_long_test.go:17 +0x31
testing.tRunner(0xc0000dc000, 0x1141a08)
    /usr/local/Cellar/go/1.12.4/libexec/src/testing/testing.go:865 +0xc0
created by testing.(*T).Run
    /usr/local/Cellar/go/1.12.4/libexec/src/testing/testing.go:916 +0x35a
FAIL    command-line-arguments 15.015s
```

其中，仅 go test 命令无法正常执行，其执行时间超出了 15s。

11.7 Go 代码基准测试

基准测试度量函数或程序的性能，经比较实现结果后以了解修改内容对代码的影响。据此，我们可方便地查看需要重写的 Go 代码内容，进而改进程序的性能。

提示：
如无特殊理由，建议不要在繁忙的 UNIX 机器上对 Go 代码进行基准测试，因为 UNIX 机器目前正用于其他更重要的用途。

Go 语言遵循与基准测试相关的特定规则。其中，最为重要的规则是，基准测试函数的名称必须以 Benchmark 开始。

再次强调，go test 子命令负责程序的基准测试。相应地，我们仍需导入 testing 标准包，并在_test.go 结尾的 Go 文件中包含基准测试函数。

11.8 简单的基准测试示例

本节将展示一个基础的基准测试示例，并度量 3 个算法的性能。这 3 个算法分别用于生成隶属于斐波那契数列中的数字。这些算法需要执行大量的数学运算，因而可被视为基准测试的最佳候选者。

出于演示目的，此处将生成一个新的 main 包并被保存为 benchmarkMe.go 文件，该文件将被分为 4 部分内容加以讨论。

benchmarkMe.go 文件的第 1 部分内容如下所示。

```
package main

import (
    "fmt"
)

func fibo1(n int) int {
    if n == 0 {
        return 0
    } else if n == 1 {
        return 1
    } else {
```

```
        return fibo1(n-1) + fibo1(n-2)
    }
}
```

上述代码包含了 fibo1() 函数实现，并使用递归方式计算斐波那契数列数字。虽然算法工作正常，但这是一种相对简单且速度缓慢的方案。

benchmarkMe.go 文件的第 2 部分内容如下所示。

```
func fibo2(n int) int {
    if n == 0 || n == 1 {
        return n
    }
    return fibo2(n-1) + fibo2(n-2)
}
```

上述代码实现了 fibo2() 函数，该函数与之前的 fibo1() 函数基本等同，唯一的变化在于 if 语句（而非原来的 if else if 语句），这将对函数的性能产生影响。

benchmarkMe.go 文件的第 3 部分内容包含了 fibo3() 函数实现，该函数计算隶属于斐波那契数列的数字，如下所示。

```
func fibo3(n int) int {
    fn := make(map[int]int)
    for i := 0; i <= n; i++ {
        var f int
        if i <= 2 {
            f = 1
        } else {
            f = fn[i-1] + fn[i-2]
        }
        fn[i] = f
    }
    return fn[n]
}
```

这里，fibo3() 函数采用了一种基于 Go 映射的全新方法并包含了一个 for 循环。该函数将被留予查看进而判断是否优于其他两种算法实现。fibo3() 函数中的算法也用于第 13 章，届时将对此加以解释。稍后将会看到，选择高效的算法将会消除大量的问题。

benchmarkMe.go 文件的第 4 部分内容如下所示。

```
func main() {
    fmt.Println(fibo1(40))
    fmt.Println(fibo2(40))
```

```
    fmt.Println(fibo3(40))
}
```

执行 benchmarkMe.go 文件将生成下列输出结果。

```
$ go run benchmarkMe.go
102334155
102334155
102334155
```

可以看到，好的一面是 3 个函数均返回相同的数字。接下来向 benchmarkMe.go 文件中添加一些基准测试，以了解每种算法的效率。

包含基准测试函数的 benchmarkMe.go 版本被保存于 benchmarkMe_test.go 文件中，该文件将被分为 5 部分内容加以讨论。benchmarkMe_test.go 文件的第 1 部分内容如下所示。

```
package main
import (
    "testing"
)

var result int

func benchmarkfibo1(b *testing.B, n int) {
    var r int
    for i := 0; i < b.N; i++ {
        r = fibo1(n)
    }
    result = r
}
```

在上述代码中可以看到，函数名称以字符串 benchmark 开始，而非字符串 Benchmark。最终，该函数不会自动运行，因而该函数始于一个小写字母 b 而非大写字母 B。

这里，将 fibo1(n)函数的结果存储于变量 r 中，并随后使用另一个全局变量 result，这一技术用于防止编译器执行任何优化，这些优化将排除想要度量的函数的执行过程，因为其结果从未被使用。相同的技术也适用于 benchmarkfibo2()和 benchmarkfibo3()函数，稍后将对此讨论。

benchmarkMe_test.go 文件的第 2 部分内容如下所示。

```
func benchmarkfibo2(b *testing.B, n int) {
    var r int
    for i := 0; i < b.N; i++ {
        r = fibo2(n)
```

```
    }
    result = r
}

func benchmarkfibo3(b *testing.B, n int) {
    var r int
    for i := 0; i < b.N; i++ {
        r = fibo3(n)
    }
    result = r
}
```

上述代码定义了额外的两个基准测试函数，且不会自动运行，因而这些函数始于小写字母 b 而非大写字母 B。

这里最大的秘密在于，即使这 3 个函数分别被命名为 BenchmarkFibo1()、BenchmarkFibo2()和 BenchmarkFibo3()，它们仍然不会被 go test 命令自动调用，因为其签名并不是 func(*testing.B)。因此，这也是利用小写字母 b 命名函数的原因。随后即可在其他基准测试函数中调用这些函数，稍后将对此予以展示。

benchmarkMe_test.go 文件的第 3 部分内容如下所示。

```
func Benchmark30fibo1(b *testing.B) {
    benchmarkfibo1(b, 30)
}
```

上述代码表示为正确的基准测试函数，并包含了正确的名称和签名，这意味着，该函数将被 go tool 命令执行。

注意，虽然 Benchmark30fibo1() 函数表示为正确的基准测试函数名，但BenchmarkfiboIII()函数并非如此，因为 Benchmark 之后不存在大写字母或数字。这一点非常重要，因为包含错误名称的基准测试函数将不会自动执行。同样的规则也适用于测试函数。

benchmarkMe_test.go 文件的第 4 部分内容如下所示。

```
func Benchmark30fibo2(b *testing.B) {
    benchmarkfibo2(b, 30)
}

func Benchmark30fibo3(b *testing.B) {
    benchmarkfibo3(b, 30)
}
```

Benchmark30fibo2()和 Benchmark30fibo3()基准测试函数类似于 Benchmark30fibo1()函数。

benchmarkMe_test.go 文件的第 5 部分内容如下所示。

```
func Benchmark50fibo1(b *testing.B) {
    benchmarkfibo1(b, 50)
}
func Benchmark50fibo2(b *testing.B) {
    benchmarkfibo2(b, 50)
}
func Benchmark50fibo3(b *testing.B) {
    benchmarkfibo3(b, 50)
}
```

在上述代码中可以看到，3 个附加基准测试函数用于计算斐波那契数列中第 50 个数字。

💡 提示：

默认状态下，每个基准测试函数至少执行 1s。如果基准测试函数在不到 1s 的时间内返回，则增加 b.N 值并再次运行该函数。第 1 次 b.N 值为 1，随后依次为 2、5、10、20、50，以此类推。其原因在于，函数越快，需要运行它的次数也就越多，进而才能得到准确的结果。

执行 benchmarkMe_test.go 文件将得到下列输出结果。

```
$ go test -bench=. benchmarkMe.go benchmarkMe_test.go
goos: darwin
goarch: amd64
Benchmark30fibo1-8        300        4494213 ns/op
Benchmark30fibo2-8        300        4463607 ns/op
Benchmark30fibo3-8     500000           2829 ns/op
Benchmark50fibo1-8          1    67272089954 ns/op
Benchmark50fibo2-8          1    67300080137 ns/op
Benchmark50fibo3-8     300000           4138 ns/op
PASS
ok    command-line-arguments    145.827s
```

此处需要注意两点内容，-bench 参数指定将要被执行的基准测试函数。这里，所用的"."值表示一个匹配全部有效基准测试函数的正则表达式。其次，如果忽略-bench 参数，将不会执行任何基准测试函数。

输出结果表明，每个基准测试函数结尾处的-8（Benchmark10fibo1-8）表示执行期间所

第 11 章 代码测试、优化和分析

使用的协程数量，实际上是 GOMAXPROCS 环境变量值。第 10 章曾介绍了 GOMAXPROCS 环境变量值。类似地，我们还讨论了 GOOS 和 GOARCH 值，它们分别表示操作系统和机器的体系结构。

输出结果的第 2 列显示了相关函数执行的次数。与慢速函数相比，较快的函数将执行更多次。作为示例，Benchmark30fibo3()函数执行了 500000 次，而 Benchmark50fibo2()函数仅执行了一次。另外，输出结果的第 3 列表示每次运行的平均时间。

可以看到，与 fibo3()函数相比，fibo1()和 fibo2()函数相对较慢。如果希望在输出结果中纳入内存分配统计数据，可执行下列命令。

```
$ go test -benchmem -bench=. benchmarkMe.go benchmarkMe_test.go
goos: darwin
goarch: amd64
Benchmark30fibo1-8   300           4413791 ns/op          0 B/op          0 allocs/op
Benchmark30fibo2-8   300           4430097 ns/op          0 B/op          0 allocs/op
Benchmark30fibo3-8   500000        2774 ns/op             2236 B/op       6 allocs/op
Benchmark50fibo1-8   1             71534648696 ns/op      0 B/op          0 allocs/op
Benchmark50fibo2-8   1             72551120174 ns/op      0 B/op          0 allocs/op
Benchmark50fibo3-8   300000        4612 ns/op             2481 B/op       10 allocs/op
PASS
ok      command-line-arguments          150.500s
```

上述输出内容类似于缺少-benchmem 命令行参数时的结果，但在其输出结果中包含了其他两列。相应地，第 4 列显示了每次执行基准测试函数时所分配的平均内存量。第 5 列则显示了分配第 4 列内存值所用的分配量。因此，Benchmark50fibo3()函数在 10 次分配中平均分配了 2481 个字节。

不难发现，除必要内容外，fibo1()和 fibo2()函数并不需要特定的内存类型，而 fibo3()函数则不是这样，该函数使用了映射变量。因此，Benchmark10fibo3-8 输出结果的第 4、5 列均大于 0。

接下来考查下列基准测试函数。

```
func BenchmarkFiboI(b *testing.B) {
    for i := 0; i < b.N; i++ {
        _ = fibo1(i)
    }
}
```

其中，BenchmarkFibo()函数包含了有效的名称和正确的签名。然而，该基准测试函数并不正确，在执行了 go test 命令后无法得到正确的结果。

其原因在于，随着 b.N 值的不断增加（按照之前描述的方式），由于采用了 for 循环，基准测试函数的运行期也将随之增长。这一事实使 BenchmarkFiboI() 函数无法收敛至一个稳定数字，因而函数无法完成并返回。

针对类似的原因，下列基准测试函数同样未实现正确的定义。

```
func BenchmarkfiboII(b *testing.B) {
    for i := 0; i < b.N; i++ {
        _ = fibo2(b.N)
    }
}
```

另外，下列两个基准测试函数则实现了正确的定义。

```
func BenchmarkFiboIV(b *testing.B) {
    for i := 0; i < b.N; i++ {
        _ = fibo3(10)
    }
}

func BenchmarkFiboIII(b *testing.B) {
    _ = fibo3(b.N)
}
```

11.9 缓冲写入的基准测试

本节将考查写入缓冲的尺寸如何影响整体写入操作的性能，对应的程序名为 writingBU.go 文件，该文件将被分为 5 部分内容加以讨论。

writingBU.go 程序利用随机创建的数据生成模拟文件。另外，程序的变量分别被定义为缓冲区尺寸和输出文件尺寸。

writingBU.go 文件的第 1 部分内容如下所示。

```
package main

import (
    "fmt"
    "math/rand"
    "os"
    "strconv"
)

var BUFFERSIZE int
```

```go
var FILESIZE int

func random(min, max int) int {
    return rand.Intn(max-min) + min
}
```

writingBU.go 文件的第 2 部分内容如下所示。

```go
func createBuffer(buf *[]byte, count int) {
    *buf = make([]byte, count)
    if count == 0 {
        return
    }
    for i := 0; i < count; i++ {
        intByte := byte(random(0, 100))
        if len(*buf) > count {
            return
        }
        *buf = append(*buf, intByte)
    }
}
```

writingBU.go 文件的第 3 部分内容如下所示。

```go
func Create(dst string, b, f int) error {
    _, err := os.Stat(dst)
    if err == nil {
        return fmt.Errorf("File %s already exists.", dst)
    }
    destination, err := os.Create(dst)
    if err != nil {
        return err
    }
    defer destination.Close()
    if err != nil {
        panic(err)
    }
    buf := make([]byte, 0)
    for {
        createBuffer(&buf, b)
        buf = buf[:b]
        if _, err := destination.Write(buf); err != nil {
            return err
        }
```

```
        if f < 0 {
            break
        }
        f = f - len(buf)
    }
    return err
}
```

Create()函数执行程序中的所有工作,该函数需要执行基准测试。

注意,如果缓冲区尺寸和文件尺寸不是 Create()函数签名的一部分内容,那么在针对 Create()函数编写基准测试函数时将会出现问题,因为需要使用 BUFFERSIZE 和 FILESIZE 全局变量,二者均在 writingBU.go 文件的 main()函数中被初始化。该项任务难以在 writingBU_test.go 文件中实现。这意味着,当对某个函数创建基准测试时,应在编写代码时对此予以思考。

writingBU.go 文件的第 4 部分内容如下所示。

```
func main() {
    if len(os.Args) != 3 {
        fmt.Println("Need BUFFERSIZE FILESIZE!")
        return
    }
    output := "/tmp/randomFile"
    BUFFERSIZE, _ = strconv.Atoi(os.Args[1])
    FILESIZE, _ = strconv.Atoi(os.Args[2])
    err := Create(output, BUFFERSIZE, FILESIZE)
    if err != nil {
        fmt.Println(err)
    }
```

writingBU.go 文件的第 5 部分内容如下所示。

```
    err = os.Remove(output)
    if err != nil {
        fmt.Println(err)
    }
}
```

虽然删除临时文件的 os.Remove()函数调用位于 mian()函数内部(未被基准测试函数所调用),但可方便地从基准测试函数中调用 os.Remove()函数,因而此处不会产生任何问题。

在安装了 SSD 硬盘的 macOS Mojave 机器上,通过 time(1)实用程序执行 writingBU.go

文件两次，以检查程序的执行速度时将生成下列输出结果。

```
$ time go run writingBU.go 1 100000
real    0m1.193s
user    0m0.349s
sys     0m0.809s
$ time go run writingBU.go 10 100000
real    0m0.283s
user    0m0.195s
sys     0m0.228s
```

虽然写入缓冲区的尺寸在程序性能方面饰演了重要的角色，但应实现应有的专用性和准确性。因此，接下来将编写保存于 writingBU_test.go 文件中的基准测试函数。

writingBU_test.go 文件的第 1 部分内容如下所示。

```
package main
import (
    "fmt"
    "os"
    "testing"
)
var ERR error

func benchmarkCreate(b *testing.B, buffer, filesize int) {
    var err error
    for i := 0; i < b.N; i++ {
        err = Create("/tmp/random", buffer, filesize)
    }
    ERR = err
    err = os.Remove("/tmp/random")
    if err != nil {
        fmt.Println(err)
    }
}
```

如前所述，上述函数并非是一个正确的函数。

writingBU_test.go 文件的第 2 部分内容如下所示。

```
func Benchmark1Create(b *testing.B) {
    benchmarkCreate(b, 1, 1000000)
}

func Benchmark2Create(b *testing.B) {
```

```
    benchmarkCreate(b, 2, 1000000)
}
```

writingBU_test.go 文件的第 3 部分内容如下所示。

```
func Benchmark4Create(b *testing.B) {
    benchmarkCreate(b, 4, 1000000)
}

func Benchmark10Create(b *testing.B) {
    benchmarkCreate(b, 10, 1000000)
}

func Benchmark1000Create(b *testing.B) {
    benchmarkCreate(b, 1000, 1000000)
}
```

此处创建了 5 个基准测试函数，以检查 benchmarkCreate()函数的性能，即针对不同的写入缓冲区尺寸检查 Create()函数的性能。

在 writingBU.go 和 writingBU_test.go 文件上执行 go test 命令将生成下列输出结果。

```
$ go test -bench=. writingBU.go writingBU_test.go
goos: darwin
goarch: amd64
Benchmark1Create-8               1    6001864841 ns/op
Benchmark2Create-8               1    3063250578 ns/op
Benchmark4Create-8               1    1557464132 ns/op
Benchmark10Create-8         100000         11136 ns/op
Benchmark1000Create-8       200000          5532 ns/op
PASS
ok      command-line-arguments 21.847s
```

下列输出结果还检查了基准测试函数的内存分配状况。

```
$ go test -bench=. writingBU.go writingBU_test.go -benchmem
goos: darwin
goarch: amd64
Benchmark1Create-8 1     6209493161 ns/op     16000840 B/op    2000017 allocs/op
Benchmark2Create-8 1     3177139645 ns/op      8000584 B/op    1000013 allocs/op
Benchmark4Create 1       1632772604 ns/op      4000424 B/op     500011 allocs/op
```

```
Benchmark10Create-8    100000    11238 ns/op         336 B/op        7 allocs/op
Benchmark1000Create-8  200000     5122 ns/op         303 B/op        5 allocs/op
PASS
ok      command-line-arguments    24.031s
```

接下来将解释上述两个 go test 命令的输出结果。

不难发现，使用尺寸为 1 字节的写入缓冲相对低效和缓慢。此外，此类缓冲尺寸需要执行大量的内存操作，这进一步减缓程序的执行速度。

当使用 2 字节的写入缓冲时，程序的整体速度虽然提升了两倍，但仍显缓慢。当缓冲尺寸分别增至 4、10 字节时，速度将得到进一步的提升。最终结果表明，与 10 字节缓冲尺寸相比，1000 字节的写入缓冲其速度并未提升 100 倍。这意味着，速度和写入缓冲区大小之间的最佳平衡点在这两个缓冲区大小值之间。

11.10　查找程序中不可访问的 Go 代码

无法执行的 Go 代码被视为一种逻辑错误，因而难以被开发人员发觉，而编译器也无法执行正常的操作。简而言之，除了无法执行代码，不可访问的代码并不涉及其他错误。

考查 cannotReach.go 文件中的 Go 代码。

```go
package main
import (
    "fmt"
)

func f1() int {
    fmt.Println("Entering f1()")
    return -10
    fmt.Println("Exiting f1()")
    return -1
}

func f2() int {
    if true {
        return 10
    }
    fmt.Println("Exiting f2()")
    return 0
}
```

```
func main() {
    fmt.Println(f1())
    fmt.Println("Exiting program...")
}
```

cannotReach.go 文件从语法角度上看没有任何错误，最终，执行 cannotReach.go 文件，且不会得到任何编译错误，如下所示。

```
$ go run cannotReach.go
Entering f1()
-1
Exiting program...
```

注意，函数 f2() 从未在程序中被使用。显然，f2() 函数中后续的 Go 代码也未被执行，因为上述 if 语句中的条件一直为 true。

```
fmt.Println("Exiting f2()")
return 0
```

对此，可按照下列方式执行 go vet 命令。

```
$ go vet cannotReach.go
# command-line-arguments
./cannotReach.go:10:2: unreachable code
```

输出结果表明，程序中的第 10 行存在无法访问的代码。下面从 f1() 函数中移除 return -10 语句，并再次运行 go vet 命令，如下所示。

```
$ go vet cannotReach.go
```

尽管 f2() 函数中仍存在不可访问的代码，但此时不再显示新的错误消息。这意味着，go vet 命令无法捕捉每种可能的逻辑错误类型。

11.11 交叉编译

交叉编译是为不同的体系结构生成二进制可执行文件的过程。交叉编译的主要优点是，无须使用第 2 台或第 3 台机器针对不同的体系结构生成可执行文件。也就是说，开发过程基本上仅使用一台机器。对此，Go 语言包含了对交叉编译的内建支持。

本节将使用 xCompile.go 文件展示交叉编译处理过程。xCompile.go 文件的 Go 代码如下所示。

```go
package main

import (
    "fmt"
    "runtime"
)

func main() {
    fmt.Print("You are using ", runtime.Compiler, " ")
    fmt.Println("on a", runtime.GOARCH, "machine")
    fmt.Println("with Go version", runtime.Version())
}
```

在 macOS Mojave 机器上运行 xCompile.go 文件将生成下列输出结果。

```
$ go run xCompile.go
You are using gc on a amd64 machine
with Go version go1.12.4
```

当交叉编译一个 Go 源文件时，需要设置 GOOS 和 GOARCH 环境变量定位目标系统和体系结构，这一过程并不像听起来那么复杂。

因此，交叉编译处理过程应如下所示。

```
$ env GOOS=linux GOARCH=arm go build xCompile.go
$ file xCompile
xCompile: ELF 32-bit LSB executable, ARM, EABI5 version 1 (SYSV),
statically linked, not stripped
$ ./xCompile
-bash: ./xCompile: cannot execute binary file
```

其中，第 1 条命令生成一个二进制文件，并工作于采用 ARM 体系结构的 Linux 机器上；而 file(1) 函数的输出结果验证为，生成后的二进制文件实际上是针对不同的体系结构的。

由于当前示例采用的 Debian Linux 机器包含了 Intel 处理器，因此需要通过正确的 GOARCH 值再次执行 go build 命令，如下所示。

```
$ env GOOS=linux GOARCH=386 go build xCompile.go
$ file xCompile
xCompile: ELF 32-bit LSB executable, Intel 80386, version 1 (SYSV),
statically linked, with debug_info, not stripped
```

在 Linux 机器上执行生成后的二进制可执行文件将生成下列输出结果。

```
$ ./xCompile
You are using gc on a 386 machine
with Go version go1.12.4
$ go version
go version go1.3.3 linux/amd64
$ go run xCompile.go
You are using gc on a amd64 machine
with Go version go1.3.3
```

这里需要注意的一件事情是，xCompile.go 文件交叉编译后的二进制文件输出了用于编译该文件的机器的 Go 版本。其次，Linux 机器的体系结构实际上是 amd64 而非用于交叉编译处理过程的 386。

💡 提示：

读者可访问 https://golang.org/doc/install/source 查看 GOOS 和 GOARCH 的有效值列表。记住，并非所有的 GOOS 和 GOARCH 对均有效。

11.12 生成示例函数

文档处理过程的一部分内容是生成示例代码，进而显示函数应用和包类型。示例代码包含诸多优点，并涵盖以下事实：它们是由 go test 命令执行后的可执行测试结果。因此，如果示例函数包含了"// Output:"行，那么 go test 工具将检查计算后的输出结果是否匹配"// Output:"行之后的值。

除此之外，当在包文档中进行查看时，其示例内容十分有用，稍后将对此加以讨论。最后，Go 文档服务器（https://golang.org/pkg/io/#example_Copy）上所展示的示例函数允许文档的阅读者尝试使用示例代码。另外，https://play.golang.org/中的 Go playground 也支持这一功能。

由于 go test 子命令负责处理程序的示例内容，因此需要导入 testing 标准包，并在以 _test.go 结尾的 Go 文件中包含示例函数。而且，每个示例函数的名称必须以 Example 开始。最后，示例函数不接收输入参数，同时也不返回任何结果。

接下来针对下列包创建一些示例函数，相关内容被保存至 ex.go 文件中，如下所示。

```
package ex
func F1(n int) int {
    if n == 0 {
        return 0
```

```
    }
    if n == 1 || n == 2 {
        return 1
    }
    return F1(n-1) + F1(n-2)
}
func S1(s string) int {
    return len(s)
}
```

ex.go 源文件包含了两个函数实现,即 F1()和 F2()函数。

注意,ex.go 文件无须导入 fmt 包。

读者已经了解到,示例函数将被包含在 ex_test.go 文件中,该文件将被分为 3 部分内容加以讨论。

ex_test.go 文件的第 1 部分内容如下所示。

```
package ex
import (
    "fmt"
)
```

ex_test.go 文件的第 2 部分内容如下所示。

```
func ExampleF1() {
    fmt.Println(F1(10))
    fmt.Println(F1(2))
    // Output:
    // 55
    // 1
}
```

ex_test.go 文件的第 3 部分内容如下所示。

```
func ExampleS1() {
    fmt.Println(S1("123456789"))
    fmt.Println(S1(""))
    // Output:
    // 8
    // 0
}
```

执行 ex.go 包中的 go test 命令将生成下列输出结果。

```
$ go test ex.go ex_test.go -v
=== RUN ExampleF1
--- PASS: ExampleF1 (0.00s)
=== RUN ExampleS1
--- FAIL: ExampleS1 (0.00s)
got:
9
0
want:
8
0
FAIL
FAIL    command-line-arguments    0.006s
```

可以看到，上述输出结果表明，根据"// Output:"注释之后的数据，S1()函数中包含了某些错误内容。

11.13 从 Go 代码到机器代码

本节将深入学习如何将 Go 代码转换为机器代码。当前示例中所使用的 Go 程序被命名为 machineCode.go 文件，该文件将被分为两部分内容加以讨论。

machineCode.go 文件的第 1 部分内容如下所示。

```
package main

import (
    "fmt"
)

func hello() {
    fmt.Println("Hello!")
}
```

machineCode.go 文件的第 2 部分内容如下所示。

```
func main() {
    hello()
}
```

随后，machineCode.go 将被转换为机器代码，如下所示。

第 11 章　代码测试、优化和分析

```
$ GOSSAFUNC=main GOOS=linux GOARCH=amd64 go build -gcflags "-S"
machineCode.go
# runtime
dumped SSA to /usr/local/Cellar/go/1.12.4/libexec/src/runtime/ssa.html
# command-line-arguments
dumped SSA to ./ssa.html
os.(*File).close STEXT dupok nosplit size=26 args=0x18 locals=0x0
    0x0000 00000 (<autogenerated>:1) TEXT os.(*File).close(SB),
DUPOK|NOSPLIT|ABIInternal, $0-24
    0x0000 00000 (<autogenerated>:1) FUNCDATA $0, gclocals
e6397a44f8e1b6e77d0f200b4fba5269(SB)
    0x0000 00000 (<autogenerated>:1) FUNCDATA $1, gclocals
69c1753bd5f81501d95132d08af04464(SB)
    0x0000 00000 (<autogenerated>:1) FUNCDATA $3, gclocals
9fb7f0986f647f17cb5
...
```

上述输出结果的第 1 行表明，存在两个文件包含了全部生成结果，即/usr/local/Cellar/go/1.12.4/libexec/src/runtime/ssa.html 和./ssa.html 文件。注意，如果持有不同的 Go 版本或不同的 Go 安装，那么第 1 个文件将被位于不同处。静态单赋值（SSA）是一种描述底层操作的方法，这种方法非常接近于机器指令。注意，SSA 的行为就好像它含有无限个寄存器，而机器代码不是这样。

在 Web 浏览器中打开该文件将显示大量与当前程序相关的底层信息。最后需要注意的是，GOSSAFUNC 的参数是需要反汇编的 Go 函数。

关于 SSA 的更多内容则超出了本书的讨论范围。

接下来将讨论汇编语言和 Go 语言，以及如何使用汇编语言实现 Go 函数。对应的 Go 程序被保存为 add_me.go 文件，如下所示。

```
package main

import (
    "fmt"
)

func add(x, y int64) int64 {
    return x + y
}

func main() {
    fmt.Println(add(1, 2))
}
```

执行下列命令将显示 add() 函数的汇编语言实现。

```
$ GOOS=darwin GOARCH=amd64 go tool compile -S add_me.go
"".add STEXT nosplit size=19 args=0x18 locals=0x0
    0x0000 00000 (add_me.go:7)    TEXT    "".add(SB), NOSPLIT|ABIInternal, $0-24
    0x0000 00000 (add_me.go:7)    FUNCDATA    $0, gclocals·33cdeccccebe80329f1fdbee7f5874cb(SB)
    0x0000 00000 (add_me.go:7)    FUNCDATA    $1, gclocals·33cdeccccebe80329f1fdbee7f5874cb(SB)
    0x0000 00000 (add_me.go:7)    FUNCDATA    $3, gclocals·33cdeccccebe80329f1fdbee7f5874cb(SB)
    0x0000 00000 (add_me.go:8)    PCDATA    $2, $0
    0x0000 00000 (add_me.go:8)    PCDATA    $0, $0
    0x0000 00000 (add_me.go:8)    MOVQ    "".y+16(SP), AX
    0x0005 00005 (add_me.go:8)    MOVQ    "".x+8(SP), CX
    0x000a 00010 (add_me.go:8)    ADDQ    CX, AX
    0x000d 00013 (add_me.go:8)    MOVQ    AX, "".~r2+24(SP)
    0x0012 00018 (add_me.go:8)    RET
    0x0000 48 8b 44 24 10 48 8b 4c 24 08 48 01 c8 48 89 44    H.D$.H.L$.H..H.D
    0x0010 24 18 c3                                           $..
"".main STEXT size=150 args=0x0 locals=0x58
```

最后一行内容并不是 add() 函数的汇编语言实现的一部分。此外，FUNCDATA 代码行与当前函数的汇编语言实现无关，并由 Go 编译器添加。

接下来将对上述汇编语言代码进行适当修改，如下所示。

```
TEXT add(SB),$0
    MOVQ x+0(FP), BX
    MOVQ y+8(FP), BP
    ADDQ BP, BX
    MOVQ BX, ret+16(FP)
    RET
```

汇编语言代码将被保存在名为 add_amd64.s 的文件中，以用作 add() 函数的实现。add_me.go 文件的新版本如下所示。

```
package main

import (
    "fmt"
)
```

```
func add(x, y int64) int64

func main() {
    fmt.Println(add(1, 2))
}
```

这意味着,add_me.go 文件将使用 add()函数的汇编语言实现。相应地,使用 add()函数的汇编语言实现十分简单,如下所示。

```
$ go build
$ ls -l
total 4136
-rw-r--r--@ 1 mtsouk    staff         93 Apr 18 22:49 add_amd64.s
-rw-r--r--@ 1 mtsouk    staff        101 Apr 18 22:59 add_me.go
-rwxr-xr-x  1 mtsouk    staff    2108072 Apr 18 23:00 asm
$ ./asm
3
$ file asm
asm: Mach-O 64-bit executable x86_64
```

这里的唯一技巧点在于,汇编语言代码不可移植。但是,更多关于汇编语言和 Go 语言方面的内容则超出了本书的讨论范围,建议读者阅读与具体 CPU 和体系结构相关的汇编语言参考书籍。

11.14 生成 Go 代码文档

Go 语言提供了 godoc 工具,该工具允许查看包文档——前提是已在文件中包含了某些额外的信息。

💡 提示:

一般的建议是,应尝试实现全部内容的文档化,但可忽略一些较为明显的内容。例如,应避免"这里,我创建了一个新的 int 变量"这一类说法,最好是说明这个 int 变量的用法。当然,真正优秀的代码通常不需要文档。

在 Go 语言中,与文档编写相关的规则十分简单和直观。当对某些事物实现文档化时,需要在其声明之前放置一个或多个常规的注释行(以//开始)。这一规则可用于对函数、变量、常量,甚至是包实现文档化。

除此之外还可以看到,任何大小的包文档的第 1 行内容都将出现在包列表中,如

https://golang.org/pkg/中所示的那样。这意味着，描述内容应具有表现力且是完整的。

记住，以 BUG(something)开始的注释将出现于包文档的 Bugs 部分，即使这些注释并未先于声明内容。

当查找此类示例时，可访问源代码以及 bytes 包的文档页，对应网址分别为 https://golang.org/src/bytes/bytes.go 和 https://golang.org/pkg/bytes/。最后，与顶层声明无关的所有注释将在 godoc 实用程序生成的输出结果中被忽略。

考查下列 documentMe.go 文件中的 Go 代码。

```go
// This package is for showcasing the documentation capabilities of Go
// It is a naive package!
package documentMe
// Pie is a global variable
// This is a silly comment!
const Pie = 3.1415912
// The S1() function finds the length of a string
// It iterates over the string using range
func S1(s string) int {
    if s == "" {
        return 0
    }
    n := 0
    for range s {
        n++
    }
    return n
}
// The F1() function returns the double value of its input integer
// A better function name would have been Double()!
func F1(n int) int {
    return 2 * n
}
```

如前所述，我们需要生成一个 documentMe_test.go 文件，以对其开发示例函数。documentMe_test.go 文件的内容如下所示。

```go
package documentMe
import (
    "fmt"
)
func ExampleS1() {
    fmt.Println(S1("123456789"))
```

```
        fmt.Println(S1(""))
        // Output:
        //  9
        //  0
}
func ExampleF1() {
        fmt.Println(F1(10))
        fmt.Println(F1(2))
        // Output:
        // 1
        // 55
}
```

为了能够查看 documentMe.go 文件的文档，需要在本地机器上安装相应的包，第 6 章曾对此有所介绍。这需要在 UNIX Shell 中执行下列命令。

```
$ mkdir ~/go/src/documentMe
$ cp documentMe* ~/go/src/documentMe/
$ ls -l ~/go/src/documentMe/
total 16
-rw-r--r--@ 1 mtsouk staff 542 Mar 6 21:11 documentMe.go
-rw-r--r--@ 1 mtsouk staff 223 Mar 6 21:11 documentMe_test.go
$ go install documentMe
$ cd ~/go/pkg/darwin_amd64
$ ls -l documentMe.a
-rw-r--r-- 1 mtsouk staff 1626 Mar 6 21:11 documentMe.a
```

接下来按照下列方式执行 godoc 实用程序。

```
$ godoc -http=":8080"
```

注意，如果对应端口处于使用中且用户具有根权限，此时将会显示下列错误消息。

```
$ godoc -http=":22"
2019/08/19 15:18:21 ListenAndServe :22: listen tcp :22: bind: address already in use
```

另外，如果用户未拥有根权限，那么将显示下列错误消息（即使对应的端口已处于使用状态）。

```
$ godoc -http=":22"
2019/03/06 21:03:05 ListenAndServe :22: listen tcp :22: bind: permission denied
```

随后可在 Web 浏览器中查看所生成的 HTML 文档，对应的文档访问 URL 为 http://localhost:8080/pkg/。

图 11.6 显示了刚刚启动的 godoc 服务器的根目录页面，其中可在其他 Go 包中看到在 documentMe.go 文件中生成的 documentMe 包。

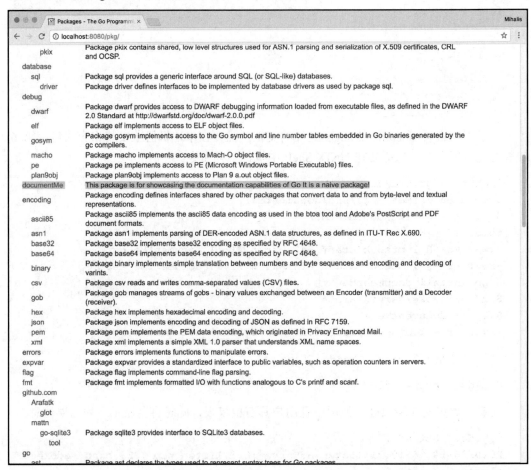

图 11.6　godoc 服务器的根目录页面

图 11.7 显示了实现于 documentMe.go 源文件中的 documentMe 包的根目录页面。

类似地，图 11.8 更加详细地解释了 documentMe.go 包中 S1()函数的文档页面，同时也包含了相应的示例代码。

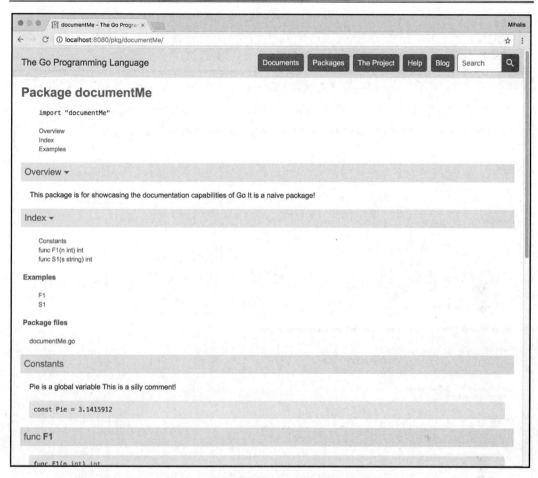

图 11.7　documentMe.go 文件的根目录页面

执行 go test 命令将生成下列输出结果,这可能会显示代码中的潜在问题和 bug。

```
$ go test -v documentMe*
=== RUN ExampleS1
--- PASS: ExampleS1 (0.00s)
=== RUN ExampleF1
--- FAIL: ExampleF1 (0.00s)
got:
20
4
want:
1
```

```
55
FAIL
FAIL    command-line-arguments 0.005s
```

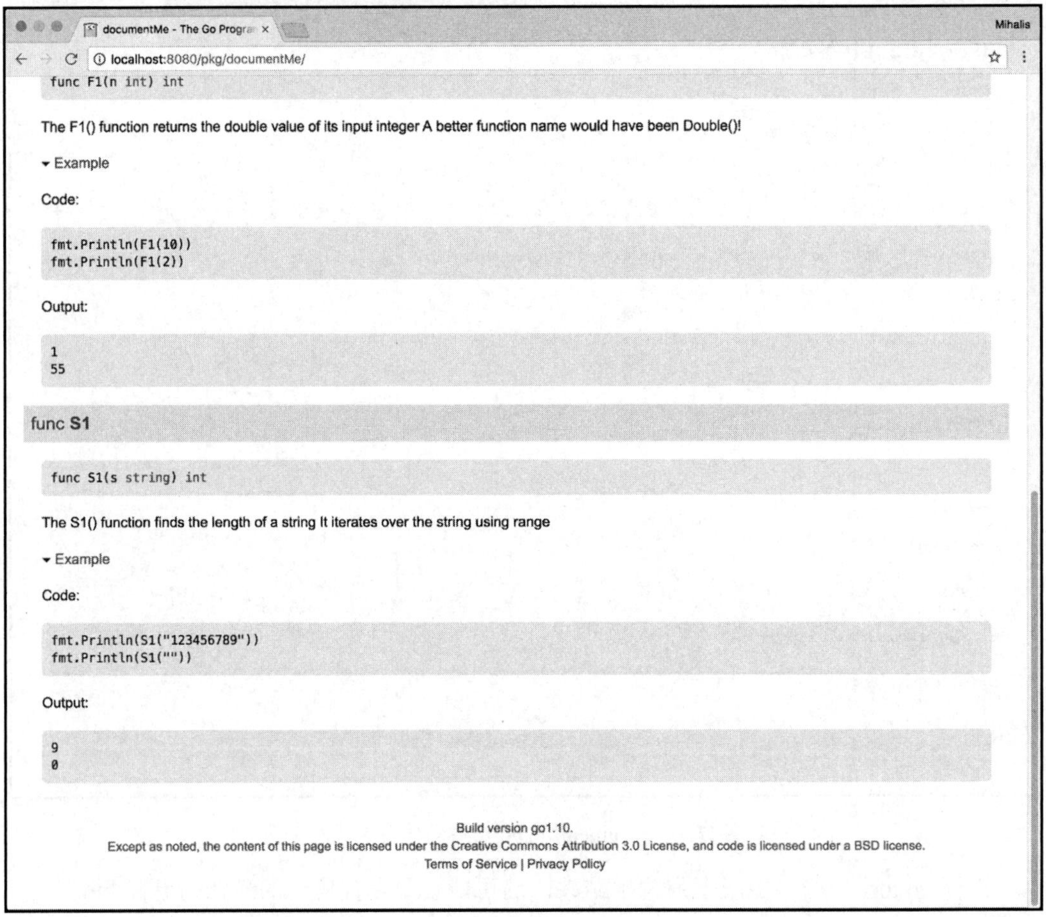

图 11.8　S1()函数示例的文档页面

11.15　使用 Docker 镜像

本节将学习如何创建包含 PostgreSQL 和 Go 的 Docker 镜像。该镜像并不完美，旨在展示相应的实现方式。我们已经了解到，所有内容应以 Dockerfile 开始，这在当前示例中如下所示。

```
FROM ubuntu:18.04

RUN apt-get update && apt-get install -y gnupg
RUN apt-key adv --keyserver hkp://p80.pool.sks-keyservers.net:80 --recvkeys
B97B0AFCAA1A47F044F244A07FCC7D46ACCC4CF8
RUN echo "deb http://apt.postgresql.org/pub/repos/apt/ precise-pgdg main" >
/etc/apt/sources.list.d/pgdg.list
RUN apt-get update && apt-get install -y software-properties-common
postgresql-9.3 postgresql-client-9.3 postgresql-contrib-9.3
RUN apt-get update && apt-get install -y git golang vim

USER postgres
RUN /etc/init.d/postgresql start &&\
    psql --command "CREATE USER docker WITH SUPERUSER PASSWORD 'docker';"
&&\
    createdb -O docker docker

RUN echo "host all all 0.0.0.0/0 md5" >>
/etc/postgresql/9.3/main/pg_hba.conf
RUN echo "listen_addresses='*'" >> /etc/postgresql/9.3/main/postgresql.conf

USER root
RUN mkdir files
COPY webServer.go files
WORKDIR files
RUN go get github.com/lib/pq
RUN go build webServer.go
RUN ls -l

USER postgres
CMD ["/usr/lib/postgresql/9.3/bin/postgres", "-D",
"/var/lib/postgresql/9.3/main", "-c",
"config_file=/etc/postgresql/9.3/main/postgresql.conf"]
```

这是一个相对复杂的 Dockerfile,它以 Docker Hub 中的基础 Docker 镜像开始,同时还下载了额外的软件——这可被视为一种满足当前需求的自定义 Docker 镜像构建方式。

执行 Dockerfile 将生成下列输出结果。

```
$ docker build -t go_postgres .
Sending build context to Docker daemon 9.216kB
Step 1/19 : FROM ubuntu:18.04
 ---> 94e814e2efa8
Step 2/19 : RUN apt-get update && apt-get install -y gnupg
```

```
...
Step 15/19 : RUN go get github.com/lib/pq
 ---> Running in 17aede1c97d8
Removing intermediate container 17aede1c97d8
 ---> 1878408c6e06
Step 16/19 : RUN go build webServer.go
 ---> Running in 39cfe8af63d5
Removing intermediate container 39cfe8af63d5
 ---> 1b4d638242ae
...
Removing intermediate container 9af6a391c1e4
 ---> c24937079367
Successfully built c24937079367
Successfully tagged go_postgres:latest
```

在 Dockerfile 的最后一部分，还可利用 Docker 镜像的操作系统，即 Ubuntu Linux，构建源自 webServer.go 的可执行文件。

执行 docker images 将生成下列输出结果。

```
$ docker images
REPOSITORY          TAG       IMAGE ID        CREATED          SIZE
go_postgres         latest    c24937079367    34 seconds ago   831MB
```

接下来可执行 Docker 镜像并连接至其 bash(1) Shell，如下所示。

```
$ docker run --name=my_go -dt go_postgres:latest
23de1ab0d3f5517d5dbf8c599a68075574a8ed9217aa3cb4899ea2f92412a833
$ docker exec -it my_go bash
postgres@23de1ab0d3f5:/files$
```

11.16 附加资源

- Graphviz 网站：http://graphviz.org。
- testing 包的文档页面：https://golang.org/pkg/testing/。
- 如果读者尚不了解 Donald Knuth 及其工作，可访问 https://en.wikipedia.org/wiki/Donald_Knuth 以了解与此相关的更多信息。
- 读者可访问 godoc 实用程序的文档页面，进而了解与其相关的更多内容，对应网址为 https://godoc.org/golang.org/x/tools/cmd/godoc。
- runtime/pprof 标准包的文档页面：https://golang.org/pkg/runtime/pprof/。

- net/http/pprof 包的 Go 代码：https://golang.org/src/net/http/pprof/pprof.go。
- net/http/pprof 包的文档页面：https://golang.org/pkg/net/http/pprof/。
- 关于 pprof 工具的更多内容，读者可访问其开发页面，对应网址为 https://github.com/google/pprof。
- 观看 Mitchell Hashimoto 发布的 GopherCon 2017 中关于 *Advanced Testing with Go* 方面的视频，对应网址为 https://www.youtube.com/watch?v=8hQG7QlcLBk。
- testing 包的源代码：https://golang.org/src/testing/testing.go。
- 关于 testing/quick 包的更多内容，读者可访问 https://golang.org/pkg/testing/quick/。
- 关于 profile 的更多内容，读者可访问其 Web 页面，对应网址为 https://github.com/pkg/profile。
- Manual for the Plan 9 assembler：https://9p.io/sys/doc/asm.html。
- arm64 包的文档页面：https://golang.org/pkg/cmd/internal/obj/arm64/。
- 关于 Go 和 SSA 的更多内容，读者可访问 https://golang.org/src/cmd/compile/internal/ssa/。
- SSA 参考文献：http://www.dcs.gla.ac.uk/~jsinger/ssa.html。
- 关于 go fix 的更多内容，读者可访问其 Web 页面，对应网址为 https://golang.org/cmd/fix/。

11.17　本章练习

- 针对第 8 章讨论的 byWord.go 程序编写测试函数。
- 针对第 8 章讨论的 readSize.go 程序编写基准测试函数。
- 尝试修改 documentMe.go 和 documentMe_test.go 文件中 Go 代码的问题。
- 使用 go tool pprof 实用程序的文本界面检查由 profileMe.go 生成的 memoryProfile.out 文件。
- 修改 webServer.go 和 webServer_test.go 文件，以使其可处理诸如 MySQL 和 SQLLite3 这一类数据库。
- 修改 11.15 节中的 Dockerfile，以包含 webServer_test.go。
- 修改 Dockerfile，以能够针对 Web 服务器执行 go test -v 命令。其间，修改内容与创建正确的 PostgreSQL 用户和数据库相关。
- 使用 go tool pprof 实用程序的 Web 界面检查 profileMe.go 生成的 memoryProfile.out 文件。

11.18 本章小结

本章讨论了代码测试、代码优化和代码分析机制。在本章结尾,我们还学习了如何查找不可访问的代码和交叉编译。这里,go test 命令用于对 Go 代码执行测试和基准测试,并通过示例函数提供了额外的文档。

另外,本章还介绍了与 Go 分析器和 go tool trace 相关的部分内容,读者应结合分析机制和代码跟踪理解这一部分内容并进行多方尝试。

第 12 章将讨论 Go 语言中的网络编程,其间涉及工作于 TCP/IP 网络(包括互联网)上的应用程序。除此之外,其他主题还包括 net/http 包、在 Go 语言中创建 Web 客户端和 Web 服务器、http.Response 和 http.Request、分析 HTTP 服务器、gRPC 和网络连接超时。

最后,第 12 章还将讨论 IPv4 和 IPv6 协议,以及 Wireshark 和 tshark 工具,这些工具用于捕捉和分析网络流量。

第 12 章 网络编程基础知识

第 11 章讨论了 Go 代码的基准测试机制,涉及基准测试函数、Go 语言中的测试机制、示例函数、代码覆盖率、交叉编译、Go 代码分析机制、Go 语言中的文档,以及创建包含所需软件的 Docker 镜像。

本章将介绍网络和 Web 编程,这意味着我们将学习如何创建工作于计算机网络和互联网上的 Web 应用程序。另外,关于如何创建 TCP 和 UDP 应用程序,读者可参考第 13 章。

注意,在阅读完本章和第 13 章后,读者将了解与 HTTP、网络机制和计算机网络工作方式相关的基本信息。

本章主要涉及以下主题。

- ❏ net/http、net 和 http.RoundTripper。
- ❏ http.Response、http.Request 和 http.Transport 结构。
- ❏ TCP/IP。
- ❏ IPv4 和 IPv6。
- ❏ nc(1)命令行实用程序。
- ❏ 读取网络接口的配置。
- ❏ 在 Go 语言中执行 DNS 查找。
- ❏ 在 Go 语言中创建 Web 服务器。
- ❏ HTTP 跟踪机制。
- ❏ 在 Go 语言中创建一个 Web 客户端。
- ❏ HTTP 连接超时,导致服务器端或客户端结束过程占用过多的时间。
- ❏ Wireshark 和 tshark 工具。
- ❏ gRPC 和 Go 语言。

12.1 net/http、net 和 http.RoundTripper

本节将介绍 net/http 包,该包提供了相关功能以支持开发人员实现功能强大的 Web 服务器和 Web 客户端。其中,http.Set()和 http.Get()方法可用于生成 HTTP 和 HTTPS 请求;而 http.ListenAndServe()函数则可用于创建 Web 服务器,即指定 IP 地址和服务器监听的 TCP 端口,以及处理输入请求的相关功能。

除 net/http 包外，本节还将在某些应用程序中使用 net 包。关于 net 包的详细功能，读者可参考第 13 章。

最后，本节还将考查 http.RoundTripper 接口，该接口可确保 Go 元素可执行 HTTP 事务。简而言之，Go 元素可针对给定的 http.Request 获取 http.Response。稍后将讨论 http.Response 和 http.Request。

12.1.1　http.Response 结构

http.Response 结构的定义位于 https://golang.org/src/net/http/response.go 文件中，如下所示。

```go
type Response struct {
        Status     string   // e.g. "200 OK"
        StatusCode int      // e.g. 200
        Proto      string   // e.g. "HTTP/1.0"
        ProtoMajor int      // e.g. 1
        ProtoMinor int      // e.g. 0
        Header Header
        Body io.ReadCloser
        ContentLength int64
        TransferEncoding []string
        Close bool
        Uncompressed bool
        Trailer Header
        Request *Request
        TLS *tls.ConnectionState
}
```

http.Response 结构类型稍显复杂，旨在表达某个 HTTP 请求的响应结果。源文件中涵盖了与该结构字段功能相关的更为丰富的内容，标准 Go 库中的大多数 struct 类型通常如此。

12.1.2　http.Request 结构

http.Request 结构用于显示服务器接收的 HTTP 请求，或者通过 HTTP 客户端发送至服务器中的请求。

http.Request 结构的定义位于 https://golang.org/src/net/http/request.go 文件中，如下所示。

```go
type Request struct {
        Method string
```

```
    URL         *url.URL
    Proto       string    // "HTTP/1.0"
    ProtoMajor  int       // 1
    ProtoMinor  int       // 0
    Header Header
    Body io.ReadCloser
    GetBody func() (io.ReadCloser, error)
    ContentLength int64
    TransferEncoding []string
    Close bool
    Host string
    Form url.Values
    PostForm url.Values
    MultipartForm *multipart.Form
    Trailer Header
    RemoteAddr string
    RequestURI string
    TLS *tls.ConnectionState
    Cancel <-chan struct{}
    Response *Response
    ctx context.Context
}
```

12.1.3　http.Transport 结构

http.Transport 结构的定义位于 https://golang.org/src/net/http/transport.go 文件中，如下所示。

```
type Transport struct {
    idleMu      sync.Mutex
    wantIdle    bool
    idleConn    map[connectMethodKey][]*persistConn
    idleConnCh  map[connectMethodKey]chan *persistConn
    idleLRU     connLRU
    reqMu       sync.Mutex
    reqCanceler map[*Request]func(error)
    altMu       sync.Mutex
    altProto    atomic.Value
    Proxy func(*Request) (*url.URL, error)
    DialContext func(ctx context.Context, network, addr string) (net.Conn, error)
    Dial func(network, addr string) (net.Conn, error)
```

```
        DialTLS func(network, addr string) (net.Conn, error)
        TLSClientConfig *tls.Config
        TLSHandshakeTimeout time.Duration
        DisableKeepAlives bool
        DisableCompression bool
        MaxIdleConns int
        MaxIdleConnsPerHost int
        IdleConnTimeout time.Duration
        ResponseHeaderTimeout time.Duration
        ExpectContinueTimeout time.Duration
        TLSNextProto map[string]func(authority string, c *tls.Conn)
RoundTripper
        ProxyConnectHeader Header
        MaxResponseHeaderBytes int64
        nextProtoOnce sync.Once
        h2transport    *http2Transport
}
```

可以看到，http.Transport 结构稍显复杂，并包含了大量的字段。对此，好的一面是，无须在所有程序中使用 http.Transport 结构，同时无须在每次使用时处理所有字段。

Transport 结构实现了 http.RoundTripper 接口，并支持 HTTP、HTTPS 和 HTTP 代理。注意，http.Transport 相对底层，而 http.Client 结构则实现了高层的 HTTP 客户端。

12.2 TCP/IP

TCP/IP 是一个协议族以实现互联网操作，其名称源自两个较为著名的协议，即 TCP 和 IP。

TCP 是指传输控制协议。TCP 软件使用分段在机器间传输数据，也被称作 TCP 包。TCP 的主要特征是，它是一个可靠的协议，这意味着可确保开发人员无须添加额外的代码即可传输包。其中，一个 TCP 包可用于构造连接、传输数据、发送确认信息，以及关闭连接。

当在两台机器之间构造 TCP 连接时，将在二者间创建一个全双工虚拟电路，这与电话十分类似。随后，这两台机器持续通信，进而确保数据被正确地发送和接收。如果连接出于某种原因出现故障，那么这两台机器将尝试查找问题并向相关应用程序进行报告。

IP 是指互联网协议。IP 的主要特征是，它本质上不是一个可靠的协议。IP 封装了 TCP/IP 网络上传输的数据，因为该协议负责根据 IP 地址传送源主机和目标主机之间的包。IP 需要获取一种寻址方法，以便有效地将数据包发送至目的地。虽然可借助路由器这一类专用设备执行 IP 路由机制,但每个 TCP/IP 设备都需要执行某些基本的路由操作。

用户数据报协议(UDP)基于 IP 协议,也就是说,UDP 也是不可靠的。总体而言,UDP 协议与 TCP 协议相比较更为简单,主要是因为 UDP 在设计上缺乏可靠型。最终,UDP 消息可能丢失、复制或无序到达。进一步讲,数据包到达的速度比接收方处理它们的速度要快。因此,当速度比可靠性更加重要时,可使用 UDP。

12.3 IPv4 和 IPv6

IP 协议的第 1 个版本现在被称作 IPv4,以此区分 IP 协议的最新版本 IPv6。

IPv4 的主要问题是,它将耗尽 IP 地址,这也是创建 IPv6 协议的主要原因。具体来说,IPv4 地址仅采用 32 位表示,因而支持 2^{32}(4294967296)个地址。另外,IPv6 则采用 128 位以定义其每个地址。

IPv4 地址的格式表示为 10.20.32.245(由"."分隔的 4 部分内容),而 IPv6 地址则表示为 3fce:1706:4523:3:150:f8ff:fe21:56cf(由冒号分隔的 8 部分内容)。

12.4 nc(1)命令行实用程序

nc(1)实用程序也被称作 netcat(1),当需要测试 TCP/IP 服务器和客户端时,该实用程序被使用起来十分方便。本节将展示与其相关的一些常见应用。

我们可以使用 nc(1)作为 TCP 服务的客户端,该服务运行在 IP 地址为 10.10.1.123 的机器上,并侦听端口号 1234,如下所示。

```
$ nc 10.10.1.123 1234
```

默认状态下,nc(1)使用 TCP 协议。然而,如果利用-u 标志执行 nc(1),那么 nc(1)将使用 UDP 协议。

另外,-l 选项通知 netcat(1)充当一个服务器,这意味着,netcat(1)将在给定的端口号处监听连接。

最后,-v 和-vv 选项通知 netcat(1)生成详细的输出结果,当解决网络连接故障时,这将十分方便。

虽然 netcat(1)可帮助我们测试 HTTP 应用程序,但该实用程序更适用于开发自己的 TCP 和 UDP 客户端和服务器,参见第 13 章。netcat(1)实用程序仅在本章出现一次。

12.5 读取网络接口的配置

网络配置涵盖 4 个核心元素,即接口的 IP 地址、接口的网络掩码、机器的 DNS 服务器和机器的默认网关或默认路由器。但这里存在一个问题,我们无法利用本地、可移植的 Go 代码查找每一条信息。这表明,不存在可移植的方法获取 UNIX 机器的 DNS 配置和默认网关信息。

netConfig.go 文件的源代码将被分为 3 部分内容加以讨论。netConfig.go 文件的第 1 部分内容如下所示。

```
package main

import (
    "fmt"
    "net"
)

func main() {
    interfaces, err := net.Interfaces()
    if err != nil {
        fmt.Println(err)
        return
    }
```

net.Interfaces()函数作为包含 net.Interface 类型的切片返回当前机器的全部接口。

netConfig.go 文件的第 2 部分内容如下所示。

```
for _, i := range interfaces {
    fmt.Printf("Interface: %v\n", i.Name)
    byName, err := net.InterfaceByName(i.Name)
    if err != nil {
        fmt.Println(err)
    }
```

在上述代码中,我们可利用 net.Interface 元素访问切片的每个元素,进而检索所需的信息。

netConfig.go 文件的第 3 部分包含下列 Go 代码。

```
        addresses, err := byName.Addrs()
        for k, v := range addresses {
```

```
            fmt.Printf("Interface Address #%v: %v\n", k, v.String())
        }
        fmt.Println()
    }
}
```

当采用 Go 1.12.4 版本在 macOS Mojave 机器上执行 netConfig.go 文件时将生成下列输出结果。

```
$ go run netConfig.go
Interface: lo0
Interface Address #0 : 127.0.0.1/8
Interface Address #1 : ::1/128
Interface Address #2 : fe80::1/64
Interface: gif0
Interface: stf0
Interface: XHC20
Interface: en0
Interface Address #0 : fe80::1435:19cd:ece8:f532/64
Interface Address #1 : 10.67.93.23/24
Interface: p2p0
Interface: awdl0
Interface Address #0 : fe80::888:68ff:fe01:99c/64
Interface: en1
Interface: en2
Interface: bridge0
Interface: utun0
Interface Address #0 : fe80::7fd3:e1ba:a4b1:fe22/64
```

可以看到，netConfig.go 实用程序返回了较为丰富的输出结果，因为当今的计算机设备包含多个网络接口，同时程序支持 IPv4 和 IPv6 协议。

当采用 Go 1.7.4 版本在 Debian Linux 机器上执行 netConfig.go 文件时将生成下列输出结果。

```
$ go run netConfig.go
Interface: lo
Interface Address #0: 127.0.0.1/8
Interface Address #1: ::1/128
Interface: dummy0
Interface: eth0
Interface Address #0: 10.74.193.253/24
Interface Address #1: 2a01:7e00::f03c:91ff:fe69:1381/64
Interface Address #2: fe80::f03c:91ff:fe69:1381/64
```

```
Interface: teql0
Interface: tunl0
Interface: gre0
Interface: gretap0
Interface: erspan0
Interface: ip_vti0
Interface: ip6_vti0
Interface: sit0
Interface: ip6tnl0
Interface: ip6gre0
```

注意，网络接口可能缺失网络地址，其主要故障原因在于缺少应有的配置。

💡 提示：

并非所有列出的接口均包含与其绑定的真实硬件网络设备。对此，一个典型的例子是 lo0 接口，且是一个回环（loopback）设备。这里，回环设备是一种计算机设备使用的特殊的虚拟网络接口，进而在网络上与其自身进行通信。

netCapabilities.go 文件的 Go 代码将被分为 3 部分内容加以讨论。netCapabilities.go 实用程序的目的在于显示 UNIX 系统中每个网络接口的功能。

netCapabilities.go 实用程序使用 net.Interface 结构中的字段，如下所示。

```
type Interface struct {
    Index       int
    MTU         int
    Name        string
    HardwareAddr HardwareAddr
    Flags       Flags
}
```

netCapabilities.go 文件的第 1 部分内容如下所示。

```
package main

import (
    "fmt"
    "net"
)
```

netCapabilities.go 文件的第 2 部分内容如下所示。

```
func main() {
    interfaces, err := net.Interfaces()
```

第 12 章 网络编程基础知识

```go
    if err != nil {
        fmt.Print(err)
        return
    }
```

netCapabilities.go 文件的第 3 部分内容如下所示。

```go
    for _, i := range interfaces {
        fmt.Printf("Name: %v\n", i.Name)
        fmt.Println("Interface Flags:", i.Flags.String())
        fmt.Println("Interface MTU:", i.MTU)
        fmt.Println("Interface Hardware Address:", i.HardwareAddr)

        fmt.Println()
    }
}
```

在 macOS Mojave 机器上运行 netCapabilities.go 文件将生成下列输出结果。

```
$ go run netCapabilities.go
Name : lo0
Interface Flags: up|loopback|multicast
Interface MTU: 16384
Interface Hardware Address:
Name : gif0
Interface Flags: pointtopoint|multicast
Interface MTU: 1280
Interface Hardware Address:
Name : stf0
Interface Flags: 0
Interface MTU: 1280
Interface Hardware Address:
Name : XHC20
Interface Flags: 0
Interface MTU: 0
Interface Hardware Address:
Name : en0
Interface Flags: up|broadcast|multicast
Interface MTU: 1500
Interface Hardware Address: b8:e8:56:34:a1:c8
Name : p2p0
Interface Flags: up|broadcast|multicast
Interface MTU: 2304
Interface Hardware Address: 0a:e8:56:34:a1:c8
```

```
Name : awdl0
Interface Flags: up|broadcast|multicast
Interface MTU: 1484
Interface Hardware Address: 0a:88:68:01:09:9c
Name : en1
Interface Flags: up|broadcast|multicast
Interface MTU: 1500
Interface Hardware Address: 72:00:00:9d:b2:b0
Name : en2
Interface Flags: up|broadcast|multicast
Interface MTU: 1500
Interface Hardware Address: 72:00:00:9d:b2:b1
Name : bridge0
Interface Flags: up|broadcast|multicast
Interface MTU: 1500
Interface Hardware Address: 72:00:00:9d:b2:b0
Name : utun0
Interface Flags: up|pointtopoint|multicast
Interface MTU: 2000
Interface Hardware Address:
```

在 Debian Linux 机器上执行 netCapabilities.go 文件也将得到类似的输出结果。

最后，如果希望获取机器的默认网关，则可从外部或通过 exec.Command()执行 netstat -nr 命令，随后利用管道或 exec.CombinedOutput()接收器输出结果，并使用 Go 语言作为文本内容对其进行处理。

12.6 在 Go 语言中执行 DNS 查找

DNS 是指域名系统，这与 IP 地址转换为名称的方式有关，如 packt.com，反之亦然。本节将开发一个 DNS.go 实用程序，该程序背后的逻辑十分简单：如果给定的命令行参数是一个有效的 IP 地址，该程序将作为一个 IP 地址对其进行处理；否则，将假定正在处理需要转换为一个或多个 IP 地址的主机名。

DNS.go 实用程序的代码将被分为 3 部分内容加以讨论。DNS.go 文件的第 1 部分内容如下所示。

```
package main

import (
    "fmt"
```

```
    "net"
    "os"
)

func lookIP(address string) ([]string, error) {
    hosts, err := net.LookupAddr(address)
    if err != nil {
        return nil, err
    }
    return hosts, nil
}

func lookHostname(hostname string) ([]string, error) {
    IPs, err := net.LookupHost(hostname)
    if err != nil {
        return nil, err
    }
    return IPs, nil
}
```

lookIP()函数作为输入内容获取 IP 地址，并借助于 net.LookupAddr()函数返回一个与 IP 地址匹配的名称列表。

另外，lookHostname()函数作为输入内容获取一个主机名，并通过 net.LookupHost()函数返回一个包含关联 IP 地址的列表。

DNS.go 文件的第 2 部分内容如下所示。

```
func main() {
    arguments := os.Args
    if len(arguments) == 1 {
        fmt.Println("Please provide an argument!")
        return
    }

    input := arguments[1]
    IPaddress := net.ParseIP(input)
```

net.ParseIP()函数作为 IPv4 或 IPv6 解析一个字符串。如果 IP 地址无效，那么 net.ParseIP()函数则返回 nil。

DNS.go 文件的第 3 部分内容如下所示。

```
    if IPaddress == nil {
        IPs, err := lookHostname(input)
```

```
            if err == nil {
                for _, singleIP := range IPs {
                    fmt.Println(singleIP)
                }
            }
        } else {
            hosts, err := lookIP(input)
            if err == nil {
                for _, hostname := range hosts {
                    fmt.Println(hostname)
                }
            }
        }
    }
}
```

通过各种输入内容执行 DNS.go 文件将生成下列输出结果。

```
$ go run DNS.go 127.0.0.1
localhost
$ go run DNS.go 192.168.1.1
cisco
$ go run DNS.go packtpub.com
83.166.169.231
$ go run DNS.go google.com
2a00:1450:4001:816::200e
216.58.210.14
$ go run DNS.go www.google.com
2a00:1450:4001:816::2004
216.58.214.36
$ go run DNS.go cnn.com
2a04:4e42::323
2a04:4e42:600::323
2a04:4e42:400::323
2a04:4e42:200::323
151.101.193.67
151.101.1.67
151.101.129.67
151.101.65.67
```

注意，go run DNS.go 192.168.1.1 命令的输出结果取自/etc/hosts 文件，因为 cisco 主机名为/etc/hosts 文件中 192.168.1.1 IP 地址的别名。

go run DNS.go cnn.com 命令的输出结果表明，某些时候，单主机名（cnn.com）可能包含多个公共 IP 地址。这里应注意术语"公共"的含义：虽然 www.google.com 包含多个 IP 地址，但仅使用了单一公共 IP 地址（216.58.214.36）。

12.6.1　获取域的 NS 记录

常见的 DNS 请求与查找域的名称服务器相关，后者存储于域的 NS 记录中。这一功能将在 NSrecords.go 文件代码中展示。

NSrecords.go 文件将被分为两部分内容加以讨论，该文件的第 1 部分内容如下所示。

```
package main

import (
    "fmt"
    "net"
    "os"
)

func main() {
    arguments := os.Args
    if len(arguments) == 1 {
        fmt.Println("Need a domain name!")
        return
    }
```

上述代码检查是否至少包含一个命令行参数以完成进一步的处理工作。

NSrecords.go 文件的第 2 部分内容如下所示。

```
    domain := arguments[1]
    NSs, err := net.LookupNS(domain)
    if err != nil {
        fmt.Println(err)
        return
    }

    for _, NS := range NSs {
        fmt.Println(NS.Host)
    }
}
```

全部工作均在 net.LookupNS()函数内完成，该函数作为 net.NS 类型的切片返回域的 NS 记录，这也是输出切片的每个 net.NS 的 Host 字段的原因。执行 NSrecords.go 文件将生成下列输出结果。

```
$ go run NSrecords.go mtsoukalos.eu
ns5.linode.com.
ns4.linode.com.
ns1.linode.com.
ns2.linode.com.
ns3.linode.com.
$ go run NSrecords.go www.mtsoukalos.eu
lookup www.mtsoukalos.eu on 8.8.8.8:53: no such host
```

借助 host(1)实用程序,我们可以验证上述输出结果的正确性,如下所示。

```
$ host -t ns www.mtsoukalos.eu
www.mtsoukalos.eu has no NS record
$ host -t ns mtsoukalos.eu
mtsoukalos.eu name server ns3.linode.com.
mtsoukalos.eu name server ns1.linode.com.
mtsoukalos.eu name server ns4.linode.com.
mtsoukalos.eu name server ns2.linode.com.
mtsoukalos.eu name server ns5.linode.com.
```

12.6.2 获取域的 MX 记录

另一种十分常见的 DNS 请求与域的 MX 记录有关。其中,MX 记录指定了域的邮件服务器。对此,MXrecords.go 实用程序将执行这项任务。MXrecords.go 文件将被分为两部分内容加以讨论,该文件的第 1 部分内容如下所示。

```
package main

import (
    "fmt"
    "net"
    "os"
)

func main() {
    arguments := os.Args
    if len(arguments) == 1 {
        fmt.Println("Need a domain name!")
        return
    }
```

MXrecords.go 文件的第 2 部分内容如下所示。

```
    domain := arguments[1]
    MXs, err := net.LookupMX(domain)
    if err != nil {
        fmt.Println(err)
        return
    }

    for _, MX := range MXs {
        fmt.Println(MX.Host)
    }
}
```

MXrecords.go 实用程序的工作方式与之前的 NXrecords.go 实用程序类似，唯一的差别在于，MXrecords.go 实用程序使用了 net.LookupMX()函数替代 net.LookupNS()函数。

执行 MXrecords.go 文件将生成下列输出结果。

```
$ go run MXrecords.go golang.com
aspmx.1.google.com.
alt3.aspmx.1.google.com.
alt1.aspmx.1.google.com.
alt2.aspmx.1.google.com.
$ go run MXrecords.go www.mtsoukalos.eu
lookup www.mtsoukalos.eu on 8.8.8.8:53: no such host
```

再次强调，我们可借助于 host(1)实用程序验证上述输出结果。

```
$ host -t mx golang.com
golang.com mail is handled by 2 alt3.aspmx.1.google.com.
golang.com mail is handled by 1 aspmx.1.google.com.
golang.com mail is handled by 2 alt1.aspmx.1.google.com.
golang.com mail is handled by 2 alt2.aspmx.1.google.com.
$ host -t mx www.mtsoukalos.eu
www.mtsoukalos.eu has no MX record
```

12.7 在 Go 语言中创建 Web 服务器

Go 语言支持通过标准库中的某些函数创建自己的 Web 服务器。

提示：
虽然采用 Go 语言编写的 Web 服务器可高效、安全地实现许多任务，但是，如果打算拥有一个功能强大的 Web 服务器，并支持模块、多站点和虚拟主机，那么较好的方案是使用 Apache、Nginx 或 Candy 这一类采用 Go 语言编写的 Web 服务器。

当前示例的 Go 程序名称为 www.go 文件，该文件将被分为 5 部分内容加以讨论。www.go 文件的第 1 部分内容包含了所需的 import 语句，如下所示。

```
package main

import (
    "fmt"
    "net/http"
    "os"
    "time"
)
```

这里，time 包对于 Web 服务器来说并非必需，但在当前示例中不可或缺，因为服务器将向其客户端发送时间和日期。

www.go 文件的第 2 部分内容如下所示。

```
func myHandler(w http.ResponseWriter, r *http.Request) {
    fmt.Fprintf(w, "Serving: %s\n", r.URL.Path)
    fmt.Printf("Served: %s\n", r.Host)
}
```

这表示为程序的第 1 个处理函数实现。取决于 Go 代码中所描述的配置内容，处理函数将向一个或多个 URL 提供服务。相应地，我们还可包含多个处理函数。

www.go 文件的第 3 部分内容如下所示。

```
func timeHandler(w http.ResponseWriter, r *http.Request) {
    t := time.Now().Format(time.RFC1123)
    Body := "The current time is:"
    fmt.Fprintf(w, "<h1 align=\"center\">%s</h1>", Body)
    fmt.Fprintf(w, "<h2 align=\"center\">%s</h2>\n", t)
    fmt.Fprintf(w, "Serving: %s\n", r.URL.Path)
    fmt.Printf("Served time for: %s\n", r.Host)
}
```

上述代码展示了程序第 2 个处理函数的实现，该函数将生成动态内容。

www.go 文件的第 4 部分内容处理命令行参数和所支持的 URL 定义，如下所示。

```
func main() {
    PORT := ":8001"
    arguments := os.Args
    if len(arguments) == 1 {
```

第 12 章 网络编程基础知识

```
        fmt.Println("Using default port number: ", PORT)
    } else {
        PORT = ":" + arguments[1]
    }

    http.HandleFunc("/time", timeHandler)
    http.HandleFunc("/", myHandler)
```

其中，http.HandleFunc()函数将某个 URL 与处理函数关联。需要注意的是，myHandler()函数处理除/time 外的全部 URL，因为该函数的第 1 个参数（/）匹配所有其他处理程序不匹配的 URL。

www.go 文件的第 5 部分内容如下所示。

```
    err := http.ListenAndServe(PORT, nil)
    if err != nil {
        fmt.Println(err)
        return
    }
}
```

通过相应的端口号并借助 http.ListenAndServe()函数，可启动 Web 服务器。

执行 www.go 文件并连接其 Web 服务器将生成下列输出结果。

```
$ go run www.go
Using default port number:  :8001
Served: localhost:8001
Served: localhost:8001
Served time for: localhost:8001
Served: localhost:8001
Served time for: localhost:8001
Served: localhost:8001
Served time for: localhost:8001
Served: localhost:8001
Served: localhost:8001
Served: localhost:8001
```

尽管当前程序输出了一些内容，但实际操作往往在 Web 浏览器中进行。图 12.1 显示了 Web 服务器的 myHandler()函数的输出结果，并显示于 Google Chrome 浏览器中。

图 12.2 表明了 www.go 文件还可生成动态页面，在当前示例中为/time 中注册的 Web 页面，并显示了当前日期和时间。

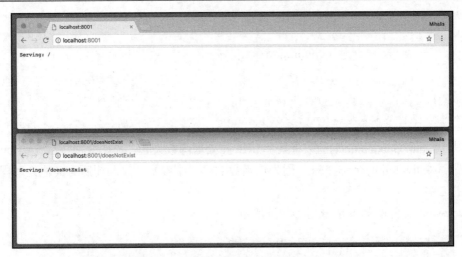

图 12.1　www.go Web 服务器的主页

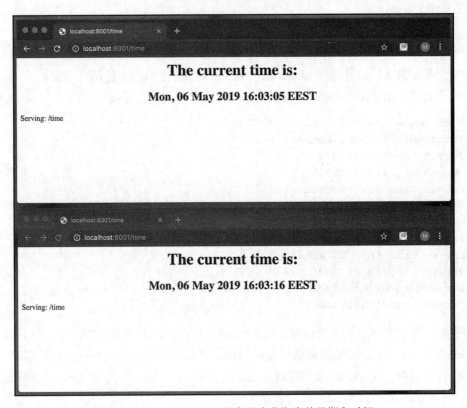

图 12.2　从 www.go Web 服务器中获取当前日期和时间

12.7.1 使用 atomic 包

本节将学习如何使用 HTTP 服务器环境中的 atomic 包。该程序名称为 atomWWW.go 文件，该文件将被分为 3 部分内容加以讨论。

atomWWW.go 文件的第 1 部分内容如下所示。

```go
package main

import (
    "fmt"
    "net/http"
    "runtime"
    "sync/atomic"
)

var count int32
```

atomic 包所使用的变量被定义为一个全局变量，以便可从代码的任意位置处访问。
atomWWW.go 文件的第 2 部分内容如下所示。

```go
func handleAll(w http.ResponseWriter, r *http.Request) {
    atomic.AddInt32(&count, 1)
}

func getCounter(w http.ResponseWriter, r *http.Request) {
    temp := atomic.LoadInt32(&count)
    fmt.Println("Count:", temp)
    fmt.Fprintf(w, "<h1 align=\"center\">%d</h1>", count)
}
```

程序所采用的 atomic 计数器与 count 全局变量关联，进而帮助我们计数 Web 服务器处理的所有客户端数量。

atomWWW.go 文件的第 3 部分内容如下所示。

```go
func main() {
    runtime.GOMAXPROCS(runtime.NumCPU() - 1)
    http.HandleFunc("/getCounter", getCounter)
    http.HandleFunc("/", handleAll)
    http.ListenAndServe(":8080", nil)
}
```

通过 ab(1)实用程序测试 atomWWW.go 将验证 atomic 包的支持方式，因为这将显示 count 变量可被所有的客户端访问。对此，首先需要执行 atomWWW.go 程序，如下所示。

```
$ go run atomWWW.go
Count: 1500
```

接下来需要执行 ab(1)，如下所示。

```
$ ab -n 1500 -c 100 http://localhost:8080/
This is ApacheBench, Version 2.3 <$Revision: 1826891 $>
Copyright 1996 Adam Twiss, Zeus Technology Ltd, http://www.zeustech.net/
Licensed to The Apache Software Foundation, http://www.apache.org/
Benchmarking localhost (be patient)
Completed 150 requests
Completed 300 requests
Completed 450 requests
Completed 600 requests
Completed 750 requests
Completed 900 requests
Completed 1050 requests
Completed 1200 requests
Completed 1350 requests
Completed 1500 requests
Finished 1500 requests
Server Software:
Server Hostname:        localhost
Server Port:            8080
Document Path:          /
Document Length:        0 bytes
Concurrency Level:      100
Time taken for tests:   0.098 seconds
Complete requests:      1500
Failed requests:        0
Total transferred:      112500 bytes
HTML transferred:       0 bytes
Requests per second:    15238.64 [#/sec] (mean)
Time per request:       6.562 [ms] (mean)
Time per request:       0.066 [ms] (mean, across all concurrent requests)
Transfer rate:          1116.11 [Kbytes/sec] received
Connection Times (ms)
              min  mean[+/-sd] median   max
Connect:        0    3   0.5      3       5
Processing:     2    3   0.6      3       6
```

```
Waiting:             0      3    0.6      3       5
Total:               4      6    0.6      6       9
Percentage of the requests served within a certain time (ms)
  50%         6
  66%         6
  75%         7
  80%         7
  90%         7
  95%         7
  98%         8
  99%         8
 100%         9 (longest request)
```

上述 ab(1)命令发送 1500 个请求，且并发请求的数量为 100。

在 ab(1)之后，还应访问/getCounter 地址以获取 count 变量的当前值。

```
$ wget -qO- http://localhost:8080/getCounter
<h1 align="center">1500</h1>%
```

12.7.2 分析一个 HTTP 服务器

第 11 章曾讨论过，net/http/pprof 标准 Go 包可用于分析包含自身 HTTP 服务器的 Go 程序。相应地，导入 net/http/pprof 将在/debug/pprof/ URL 下安装各种处理程序，稍后将看到与此相关的更多内容。记住，net/http/pprof 包应用于分析包含 HTTP 服务器的 Web 应用程序，而 runtime/pprof 标准包则应用于分析其他类型的应用程序。

注意，如果分析器通过 http://localhost:8080 地址工作，那么将自动获得下列 Web 链接的支持。

- http://localhost:8080/debug/pprof/goroutine。
- http://localhost:8080/debug/pprof/heap。
- http://localhost:8080/debug/pprof/threadcreate。
- http://localhost:8080/debug/pprof/block。
- http://localhost:8080/debug/pprof/mutex。
- http://localhost:8080/debug/pprof/profile。
- http://localhost:8080/debug/pprof/trace?seconds=5。

下一个程序将使用 www.go 作为其开始点，并添加必要的 Go 代码对其进行分析。

新程序的名称为 wwwProfile.go 文件，该文件将被分为 4 部分内容加以讨论。

注意，wwwProfile.go 使用 http.NewServeMux 变量注册程序所支持的路径，其主要原因在于，使用 http.NewServeMux 需要通过手动方式定义 HTTP 端点。另外还需要注意的是，我们还可定义一个所支持的 HTTP 端点的子集。如果不打算使用 http.NewServeMux，那么 HTTP 端点将被自动注册，这也表明，无须在开始处使用_字符导入 net/http/pprof 包。

wwwProfile.go 文件的第 1 部分内容如下所示。

```go
package main

import (
    "fmt"
    "net/http"
    "net/http/pprof"
    "os"
    "time"
)

func myHandler(w http.ResponseWriter, r *http.Request) {
    fmt.Fprintf(w, "Serving: %s\n", r.URL.Path)
    fmt.Printf("Served: %s\n", r.Host)
}

func timeHandler(w http.ResponseWriter, r *http.Request) {
    t := time.Now().Format(time.RFC1123)
    Body := "The current time is:"
    fmt.Fprintf(w, "<h1 align=\"center\">%s</h1>", Body)
    fmt.Fprintf(w, "<h2 align=\"center\">%s</h2>\n", t)
    fmt.Fprintf(w, "Serving: %s\n", r.URL.Path)
    fmt.Printf("Served time for: %s\n", r.Host)
}
```

上述两个处理函数的实现与之前内容保持一致。

wwwProfile.go 文件的第 2 部分内容如下所示。

```go
func main() {
    PORT := ":8001"
    arguments := os.Args
    if len(arguments) == 1 {
        fmt.Println("Using default port number: ", PORT)
    } else {
        PORT = ":" + arguments[1]
        fmt.Println("Using port number: ", PORT)
    }
```

```
    r := http.NewServeMux()
    r.HandleFunc("/time", timeHandler)
    r.HandleFunc("/", myHandler)
```

上述代码通过 http.NewServeMux() 和 HandleFunc() 函数定义了 Web 服务器所支持的 URL。

wwwProfile.go 文件的第 3 部分内容如下所示。

```
r.HandleFunc("/debug/pprof/", pprof.Index)
r.HandleFunc("/debug/pprof/cmdline", pprof.Cmdline)
r.HandleFunc("/debug/pprof/profile", pprof.Profile)
r.HandleFunc("/debug/pprof/symbol", pprof.Symbol)
r.HandleFunc("/debug/pprof/trace", pprof.Trace)
```

上述代码定义了与分析机制相关的 HTTP 端点，否则将无法分析 Web 应用程序。

wwwProfile.go 文件的第 4 部分内容如下所示。

```
    err := http.ListenAndServe(PORT, r)
    if err != nil {
        fmt.Println(err)
        return
    }
}
```

上述代码启动 Web 服务器并处理源自 HTTP 客户端的连接。需要注意的是，http.ListenAndServe() 函数中的第 2 个参数不再是 nil。

可以看到，wwwProfile.go 文件并未定义/debug/pprof/goroutine HTTP 端点，这一点很好理解，因为 wwwProfile.go 文件不使用任何协程。

执行 wwwProfile.go 文件将生成下列输出结果。

```
$ go run wwwProfile.go 1234
Using port number: :1234
Served time for: localhost:1234
```

使用 Go 分析器获取数据是一项较为简单的任务，在执行下列命令后，将自动转至 Go 分析器的 Shell。

```
$ go tool pprof http://localhost:1234/debug/pprof/profile
Fetching profile over HTTP from http://localhost:1234/debug/pprof/profile
Saved profile in /Users/mtsouk/pprof/pprof.samples.cpu.003.pb.gz
Type: cpu
Time: Mar 27, 2018 at 10:04pm (EEST)
Duration: 30s, Total samples = 21.04s (70.13%)
```

```
Entering interactive mode (type "help" for commands, "o" for options)
(pprof) top
Showing nodes accounting for 19.94s, 94.77% of 21.04s total
Dropped 159 nodes (cum <= 0.11s)
Showing top 10 nodes out of 75
      flat  flat%   sum%        cum   cum%
    13.73s 65.26% 65.26%     13.73s 65.26%  syscall.Syscall
     1.58s  7.51% 72.77%      1.58s  7.51%  runtime.kevent
     1.36s  6.46% 79.23%      1.36s  6.46%  runtime.mach_semaphore_signal
     1.02s  4.85% 84.08%      1.02s  4.85%  runtime.usleep
     0.80s  3.80% 87.88%      0.80s  3.80%  runtime.mach_semaphore_wait
     0.53s  2.52% 90.40%      2.11s 10.03%  runtime.netpoll
     0.44s  2.09% 92.49%      0.44s  2.09%  internal/poll.convertErr
     0.26s  1.24% 93.73%      0.26s  1.24%  net.(*TCPConn).Read
     0.18s  0.86% 94.58%      0.18s  0.86%  runtime.freedefer
     0.04s  0.19% 94.77%      1.05s  4.99%  runtime.runqsteal
(pprof)
```

接下来可使用 go tool pprof 命令对数据进行分析，第 11 章曾对此有所介绍。

💡 提示：

读者可访问 http://HOSTNAME:PORTNUMBER/debug/pprof/ 查看分析结果。当 HOSTNAME 值为 localhost 且 PORTNUMBER 值为 1234 时，则应访问 http://localhost:1234/debug/pprof/。

当测试 Web 服务器应用程序的性能时，可使用 ab(1) 实用程序，即 Apache HTTP 服务器基准测试工具，进而产生某些流量并对 wwwProfile.go 进行基准测试；同时还可使用 go tool pprof 命令收集更多的准确数据。ab(1) 的运行方式如下所示。

```
$ ab -k -c 10 -n 100000 "http://127.0.0.1:1234/time"
This is ApacheBench, Version 2.3 <$Revision: 1807734 $>
Copyright 1996 Adam Twiss, Zeus Technology Ltd, http://www.zeustech.net/
Licensed to The Apache Software Foundation, http://www.apache.org/
Benchmarking 127.0.0.1 (be patient)
Completed 10000 requests
Completed 20000 requests
Completed 30000 requests
Completed 40000 requests
Completed 50000 requests
Completed 60000 requests
Completed 70000 requests
```

```
Completed 80000 requests
Completed 90000 requests
Completed 100000 requests
Finished 100000 requests

Server Software:
Server Hostname:        127.0.0.1
Server Port:            1234
Document Path:          /time
Document Length:        114 bytes
Concurrency Level:      10
Time taken for tests:   2.114 seconds
Complete requests:      100000
Failed requests:        0
Keep-Alive requests:    100000
Total transferred:      25500000 bytes
HTML transferred:       11400000 bytes
Requests per second:    47295.75 [#/sec] (mean)
Time per request:       0.211 [ms] (mean)
Time per request:       0.021 [ms] (mean, across all concurrent requests)
Transfer rate:          11777.75 [Kbytes/sec] received
Connection Times (ms)
              min  mean[+/-sd] median   max
Connect:        0    0   0.0      0       0
Processing:     0    0   0.7      0      13
Waiting:        0    0   0.7      0      13
Total:          0    0   0.7      0      13
Percentage of the requests served within a certain time (ms)
  50%      0
  66%      0
  75%      0
  80%      0
  90%      0
  95%      0
  98%      0
  99%      0
 100%     13 (longest request)
```

提示:

是否可使用 net/http/pprof 包分析命令行应用程序？答案是肯定的。然而，当分析处于运行状态的 Web 应用程序并捕捉实时数据时，net/http/pprof 包仅部分有效。

12.7.3　创建一个站点

第 4 章和第 8 章曾分别讨论了 keyValue.go 应用程序和 kvSaveLoad.go 应用程序。本节将学习如何利用标准库创建 keyValue.go 应用程序的 Web 界面。对应程序名称为 kvWeb.go 文件，该文件将被分为 6 部分内容加以讨论。

如前所述，kvWeb.go 和 www.go 文件之间的第 1 个差别在于，kvWeb.go 文件使用 http.NewServeMux 类型处理 HTTP 请求，这对于复杂的 Web 应用程序来说更具多样性。

kvWeb.go 文件的第 1 部分内容如下所示。

```go
package main

import (
    "encoding/gob"
    "fmt"
    "html/template"
    "net/http"
    "os"
)

type myElement struct {
    Name    string
    Surname string
    Id      string
}

var DATA = make(map[string]myElement)
var DATAFILE = "/tmp/dataFile.gob"
```

上述代码在第 8 章的 kvSaveLoad.go 文件中曾有所介绍。

kvWeb.go 文件的第 2 部分内容如下所示。

```go
func save() error {
    fmt.Println("Saving", DATAFILE)
    err := os.Remove(DATAFILE)
    if err != nil {
        fmt.Println(err)
    }

    saveTo, err := os.Create(DATAFILE)
```

```go
    if err != nil {
        fmt.Println("Cannot create", DATAFILE)
        return err
    }
    defer saveTo.Close()

    encoder := gob.NewEncoder(saveTo)
    err = encoder.Encode(DATA)
    if err != nil {
        fmt.Println("Cannot save to", DATAFILE)
        return err
    }
    return nil
}

func load() error {
    fmt.Println("Loading", DATAFILE)
    loadFrom, err := os.Open(DATAFILE)
    defer loadFrom.Close()
    if err != nil {
        fmt.Println("Empty key/value store!")
        return err
    }

    decoder := gob.NewDecoder(loadFrom)
    decoder.Decode(&DATA)
    return nil
}

func ADD(k string, n myElement) bool {
    if k == "" {
        return false
    }

    if LOOKUP(k) == nil {
        DATA[k] = n
        return true
    }
    return false
}
```

```go
func DELETE(k string) bool {
    if LOOKUP(k) != nil {
        delete(DATA, k)
        return true
    }
    return false
}

func LOOKUP(k string) *myElement {
    _, ok := DATA[k]
    if ok {
        n := DATA[k]
        return &n
    } else {
        return nil
    }
}

func CHANGE(k string, n myElement) bool {
    DATA[k] = n
    return true
}

func PRINT() {
    for k, d := range DATA {
        fmt.Printf("key: %s value: %v\n", k, d)
    }
}
```

上述代码曾在第 8 章的 kvSaveLoad.go 文件中有所介绍,相信读者对此不会感到陌生。kvWeb.go 文件的第 3 部分内容如下所示。

```go
func homePage(w http.ResponseWriter, r *http.Request) {
    fmt.Println("Serving", r.Host, "for", r.URL.Path)
    myT := template.Must(template.ParseGlob("home.gohtml"))
    myT.ExecuteTemplate(w, "home.gohtml", nil)
}

func listAll(w http.ResponseWriter, r *http.Request) {
    fmt.Println("Listing the contents of the KV store!")

    fmt.Fprintf(w, "<a href=\"/\" style=\"margin-right: 20px;\">Home
```

```
sweet home!</a>")
    fmt.Fprintf(w, "<a href=\"/list\" style=\"margin-right: 20px;\">List
all elements!</a>")
    fmt.Fprintf(w, "<a href=\"/change\" style=\"margin-right:
20px;\">Change an element!</a>")
    fmt.Fprintf(w, "<a href=\"/insert\" style=\"margin-right:
20px;\">Insert new element!</a>")

    fmt.Fprintf(w, "<h1>The contents of the KV store are:</h1>")
    fmt.Fprintf(w, "<ul>")
    for k, v := range DATA {
        fmt.Fprintf(w, "<li>")
        fmt.Fprintf(w, "<strong>%s</strong> with value: %v\n", k, v)
        fmt.Fprintf(w, "</li>")
    }

    fmt.Fprintf(w, "</ul>")
}
```

listAll()函数并未使用任何 Go 模板生成其动态输出结果。相反，其输出内容是通过 Go 语言实时生成的。我们可将此视为一个特例，因为 Web 应用程序通常可与 HTML 模板和 html/template 标准包实现较好的协同工作。

kvWeb.go 文件的第 4 部分内容如下所示。

```
func changeElement(w http.ResponseWriter, r *http.Request) {
    fmt.Println("Changing an element of the KV store!")
    tmpl := template.Must(template.ParseFiles("update.gohtml"))
    if r.Method != http.MethodPost {
        tmpl.Execute(w, nil)
        return
    }

    key := r.FormValue("key")
    n := myElement{
        Name:    r.FormValue("name"),
        Surname: r.FormValue("surname"),
        Id:      r.FormValue("id"),
    }

    if !CHANGE(key, n) {
        fmt.Println("Update operation failed!")
```

```go
    } else {
        err := save()
        if err != nil {
            fmt.Println(err)
            return
        }
        tmpl.Execute(w, struct{ Success bool }{true})
    }
}
```

在上述代码中可以看到,如何借助 FormValue() 函数从 HTML 表单字段中读取数值。其中,template.Must() 函数被定义为一个帮助函数,以确保所提供的模板文件不包含任何错误。

kvWeb.go 文件的第 5 部分内容如下所示。

```go
func insertElement(w http.ResponseWriter, r *http.Request) {
    fmt.Println("Inserting an element to the KV store!")
    tmpl := template.Must(template.ParseFiles("insert.gohtml"))
    if r.Method != http.MethodPost {
        tmpl.Execute(w, nil)
        return
    }

    key := r.FormValue("key")
    n := myElement{
        Name:    r.FormValue("name"),
        Surname: r.FormValue("surname"),
        Id:      r.FormValue("id"),
    }

    if !ADD(key, n) {
        fmt.Println("Add operation failed!")
    } else {
        err := save()
        if err != nil {
            fmt.Println(err)
            return
        }
        tmpl.Execute(w, struct{ Success bool }{true})
    }
}
```

kvWeb.go 文件的第 6 部分内容如下所示。

```go
func main() {
    err := load()
    if err != nil {
        fmt.Println(err)
    }

    PORT := ":8001"
    arguments := os.Args
    if len(arguments) == 1 {
        fmt.Println("Using default port number: ", PORT)
    } else {
        PORT = ":" + arguments[1]
    }

    http.HandleFunc("/", homePage)
    http.HandleFunc("/change", changeElement)
    http.HandleFunc("/list", listAll)
    http.HandleFunc("/insert", insertElement)
    err = http.ListenAndServe(PORT, nil)
    if err != nil {
        fmt.Println(err)
    }
}
```

与第 8 章中 kvSaveLoad.go 文件的 main()函数相比，kvWeb.go 文件中的 main()函数则要简单得多，因为这两个程序包含了完全不同的设计理念。

下面考查当前项目中的多个 gohtml 文件。这里，第 1 个文件是 home.gohtml，如下所示。

```html
<!doctype html>
<html lang="en">
<head>
    <meta charset="UTF-8">
    <title>A Key Value Store!</title>
</head>
<body>

<a href="/" style="margin-right: 20px;">Home sweet home!</a>
<a href="/list" style="margin-right: 20px;">List all elements!</a>
<a href="/change" style="margin-right: 20px;">Change an element!</a>
```

```
<a href="/insert" style="margin-right: 20px;">Insert new element!</a>

<h2>Welcome to the Go KV store!</h2>

</body>
</html>
```

home.gohtml 文件是静态文件,也就是说,其内容不会发生变化。然而,其他 gohtml 文件则通过动态方式显示信息。

update.gohtml 文件的内容如下所示。

```
<!doctype html>
<html lang="en">
<head>
    <meta charset="UTF-8">
    <title>A Key Value Store!</title>
</head>
<body>

<a href="/" style="margin-right: 20px;">Home sweet home!</a>
<a href="/list" style="margin-right: 20px;">List all elements!</a>
<a href="/change" style="margin-right: 20px;">Change an element!</a>
<a href="/insert" style="margin-right: 20px;">Insert new element!</a>

{{if .Success}}
    <h1>Element updated!</h1>
{{else}}
<h1>Please fill in the fields:</h1>
    <form method="POST">
        <label>Key:</label><br />
        <input type="text" name="key"><br />
        <label>Name:</label><br />
        <input type="text" name="name"><br />
        <label>Surname:</label><br />
        <input type="text" name="surname"><br />
        <label>Id:</label><br />
        <input type="text" name="id"><br />
        <input type="submit">
    </form>
{{end}}

</body>
</html>
```

上述代码表示为 HTML 主代码，其中，if 语句指定了应查看表单或是"Element updated!"消息。

最后，insert.gohtml 文件的内容如下所示。

```html
<!doctype html>
<html lang="en">
<head>
    <meta charset="UTF-8">
    <title>A Key Value Store!</title>
</head>
<body>

<a href="/" style="margin-right: 20px;">Home sweet home!</a>
<a href="/list" style="margin-right: 20px;">List all elements!</a>
<a href="/change" style="margin-right: 20px;">Change an element!</a>
<a href="/insert" style="margin-right: 20px;">Insert new element!</a>

{{if .Success}}
    <h1>Element inserted!</h1>
{{else}}
    <h1>Please fill in the fields:</h1>
    <form method="POST">
        <label>Key:</label><br />
        <input type="text" name="key"><br />
        <label>Name:</label><br />
        <input type="text" name="name"><br />
        <label>Surname:</label><br />
        <input type="text" name="surname"><br />
        <label>Id:</label><br />
        <input type="text" name="id"><br />
        <input type="submit">
    </form>
{{end}}

</body>
</html>
```

可以看到，除了<title>标签的文本部分，insert.gohtml 和 update.gohtml 文件基本相同。执行 kvWeb.go 文件将在 UNIX Shell 中生成下列输出结果。

```
$ go run kvWeb.go
Loading /tmp/dataFile.gob
```

```
Using default port number: :8001
Serving localhost:8001 for /
Serving localhost:8001 for /favicon.ico
Listing the contents of the KV store!
Serving localhost:8001 for /favicon.ico
Inserting an element to the KV store!
Serving localhost:8001 for /favicon.ico
Inserting an element to the KV store!
Add operation failed!
Serving localhost:8001 for /favicon.ico
Inserting an element to the KV store!
Serving localhost:8001 for /favicon.ico
Inserting an element to the KV store!
Saving /tmp/dataFile.gob
Serving localhost:8001 for /favicon.ico
Inserting an element to the KV store!
Serving localhost:8001 for /favicon.ico
Changing an element of the KV store!
Serving localhost:8001 for /favicon.ico
```

此外，真正令人关注的问题是如何在 Web 浏览器中与 kvWeb.go 进行交互。

图 12.3 显示了 home.gohtml 文件中定义的站点主页。

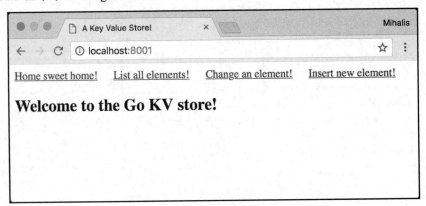

图 12.3　Web 应用程序的站点主页

图 12.4 显示了键-值存储内容。

图 12.5 显示了 Web 页面外观可通过 kvWeb.go Web 应用程序的 Web 页面向键-值存储中添加新的数据。

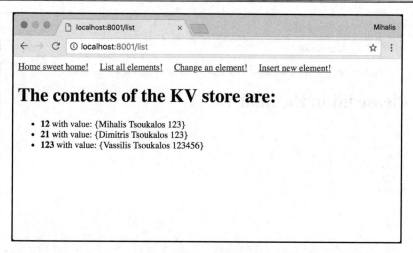

图 12.4 键-值存储内容

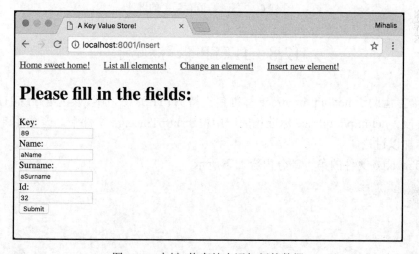

图 12.5 向键-值存储中添加新的数据

  图 12.6 显示了如何利用 kvWeb.go Web 应用程序的 Web 界面更新键-值存储中现有的键值。

  当前，kvWeb.go Web 应用程序仍存在一些问题，因而将留作练习以对其进行改进。

> **提示：**
>   本节讨论了如何采用 Go 语言开发站点和 Web 应用程序。虽然具体的需求条件处于变化中，但技术方案基本与 kvWeb.go 程序相同。注意，定制站点一般比使用一些流行的内容管理系统创建的站点更安全。

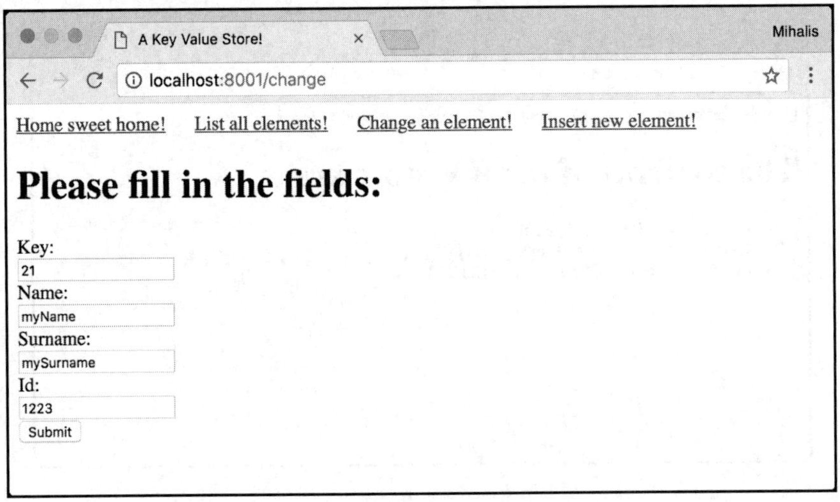

图 12.6　更新键-值存储中的键值

12.8　HTTP 跟踪机制

Go 语言借助于 net/http/httptrace 标准包支持 HTTP 跟踪机制。该包可跟踪 HTTP 请求的各个阶段。net/http/httptrace 标准包的应用位于 httpTrace.go 文件中，该文件将被分为 5 部分内容加以讨论。

httpTrace.go 文件的第 1 部分内容如下所示。

```
package main

import (
    "fmt"
    "io"
    "net/http"
    "net/http/httptrace"
    "os"
)
```

可以看到，代码中导入了 net/http/httptrace 包以开启 HTTP 跟踪机制。

httpTrace.go 文件的第 2 部分内容如下所示。

```
func main() {
    if len(os.Args) != 2 {
        fmt.Printf("Usage: URL\n")
```

```
        return
    }
    URL := os.Args[1]
    client := http.Client{}
```

在上述代码中，我们读取了命令行参数并创建了一个新的 http.Client 变量。

关于 http.Client 对象，进一步讲，该对象提供了一种方式将请求发送至服务器并获得响应。

http.Client 对象的 Transport 支持设置各种 HTTP 细节内容，而非仅是使用默认值。

注意，在商业级软件中，我们应使用 http.Client 对象的默认值，因为这些值并未指定请求超时，这可能会损害程序和协程的性能。除此之外，根据设计，http.Client 对象可以安全地被用于并发程序中。

httpTrace.go 文件的第 3 部分内容如下所示。

```
req, _ := http.NewRequest("GET", URL, nil)
trace := &httptrace.ClientTrace{
    GotFirstResponseByte: func() {
        fmt.Println("First response byte!")
    },
    GotConn: func(connInfo httptrace.GotConnInfo) {
        fmt.Printf("Got Conn: %+v\n", connInfo)
    },
    DNSDone: func(dnsInfo httptrace.DNSDoneInfo) {
        fmt.Printf("DNS Info: %+v\n", dnsInfo)
    },
    ConnectStart: func(network, addr string) {
        fmt.Println("Dial start")
    },
    ConnectDone: func(network, addr string, err error) {
        fmt.Println("Dial done")
    },
    WroteHeaders: func() {
        fmt.Println("Wrote headers")
    },
}
```

上述代码均与跟踪 HTTP 请求相关。httptrace.ClientTrace 对象定义了我们感兴趣的事件。当出现此类事件时，相关代码将被执行。关于所支持的事件及其目的，读者可访问 net/http/httptrace 包的文档以了解更多信息。

httpTrace.go 文件的第 4 部分内容如下所示。

```
req = req.WithContext(httptrace.WithClientTrace(req.Context(), trace))
fmt.Println("Requesting data from server!")
_, err := http.DefaultTransport.RoundTrip(req)
if err != nil {
    fmt.Println(err)
    return
}
```

httptrace.WithClientTrace()函数根据给定的父上下文返回一个新的上下文；而 http.DefaultTransport.RoundTrip()方法则封装了 http.DefaultTransport.RoundTrip，以通知其跟踪当前请求。

注意，Go HTTP 跟踪机制设计为跟踪单一 http.Transport.RoundTrip 的事件。然而，由于在处理一个 HTTP 请求时可能会包含多个 URL 重定向，因此需要能够识别当前请求。

httpTrace.go 文件的第 5 部分内容如下所示。

```
    response, err := client.Do(req)
    if err != nil {
        fmt.Println(err)
        return
    }

    io.Copy(os.Stdout, response.Body)
}
```

代码的最后一部分内容通过 Do()函数执行 Web 服务器的真实请求、获取 HTTP 数据并将其显示于屏幕上。

执行 httpTrace.go 文件将生成下列输出结果。

```
$ go run httpTrace.go http://localhost:8001/
Requesting data from server!
DNS Info: {Addrs:[{IP:::1 Zone:} {IP:127.0.0.1 Zone:}] Err:<nil> Coalesced:false}
Dial start
Dial done
Got Conn: {Conn:0xc420142000 Reused:false WasIdle:false IdleTime:0s}
Wrote headers
First response byte!
DNS Info: {Addrs:[{IP:::1 Zone:} {IP:127.0.0.1 Zone:}] Err:<nil> Coalesced:false}
Dial start
```

```
Dial done
Got Conn: {Conn:0xc420142008 Reused:false WasIdle:false IdleTime:0s}
Wrote headers
First response byte!
Serving: /
```

需要注意的是,由于 httpTrace.go 文件输出了源自 HTTP 服务器的全部 HTML 响应结果,因此在真实的 Web 服务器上对其进行测试时将得到大量的输出结果,这也是此处使用 www.go 中开发的 Web 服务器的主要原因。

> **提示:**
>
> 当查看 net/http/httptrace 包的源代码(https://golang.org/src/net/http/httptrace/trace.go)时,可以看到 net/http/httptrace 是一个非常底层的包,它使用 context 包、reflect 包和 internal/nettrace 包实现其功能。记住,我们可以对标准库中的任何代码采取这种操作方式,因为 Go 语言是一个完全开源的项目。

接下来将学习如何在 Go 语言中测试 HTTP 处理程序。我们将开始使用 www.go 代码,并在需要时对其进行修改。

www.go 程序的新版本被称作 testWWW.go 文件,该文件将被分为 3 部分内容加以讨论。testWWW.go 文件的第 1 部分内容如下所示。

```go
package main

import (
    "fmt"
    "net/http"
    "os"
)

func CheckStatusOK(w http.ResponseWriter, r *http.Request) {
    w.WriteHeader(http.StatusOK)
    fmt.Fprintf(w, `Fine!`)
}
```

testWWW.go 文件的第 2 部分内容如下所示。

```go
func StatusNotFound(w http.ResponseWriter, r *http.Request) {
    w.WriteHeader(http.StatusNotFound)
}

func MyHandler(w http.ResponseWriter, r *http.Request) {
```

```
    fmt.Fprintf(w, "Serving: %s\n", r.URL.Path)
    fmt.Printf("Served: %s\n", r.Host)
}
```

testWWW.go 文件的第 3 部分内容如下所示。

```
func main() {
    PORT := ":8001"
    arguments := os.Args
    if len(arguments) == 1 {
        fmt.Println("Using default port number: ", PORT)
    } else {
        PORT = ":" + arguments[1]
    }

    http.HandleFunc("/CheckStatusOK", CheckStatusOK)
    http.HandleFunc("/StatusNotFound", StatusNotFound)
    http.HandleFunc("/", MyHandler)

    err := http.ListenAndServe(PORT, nil)
    if err != nil {
        fmt.Println(err)
        return
    }
}
```

当前,我们需要启动 testWWW.go 测试,这意味着应创建一个 testWWW_test.go 文件,该文件的内容将被分为 4 部分内容加以讨论。

testWWW_test.go 文件的第 1 部分内容如下所示。

```
package main

import (
    "fmt"
    "net/http"
    "net/http/httptest"
    "testing"
)
```

注意,这里需要导入 net/http/httptest 标准包以测试 Go 语言中的 Web 应用程序。

testWWW_test.go 文件的第 2 部分内容如下所示。

```
func TestCheckStatusOK(t *testing.T) {
    req, err := http.NewRequest("GET", "/CheckStatusOK", nil)
```

```
    if err != nil {
        fmt.Println(err)
        return
    }

    rr := httptest.NewRecorder()
    handler := http.HandlerFunc(CheckStatusOK)
    handler.ServeHTTP(rr, req)
```

httptest.NewRecorder()函数返回 httptest.ResponseRecorder 对象,并用于记录 HTTP 响应结果。

testWWW_test.go 文件的第 3 部分内容如下所示。

```
    status := rr.Code
    if status != http.StatusOK {
        t.Errorf("handler returned %v", status)
    }

    expect := `Fine!`
    if rr.Body.String() != expect {
        t.Errorf("handler returned %v", rr.Body.String())
    }
}
```

此处首先检查响应码是否为预期结果,随后检查响应体是否正确。

testWWW_test.go 文件的第 4 部分内容如下所示。

```
func TestStatusNotFound(t *testing.T) {
    req, err := http.NewRequest("GET", "/StatusNotFound", nil)
    if err != nil {
        fmt.Println(err)
        return
    }

    rr := httptest.NewRecorder()
    handler := http.HandlerFunc(StatusNotFound)
    handler.ServeHTTP(rr, req)

    status := rr.Code
    if status != http.StatusNotFound {
        t.Errorf("handler returned %v", status)
    }
}
```

上述测试函数验证 main 包的 StatusNotFound()函数是否正常工作。

执行 testWWW_test.go 文件中的两个测试函数将生成下列输出结果。

```
$ go test testWWW.go testWWW_test.go -v --count=1
=== RUN   TestCheckStatusOK
--- PASS: TestCheckStatusOK (0.00s)
=== RUN   TestStatusNotFound
--- PASS: TestStatusNotFound (0.00s)
PASS
ok      command-line-arguments  (cached)
```

12.9 在 Go 语言中创建一个 Web 客户端

本节将学习如何开发一个 Web 客户端，该 Web 客户端实用程序的名称为 webClient.go 文件，该文件将被分为 4 部分内容加以讨论。

webClient.go 文件的第 1 部分内容如下所示。

```go
package main

import (
    "fmt"
    "io"
    "net/http"
    "os"
    "path/filepath"
)
```

webClient.go 文件的第 2 部分内容将以命令行参数的形式读取所需的 URL，如下所示。

```go
func main() {
    if len(os.Args) != 2 {
        fmt.Printf("Usage: %s URL\n", filepath.Base(os.Args[0]))
        return
    }

    URL := os.Args[1]
```

webClient.go 文件的第 3 部分内容将执行实际操作，如下所示。

```go
data, err := http.Get(URL)

if err != nil {
```

```
        fmt.Println(err)
        return
```

全部工作均通过 http.Get()函数调用完成，当不打算处理参数和选项时，这将十分方便。然而，这种调用类型缺少处理的灵活性。注意，http.Get()函数返回一个 http.Response 变量。

webClient.go 文件的第 4 部分内容如下所示。

```
    } else {
        defer data.Body.Close()
        _, err := io.Copy(os.Stdout, data.Body)
        if err != nil {
            fmt.Println(err)
            return
        }
    }
}
```

上述代码将 http.Response 结构的 Body 字段内容复制至标准输出中。

执行 webClient.go 文件将生成下列输出结果（此处仅展示了一小部分输出结果）。

```
$ go run webClient.go http://www.mtsoukalos.eu/ | head -20
<!DOCTYPE html PUBLIC "-//W3C//DTD XHTML+RDFa 1.0//EN"
  "http://www.w3.org/MarkUp/DTD/xhtml-rdfa-1.dtd">
<html xmlns="http://www.w3.org/1999/xhtml" xml:lang="en"
version="XHTML+RDFa 1.0" dir="ltr"
  xmlns:content="http://purl.org/rss/1.0/modules/content/"
  xmlns:dc="http://purl.org/dc/terms/"
  xmlns:foaf="http://xmlns.com/foaf/0.1/"
  xmlns:og="http://ogp.me/ns#"
  xmlns:rdfs="http://www.w3.org/2000/01/rdf-schema#"
  xmlns:sioc="http://rdfs.org/sioc/ns#"
  xmlns:sioct="http://rdfs.org/sioc/types#"
  xmlns:skos="http://www.w3.org/2004/02/skos/core#"
  xmlns:xsd="http://www.w3.org/2001/XMLSchema#">
<head profile="http://www.w3.org/1999/xhtml/vocab">
  <meta http-equiv="Content-Type" content="text/html; charset=utf-8" />
<meta name="viewport" content="width=device-width, initial-scale=1" />
<link rel="shortcut icon" href="http://www.mtsoukalos.eu/misc/favicon.ico"
type="image/vnd.microsoft.icon" />
<meta name="HandheldFriendly" content="true" />
<meta name="MobileOptimized" content="width" />
<meta name="Generator" content="Drupal 7 (http://drupal.org)" />
```

webClient.go 文件使我们几乎无法控制当前处理过程——获取整体 HTML 输出结果或一无所获，这也是该文件的主要问题。

上述 Web 客户端相对简单且缺少应有的灵活性。接下来将介绍一种更加优雅的 URL 读取方式，且无须使用 http.Get()函数（但会使用更多的选项）。该实用程序的名称为 advancedWebClient.go 文件，该文件将被分为 5 部分内容加以讨论。

advancedWebClient.go 文件的第 1 部分内容如下所示。

```go
package main

import (
    "fmt"
    "net/http"
    "net/http/httputil"
    "net/url"
    "os"
    "path/filepath"
    "strings"
    "time"
)
```

advancedWebClient.go 文件的第 2 部分内容如下所示。

```go
func main() {
    if len(os.Args) != 2 {
        fmt.Printf("Usage: %s URL\n", filepath.Base(os.Args[0]))
        return
    }

    URL, err := url.Parse(os.Args[1])
    if err != nil {
        fmt.Println("Error in parsing:", err)
        return
    }
```

advancedWebClient.go 文件的第 3 部分内容如下所示。

```go
c := &http.Client{
    Timeout: 15 * time.Second,
}
request, err := http.NewRequest("GET", URL.String(), nil)
if err != nil {
    fmt.Println("Get:", err)
    return
```

```
}

httpData, err := c.Do(request)
if err != nil {
    fmt.Println("Error in Do():", err)
    return
}
```

当给定一个方法、一个 URL 和一个可选的体时，http.NewRequest()函数返回一个 http.Request 对象。http.Do()函数通过 http.Client 发送一个 HTTP 请求（http.Request），并获得一个 HTTP 响应（http.Response）。因此，http.Do()函数以更加全面的方式执行 http.Get()函数的工作。

http.NewRequest()函数中使用的"GET"字符串可替换为 http.MethodGet。

advancedWebClient.go 文件的第 4 部分内容如下所示。

```
fmt.Println("Status code:", httpData.Status)
header, _ := httputil.DumpResponse(httpData, false)
fmt.Print(string(header))

contentType := httpData.Header.Get("Content-Type")
characterSet := strings.SplitAfter(contentType, "charset=")
if len(characterSet) > 1 {
    fmt.Println("Character Set:", characterSet[1])
}

if httpData.ContentLength == -1 {
    fmt.Println("ContentLength is unknown!")
} else {
    fmt.Println("ContentLength:", httpData.ContentLength)
}
```

在上述代码中，可以看到如何开始服务器响应的搜索过程，以获取所需内容。

advancedWebClient.go 实用程序的第 5 部分内容如下所示。

```
    length := 0
    var buffer [1024]byte
    r := httpData.Body
    for {
        n, err := r.Read(buffer[0:])
        if err != nil {
            fmt.Println(err)
            break
```

```
        }
        length = length + n
    }
    fmt.Println("Calculated response data length:", length)
}
```

上述代码展示了一种技术,进而可查看服务器 HTTP 响应的大小。如果需要在屏幕上显示 HTML 输出结果,则可输出 r 缓冲区变量中的内容。

使用 advancedWebClient.go 访问 Web 页面将生成下列更加丰富的输出结果。

```
$ go run advancedWebClient.go http://www.mtsoukalos.eu
Status code: 200 OK
HTTP/1.1 200 OK
Accept-Ranges: bytes
Age: 0
Cache-Control: no-cache, must-revalidate
Connection: keep-alive
Content-Language: en
Content-Type: text/html; charset=utf-8
Date: Sat, 24 Mar 2018 18:52:17 GMT
Expires: Sun, 19 Nov 1978 05:00:00 GMT
Server: Apache/2.4.25 (Debian) PHP/5.6.33-0+deb8u1 mod_wsgi/4.5.11
Python/2.7
Vary: Accept-Encoding
Via: 1.1 varnish (Varnish/5.0)
X-Content-Type-Options: nosniff
X-Frame-Options: SAMEORIGIN
X-Generator: Drupal 7 (http://drupal.org)
X-Powered-By: PHP/5.6.33-0+deb8u1
X-Varnish: 886025
Character Set: utf-8
ContentLength is unknown!
EOF
Calculated response data length: 50176
```

执行 advancedWebClient.go 文件并访问不同的 URL 将返回稍显不同的输出结果。

```
$ go run advancedWebClient.go http://www.google.com
Status code: 200 OK
HTTP/1.1 200 OK
Cache-Control: private, max-age=0
Content-Type: text/html; charset=ISO-8859-7
Date: Sat, 24 Mar 2018 18:52:38 GMT
```

```
Expires: -1
P3p: CP="This is not a P3P policy! See g.co/p3phelp for more info."
Server: gws
Set-Cookie: 1P_JAR=2018-03-24-18; expires=Mon, 23-Apr-2018 18:52:38 GMT;
path=/; domain=.google.gr
Set-Cookie:
NID=126=csX1_koD30SJcC_ljAfcM2V8kTfRkppmAamLjINLfclracMxuk6JGe4glc0Pjs8uD00
bqGaxkSW-J-ZNDJexG2ZX9pNB9E_dRc2y1KZ05V7pk0bOczE2FtS1zb50Uofl; expires=Sun,
23-Sep-2018 18:52:38 GMT; path=/; domain=.google.gr; HttpOnly
X-Frame-Options: SAMEORIGIN
X-Xss-Protection: 1; mode=block
Character Set: ISO-8859-7
ContentLength in unknown!
EOF
Calculated response data length: 10240
```

如果尝试利用 advancedWebClient.go 获取错误的 URL，那么将得到下列输出结果。

```
$ go run advancedWebClient.go http://www.google
Error in Do(): Get http://www.google: dial tcp: lookup www.google: no such
host
$ go run advancedWebClient.go www.google.com
Error in Do(): Get www.google.com: unsupported protocol scheme ""
```

读者可尝试修改 advancedWebClient.go 文件，以使输出结果匹配相应的需求条件。

12.10　HTTP 连接超时

本节将讨论网络连接超时技术。回忆一下，在第 10 章介绍 context 标准包时曾考查过此类技术，相关内容位于 useContext.go 源代码文件中。

本节所讨论的方法易于实现，相关代码在 clientTimeOut.go 文件中，该文件将被分为 4 部分内容加以讨论。该实用程序接收两个命令行参数，即 URL 和超时时间（以秒计算）。这里，第 2 个参数为可选项。

clientTimeOut.go 文件的第 1 部分内容如下所示。

```go
package main

import (
    "fmt"
    "io"
```

```
    "net"
    "net/http"
    "os"
    "path/filepath"
    "strconv"
    "time"
)

var timeout = time.Duration(time.Second)
```

clientTimeOut.go 文件的第 2 部分内容如下所示。

```
func Timeout(network, host string) (net.Conn, error) {
    conn, err := net.DialTimeout(network, host, timeout)
    if err != nil {
        return nil, err
    }
    conn.SetDeadline(time.Now().Add(timeout))
    return conn, nil
}
```

稍后将讨论与 SetDeadline()函数相关的更多内容。另外，http.Transport 变量的 Dial 字段将使用 Timeout()函数。

clientTimeOut.go 文件的第 3 部分内容如下所示。

```
func main() {
    if len(os.Args) == 1 {
        fmt.Printf("Usage: %s URL TIMEOUT\n", filepath.Base(os.Args[0]))
        return
    }

    if len(os.Args) == 3 {
        temp, err := strconv.Atoi(os.Args[2])
        if err != nil {
            fmt.Println("Using Default Timeout!")
        } else {
            timeout = time.Duration(time.Duration(temp) * time.Second)
        }
    }

    URL := os.Args[1]
    t := http.Transport{            Dial: Timeout,       }
```

clientTimeOut.go 文件的第 4 部分内容如下所示。

```go
client := http.Client{
    Transport: &t,
}

data, err := client.Get(URL)
if err != nil {
    fmt.Println(err)
    return
} else {
    defer data.Body.Close()
    _, err := io.Copy(os.Stdout, data.Body)
    if err != nil {
        fmt.Println(err)
        return
    }
}
}
```

clientTimeOut.go Web 客户端将通过第 10 章开发的 slowWWW.go Web 服务器进行测试。

执行 clientTimeOut.go 文件两次将生成下列输出结果。

```
$ go run clientTimeOut.go http://localhost:8001
Serving: /
Delay: 0
$ go run clientTimeOut.go http://localhost:8001
Get http://localhost:8001: read tcp [::1]:57397->[::1]:8001: i/o timeout
```

从上述输出结果中可以看到：第 1 个请求可正常连接至所需的 Web 服务器上；而第 2 个 http.Get() 则耗时较长因而处于超时状态。

12.10.1　SetDeadline()函数

SetDeadline()函数供 net 包使用，进而设置给定网络连接的读写期限。由于 SetDeadline()函数的工作方式，我们需要在任何读写操作之前调用 SetDeadline()函数。记住，Go 语言通过截止期限实现超时功能，因而无须在应用程序每次接收或发送任何数据时重置超时时间。

12.10.2　在服务器端设置超时时间

本节将学习如何设置服务器端的超时，因为某些时候客户端结束 HTTP 连接的时间要比预期长得多。其中，涉及两个原因：第 1 个原因是客户端软件中的 bug；第 2 个原因是服务器进程遭受攻击。

对应的代码位于 serverTimeOut.go 源代码文件中，该文件将被分为 4 部分内容加以讨论。serverTimeOut.go 文件的第 1 部分内容如下所示。

```go
package main

import (
    "fmt"
    "net/http"
    "os"
    "time"
)

func myHandler(w http.ResponseWriter, r *http.Request) {
    fmt.Fprintf(w, "Serving: %s\n", r.URL.Path)
    fmt.Printf("Served: %s\n", r.Host)
}
```

serverTimeOut.go 文件的第 2 部分内容如下所示。

```go
func timeHandler(w http.ResponseWriter, r *http.Request) {
    t := time.Now().Format(time.RFC1123)
    Body := "The current time is:"
    fmt.Fprintf(w, "<h1 align=\"center\">%s</h1>", Body)
    fmt.Fprintf(w, "<h2 align=\"center\">%s</h2>\n", t)
    fmt.Fprintf(w, "Serving: %s\n", r.URL.Path)
    fmt.Printf("Served time for: %s\n", r.Host)
}
```

serverTimeOut.go 文件的第 3 部分内容如下所示。

```go
func main() {
    PORT := ":8001"
    arguments := os.Args
    if len(arguments) == 1 {
        fmt.Printf("Listening on http://0.0.0.0%s\n", PORT)
    } else {
```

```
        PORT = ":" + arguments[1]
        fmt.Printf("Listening on http://0.0.0.0%s\n", PORT)
    }

    m := http.NewServeMux()
    srv := &http.Server{
        Addr:          PORT,
        Handler:       m,
        ReadTimeout:   3 * time.Second,
        WriteTimeout: 3 * time.Second,
    }
```

在当前示例中，我们使用了 http.Server 结构并通过其中的字段支持两种超时类型：其中，第 1 种超时类型为 ReadTimeout；而第 2 种超时类型则被称作 WriteTimeout。ReadTimeout 字段值指定了读取整个请求（包括请求体）所允许的最大时长。

WriteTimeout 字段值指定了响应写入超时前的最大时长。简而言之，这可表示为从请求头读取结束至响应写入结束之间的时间。

serverTimeOut.go 文件的第 4 部分内容如下所示。

```
    m.HandleFunc("/time", timeHandler)
    m.HandleFunc("/", myHandler)

    err := srv.ListenAndServe()
    if err != nil {
        fmt.Println(err)
        return
    }
}
```

接下来执行 serverTimeOut.go 文件，以便通过 nc(1) 与其交互。

```
$ go run serverTimeOut.go
Listening on http://0.0.0.0:8001
```

nc(1) 在当前示例中被视为伪 HTTP 客户端，因而应运行下列命令连接至 serverTimeOut.go。

```
$ time nc localhost 8001
real    0m3.012s
user    0m0.001s
sys     0m0.002s
```

考虑到尚未发出任何命令，因而 HTTP 服务器终止连接。time(1)实用程序的输出结果将验证服务器关闭连接所花费的时间。

12.10.3 其他超时方式

本节将通过另一种方式展示客户端 HTTP 连接超时,稍后将会看到,这也是最简单的超时方式,因而仅需要使用 http.Client,并将其 Timeout 字段设置为所需的超时值。

对应的实用程序名称为 anotherTimeOut.go 文件,该文件将被分为 4 部分内容加以讨论。anotherTimeOut.go 文件的第 1 部分内容如下所示。

```go
package main

import (
    "fmt"
    "io"
    "net/http"
    "os"
    "strconv"
    "time"
)

var timeout = time.Duration(time.Second)
```

anotherTimeOut.go 文件的第 2 部分内容如下所示。

```go
func main() {
    if len(os.Args) == 1 {
        fmt.Println("Please provide a URL")
        return
    }

    if len(os.Args) == 3 {
        temp, err := strconv.Atoi(os.Args[2])
        if err != nil {
            fmt.Println("Using Default Timeout!")
        } else {
            timeout = time.Duration(time.Duration(temp) * time.Second)
        }
    }

    URL := os.Args[1]
```

anotherTimeOut.go 文件的第 3 部分内容如下所示。

```
client := http.Client{
    Timeout: timeout,
}
client.Get(URL)
```

这里通过 http.Client 变量的 Timeout 字段定义了超时时长。

anotherTimeOut.go 文件的第 4 部分内容如下所示。

```
data, err := client.Get(URL)
if err != nil {
    fmt.Println(err)
    return
} else {
    defer data.Body.Close()
    _, err := io.Copy(os.Stdout, data.Body)
    if err != nil {
        fmt.Println(err)
        return
    }
}
```

执行 anotherTimeOut.go 文件并与 slowWWW.go Web 服务器（参见第 10 章）交互，将生成下列输出结果。

```
$ go run anotherTimeOut.go http://localhost:8001
Get http://localhost:8001: net/http: request canceled (Client.Timeout exceeded while awaiting headers)
$ go run anotherTimeOut.go http://localhost:8001 15
Serving: /
Delay: 8
```

12.11 Wireshark 和 tshark 工具

本节将简要介绍功能强大的 Wireshark 和 tshark 实用程序。其中，Wireshark 是一种图形应用程序，主要用于分析任意类型的网络流量。虽然 Wireshark 工具十分有用，但某些时候用户可能需要使用轻量级的工具，并在缺少图形用户界面时采用远程方式执行，此时则可使用 tshark 工具，即 Wireshark 的命令行版本。

然而，Wireshark 和 tshark 的详细内容则超出了本书的讨论范围。

12.12　gRPC 和 Go

严格地讲，gRPC 是一个构建于 HTTP/2 之上的协议，进而可方便地创建服务。gRPC 可使用协议缓冲指定接口定义语言，以及指定交换消息的格式。另外，gRPC 可采用任何编程语言编写，且客户端和服务器间无须采用相同的语言。

具体处理过程涵盖 3 个步骤：其中，第 1 个步骤是创建接口定义文件；第 2 个步骤是开发 gPRC 客户端；第 3 个步骤则是开发与 gRPC 客户端协同工作的 gRPC 服务器。

12.12.1　定义接口定义文件

如前所述，在开始开发 gRPC 客户端和服务器之前，我们需要定义一些数据结构和协议以供使用。

协议缓冲（protobuf）是一种序列化结构化数据的方法。由于 protobuf 使用二进制文件格式，因此与 JSON 和 XML 这一类纯文本序列化格式相比将占用较少的空间。然而，protobuf 需要被编码和解码，以分别使机器可用和人类可读。

最终，当在应用程序中使用 protobuf 时，需要下载必要的工具方可与其协同工作。大多数 protobuf 工具均采用 Go 语言编写，因为 Go 语言十分擅长创建命令行工具。

在 macOS 机器上，可通过 Homebrew 下载所需工具，如下所示。

```
$ brew install protobuf
```

考虑到 Go 语言在默认状态下并未得到支持，因而需要额外步骤获得 Go 语言的 protobuf 支持。对此，需要执行下列命令。

```
$ go get -u github.com/golang/protobuf/protoc-gen-go
```

此外，上述命令下载 protoc-gen-go 可执行文件，并将其置于~/go/bin 目录中，即机器上的$GOPATH/bin 值。为了使 protoc 编译器能够查找该值，还应将这一目录包含至 PATH 环境变量中。在 bash(1)和 zsh(1)上，其实现方式如下所示。

```
$ export PATH=$PATH:~/go/bin
```

在相关工具准备就绪后，还需要定义 gRPC 客户端和 gRPC 服务器之间所用的结构和函数。在当前示例中，接口定义文件被保存于 api.proto 文件中，如下所示。

```
syntax = "proto3";
```

```
package message_service;

message Request {
  string text = 1;
  string subtext = 2;
}

message Response {
  string text = 1;
  string subtext = 2;
}

service MessageService {
   rpc SayIt (Request) returns (Response);
}
```

gRPC 服务器和 gRPC 客户端将支持当前协议，该协议或多或少地定义了一个简单、基本的消息传递服务，同时还包含两种基本类型，即 Request 和 Response，以及一个名为 SayIt()的单一函数。

不仅如此，由于 api.proto 需要通过 protobuf 工具被处理和编译，在当前示例中为 /usr/local/bin/protoc 中的 protobuf 编译器。对应实现过程如下所示。

```
$ protoc -I . --go_out=plugins=grpc:. api.proto
```

在执行了上述这些命令后，我们将在机器上拥有一个名为 api.pb.go 的附加文件。

```
$ ls -l api.pb.go
-rw-r--r-- 1 mtsouk staff 7320 May 4 18:31 api.pb.go
```

因此，对于 Go 语言来说，protobuf 编译器将生成.pb.go 文件，该文件包含了接口定义文件中的每种消息类型，以及一个需要在 gRPC 服务器中实现的 Go 接口。这里，.pb.go 文件扩展名与其他编程语言有所不同。

api.pb.go 文件的前几行内容如下所示。

```
// Code generated by protoc-gen-go. DO NOT EDIT.
// source: api.proto

package message_service

import (
    context "context"
    fmt "fmt"
```

```
    proto "github.com/golang/protobuf/proto"
    grpc  "google.golang.org/grpc"
    codes "google.golang.org/grpc/codes"
    status "google.golang.org/grpc/status"
    math "math"
)
```

上述代码表明，我们不应亲自编辑 api.pb.go 文件，且包名为 message_service。对于可查找到 protobuf 文件的 Go 程序，建议将其置于自己的 GitHub 存储库中。在当前示例中，对应的存储库为 https://github.com/mactsouk/protobuf。这意味着，我们可通过下列命令访问该存储库。

```
$ go get github.com/mactsouk/protobuf
```

提示：

如果曾在本地机器上更新过 api.proto 或其他类似的文件，则应记住以下两点内容：首先，更新 GitHub 存储库；其次，执行 go get -u -v（随后是远程 GitHub 存储库的地址），以完成本地机器上的更新。

接下来继续开发 gRPC 客户端和服务器的 Go 代码。

注意，如果所需的 Go 包在当前数据设备上不存在，那么在尝试编译接口定义文件时将得到下列错误消息。

```
$ protoc -I . --go_out=plugins=grpc:. api.proto
protoc-gen-go: program not found or is not executable
--go_out: protoc-gen-go: Plugin failed with status code 1.
```

12.12.2　gRPC 客户端

本节将开发 Go 语言中的 gRPC 客户端，对应代码被保存于 gClient.go 文件中，该文件将被分为 3 部分内容加以讨论。

gClient.go 文件的第 1 部分内容如下所示。

```
package main

import (
    "fmt"
    p "github.com/mactsouk/protobuf"
    "golang.org/x/net/context"
    "google.golang.org/grpc"
)
```

```
var port = ":8080"
```

注意,不应重复地下载外部 Go 包,因为执行下列命令以编译接口定义语言文件,并生成 Go 输出文件时,已经下载了相关的数据包。

$ go get -u github.com/golang/protobuf/protoc-gen-go

记住,-u 选项通知 go get 命令更新已命名的包及其依赖项。如果使用-v,则会更好地理解所发生的事情,这将使得 go get 命令生成额外的调试信息。

gClient.go 文件的第 2 部分内容如下所示。

```
func AboutToSayIt(ctx context.Context, m p.MessageServiceClient, text
string) (*p.Response, error) {
    request := &p.Request{
        Text:    text,
        Subtext: "New Message!",
    }
    r, err := m.SayIt(ctx, request)
    if err != nil {
        return nil, err
    }
    return r, nil
}
```

AboutToSayIt()函数的命名方式完全取决于用户。然而,函数签名需要包含 context.Context 参数和 MessageServiceClient 参数,以便稍后调用 SayIt()函数。注意,针对当前客户端,无须实现接口定义语言的任何函数,仅需调用这些函数即可。

gClient.go 文件的第 3 部分内容如下所示。

```
func main() {
    conn, err := grpc.Dial(port, grpc.WithInsecure())
    if err != nil {
        fmt.Println("Dial:", err)
        return
    }

    client := p.NewMessageServiceClient(conn)
    r, err := AboutToSayIt(context.Background(), client, "My Message!")
    if err != nil {
        fmt.Println(err)
    }
```

```
        fmt.Println("Response Text:", r.Text)
        fmt.Println("Response SubText:", r.Subtext)
}
```

我们需要调用 grpc.Dial()函数以便连接 gRPC 服务器，并利用 NewMessageServiceClient()函数创建一个新的客户端。这里，NewMessageServiceClient()函数名称取决于 api.proto 文件中获取的 package 语句值。发送至 gRPC 服务器中的消息在 gClient.go 文件中采用了硬编码方式。

在缺少 gRPC 服务器的情况下执行 gRPC 客户端是没有意义的，稍后将对此加以讨论。然而，如果仍希望查找所生成的错误消息，可尝试下列操作。

```
$ go run gClient.go
rpc error: code = Unavailable desc = all SubConns are in TransientFailure,
latest connection error: connection error: desc = "transport: Error while
dialing dial tcp :8080: connect: connection refused"
panic: runtime error: invalid memory address or nil pointer dereference
[signal SIGSEGV: segmentation violation code=0x1 addr=0x8 pc=0x13d8afe]
goroutine 1 [running]:
main.main()
    /Users/mtsouk/ch12/gRPC/gClient.go:41 +0x22e
exit status 2
```

12.12.3　gRPC 服务器

本节将学习如何开发 Go 语言中的 gRPC 服务器，对应程序代码在 gServer.go 文件中，该文件将被分为 4 部分内容加以讨论。

gServer.go 文件的第 1 部分内容如下所示。

```
package main

import (
    "fmt"
    p "github.com/mactsouk/protobuf"
    "golang.org/x/net/context"
    "google.golang.org/grpc"
    "net"
)
```

此处使用接口定义语言的 Go 包名为 message_service，出于简单考虑，我们引入了其别名 p。

golang.org/x/net/context 和 google.golang.org/grpc 包之前曾连同 github.com/golang/protobuf/protoc-gen-go 包的其他依赖项已被下载，因为无须重复下载。

> **提示：**
> 自 Go 1.7 版本以来，golang.org/x/net/context 包即在名为 context 下的标准库中可用。必要时，可将其替换为 context。

gServer.go 文件的第 2 部分内容如下所示。

```
type MessageServer struct {
}

var port = ":8080"
```

此处需要使用空结构，以便能够在稍后的 Go 代码中创建 gRPC 服务器。

gServer.go 文件的第 3 部分内容将实现当前接口，如下所示。

```
func (MessageServer) SayIt(ctx context.Context, r *p.Request) (*p.Response, error) {
    fmt.Println("Request Text:", r.Text)
    fmt.Println("Request SubText:", r.Subtext)

    response := &p.Response{
        Text:    r.Text,
        Subtext: "Got it!",
    }

    return response, nil
}
```

SayIt()函数签名取决于接口定义语言文件中的数据，并可在 api.pb.go 文件中找到。

SayIt()函数所完成的工作是将 Text 字段的内容发送回客户端，同时修改 Subtext 字段的内容。

gServer.go 文件的第 4 部分内容如下所示。

```
func main() {
    server := grpc.NewServer()
    var messageServer MessageServer
    p.RegisterMessageServiceServer(server, messageServer)
    listen, err := net.Listen("tcp", port)
    if err != nil {
        fmt.Println(err)
```

```
        return
    }
    fmt.Println("Serving requests...")
    server.Serve(listen)
}
```

当测试连接时，需要首先执行 gServer.go 文件，如下所示。

```
$ go run gServer.go
Serving requests...
```

当 gServer.go 处于运行状态时，执行 gClient.go 文件将生成下列输出结果。

```
$ go run gClient.go
Response Text: My Message!
Response SubText: Got it!
```

待 gClient.go 文件执行完毕后，可在 gServer.go 文件中看到下列输出结果。

```
Request Text: My Message!
Request SubText: New Message!
```

虽然 gClient.go 文件自动结束，但仍需要通过手动方式终止 gServer.go 文件。

12.13　附加资源

- Apache Web 服务器官方 Web 页面：http://httpd.apache.org/。
- Nginx Web 服务器官方 Web 页面：http://nginx.org/。
- 关于互联网、TCP/IP 及其各项服务的更多内容，读者可参考 RFC 文档，对应的网址之一是 http://www.rfc-archive.org/。
- Wireshark 和 tshark 网站：https://www.wireshark.org/。
- net 标准包文档页面：https://golang.org/pkg/net/。这也是 Go 官方文档中最为丰富的文档页面之一。
- net/http 包文档页面：https://golang.org/pkg/net/http/。
- 如果打算创建一个网站且无须编写任何 Go 代码，则可尝试 Hugo 实用程序，它是用 Go 语言编写的。关于 Hugo 框架，读者可访问 https://gohugo.io/ 以了解更多内容。但对于开发人员来说，真正有意义的内容是其 Go 代码，对应网址为 https://github.com/gohugoio/hugo。
- net/http/httptrace 包文档页面：https://golang.org/pkg/net/http/httptrace/。

- net/http/pprof 包文档页面：https://golang.org/pkg/net/http/pprof/。
- 读者可访问 nc(1)命令行实用程序的文档页面，以了解与其功能和命令行选项相关的更多内容。
- 读者可访问 https://github.com/davecheney/httpstat 查看 Dave Cheney 发布的 httpstat 实用程序。这也是一个较好的 net/http/httptrace 包应用示例，可用于 HTTP 跟踪。
- 关于 Candy Web 服务器的更多信息，读者可访问 https://github.com/caddyserver/cadd。
- 关于 protobuf 的更多信息，读者可访问 https://opensource.google.com/projects/protobuf 和 https://developers.google.com/protocol-buffers/。
- 读者可访问 https://developers.google.com/protocol-buffers/docs/proto3 查看 Protocol Buffers Language Guide 文档。
- 读者可访问 https://github.com/golang/protobuf 查看 protobuf 包的文档页面。
- 读者可访问 https://httpd.apache.org/docs/2.4/programs/ab.html 查看与 ab(1)相关的更多信息。

12.14 本章练习

- 在不查看本章示例代码的前提下尝试编写一个 Web 客户端。
- 合并 MXrecords.go 和 NSrecords.go 文件以创建单一实用程序，该实用程序根据其命令行参数执行两项任务。
- 修改 MXrecords.go 和 NSrecords.go 文件的代码，以作为输入接收 IP 地址。
- 利用 cobra 和 viper 包分别创建 MXrecords.go 和 NSrecords.go 文件的另一个版本。
- 利用自己的接口定义语言创建相应的 gRPC 应用程序。
- 对 gServer.go 文件进行必要的调整，以便使用协程并保持其服务的客户端数量。
- 修改 advancedWebClient.go 文件，以将 HTML 输出结果保存至某个外部文件中。
- 尝试使用协程和通道实现 ab(1)的简单版本。
- 修改 kvWeb.go 文件，以便支持键-值存储最初版本中的 DELETE 和 LOOKUP 操作。
- 修改 httpTrace.go 文件，以便设置一个标志以禁用 io.Copy(os.Stdout, response.Body)语句的执行。

12.15 本章练习

本章讨论了 Web 客户端、Web 服务器和站点的编程实现。此外，我们还学习了 http.Response、http.Request 和 http.Transport 结构，这可定义 HTTP 连接的参数。

除此之外，本章还介绍了如何开发 gRPC 应用程序、如何利用 Go 代码获取 UNIX 机器的网络配置，以及如何在 Go 程序中执行 DNS 查找，包括获取域中的 NS 和 MX 记录。

最后，我们还考查了 Wireshark 和 tshark 工具，这是两个十分常见的实用程序，可捕捉和分析网络流量。在本章开始处，我们还介绍了 nc(1)实用程序。

第 13 章将继续讨论 Go 语言中的网络编程。但这一次通过底层代码开发 TCP 客户端、服务器，以及 UDP 客户端和服务器进程。此外，我们还将学习如何创建 RCP 客户端和服务器。

第 13 章 网络编程——构建自己的服务器和客户端

第 12 章讨论了与网络编程相关的话题,包括开发 HTTP 客户端、HTTP 服务器、执行 DNS 查找的 Web 应用程序和 HTTP 连接超时。

本章将介绍如何与 HTTPS 协议协同工作,如何编写自己的 TCP 客户端和服务器,以及 UDP 客户端和服务器。

此外,本章还将展示如何通过两个示例编写并发 TCP 服务器。其中,第 1 个示例相对简单,并发 TCP 服务器将计算并返回斐波那契数列中的数字。相比之下,第 2 个示例将在第 4 章 keyValue.go 应用程序的基础上将键-值存储转换为一个并发 TCP 应用程序,且无须 Web 浏览器即可操作。本章主要涉及以下主题。

- 与 HTTPS 流量协同工作。
- net 标准包。
- 开发一个 TCP 客户端。
- 开发一个 TCP 服务器。
- 开发一个 UDP 客户端。
- 部署 UDP 服务器。
- 并发 TCP 服务器。
- 创建 TCP/IP 服务器的 Docker 镜像。
- 远程过程调用(RPC)。
- 底层网络编程。

13.1 与 HTTPS 流量协同工作

在创建 TCP/IP 服务器之前,本节首先介绍如何与 HTTPS 协议协同工作,该协议可被视为 HTTP 协议的安全版本。注意,HTTPS 的默认 TCP 端口为 443,但只要将其置入 URL 中,即可使用任意端口号。

13.1.1 生成证书

当理解并执行本节中的示例代码时,首先需要生成证书,因为 HTTPS 对此有所要求。

在 macOS Mojave 机器上,我们需要执行下列命令。

```
$ openssl genrsa -out server.key 2048
Generating RSA private key, 2048 bit long modulus
.....................+++
.....................+++
e is 65537 (0x10001)
$ openssl ecparam -genkey -name secp384r1 -out server.key
$ openssl req -new -x509 -sha256 -key server.key -out server.crt -days 3650
```

最后一个命令将询问用户一些此处未予展示的问题。当然,具体信息并不重要,这意味着大部分答案可不予填写。在执行了这些命令后将得到下列两个文件。

```
$ ls -l server.crt
-rw-r--r-- 1 mtsouk  staff   501 May 16 09:42 server.crt
$ ls -l server.key
-rw-r--r-- 1 mtsouk  staff   359 May 16 09:42 server.key
```

注意,如果证书是自签名的,就像我们刚刚生成的证书一样,则需要使用 http.Transport 结构中的 InsecureSkipVerify: true 选项,以使 HTTPS 客户端正常工作,稍后将对此加以讨论。

下面需要针对当前客户端创建一个证书,对此可执行下列命令。

```
$ openssl req -x509 -nodes -newkey rsa:2048 -keyout client.key -out client.crt  -days 3650 -subj "/"
Generating a 2048 bit RSA private key
........................+++
..................................+++
writing new private key to 'client.key'
-----
```

上述命令将生成下列两个新文件。

```
$ ls -l client.*
-rw-r--r-- 1 mtsouk  staff    924 May 16 22:17 client.crt
-rw-r--r-- 1 mtsouk  staff   1704 May 16 22:17 client.key
```

接下来继续讨论 HTTPS 客户端的创建过程。

13.1.2　HTTPS 客户端

当今,大多数站点通过 HTTPS 工作,而非 HTTP。因此,本节将学习如何创建一个 HTTPS 客户端。该程序的名称为 httpsClient.go 文件,该文件将被分为 3 部分内容加以讨论。

> **提示：**
> 取决于开发的体系结构，Go 程序可能仅使用 HTTP，一些其他服务（如 Nginx Web 服务器或云提供的服务）可能提供安全套接字层（SSL）部分。

httpsClient.go 文件的第 1 部分内容如下所示。

```
package main

import (
    "crypto/tls"
    "fmt"
    "io/ioutil"
    "net/http"
    "os"
    "path/filepath"
    "strings"
)
```

这里，最重要的包是 crypto/tls，根据其文档，该包部分实现了 RFC 5246 中规定的传输层安全(TLS) 1.2，以及 RFC 8446 中规定的 TLS 1.3。

httpsClient.go 文件的第 2 部分内容如下所示。

```
func main() {
    if len(os.Args) != 2 {
        fmt.Printf("Usage: %s URL\n", filepath.Base(os.Args[0]))
        return
    }
    URL := os.Args[1]

    tr := &http.Transport{
        TLSClientConfig: &tls.Config{},
    }
    client := &http.Client{Transport: tr}
    response, err := client.Get(URL)
    if err != nil {
        fmt.Println(err)
        return
    }
    defer response.Body.Close()
```

http.Transport 结构通过 TLSClientConfig 进行 TLS 配置，它保存了另一个名为 tls.Config 的结构，此处该结构使用其默认值。

httpsClient.go HTTPS 客户端的第 3 部分内容包含了下列代码读取 HTTPS 服务器响应结果，并将其输出至屏幕上。

```
    content, _ := ioutil.ReadAll(response.Body)
    s := strings.TrimSpace(string(content))

    fmt.Println(s)
}
```

执行 httpsClient.go 文件并读取一个安全的 Web 网站将生成下列输出结果。

```
$ go run httpsClient.go https://www.google.com
<!doctype html><html itemscope="" itemtype="http://schema.org/WebPage"
lang="el"><head><meta content="text/html; charset=UTF-8"
httpequiv="Content-Type"><meta
content="/images/branding/googleg/1x/googleg_standard_color_128dp.png"
.
.
.
```

然而，取决于服务器证书，httpsClient.go 文件在某些时候可能会出现故障。

```
$ go run httpsClient.go https://www.mtsoukalos.eu/
Get https://www.mtsoukalos.eu/: x509: certificate signed by unknown
authority
```

该问题的解决方案是使用 http.Transport 初始化时的 InsecureSkipVerify: true 选项。随后可再次进行尝试，或对 TLSclient.go 稍作等待。

13.1.3 简单的 HTTPS 服务器

本节将考查 HTTPS 服务器的 Go 代码。这一简单的 HTTPS 服务器实现被保存于 https.go 文件中，该文件将被分为 3 部分内容加以讨论。

https.go 文件的第 1 部分内容如下所示。

```
package main

import (
    "fmt"
    "net/http"
)

var PORT = ":1443"
```

https.go 文件的第 2 部分内容如下所示。

```go
func Default(w http.ResponseWriter, req *http.Request) {
    fmt.Fprintf(w, "This is an example HTTPS server!\n")
}
```

上述函数将处理所有的输入 HTTPS 连接。

https.go 文件的第 3 部分内容如下所示。

```go
func main() {
    http.HandleFunc("/", Default)
    fmt.Println("Listening to port number", PORT)

    err := http.ListenAndServeTLS(PORT, "server.crt", "server.key", nil)
    if err != nil {
        fmt.Println("ListenAndServeTLS: ", err)
        return
    }
}
```

ListenAndServeTLS()函数与第 12 章使用的 ListenAndServe()函数类似，二者间的主要差别在于，ListenAndServeTLS()函数接收 HTTPS 连接，而 ListenAndServe()函数则无法处理 HTTPS 客户端。此外，与 ListenAndServe()函数相比，ListenAndServeTLS()函数需要更多的参数，因为后者使用一个证书文件和一个密钥文件。

执行 https.go 文件，并通过 httpsClient.go 客户端连接至该文件将向 httpsClient.go 客户端生成下列输出结果。

```
$ go run httpsClient.go https://localhost:1443
Get https://localhost:1443: x509: certificate is not valid for any
names,but wanted to match localhost
```

再次强调，使用自签名证书无法将 httpsClient.go 连接至 HTTPS 服务器，这可被视为客户端和服务器实现过程中的一个问题。在当前示例中，https.go 文件的输出结果如下所示。

```
$ go run https.go
Listening to port number :1443
2019/05/17 10:11:21 http: TLS handshake error from [::1]:56716: remote
error: tls: bad certificate
```

本节开发的 HTTPS 服务器通过 SSL 使用 HTTPS，且并非最为安全的选择方案。对此，较好的方法是 TLS，稍后将讨论使用 TLS 的 HTTPS 服务器的 Go 实现。

13.1.4 开发 TLS 服务器和客户端

本节将实现一个名为 TLSserver.go 的 TLS 服务器，TLSserver.go 文件将被分为 4 部分内容加以讨论。该 HTTPS 服务器优于之前讨论的 https.go 服务器。

TLSserver.go 文件的第 1 部分内容如下所示。

```go
package main

import (
    "crypto/tls"
    "crypto/x509"
    "fmt"
    "io/ioutil"
    "net/http"
)

var PORT = ":1443"

type handler struct {
}
```

TLSserver.go 文件的第 2 部分内容如下所示。

```go
func (h *handler) ServeHTTP(w http.ResponseWriter, req *http.Request) {
    w.Write([]byte("Hello world!\n"))
}
```

上述代码定义为 Web 服务器的处理函数，用于处理所有的客户端连接。

TLSserver.go 文件的第 3 部分内容如下所示。

```go
func main() {
    caCert, err := ioutil.ReadFile("client.crt")
    if err != nil {
        fmt.Println(err)
        return
    }

    caCertPool := x509.NewCertPool()
    caCertPool.AppendCertsFromPEM(caCert)
    cfg := &tls.Config{
        ClientAuth: tls.RequireAndVerifyClientCert,
        ClientCAs: caCertPool,
    }
```

这里，x509 包解析 X.509 编码的密钥和证书，读者可访问 https://golang.org/pkg/crypto/x509/以了解与此相关的更多信息。

TLSserver.go 文件的第 4 部分内容如下所示。

```
    srv := &http.Server{
        Addr:       PORT,
        Handler:    &handler{},
        TLSConfig:  cfg,
    }
    fmt.Println("Listening to port number", PORT)
    fmt.Println(srv.ListenAndServeTLS("server.crt", "server.key"))
}
```

ListenAndServeTLS()函数调用将启用 HTTPS 服务器，其全部配置被保存于 http.Server 结构中。

如果尝试将 httpsClient.go 与 TLSserver.go 结合使用，将得到源自客户端的下列输出结果。

```
$ go run httpsClient.go https://localhost:1443
Get https://localhost:1443: x509: certificate is not valid for any names,but wanted to match localhost
```

在当前示例中，服务器将生成下列输出结果。

```
$ go run TLSserver.go
Listening to port number :1443
2019/05/17 10:05:11 http: TLS handshake error from [::1]:56569: remote error: tls: bad certificate
```

如前所述，对于与 TLSserver.go 通信的 httpsClient.go HTTPS 客户端（采用了自签名证书），我们需要向 http.Transport 添加 InsecureSkipVerify: true 选项。与 TLSserver.go 协同工作并包含 InsecureSkipVerify: true 选项的 httpsClient.go 版本被保存为 TLSclient.go 文件，该文件将被分为 4 部分内容讨论。

TLSclient.go 文件的第 1 部分内容如下所示。

```
package main

import (
    "crypto/tls"
    "crypto/x509"
    "fmt"
    "io/ioutil"
```

```
    "net/http"
    "os"
    "path/filepath"
)
```

TLSclient.go 文件的第 2 部分内容如下所示。

```
func main() {
    if len(os.Args) != 2 {
        fmt.Printf("Usage: %s URL\n", filepath.Base(os.Args[0]))
        return
    }
    URL := os.Args[1]

    caCert, err := ioutil.ReadFile("server.crt")
    if err != nil {
        fmt.Println(err)
        return
    }
```

TLSclient.go 文件的第 3 部分内容如下所示。

```
caCertPool := x509.NewCertPool()
caCertPool.AppendCertsFromPEM(caCert)
cert, err := tls.LoadX509KeyPair("client.crt", "client.key")

if err != nil {
    fmt.Println(err)
    return
}

client := &http.Client{
    Transport: &http.Transport{
        TLSClientConfig: &tls.Config{
            RootCAs:            caCertPool,
            InsecureSkipVerify: true,
            Certificates:       []tls.Certificate{cert},
        },
    },
}

resp, err := client.Get(URL)
if err != nil {
```

```
    fmt.Println(err)
    return
}
```

在这一部分内容中,可以看到使用了 InsecureSkipVerify。

TLSclient.go 文件的第 4 部分内容如下所示。

```
htmlData, err := ioutil.ReadAll(resp.Body)
if err != nil {
    fmt.Println(err)
    return
}

defer resp.Body.Close()
fmt.Printf("%v\n", resp.Status)
fmt.Printf(string(htmlData))
}
```

如果尝试将 TLSclient.go 连接至 TLSserver.go,将得到下列所期望的输出结果。

```
$ go run TLSclient.go https://localhost:1443
200 OK
Hello world!
```

如果尝试将 TLSclient.go 连接至 https.go,将得到下列期望的输出结果,这表明 TLSclient.go 是一个较好的 HTTPS 客户端实现。

```
$ go run TLSclient.go https://localhost:1443
200 OK
This is an example HTTPS server!
```

13.2 net 标准包

本节将讨论 TCP/IP 的核心协议,即 TCP、IP 和 UDP。

如果不采用 net 包提供的功能,将无法创建 TCP/UDP 客户端或服务器。net.Dial()函数作为客户端连接至网络上;而 net.Listen()函数则用于通知 Go 程序接收网络连接,因而充当一个服务器。net.Dial()和 net.Listen()函数的返回值为 net.Conn 类型,它实现了 io.Reader 和 io.Writer 接口。这两个函数的第 1 个参数是网络类型,也是它们唯一的相似之处。

13.3 开发一个 TCP 客户端

如前所述，TCP 是一个可靠的协议，这也是其主要特征。TCP 的每个包头包含了源端口和目标端口字段，这两个字段连同源和目标 IP 地址将整合后可唯一识别每个 TCP 单连接。本节将要开发的 TCP 客户端名称为 TCPclient.go 文件，该文件将被分为 4 部分内容加以讨论。TCPclient.go 文件的第 1 部分内容如下所示。

```go
package main

import (
    "bufio"
    "fmt"
    "net"
    "os"
    "strings"
)
```

TCPclient.go 文件的第 2 部分内容如下所示。

```go
func main() {
    arguments := os.Args
    if len(arguments) == 1 {
        fmt.Println("Please provide host:port.")
        return
    }

    CONNECT := arguments[1]
    c, err := net.Dial("tcp", CONNECT)
    if err != nil {
        fmt.Println(err)
        return
    }
```

net.Dial()函数用于连接远程服务器。其中，net.Dial()函数的第 1 个参数定义了所用的网络；而第 2 个参数则定义为服务器地址，同时也应包含端口号。针对第 1 个参数，其有效值包括 tcp、tcp4（仅 IPv4）、tcp6（仅 IPv6）、udp、udp4（仅 IPv4）、udp6（仅 Ipv6）、ip、ip4（仅 IPv4）、ip6（仅 IPv6）、unix（UNIX 套接字）、unixgram 和 unixpacket。

TCPclient.go 文件的第 3 部分内容如下所示。

```
for {
    reader := bufio.NewReader(os.Stdin)
    fmt.Print(">> ")
    text, _ := reader.ReadString('\n')
    fmt.Fprintf(c, text+"\n")
```

上述代码用于获取用户输入,这可通过读取的 os.Stdin 文件进行验证。这里,忽略 reader.ReadString()函数返回的 error 值并非是一种较好的做法,但它在这里会节省少量的空间。在商品级软件中应禁止此类操作。

TCPclient.go 文件的第 4 部分内容如下所示。

```
        message, _ := bufio.NewReader(c).ReadString('\n')
        fmt.Print("->: " + message)
        if strings.TrimSpace(string(text)) == "STOP" {
            fmt.Println("TCP client exiting...")
            return
        }
    }
}
```

出于测试目的,TCPclient.go 文件将连接至使用 netcat(1)实现的 TCP 服务器上,并生成下列输出结果。

```
$ go run TCPclient.go 8001
dial tcp: address 8001: missing port in address
$ go run TCPclient.go localhost:8001
>> Hello from TCPclient.go!
->: Hi from nc!
>> STOP
->:
TCP client exiting...
```

第一个命令的输出结果展示了 TCPclient.go 的命令行参数中未包含主机名时所发生的情况。netcat(1) TCP 服务器的输出结果(应首先被执行)如下所示。

```
$ nc -l 127.0.0.1 8001
Hello from TCPclient.go!
Hi from nc!
STOP
```

> **提示:**
> 针对给定协议(如 TCP 和 UDP),客户端本质上是合理通用的,这意味着它可以与支持其协议的多种服务器键通信。稍后将会看到,而服务器应用程序则不是这样,服务器应用程序必须使用预先安排好的协议实现预置功能。

Go 语言提供了不同的函数族开发 TCP 客户端和服务器。下面将学习如何利用这些函数编写 TCP 客户端。

对应的 TCP 客户端名称位于 otherTCPclient.go 文件中，该文件将被分为 4 部分内容加以讨论。otherTCPclient.go 文件的第 1 部分内容如下所示。

```go
package main

import (
    "bufio"
    "fmt"
    "net"
    "os"
    "strings"
)
```

otherTCPclient.go 文件的第 2 部分内容如下所示。

```go
func main() {
    arguments := os.Args
    if len(arguments) == 1 {
        fmt.Println("Please provide a server:port string!")
        return
    }

    CONNECT := arguments[1]

    tcpAddr, err := net.ResolveTCPAddr("tcp4", CONNECT)
    if err != nil {
        fmt.Println("ResolveTCPAddr:", err.Error())
        return
    }
```

net.ResolveTCPAddr()函数返回一个 TCP 端点的地址（type TCPAddr），且仅可用于 TCP 网络。

otherTCPclient.go 文件的第 3 部分内容如下所示。

```go
conn, err := net.DialTCP("tcp4", nil, tcpAddr)
if err != nil {
    fmt.Println("DialTCP:", err.Error())
    return
}
```

net.DialTCP()函数基本等价于 net.Dial()函数，但仅用于 TCP 网络。

otherTCPclient.go 文件的第 4 部分内容如下所示。

```
for {
    reader := bufio.NewReader(os.Stdin)
    fmt.Print(">> ")
    text, _ := reader.ReadString('\n')
    fmt.Fprintf(conn, text+"\n")

    message, _ := bufio.NewReader(conn).ReadString('\n')
    fmt.Print("-> : " + message)
    if strings.TrimSpace(string(text)) == "STOP" {
        fmt.Println("TCP client exiting...")
        conn.Close()
        return
    }
}
}
```

执行 otherTCPclient.go 文件并与 TCP 服务器交互将生成下列输出结果。

```
$ go run otherTCPclient.go localhost:8001
>> Hello from otherTCPclient.go!
->: Hi from netcat!
>> STOP
->:
TCP client exiting...
```

在当前示例中,TCP 服务器得到了 netcat(1)实用程序的支持,其运行方式如下所示。

```
$ nc -l 127.0.0.1 8001
Hello from otherTCPclient.go!
Hi from netcat!
STOP
```

13.4 开发一个 TCP 服务器

本节将开发一个 TCP 服务器,它将当前日期和时间以单一网络包的形式返回至当前客户端中。在实际操作过程中,这说明在接收一个客户端连接后,服务器将从 UNIX 系统中获取时间和日期,并将此类数据发送回客户端。

当前实用程序的名称是 TCPserver.go 文件,该文件将被分为 4 部分内容加以讨论。

TCPserver.go 文件的第 1 部分内容如下所示。

```go
package main

import (
    "bufio"
    "fmt"
    "net"
    "os"
    "strings"
    "time"
)
```

TCPserver.go 文件的第 2 部分内容如下所示。

```go
func main() {
    arguments := os.Args
    if len(arguments) == 1 {
        fmt.Println("Please provide port number")
        return
    }

    PORT := ":" + arguments[1]
    l, err := net.Listen("tcp", PORT)
    if err != nil {
        fmt.Println(err)
        return
    }
    defer l.Close()
```

net.Listen()函数负责监听连接。如果 net.Listen()函数的第 2 个参数未包含 IP 地址，且仅包含端口号，那么 net.Listen()函数将监听本地系统的全部有效 IP 地址。

TCPserver.go 文件的第 3 部分内容如下所示。

```go
    c, err := l.Accept()
    if err != nil {
        fmt.Println(err)
        return
    }
```

Accept()函数等待下一次连接，并返回一个泛型 Conn 变量。对于当前相对特殊的 TCP 服务器，其问题在于仅可处理与其连接的第 1 个 TCP 客户端，因为 Accept()函数调用位于 for 循环外部。CPserver.go 文件的第 4 部分内容如下所示。

```
    for {
        netData, err := bufio.NewReader(c).ReadString('\n')
        if err != nil {
            fmt.Println(err)
            return
        }
        if strings.TrimSpace(string(netData)) == "STOP" {
            fmt.Println("Exiting TCP server!")
            return
        }

        fmt.Print("-> ", string(netData))
        t := time.Now()
        myTime := t.Format(time.RFC3339) + "\n"
        c.Write([]byte(myTime))
    }
}
```

执行 TCPserver.go 文件并通过 TCP 客户端应用程序与其进行交互将生成下列输出结果。

```
$ go run TCPserver.go 8001
-> HELLO
Exiting TCP server!
```

在客户端一侧，将看到下列输出结果。

```
$ nc 127.0.0.1 8001
HELLO
2019-05-18T22:50:31+03:00
STOP
```

如果 TCPserver.go 实用程序期望使用另一个 UNIX 进程已在使用的 TCP 端口，那么将得到下列错误消息。

```
$ go run TCPserver.go 9000
listen tcp :9000: bind: address already in use
```

最后，如果 TCPserver.go 使用需要 UNIX 系统根权限的、范围为 1~1024 的 TCP 端口，那么将会得到下列错误消息。

```
$ go run TCPserver.go 80
listen tcp :80: bind: permission denied
```

接下来将考查 TCP 服务器的替代实现方案。其间，TCP 服务器实现了 Echo 服务，该服务基本上将客户端发送的数据返回至客户端。当前程序被称作 otherTCPserver.go 文件，该文件将被分为 4 部分内容加以讨论。

otherTCPserver.go 文件的第 1 部分内容如下所示。

```go
package main

import (
    "fmt"
    "net"
    "os"
    "strings"
)
```

otherTCPserver.go 文件的第 2 部分内容如下所示。

```go
func main() {
    arguments := os.Args
    if len(arguments) == 1 {
        fmt.Println("Please provide a port number!")
        return
    }

    SERVER := "localhost" + ":" + arguments[1]

    s, err := net.ResolveTCPAddr("tcp", SERVER)
    if err != nil {
        fmt.Println(err)
        return
    }

    l, err := net.ListenTCP("tcp", s)
    if err != nil {
        fmt.Println(err)
        return
    }
```

net.ListenTCP()函数基本等价于 TCP 网络的 net.Listen()函数。

otherTCPserver.go 文件的第 3 部分内容如下所示。

```go
buffer := make([]byte, 1024)
conn, err := l.Accept()
if err != nil {
    fmt.Println(err)
    return
}
```

otherTCPserver.go 文件的第 4 部分内容如下所示。

```go
    for {
        n, err := conn.Read(buffer)
        if err != nil {
            fmt.Println(err)
            return
        }

        if strings.TrimSpace(string(buffer[0:n])) == "STOP" {
            fmt.Println("Exiting TCP server!")
            conn.Close()
            return
        }
        fmt.Print("> ", string(buffer[0:n-1]))
        _, err = conn.Write(buffer)
        if err != nil {
            fmt.Println(err)
            return
        }
    }
}
```

执行 otherTCPserver.go 文件并使用一个客户端与其交互,将生成下列输出结果。

```
$ go run otherTCPserver.go 8001
> 1
> 2
> Hello!
> Exiting TCP server!
```

在客户端一侧,在当前示例中为 otherTCPclient.go,将得到下列输出结果。

```
$ go run otherTCPclient.go localhost:8001
>> 1
->: 1
>> 2
->: 2
>> Hello!
->: Hello!
>> ->:
>> STOP
->: TCP client exiting...
```

最后，我们将展示一种方法查找监听 UNIX 机器上的给定 TCP 或 UDP 端口的进程名称。因此，如果打算查找哪一个进程正在使用 TCP 端口号 8001，则可执行下列命令。

```
$ sudo lsof -n -i :8001
COMMAND       PID   USER    FD   TYPE   DEVICE SIZE/OFF NODE NAME
TCPserver   86775  mtsouk   3u   IPv6 0x98d55014e6c9360f    0t0 TCP  *:
vcomtunnel (LISTEN)
```

13.5 开发一个 UDP 客户端

如果读者能够开发一个 TCP 客户端，那么将会发现，由于 UDP 协议的简单性，开发一个 UDP 客户端将容易得多。

💡 提示：
UDP 和 TCP 之间最大的差异在于，根据设计，UDP 是一个不可靠的协议。这也表明，总体而言，由于 UDP 无须保持 UDP 连接的状态，因此其实现与 TCP 相比更加简单。简而言之，UDP 类似于"启动并忽略"（fire and forget），这在某些情况下是十分有用的。

当前实用程序的名称为 UDPclient.go 文件，该文件将被分为 4 部分内容加以讨论。UDPclient.go 文件的第 1 部分内容如下所示。

```go
package main

import (
    "bufio"
    "fmt"
    "net"
    "os"
    "strings"
)
```

UDPclient.go 文件的第 2 部分内容如下所示。

```go
func main() {
    arguments := os.Args
    if len(arguments) == 1 {
        fmt.Println("Please provide a host:port string")
        return
    }
    CONNECT := arguments[1]
```

```
s, err := net.ResolveUDPAddr("udp4", CONNECT)
c, err := net.DialUDP("udp4", nil, s)

if err != nil {
    fmt.Println(err)
    return
}

fmt.Printf("The UDP server is %s\n", c.RemoteAddr().String())
defer c.Close()
```

net.ResolveUDPAddr()函数返回 UDP 端点的地址（被定义为该函数的第 2 个参数）。另外，第 1 个参数（udp4）表明，当前程序仅支持 IPv4 协议。

此处所使用的 net.DialUDP()函数类似于 UDP 网络所用的 net.Dial()函数。

UDPclient.go 文件的第 3 部分内容如下所示。

```
for {
    reader := bufio.NewReader(os.Stdin)
    fmt.Print(">> ")
    text, _ := reader.ReadString('\n')
    data := []byte(text + "\n")
    _, err = c.Write(data)
    if strings.TrimSpace(string(data)) == "STOP" {
        fmt.Println("Exiting UDP client!")
        return
    }
}
```

上述代码要求用户输入一些文本，随后这些文本内容将被发送至服务器上。接下来，用户文本通过 bufio.NewReader(os.Stdin)函数从 UNIX 标准输入中被读取。相应地，Write(data)方法通过 UDP 网络连接发送数据。

UDPclient.go 文件的第 4 部分内容如下所示。

```
        if err != nil {
            fmt.Println(err)
            return
        }

        buffer := make([]byte, 1024)
        n, _, err := c.ReadFromUDP(buffer)
        if err != nil {
            fmt.Println(err)
```

```
            return
        }
        fmt.Printf("Reply: %s\n", string(buffer[0:n]))
    }
}
```

一旦客户端数据被发送完毕,就必须等待 UDP 服务器需要发送的数据,其读取过程是通过 ReadFromUDP()函数完成的。执行 UDPclient.go 文件并与充当 UDP 服务器的 netcat(1)实用程序进行交互将生成下列输出结果。

```
$ go run UDPclient.go localhost:8001
The UDP server is 127.0.0.1:8001
>> Hello!
Reply: Hi there!
>> Have to leave - bye!
Reply: OK.
>> STOP
Exiting UDP client!
```

在 UDP 服务器一侧,相应的输出结果如下所示。

```
$ nc -v -u -l 127.0.0.1 8001
Hello!
Hi there!
Have to leave - bye!
OK.
STOP
^C
```

按 Ctrl+C 快捷键并终止 nc(1)的原因在于,当作为输入接收到 STOP 字符串时,nc(1)不包含任何代码可通知其自身结束。

13.6 部署 UDP 服务器

在本节中,部署 UDP 服务器旨在向其 UDP 客户端返回 1~1000 的随机数。当前程序的名称为 UDPserver.go 文件,该文件将被分为 4 部分内容加以讨论。

UDPserver.go 文件的第 1 部分内容如下所示。

```
package main

import (
```

```
    "fmt"
    "math/rand"
    "net"
    "os"
    "strconv"
    "strings"
    "time"
)

func random(min, max int) int {
    return rand.Intn(max-min) + min
}
```

UDPserver.go 文件的第 2 部分内容如下所示。

```
func main() {
    arguments := os.Args
    if len(arguments) == 1 {
        fmt.Println("Please provide a port number!")
        return
    }
    PORT := ":" + arguments[1]

    s, err := net.ResolveUDPAddr("udp4", PORT)
    if err != nil {
        fmt.Println(err)
        return
    }
```

UDPserver.go 文件的第 3 部分内容如下所示。

```
connection, err := net.ListenUDP("udp4", s)
if err != nil {
    fmt.Println(err)
    return
}

defer connection.Close()
buffer := make([]byte, 1024)
rand.Seed(time.Now().Unix())
```

这里，net.ListenUDP()函数的行为与 UDP 网络的 net.ListenTCP()函数类似。

UDPserver.go 文件的第 4 部分内容如下所示。

```
    for {
        n, addr, err := connection.ReadFromUDP(buffer)
        fmt.Print("-> ", string(buffer[0:n-1]))

        if strings.TrimSpace(string(buffer[0:n])) == "STOP" {
            fmt.Println("Exiting UDP server!")
            return
        }

        data := []byte(strconv.Itoa(random(1, 1001)))
        fmt.Printf("data: %s\n", string(data))
        _, err = connection.WriteToUDP(data, addr)
        if err != nil {
            fmt.Println(err)
            return
        }
    }
}
```

ReadFromUDP()函数可通过缓冲区从 UDP 连接中读取数据，正如期望的那样，这是一个字节切片。

执行 UDPserver.go 文件，并利用 UDPclient.go 文件进行连接后，将生成下列输出结果。

```
$ go run UDPserver.go 8001
-> Hello!
data: 156
-> Another random number please :)
data: 944
-> Leaving...
data: 491
-> STOP
Exiting UDP server!
On the client side, the output will be as follows:
$ go run UDPclient.go localhost:8001
The UDP server is 127.0.0.1:8001
>> Hello!
Reply: 156
>> Another random number please :)
Reply: 944
>> Leaving...
Reply: 491
>> STOP
Exiting UDP client!
```

13.7 并发 TCP 服务器

本节将学习如何利用协程开发一个并发 TCP 服务器。对于每个 TCP 服务器的输入连接，程序将启动一个新的协程处理请求。这允许它接收多个请求，这意味着，并发 TCP 服务器可同步处理多个客户端。

TCP 并发服务器的任务作业是，接收一个正整数并返回斐波那契数列中的一个自然数。如果输入内容存在错误，则返回值为-1。考虑到斐波那契数列的数字计算可能较慢，因而将采用第 11 章中首次出现的 benchmarkMe.go 算法，此处将详细解释该算法。

当前程序的名称为 fiboTCP.go 文件，该文件将被分为 5 部分内容加以讨论。鉴于将 Web 服务的端口号定义为命令行参数是一种较好的做法，而 fiboTCP.go 文件则完全实现了这一点。

fiboTCP.go 文件的第 1 部分内容如下所示。

```
package main

import (
    "bufio"
    "fmt"
    "net"
    "os"
    "strconv"
    "strings"
    "time"
)
```

fiboTCP.go 文件的第 2 部分内容如下所示。

```
func f(n int) int {
    fn := make(map[int]int)
    for i := 0; i <= n; i++ {
        var f int
        if i <= 2 {
            f = 1
        } else {
            f = fn[i-1] + fn[i-2]
        }
        fn[i] = f
    }
```

```
        return fn[n]
}
```

上述代码展示了 f() 函数实现，该函数生成斐波那契数列中的自然数。初看之下，此处所采用的算法难以理解，但十分高效和快速。

首先，f() 函数使用名为 fn 的 Go 映射，这在计算斐波那契数列数字时十分少见。其次，f() 函数使用了一个 for 循环，这种方式同样少见。最后，f() 函数并未使用递归方法，这也是提升操作速度的主要原因。

f() 函数中算法背后的思想是采用动态编程技术：当计算一个斐波那契数字时，该数字将被置于 fn 映射中，以避免被再次计算。这一简单的思想节省了大量的时间，尤其是需要计算较大的斐波那契数字时，因为无须多次计算相同的斐波那契数字。

fiboTCP.go 文件的第 3 部分内容如下所示。

```
func handleConnection(c net.Conn) {
    for {
        netData, err := bufio.NewReader(c).ReadString('\n')
        if err != nil {
            fmt.Println(err)
            os.Exit(100)
        }

        temp := strings.TrimSpace(string(netData))
        if temp == "STOP" {
            break
        }

        fibo := "-1\n"
        n, err := strconv.Atoi(temp)
        if err == nil {
            fibo = strconv.Itoa(f(n)) + "\n"
        }
        c.Write([]byte(string(fibo)))
    }
    time.Sleep(5 * time.Second)
    c.Close()
}
```

handleConnection() 函数负责处理每个并发 TCP 服务器的客户端。

fiboTCP.go 文件的第 4 部分内容如下所示。

```
func main() {
    arguments := os.Args
```

第 13 章　网络编程——构建自己的服务器和客户端

```
    if len(arguments) == 1 {
        fmt.Println("Please provide a port number!")
        return
    }

    PORT := ":" + arguments[1]
    l, err := net.Listen("tcp4", PORT)
    if err != nil {
        fmt.Println(err)
        return
    }
    defer l.Close()
```

fiboTCP.go 文件的第 5 部分内容如下所示。

```
    for {
        c, err := l.Accept()
        if err != nil {
            fmt.Println(err)
            return
        }
        go handleConnection(c)
    }
}
```

程序的并发是通过 go handleConnection(c)语句实现的——每当新的 TCP 客户端来自互联网或本地网络时，即启动一个新的协程。该协程以并发方式执行，以便服务器可处理更多的客户端。

执行 fiboTCP.go 文件，并通过 netcat(1)和 TCPclient.go 在两个不同的终端上与其进行交互时，将生成下列输出结果。

```
$ go run fiboTCP.go 9000
n: 10
fibo: 55
n: 0
fibo: 1
n: -1
fibo: 0
n: 100
fibo: 3736710778780434371
n: 12
fibo: 144
```

```
n: 12
fibo: 144
```

在 TCPclient.go 一侧，输出结果如下所示。

```
$ go run TCPclient.go localhost:9000
>> 12
->: 144
>> a
->: -1
>> STOP
->: TCP client exiting...
```

在 netcat(1) 一侧，输出结果如下所示。

```
$ nc localhost 9000
10
55
0
1
-1
0
100
37367107787804343 71
ads
-1
STOP
```

当向服务器进程发送 STOP 字符串时，处理该特定 TCP 客户端的协程将终止，这将导致连接结束。

最后需要注意的是，两个客户端同时被服务，这可通过下列命令进行验证。

```
$ netstat -anp TCP | grep 9000
tcp4       0 0  127.0.0.1.9000    127.0.0.1.57309   ESTABLISHED
tcp4       0 0  127.0.0.1.57309   127.0.0.1.9000    ESTABLISHED
tcp4       0 0  127.0.0.1.9000    127.0.0.1.57305   ESTABLISHED
tcp4       0 0  127.0.0.1.57305   127.0.0.1.9000    ESTABLISHED
tcp4       0 0  *.9000            *.*               LISTEN
```

上述输出结果的最后一行表明，存在一个监听端口 9000 的进程，这意味着我们仍可连接至端口 9000。另外，输出结果的前两行内容表明，存在一个使用端口 57309 的客户端与服务器进程通信。上述输出结果的第 3、4 行内容验证得到，存在另一个客户端与监听端口 9000 的服务器进行通信，该客户端使用 TCP 端口 57305。

第 13 章 网络编程——构建自己的服务器和客户端

虽然前述并发 TCP 服务器工作良好,但无法服务实际的应用程序。因此,下面将学习如何将第 4 章中的 keyValue.go 应用程序转换为全功能的并发 TCP 应用程序。

接下来将创建自己的 TCP 协议类型,以便与来自网络的键-值存储进行交互。相应地,此处需要针对每个键-值存储函数设置一个关键字。出于简单考虑,每个关键字后是相应的数据。另外,大多数命令的输出结果一般是成功或失败消息。

提示:

设计自己的 TCP 或 UDP 协议并非易事。这意味着,当设计新的协议时,应保证其专用性和严谨性。

当前实用程序的名称为 kvTCP.go 文件,该文件将被分为 6 部分内容加以讨论。

kvTCP.go 文件的第 1 部分内容如下所示。

```go
package main

import (
    "bufio"
    "encoding/gob"
    "fmt"
    "net"
    "os"
    "strings"
)

type myElement struct {
    Name    string
    Surname string
    Id      string
}

const welcome = "Welcome to the Key Value store!\n"

var DATA = make(map[string]myElement)
var DATAFILE = "/tmp/dataFile.gob"
```

kvTCP.go 文件的第 2 部分内容如下所示。

```go
func handleConnection(c net.Conn) {
    c.Write([]byte(welcome))
    for {
        netData, err := bufio.NewReader(c).ReadString('\n')
```

```go
    if err != nil {
        fmt.Println(err)
        return
    }

    command := strings.TrimSpace(string(netData))
    tokens := strings.Fields(command)
    switch len(tokens) {
    case 0:
        continue
    case 1:
        tokens = append(tokens, "")
        tokens = append(tokens, "")
        tokens = append(tokens, "")
        tokens = append(tokens, "")
    case 2:
        tokens = append(tokens, "")
        tokens = append(tokens, "")
        tokens = append(tokens, "")
    case 3:
        tokens = append(tokens, "")
        tokens = append(tokens, "")
    case 4:
        tokens = append(tokens, "")
    }

    switch tokens[0] {
    case "STOP":
        err = save()
        if err != nil {
            fmt.Println(err)
        }
        c.Close()
        return
    case "PRINT":
        PRINT(c)
    case "DELETE":
        if !DELETE(tokens[1]) {
            netData := "Delete operation failed!\n"
            c.Write([]byte(netData))
        } else {
            netData := "Delete operation successful!\n"
```

```go
            c.Write([]byte(netData))
        }
    case "ADD":
        n := myElement{tokens[2], tokens[3], tokens[4]}
        if !ADD(tokens[1], n) {
            netData := "Add operation failed!\n"
            c.Write([]byte(netData))
        } else {
            netData := "Add operation successful!\n"
            c.Write([]byte(netData))
        }
        err = save()
        if err != nil {
            fmt.Println(err)
        }
    case "LOOKUP":
        n := LOOKUP(tokens[1])
        if n != nil {
            netData := fmt.Sprintf("%v\n", *n)
            c.Write([]byte(netData))
        } else {
            netData := "Did not find key!\n"
            c.Write([]byte(netData))
        }
    case "CHANGE":
        n := myElement{tokens[2], tokens[3], tokens[4]}
        if !CHANGE(tokens[1], n) {
            netData := "Update operation failed!\n"
            c.Write([]byte(netData))
        } else {
            netData := "Update operation successful!\n"
            c.Write([]byte(netData))
        }
        err = save()
        if err != nil {
        fmt.Println(err)
        }
    default:
        netData := "Unknown command - please try again!\n"
        c.Write([]byte(netData))
    }
  }
}
```

handleConnection()函数与每个 TCP 客户端通信，并解释客户端的输入内容。
kvTCP.go 文件的第 3 部分内容如下所示。

```go
func save() error {
    fmt.Println("Saving", DATAFILE)
    err := os.Remove(DATAFILE)
    if err != nil {
        fmt.Println(err)
    }

    saveTo, err := os.Create(DATAFILE)
    if err != nil {
        fmt.Println("Cannot create", DATAFILE)
        return err
    }
    defer saveTo.Close()

    encoder := gob.NewEncoder(saveTo)
    err = encoder.Encode(DATA)
    if err != nil {
        fmt.Println("Cannot save to", DATAFILE)
        return err
    }
    return nil
}

func load() error {
    fmt.Println("Loading", DATAFILE)
    loadFrom, err := os.Open(DATAFILE)
    defer loadFrom.Close()
    if err != nil {
        fmt.Println("Empty key/value store!")
        return err
    }

    decoder := gob.NewDecoder(loadFrom)
    decoder.Decode(&DATA)
    return nil
}
```

kvTCP.go 文件的第 4 部分内容如下所示。

```go
func ADD(k string, n myElement) bool {
    if k == "" {
```

```go
        return false
    }

    if LOOKUP(k) == nil {
        DATA[k] = n
        return true
    }
    return false
}

func DELETE(k string) bool {
    if LOOKUP(k) != nil {
        delete(DATA, k)
        return true
    }
    return false
}

func LOOKUP(k string) *myElement {
    _, ok := DATA[k]
    if ok {
        n := DATA[k]
        return &n
    } else {
        return nil
    }
}

func CHANGE(k string, n myElement) bool {
    DATA[k] = n
    return true
}
```

上述函数实现等同于 keyValue.go 应用程序，二者均无法与 TCP 客户端直接通信。kvTCP.go 文件的第 5 部分内容如下所示。

```go
func PRINT(c net.Conn) {
    for k, d := range DATA {
        netData := fmt.Sprintf("key: %s value: %v\n", k, d)
        c.Write([]byte(netData))
    }
}
```

PRINT()函数以每次一行的方式直接向TCP客户端发送数据。

kvTCP.go文件的第6部分内容如下所示。

```go
func main() {
    arguments := os.Args
    if len(arguments) == 1 {
        fmt.Println("Please provide a port number!")
        return
    }

    PORT := ":" + arguments[1]
    l, err := net.Listen("tcp", PORT)
    if err != nil {
        fmt.Println(err)
        return
    }
    defer l.Close()

    err = load()
    if err != nil {
        fmt.Println(err)
    }

    for {
        c, err := l.Accept()
        if err != nil {
            fmt.Println(err)
            os.Exit(100)
        }
        go handleConnection(c)
    }
}
```

执行kvTCP.go文件将生成下列输出结果。

```
$ go run kvTCP.go 9000
Loading /tmp/dataFile.gob
Empty key/value store!
open /tmp/dataFile.gob: no such file or directory
Saving /tmp/dataFile.gob
remove /tmp/dataFile.gob: no such file or directory
Saving /tmp/dataFile.gob
Saving /tmp/dataFile.gob
```

出于演示目的，netcat(1)实用程序充当 kvTCP.go 的 TCP 客户端，如下所示。

```
$ nc localhost 9000
Welcome to the Key Value store!
PRINT
LOOKUP 1
Did not find key!
ADD 1 2 3 4
Add operation successful!
LOOKUP 1
{2 3 4}
ADD 4 -1 -2 -3
Add operation successful!
PRINT
key: 1 value: {2 3 4}
key: 4 value: {-1 -2 -3}
STOP
```

kvTCP.go 是一个并发应用程序，它使用了协程且可同时服务多个 TCP 客户端。然而，所有这些 TCP 客户端将共享相同的数据。

13.8 创建 TCP/IP 服务器的 Docker 镜像

本节将学习如何将 kvTCP.go 文件置于 Docker 镜像中以供使用，这可被视为 TCP/IP 应用程序的一种方便的使用方式，因为 Docker 镜像可方便地移至其他机器上，或者在 Kubernetes 中进行部署。

正如期望的那样，一切事物均以一个 Dockerfile 开始，对应内容如下所示。

```
FROM golang:latest

RUN mkdir /files
COPY kvTCP.go /files
WORKDIR /files

RUN go build -o /files/kvTCP kvTCP.go
ENTRYPOINT ["/files/kvTCP","80"]
```

接下来需要构建 Docker 镜像，如下所示。

```
$ docker build -t kvtcp:latest .
Sending build context to Docker daemon 6.656kB
```

```
Step 1/6 : FROM golang:latest
 ---> 7ced090ee82e
Step 2/6 : RUN mkdir /files
 ---> Running in bbbbada6271f
Removing intermediate container bbbbada6271f
 ---> 5b0a621eee29
Step 3/6 : COPY kvTCP.go /files
 ---> 4aab441b14c2
Step 4/6 : WORKDIR /files
 ---> Running in 7185606bed2e
Removing intermediate container 7185606bed2e
 ---> 744e9800fdba
Step 5/6 : RUN go build -o /files/kvTCP kvTCP.go
 ---> Running in f44fcbc8951b
Removing intermediate container f44fcbc8951b
 ---> a8d00c7ead13
Step 6/6 : ENTRYPOINT ["/files/kvTCP","80"]
 ---> Running in ec3227170e09
Removing intermediate container ec3227170e09
 ---> b65ba728849a
Successfully built b65ba728849a
Successfully tagged kvtcp:latest
```

执行 docker images 将验证是否创建了所需的 Docker 镜像，如下所示。

```
$ docker images
REPOSITORY                 TAG      IMAGE ID        CREATED         SIZE
kvtcp                      latest   b65ba728849a    26 minutes ago  777MB
landoop/kafka-lenses-dev   latest   289093ceee7b   2 days ago       1.37GB
golang                     latest   7ced090ee82e    9 days ago      774MB
```

随后需要执行当前 Docker 镜像。此处需要指定一些额外的参数以公开端口号，进而供外部使用。

```
$ docker run -d -p 5801:80 kvtcp:latest
af9939992a25cb5ccf405b1b97b9c813fb4cb3f3a2e5b13942db637709c8cee2
```

最后一个命令通过本地机器上的端口号 5801 将 Docker 镜像中的端口号 80 公开予本地机器。

自此，我们将能够使用位于 Docker 镜像中的 TCP 服务器，如下所示。

```
$ nc 127.0.0.1 5801
Welcome to the Key Value store!
```

注意，需要将数据保存至 Docker 镜像外部的某处，否则在终止 Docker 镜像时数据将会丢失。

据此，我们可使用任意端口号访问 Docker 镜像中的 TCP 服务器。然而，当尝试映射端口号 80 时，将得到下列错误消息。

```
$ docker run -d -p 5801:80 kvtcp:latest
709d44be8668284b101d7dfc253938d13e6797d812821838aa5ab18ea48527ec
docker: Error response from daemon: driver failed programming external
connectivity on endpoint eager_nobel
(fa9d43d3c129734576e824753703d8ac3ff51bcdcdc20e6937b30f3bcfefeff7):
Bind for 0.0.0.0:5801 failed: port is already allocated.
```

上述错误消息表明，对应端口已被占用且无法再次被使用。然而，针对这一限制存在一个变通方法，如下所示。

```
$ docker run -d -p 5801:80 -p 2000:80 kvtcp:latest
5cbb17c5bbf720eaa5ce0f1e11cc73dbe5bef3cc925b7936ae1b97e245d54ae8
```

上述命令通过一条 docker run 命令将 Docker 镜像中的端口号 80 映射至两个外部 TCP 端口（5801 和 2000）处。注意，此处存在一个处于运行状态的 kvTCP，以及一个数据副本，即使该数据可被多个端口访问。

这可通过 docker ps 命令的输出结果进行验证，如下所示。

```
$ docker ps
CONTAINER ID        IMAGE                   COMMAND                 CREATED
STATUS              PORTS                                           NAMES
5cbb17c5bbf7        kvtcp:latest            "/files/kvTCP 80"    3 seconds ago
Up 2 seconds        0.0.0.0:2000->80/tcp, 0.0.0.0:5801->80/tcp
compassionate_morse
```

13.9　远程过程调用（RPC）

RPC 是一种客户端-服务器机制，以实现基于 TCP/IP 的进程间通信。部署后的 RPC 客户端和 RPC 服务器将使用下列 sharedRPC.go 包。

```
package sharedRPC
```

```go
type MyFloats struct {
    A1, A2 float64
}

type MyInterface interface {
    Multiply(arguments *MyFloats, reply *float64) error
    Power(arguments *MyFloats, reply *float64) error
}
```

sharedRPC 包定义了一个 MyInterface 接口和一个 MyFloats 结构，以供客户端和服务器使用。然而，仅 RPC 服务器需要实现该接口。

随后需要执行下列命令安装 sharedRPC.go 包。

```
$ mkdir -p ~/go/src/sharedRPC
$ cp sharedRPC.go ~/go/src/sharedRPC/
$ go install sharedRPC
```

13.9.1 RPC 客户端

本节将考查 RPC 客户端代码，对应代码被保存于 RPCclient.go 文件中，该文件将被分为 4 部分内容加以讨论。

RPCclient.go 文件的第 1 部分内容如下所示。

```go
package main

import (
    "fmt"
    "net/rpc"
    "os"
    "sharedRPC"
)
```

RPCclient.go 文件的第 2 部分内容如下所示。

```go
func main() {
    arguments := os.Args
    if len(arguments) == 1 {
        fmt.Println("Please provide a host:port string!")
        return
    }

    CONNECT := arguments[1]
```

```
    c, err := rpc.Dial("tcp", CONNECT)
    if err != nil {
        fmt.Println(err)
        return
    }
```

可以看到，此处使用 rpc.Dial()函数连接至 RPC 服务器，而非 net.Dial()函数，即使 RPC 服务器使用 TCP。

RPCclient.go 文件的第 3 部分内容如下所示。

```
    args := sharedRPC.MyFloats{16, -0.5}
    var reply float64

    err = c.Call("MyInterface.Multiply", args, &reply)
    if err != nil {
        fmt.Println(err)
        return
    }
    fmt.Printf("Reply (Multiply): %f\n", reply)
```

借助 Call()函数，RPC 客户端和 RPC 服务器之间的交换内容包括函数名、参数、函数调用结果，因为 RPC 客户端对相关函数的真实实现一无所知。

RPCclient.go 文件的第 4 部分内容如下所示。

```
    err = c.Call("MyInterface.Power", args, &reply)
    if err != nil {
        fmt.Println(err)
        return
    }
    fmt.Printf("Reply (Power): %f\n", reply)
}
```

若缺少处于运行状态的 RPC 服务器并尝试执行 RPCclient.go 文件时，将会得到下列错误消息。

```
$ go run RPCclient.go localhost:1234
dial tcp [::1]:1234: connect: connection refused
```

13.9.2 RPC 服务器

RPC 服务器被保存于 RPCserver.go 文件中，该文件将被分为 5 部分内容加以讨论。
RPCserver.go 文件的第 1 部分内容如下所示。

```go
package main

import (
    "fmt"
    "math"
    "net"
    "net/rpc"
    "os"
    "sharedRPC"
)
```

RPCserver.go 文件的第 2 部分内容如下所示。

```go
type MyInterface struct{}

func Power(x, y float64) float64 {
    return math.Pow(x, y)
}

func (t *MyInterface) Multiply(arguments *sharedRPC.MyFloats, reply
*float64) error {
    *reply = arguments.A1 * arguments.A2
    return nil
}

func (t *MyInterface) Power(arguments *sharedRPC.MyFloats, reply *float64)
error {
    *reply = Power(arguments.A1, arguments.A2)
    return nil
}
```

在上述代码中，RPC 服务器实现了所需的接口，以及一个名为 Power() 的函数。
RPCserver.go 文件的第 3 部分内容如下所示。

```go
func main() {
    PORT := ":1234"
    arguments := os.Args
    if len(arguments) != 1 {
        PORT = ":" + arguments[1]
    }
```

RPCserver.go 文件的第 4 部分内容如下所示。

```
myInterface := new(MyInterface)
rpc.Register(myInterface)
t, err := net.ResolveTCPAddr("tcp4", PORT)
if err != nil {
    fmt.Println(err)
    return
}
l, err := net.ListenTCP("tcp4", t)
if err != nil {
    fmt.Println(err)
    return
}
```

rpc.Register()函数的使用使得当前程序变为一个 RPC 服务器。然而，由于 RPC 服务器使用了 TCP，因此还需要进一步调用 net.ResolveTCPAddr()和 net.ListenTCP()函数。

RPCclient.go 文件的第 5 部分内容如下所示。

```
for {
    c, err := l.Accept()
    if err != nil {
        continue
    }
    fmt.Printf("%s\n", c.RemoteAddr())
    rpc.ServeConn(c)
}
```

RemoteAddr()函数返回 IP 地址和与 RPC 客户端通信所用的端口号。rpc.ServeConn()函数负责处理 RPC 客户端。

执行 RPCserver.go 文件并等待 RPCclient.go 将生成下列输出结果。

```
$ go run RPCserver.go
127.0.0.1:52289
```

执行 RPCclient.go 将生成下列输出结果。

```
$ go run RPCclient.go localhost:1234
Reply (Multiply): -8.000000
Reply (Power): 0.250000
```

13.10 底层网络编程

虽然 http.Transport 结构允许我们修改网络连接的各种底层参数，但我们仍可编写 Go

代码并读取网络包的原始数据。

对此，存在两种方法。首先，二进制包以二进制形式出现，因而需要查找特定的网络包类型，而非任意的网络包类型。简而言之，当读取网络包时，需事先指定协议或应用程序所支持的协议。其次，当发送网络包时，需要亲自对其进行构建。

接下来将要展示的实用程序是 lowLevel.go 文件，该文件将被分为 3 部分内容加以讨论。注意，lowLevel.go 捕捉互联网控制消息协议（ICMP），这将使用 IPv4 协议并输出其内容。另外还需要注意的是，出于安全考虑，与原始网络数据协同工作时需要使用根权限。

lowLevel.go 文件的第 1 部分内容如下所示。

```go
package main

import (
    "fmt"
    "net"
)
```

lowLevel.go 文件的第 2 部分内容如下所示。

```go
func main() {
    netaddr, err := net.ResolveIPAddr("ip4", "127.0.0.1")
    if err != nil {
        fmt.Println(err)
        return
    }
    conn, err := net.ListenIP("ip4:icmp", netaddr)
    if err != nil {
        fmt.Println(err)
        return
    }
```

ICMP 协议在 net.ListenIP()函数的第 1 个参数（ip4:icmp）的第 2 部分内容中被指定。此外，ip4 部分通知当前实用程序仅捕捉 IPv4 流量。

lowLevel.go 文件的第 3 部分内容如下所示。

```go
    buffer := make([]byte, 1024)
    n, _, err := conn.ReadFrom(buffer)
    if err != nil {
        fmt.Println(err)
        return
    }
```

第 13 章 网络编程——构建自己的服务器和客户端

```
    fmt.Printf("% X\n", buffer[0:n])
}
```

由于不存在 for 循环，因此上述代码通知 lowLevel.go 文件仅读取单一网络包。

ping(1)和 traceroute(1)实用程序使用了 ICMP 协议。因此，生成 ICMP 流量的一种方法是使用这两个工具之一。当 lowLevel.go 文件处于运行状态时，通过在两台 UNIX 机器上使用下列命令将生成网络流量。

```
$ ping -c 5 localhost
PING localhost (127.0.0.1): 56 data bytes
64 bytes from 127.0.0.1: icmp_seq=0 ttl=64 time=0.037 ms
64 bytes from 127.0.0.1: icmp_seq=1 ttl=64 time=0.038 ms
64 bytes from 127.0.0.1: icmp_seq=2 ttl=64 time=0.117 ms
64 bytes from 127.0.0.1: icmp_seq=3 ttl=64 time=0.052 ms
64 bytes from 127.0.0.1: icmp_seq=4 ttl=64 time=0.049 ms
--- localhost ping statistics ---
5 packets transmitted, 5 packets received, 0.0% packet loss
round-trip min/avg/max/stddev = 0.037/0.059/0.117/0.030 ms
$ traceroute localhost
traceroute to localhost (127.0.0.1), 64 hops max, 52 byte packets
 1  localhost (127.0.0.1)  0.255 ms  0.048 ms  0.067 ms
```

利用根权限在 macOS Mojave 机器上执行 lowLevel.go 文件，将生成下列输出结果。

```
$ sudo go run lowLevel.go
03 03 CD DA 00 00 00 00 45 00 34 00 B4 0F 00 00 01 11 00 00 7F 00 00 01 7F
00 00 01 B4 0E 82 9B 00 20 00 00
$ sudo go run lowLevel.go
00 00 0B 3B 20 34 00 00 5A CB 5C 15 00 04 32 A9 08 09 0A 0B 0C 0D 0E 0F 10
11 12 13 14 15 16 17 18 19 1A 1B 1C 1D 1E 1F 20 21 22 23 24 25 26 27 28 29
2A 2B 2C 2D 2E 2F 30 31 32 33 34 35 36 37
```

第 1 个输出示例由 ping(1)命令生成，第 2 个输出示例则通过 traceroute(1)命令生成。在 Debian Linux 机器上运行 lowLevel.go 文件，将生成下列输出结果。

```
$ uname -a
Linux mail 4.14.12-x86_64-linode92 #1 SMP Fri Jan 5 15:34:44 UTC 2018
x86_64 GNU/Linux
# go run lowLevel.go
08 00 61 DD 3F BA 00 01 9A 5D CB 5A 00 00 00 00 26 DC 0B 00 00 00 00 00 10
11 12 13 14 15 16 17 18 19 1A 1B 1C 1D 1E 1F 20 21 22 23 24 25 26 27 28 29
2A 2B 2C 2D 2E 2F 30 31 32 33 34 35 36 37
```

```
# go run lowLevel.go
03 03 BB B8 00 00 00 00 45 00 00 3C CD 8D 00 00 01 11 EE 21 7F 00 00 01 7F
00 00 01 CB 40 82 9A 00 28 FE 3B 40 41 42 43 44 45 46 47 48 49 4A 4B 4C 4D
4E 4F 50 51 52 53 54 55 56 57 58 59 5A 5B 5C 5D 5E 5F
```

uname(1)命令的输出结果显示了与 Linux 系统相关的有用信息。注意，在当前 Linux 机器上，应利用-4 标志执行 ping(1)命令，进而通知系统使用 IPv4 协议。

接下来将学习如何使用 syscall 包捕捉原始的 ICMP 网络数据和 syscall.SetsockoptInt() 函数来设置套接字的选项。

记住，发送原始数据相当困难，因为需要亲自构造原始网络包。当前实用程序的名称为 syscallNet.go 文件，该文件将被分为 4 部分内容加以讨论。

syscallNet.go 文件的第 1 部分内容如下所示。

```
package main

import (
    "fmt"
    "os"
    "syscall"
)
```

syscallNet.go 文件的第 2 部分内容如下所示。

```
func main() {
    fd, err := syscall.Socket(syscall.AF_INET, syscall.SOCK_RAW,
syscall.IPPROTO_ICMP)
        if err != nil {
        fmt.Println("Error in syscall.Socket:", err)
        return
    }

    f := os.NewFile(uintptr(fd), "captureICMP")
    if f == nil {
        fmt.Println("Error in os.NewFile:", err)
        return
    }
```

syscall.AF_INET 参数通知 syscall.Socket()函数需要与 IPv4 协同工作。syscall.SOCK_RAW 参数使生成的套接字成为原始套接字。最后一个参数 syscall.IPPROTO_ICMP 则通知 syscall.Socket()函数仅关注 ICMP 流量。

syscallNet.go 文件的第 3 部分内容如下所示。

```
    err = syscall.SetsockoptInt(fd, syscall.SOL_SOCKET, syscall.SO_RCVBUF,
256)
    if err != nil {
        fmt.Println("Error in syscall.Socket:", err)
        return
    }
```

syscall.SetsockoptInt()函数调用将套接字的接收缓冲区尺寸设置为 256。参数 syscall.SOL_SOCKET 则表明我们需要在套接字层级别上工作。

syscallNet.go 文件的第 4 部分内容如下所示。

```
for {
    buf := make([]byte, 1024)
    numRead, err := f.Read(buf)
    if err != nil {
        fmt.Println(err)
    }
    fmt.Printf("% X\n", buf[:numRead])
}
}
```

由于使用了 for 循环，syscallNet.go 将持续捕捉 ICMP 网络包，直至采用手动方式终止。在 macOS High Sierra 机器上执行 syscallNet.go 文件，将生成下列输出结果。

```
$ sudo go run syscallNet.go
45 00 40 00 BC B6 00 00 40 01 00 00 7F 00 00 01 7F 00 00 01 00 00 3F 36 71
45 00 00 5A CB 6A 90 00 0B 9F 1A 08 09 0A 0B 0C 0D 0E 0F 10 11 12 13 14 15
16 17 18 19 1A 1B 1C 1D 1E 1F 20 21 22 23 24 25 26 27 28 29 2A 2B 2C 2D 2E
2F 30 31 32 33 34 35 36 37
45 00 40 00 62 FB 00 00 40 01 00 00 7F 00 00 01 7F 00 00 01 00 00 31 EF 71
45 00 01 5A CB 6A 91 00 0B AC 5F 08 09 0A 0B 0C 0D 0E 0F 10 11 12 13 14 15
16 17 18 19 1A 1B 1C 1D 1E 1F 20 21 22 23 24 25 26 27 28 29 2A 2B 2C 2D 2E
2F 30 31 32 33 34 35 36 37
45 00 40 00 9A 5F 00 00 40 01 00 00 7F 00 00 01 7F 00 00 01 00 00 1D D6 71
45 00 02 5A CB 6A 92 00 0B C0 76 08 09 0A 0B 0C 0D 0E 0F 10 11 12 13 14 15
16 17 18 19 1A 1B 1C 1D 1E 1F 20 21 22 23 24 25 26 27 28 29 2A 2B 2C 2D 2E
2F 30 31 32 33 34 35 36 37
45 00 40 00 6E 0D 00 00 40 01 00 00 7F 00 00 01 7F 00 00 01 00 00 09 CF 71
45 00 03 5A CB 6A 93 00 0B D4 7B 08 09 0A 0B 0C 0D 0E 0F 10 11 12 13 14 15
16 17 18 19 1A 1B 1C 1D 1E 1F 20 21 22 23 24 25 26 27 28 29 2A 2B 2C 2D 2E
2F 30 31 32 33 34 35 36 37
45 00 40 00 3A 07 00 00 40 01 00 00 7F 00 00 01 7F 00 00 01 00 00 FE 9C 71
45 00 04 5A CB 6A 94 00 0B DF AB 08 09 0A 0B 0C 0D 0E 0F 10 11 12 13 14 15
```

```
16 17 18 19 1A 1B 1C 1D 1E 1F 20 21 22 23 24 25 26 27 28 29 2A 2B 2C 2D 2E
2F 30 31 32 33 34 35 36 37
45 00 24 00 45 55 00 00 40 01 00 00 7F 00 00 01 7F 00 00 01 03 03 AB 12 00
00 00 00 45 00 34 00 C5 73 00 00 01 11 00 00 7F 00 00 01 7F 00 00 01 C5 72
82 9B 00 20 00 00
45 00 24 00 E8 1E 00 00 40 01 00 00 7F 00 00 01 7F 00 00 01 03 03 AB 10 00
00 00 00 45 00 34 00 C5 74 00 00 01 11 00 00 7F 00 00 01 7F 00 00 01 C5 72
82 9C 00 20 00 00
45 00 24 00 2A 4B 00 00 40 01 00 00 7F 00 00 01 7F 00 00 01 03 03 AB 0E 00
00 00 00 45 00 34 00 C5 75 00 00 01 11 00 00 7F 00 00 01 7F 00 00 01 C5 72
82 9D 00 20 00 00
```

在 Debian Linux 机器上运行 syscallNet.go 文件，将生成下列输出结果。

```
# go run syscallNet.go
45 00 00 54 7F E9 40 00 40 01 BC BD 7F 00 00 01 7F 00 00 01 08 00 6F 07 53
E3 00 01 FA 6A CB 5A 00 00 00 00 AA 7B 06 00 00 00 00 00 10 11 12 13 14 15
16 17 18 19 1A 1B 1C 1D 1E 1F 20 21 22 23 24 25 26 27 28 29 2A 2B 2C 2D 2E
2F 30 31 32 33 34 35 36 37
45 00 00 54 7F EA 00 00 40 01 FC BC 7F 00 00 01 7F 00 00 01 00 00 77 07 53
E3 00 01 FA 6A CB 5A 00 00 00 00 AA 7B 06 00 00 00 00 00 10 11 12 13 14 15
16 17 18 19 1A 1B 1C 1D 1E 1F 20 21 22 23 24 25 26 27 28 29 2A 2B 2C 2D 2E
2F 30 31 32 33 34 35 36 37
45 C0 00 44 68 54 00 00 34 01 8B 8E 86 77 DC 57 6D 4A C1 FD 03 0A 8F 27 00
00 00 00 45 00 00 28 40 4F 40 00 34 06 74 6A 6D 4A C1 FD 86 77 DC 57 B0 B8
DD 96 00 00 00 00 52 F1 AB DA 50 14 00 00 90 9E 00 00
45 00 00 54 80 4E 40 00 40 01 BC 58 7F 00 00 01 7F 00 00 01 08 00 7E 01 53
E3 00 02 FB 6A CB 5A 00 00 00 00 9A 80 06 00 00 00 00 00 10 11 12 13 14 15
16 17 18 19 1A 1B 1C 1D 1E 1F 20 21 22 23 24 25 26 27 28 29 2A 2B 2C 2D 2E
2F 30 31 32 33 34 35 36 37
45 00 00 54 80 4F 00 00 40 01 FC 57 7F 00 00 01 7F 00 00 01 00 00 86 01 53
E3 00 02 FB 6A CB 5A 00 00 00 00 9A 80 06 00 00 00 00 00 10 11 12 13 14 15
16 17 18 19 1A 1B 1C 1D 1E 1F 20 21 22 23 24 25 26 27 28 29 2A 2B 2C 2D 2E
2F 30 31 32 33 34 35 36 37
45 00 00 54 80 9B 40 00 40 01 BC 0B 7F 00 00 01 7F 00 00 01 08 00 93 EC 53
E3 00 03 FC 6A CB 5A 00 00 00 00 83 94 06 00 00 00 00 00 10 11 12 13 14 15
16 17 18 19 1A 1B 1C 1D 1E 1F 20 21 22 23 24 25 26 27 28 29 2A 2B 2C 2D 2E
2F 30 31 32 33 34 35 36 37
45 00 00 54 80 9C 00 00 40 01 FC 0A 7F 00 00 01 7F 00 00 01 00 00 9B EC 53
E3 00 03 FC 6A CB 5A 00 00 00 00 83 94 06 00 00 00 00 00 10 11 12 13 14 15
16 17 18 19 1A 1B 1C 1D 1E 1F 20 21 22 23 24 25 26 27 28 29 2A 2B 2C 2D 2E
2F 30 31 32 33 34 35 36 37
45 C0 00 44 68 55 00 00 34 01 8B 8D 86 77 DC 57 6D 4A C1 FD 03 0A 8F 27 00
```

第 13 章　网络编程——构建自己的服务器和客户端

```
00 00 00 45 00 00 28 40 D1 40 00 34 06 73 E8 6D 4A C1 FD 86 77 DC 57 8E 8E
DD 96 00 00 00 00 6C 6E D3 36 50 14 00 00 71 EF 00 00
45 00 00 54 80 F8 40 00 40 01 BB AE 7F 00 00 01 7F 00 00 01 08 00 F2 E7 53
E3 00 04 FD 6A CB 5A 00 00 00 00 23 98 06 00 00 00 00 00 10 11 12 13 14 15
16 17 18 19 1A 1B 1C 1D 1E 1F 20 21 22 23 24 25 26 27 28 29 2A 2B 2C 2D 2E
2F 30 31 32 33 34 35 36 37
45 00 00 54 80 F9 00 00 40 01 FB AD 7F 00 00 01 7F 00 00 01 00 00 FA E7 53
E3 00 04 FD 6A CB 5A 00 00 00 00 23 98 06 00 00 00 00 00 10 11 12 13 14 15
16 17 18 19 1A 1B 1C 1D 1E 1F 20 21 22 23 24 25 26 27 28 29 2A 2B 2C 2D 2E
2F 30 31 32 33 34 35 36 37
45 00 00 54 82 0D 40 00 40 01 BA 99 7F 00 00 01 7F 00 00 01 08 00 4A 82 53
E3 00 05 FE 6A CB 5A 00 00 00 00 CA FC 06 00 00 00 00 00 10 11 12 13 14 15
16 17 18 19 1A 1B 1C 1D 1E 1F 20 21 22 23 24 25 26 27 28 29 2A 2B 2C 2D 2E
2F 30 31 32 33 34 35 36 37
45 00 00 54 82 0E 00 00 40 01 FA 98 7F 00 00 01 7F 00 00 01 00 00 52 82 53
E3 00 05 FE 6A CB 5A 00 00 00 00 CA FC 06 00 00 00 00 00 10 11 12 13 14 15
16 17 18 19 1A 1B 1C 1D 1E 1F 20 21 22 23 24 25 26 27 28 29 2A 2B 2C 2D 2E
2F 30 31 32 33 34 35 36 37
45 C0 00 44 68 56 00 00 34 01 8B 8C 86 77 DC 57 6D 4A C1 FD 03 0A 8F 27 00
00 00 00 45 00 00 28 41 74 40 00 34 06 73 45 6D 4A C1 FD 86 77 DC 57 2E 9B
DD 96 00 00 00 00 C3 D6 44 57 50 14 00 00 09 5A 00 00
45 C0 00 44 68 57 00 00 34 01 8B 8B 86 77 DC 57 6D 4A C1 FD 03 0A 8F 27 00
00 00 00 45 00 00 28 44 27 40 00 33 06 71 92 6D 4A C1 FD 86 77 DC 57 C5 C2
DD 96 00 00 00 00 CF DD DB BE 50 14 00 00 CE C3 00 00
45 C0 00 58 94 B4 00 00 40 01 E7 2E 7F 00 00 01 7F 00 00 01 03 03 F1 DA 00
00 00 00 45 00 00 3C 85 E1 00 00 01 11 35 CE 7F 00 00 01 7F 00 00 01 95 1E
82 9A 00 28 FE 3B 40 41 42 43 44 45 46 47 48 49 4A 4B 4C 4D 4E 4F 50 51 52
53 54 55 56 57 58 59 5A 5B 5C 5D 5E 5F
45 C0 00 58 94 B5 00 00 40 01 E7 2D 7F 00 00 01 7F 00 00 01 03 03 F9 EA 00
00 00 00 45 00 00 3C 85 E2 00 00 01 11 35 CD 7F 00 00 01 7F 00 00 01 8D 0D
82 9B 00 28 FE 3B 40 41 42 43 44 45 46 47 48 49 4A 4B 4C 4D 4E 4F 50 51 52
53 54 55 56 57 58 59 5A 5B 5C 5D 5E 5F
45 C0 00 58 94 B6 00 00 40 01 E7 2C 7F 00 00 01 7F 00 00 01 03 03 D2 EB 00
00 00 00 45 00 00 3C 85 E3 00 00 01 11 35 CC 7F 00 00 01 7F 00 00 01 B4 0B
82 9C 00 28 FE 3B 40 41 42 43 44 45 46 47 48 49 4A 4B 4C 4D 4E 4F 50 51 52
53 54 55 56 57 58 59 5A 5B 5C 5D 5E 5F
45 C0 00 58 94 B7 00 00 40 01 E7 2B 7F 00 00 01 7F 00 00 01 03 03 D6 AC 00
00 00 00 45 00 00 3C 85 E4 00 00 02 11 34 CB 7F 00 00 01 7F 00 00 01 B0 49
82 9D 00 28 FE 3B 40 41 42 43 44 45 46 47 48 49 4A 4B 4C 4D 4E 4F 50 51 52
53 54 55 56 57 58 59 5A 5B 5C 5D 5E 5F
45 C0 00 58 94 B8 00 00 40 01 E7 2A 7F 00 00 01 7F 00 00 01 03 03 F1 B4 00
00 00 00 45 00 00 3C 85 E5 00 00 02 11 34 CA 7F 00 00 01 7F 00 00 01 95 40
```

```
82 9E 00 28 FE 3B 40 41 42 43 44 45 46 47 48 49 4A 4B 4C 4D 4E 4F 50 51 52
53 54 55 56 57 58 59 5A 5B 5C 5D 5E 5F
45 C0 00 58 94 B9 00 00 40 01 E7 29 7F 00 00 01 7F 00 00 01 03 03 CD 43 00
00 00 00 45 00 00 3C 85 E6 00 00 02 11 34 C9 7F 00 00 01 7F 00 00 01 B9 B0
82 9F 00 28 FE 3B 40 41 42 43 44 45 46 47 48 49 4A 4B 4C 4D 4E 4F 50 51 52
53 54 55 56 57 58 59 5A 5B 5C 5D 5E 5F
45 C0 00 58 94 BA 00 00 40 01 E7 28 7F 00 00 01 7F 00 00 01 03 03 9D 8F 00
00 00 00 45 00 00 3C 85 E7 00 00 03 11 33 C8 7F 00 00 01 7F 00 00 01 E9 63
82 A0 00 28 FE 3B 40 41 42 43 44 45 46 47 48 49 4A 4B 4C 4D 4E 4F 50 51 52
53 54 55 56 57 58 59 5A 5B 5C 5D 5E 5F
45 C0 00 58 94 BB 00 00 40 01 E7 27 7F 00 00 01 7F 00 00 01 03 03 A3 13 00
00 00 00 45 00 00 3C 85 E8 00 00 03 11 33 C7 7F 00 00 01 7F 00 00 01 E3 DE
82 A1 00 28 FE 3B 40 41 42 43 44 45 46 47 48 49 4A 4B 4C 4D 4E 4F 50 51 52
53 54 55 56 57 58 59 5A 5B 5C 5D 5E 5F
45 C0 00 58 94 BC 00 00 40 01 E7 26 7F 00 00 01 7F 00 00 01 03 03 D4 66 00
00 00 00 45 00 00 3C 85 E9 00 00 03 11 33 C6 7F 00 00 01 7F 00 00 01 B2 8A
82 A2 00 28 FE 3B 40 41 42 43 44 45 46 47 48 49 4A 4B 4C 4D 4E 4F 50 51 52
53 54 55 56 57 58 59 5A 5B 5C 5D 5E 5F
45 C0 00 58 94 BD 00 00 40 01 E7 25 7F 00 00 01 7F 00 00 01 03 03 A6 8D 00
00 00 00 45 00 00 3C 85 EA 00 00 04 11 32 C5 7F 00 00 01 7F 00 00 01 E0 62
82 A3 00 28 FE 3B 40 41 42 43 44 45 46 47 48 49 4A 4B 4C 4D 4E 4F 50 51 52
53 54 55 56 57 58 59 5A 5B 5C 5D 5E 5F
45 C0 00 58 94 BE 00 00 40 01 E7 24 7F 00 00 01 7F 00 00 01 03 03 F1 C6 00
00 00 00 45 00 00 3C 85 EB 00 00 04 11 32 C4 7F 00 00 01 7F 00 00 01 95 28
82 A4 00 28 FE 3B 40 41 42 43 44 45 46 47 48 49 4A 4B 4C 4D 4E 4F 50 51 52
53 54 55 56 57 58 59 5A 5B 5C 5D 5E 5F
45 C0 00 58 94 BF 00 00 40 01 E7 23 7F 00 00 01 7F 00 00 01 03 03 A3 FE 00
00 00 00 45 00 00 3C 85 EC 00 00 04 11 32 C3 7F 00 00 01 7F 00 00 01 E2 EF
82 A5 00 28 FE 3B 40 41 42 43 44 45 46 47 48 49 4A 4B 4C 4D 4E 4F 50 51 52
53 54 55 56 57 58 59 5A 5B 5C 5D 5E 5F
45 C0 00 58 94 C0 00 00 40 01 E7 22 7F 00 00 01 7F 00 00 01 03 03 B9 AA 00
00 00 00 45 00 00 3C 85 ED 00 00 05 11 31 C2 7F 00 00 01 7F 00 00 01 CD 42
82 A6 00 28 FE 3B 40 41 42 43 44 45 46 47 48 49 4A 4B 4C 4D 4E 4F 50 51 52
53 54 55 56 57 58 59 5A 5B 5C 5D 5E 5F
45 C0 00 58 94 C1 00 00 40 01 E7 21 7F 00 00 01 7F 00 00 01 03 03 B3 B7 00
00 00 00 45 00 00 3C 85 EE 00 00 05 11 31 C1 7F 00 00 01 7F 00 00 01 D3 34
82 A7 00 28 FE 3B 40 41 42 43 44 45 46 47 48 49 4A 4B 4C 4D 4E 4F 50 51 52
53 54 55 56 57 58 59 5A 5B 5C 5D 5E 5F
45 C0 00 58 94 C2 00 00 40 01 E7 20 7F 00 00 01 7F 00 00 01 03 03 F2 62 00
00 00 00 45 00 00 3C 85 EF 00 00 05 11 31 C0 7F 00 00 01 7F 00 00 01 94 88
82 A8 00 28 FE 3B 40 41 42 43 44 45 46 47 48 49 4A 4B 4C 4D 4E 4F 50 51 52
53 54 55 56 57 58 59 5A 5B 5C 5D 5E 5F
```

```
45 C0 00 58 94 C3 00 00 40 01 E7 1F 7F 00 00 01 7F 00 00 01 03 03 DD BE 00
00 00 00 45 00 00 3C 85 F0 00 00 06 11 30 BF 7F 00 00 01 7F 00 00 01 A9 2B
82 A9 00 28 FE 3B 40 41 42 43 44 45 46 47 48 49 4A 4B 4C 4D 4E 4F 50 51 52
53 54 55 56 57 58 59 5A 5B 5C 5D 5E 5F
```

13.11 本章资源

- net 包文档：https://golang.org/pkg/net/。这也是 Go 文档中最大的文档页面之一。
- 关于标准库的 crypto/tls 包的更多内容，读者可访问 https://golang.org/pkg/crypto/tls/。
- 关于 crypto/x509 包的更多内容，读者可访问 https://golang.org/pkg/crypto/x509/。
- IPv4 的 ICMP 协议定义于 RFC792 中，读者可访问 https://tools.ietf.org/html/rfc792 以了解更多内容。
- WebSocket 是客户端和远程主机之间的双路通信协议。读者可访问 https://github.com/gorilla/websocket 查看 WebSocket 的 Go 语言实现。关于 WebSocket 的更多内容，读者还可访问 http://www.rfc-editor.org/rfc/rfc6455.txt。
- 在读者深入了解了网络编程后，并希望与原始 TCP 包协同工作，则可访问 https://github.com/google/gopacket，其中包含了许多有用的信息和工具。
- raw 包（https://github.com/mdlayher/raw）可针对网络设备在设备驱动器级别读、写数据。

13.12 本章练习

- 尝试开发一个文件传输协议（FTP）客户端。
- 接下来尝试开发一个 FTP 服务器。试比较 FTP 客户端和 FTP 服务器的开发难度，并解释其中的原因。
- 尝试实现 nc(1) 实用程序的 Go 语言版本。在编写这种相当复杂的实用程序时，秘诀是先从实用程序的基本功能版本开始，然后尝试支持各种可能的选项。
- 修改 TCPserver.go 文件，以使其在一个网络包中返回日期，而在另一个网络包中返回时间。
- 修改 TCPserver.go 文件，以使其可通过序列方式服务多个客户端。注意，这与并发服务多个客户端请求并不相同。简而言之，可使用 for 循环以便 Accept() 函数调用可执行多次。

- ❏ TCP 服务器（如 fiboTCP.go）趋向于在接收到一个给定的信号后终止。对此，尝试向 fiboTCP.go 添加信号处理代码，第 8 章曾对此有所讨论。
- ❏ 修改 kvTCP.go，以便能够通过 sync.Mutex 保护 save()函数。
- ❏ 尝试通过 Web 浏览器连接 https.go 和 TLSserver.go。
- ❏ 尝试将 https.go 置于 Docker 镜像中以供使用。
- ❏ 利用 TCP 实现开发自己的小型 Web 服务器，而非使用 http.ListenAndServe()函数。

13.13　本章小结

本章讨论了 UDP-TCP 客户端和服务器的开发，它们是在 TCP/IP 计算机网络上工作的应用程序。

第 14 章将介绍机器学习和 Go 语言，其中涉及回归、分类、异常检测和神经网络等主题。

第 14 章　Go 语言中的机器学习

第 13 章讨论了网络编程、TCP/IP、HTTPS、RPC 和 net 包。本章将介绍 Go 语言中的机器学习，包括计算简单的统计属性、回归、分类、聚类、异常检测、神经网络、离群值分析，以及与 Apache Kafka 协同工作。所有这些主题均可独立成书。本章仅对其进行简要的介绍，并展示相关的 Go 包。

注意，每种机器学习技术背后都蕴含着一些相关理论，了解这些理论知识、参数和每种技术的局限性是十分必要的。除此之外，数据可视化技术也变得越发重要，进而可快速地获得相关数据的状态。

提示：

如果读者打算深入学习机器学习，建议阅读 Daniel Whitenack 编写的 *Machine Learning with Go* 一书（Packt Publishing，2017）；关于机器学习背后的理论知识，建议阅读 Gareth James、Daniela Witten、Trevor Hastie 和 Robert Tibshirani 编写的 *An Introduction to Statistical Learning* 一书（Springer，2013），以及 Trevor Hastie、Robert Tibshirani 和 Jerome Friedman 编写的 *The Elements of Statistical Learning, 2nd Edition* 一书（Springer，2009）。

本章主要涉及以下主题。
- 计算简单的统计属性。
- 回归。
- 分类。
- 聚类。
- 异常检测。
- 神经网络。
- 离群值分析。
- 与 TensorFlow 协同工作。
- 与 Apache Kafka 协同工作。

14.1　计算简单的统计属性

统计学是一个数学领域，处理数据的收集、分析、解释、组织和表示。统计学还可进一步被划分为两个主要领域：其中，描述性统计领域试图描述一组已经存在的值；而推理统计领域则试图根据当前一组值中的信息预测即将出现的值。

统计学习是应用统计学的一个分支，且与机器学习相关。相应地，机器学习则与计算统计学关系紧密，同时也是一门计算机学科，进而尝试了解数据并制订与此相关的决策且不过度依赖于编程实现。

> **提示：**
> 统计模型尽可能准确地解释数据。然而，模型的准确度可能依赖于影响数据的外部因素。例如，如果附近飓风来临，那么之前的天气预报模型可能会变得不准确。

本节将学习如何计算基本的统计属性，如平均值、样本的最小值和最大值、中位数和样本的方差。这些数值可使我们较好地了解样本的概况，且无须深入细节内容。但是，试图描述样本的通用值往往会欺骗用户，使其误以为十分了解样本，而事实并非如此。

所有这些统计属性都将在 stats.go 文件中进行计算，该文件将被分为 5 部分内容加以讨论。其中，输入文件的每一行都包含了单一数字，这意味着，输入文件是逐行读取的。相应地，无效输入将被忽略且不会显示任何警告消息。

stats.go 文件的第 1 部分内容如下所示。

```go
package main

import (
    "bufio"
    "flag"
    "fmt"
    "io"
    "math"
    "os"
    "sort"
    "strconv"
    "strings"
)

func min(x []float64) float64 {
    return x[0]
}

func max(x []float64) float64 {
    return x[len(x)-1]
}
```

第 14 章 Go 语言中的机器学习

由于切片已被排序，因此可方便地查找最小值和最大值。然而，如果切片的元素不是数字，则需要采用与数据相关的不同方式计算最小值和最大值。

stats.go 文件的第 2 部分内容如下所示。

```go
func meanValue(x []float64) float64 {
    sum := float64(0)
    for _, v := range x {
        sum = sum + v
    }
    return sum / float64(len(x))
}
```

meanValue()函数计算数字数据的平均值。

stats.go 文件的第 3 部分内容如下所示。

```go
func medianValue(x []float64) float64 {
    length := len(x)
    if length%2 == 1 {
        // Odd
        return x[(length-1)/2]
    } else {
        // Even
        return (x[length/2] + x[(length/2)-1]) / 2
    }
    return 0
}

func variance(x []float64) float64 {
    mean := meanValue(x)
    sum := float64(0)
    for _, v := range x {
        sum = sum + (v-mean)*(v-mean)
    }
    return sum / float64(len(x))
}
```

当计算某个集合的中位数时，该集合应处于排序状态。

stats.go 文件的第 4 部分内容如下所示。

```go
func main() {
    flag.Parse()
    if len(flag.Args()) == 0 {
        fmt.Printf("usage: stats filename\n")
```

```
        return
    }

    data := make([]float64, 0)

    file := flag.Args()[0]
    f, err := os.Open(file)
    if err != nil {
        fmt.Println(err)
        return
    }
    defer f.Close()
```

stats.go 文件的第 5 部分内容如下所示。

```
    r := bufio.NewReader(f)
    for {
        line, err := r.ReadString('\n')
        if err == io.EOF {
            break
        } else if err != nil {
            fmt.Printf("error reading file %s", err)
            break
        }
        line = strings.TrimRight(line, "\r\n")
        value, err := strconv.ParseFloat(line, 64)
        if err == nil {
            data = append(data, value)
        }
    }

    sort.Float64s(data)

    fmt.Println("Min:", min(data))
    fmt.Println("Max:", max(data))
    fmt.Println("Mean:", meanValue(data))
    fmt.Println("Median:", medianValue(data))
    fmt.Println("Variance:", variance(data))
    fmt.Println("Standard Deviation:", math.Sqrt(variance(data)))
}
```

上述代码开始读取输入文件。对此，存在多种方法可获取输入内容。关于如何与文件协同工作，读者可参考第 8 章。

注意，虽然处理前无须排序数据切片，但在某些计算中这可节省时间，因而建议在 main()函数中执行排序操作。

执行 stats.go 文件将生成下列输出结果。

```
$ go run stats.go data.txt
Min: -2
Max: 3
Mean: 1.04
Median: 1.2
Variance: 2.8064
Standard Deviation: 1.6752313273097539
```

相应地，data.txt 文件的内容如下所示。

```
$ cat data.txt
1.2
-2
1
2.0
not valid
3
```

可以看到，每行均包含了单一值，这表明我们正在处理最简单的数据形式。虽然复杂数据的操控方式可能略有不同，但整体思想保持一致。

本节程序计算每个统计属性，且未使用与统计学相关的外部包。相比之下，后续大多数 Go 代码将使用现有的 Go 包，且不会从头开始实现一切事物。

14.2 回归

回归是一种统计学方法，用于计算变量间的关系。本节将实现线性回归，这是一种最为常见和简单的回归技术，也是使我们能够较好地理解数据的一种方法。注意，回归技术并非 100%准确，即使采用了高阶（非线性）多项式也是如此。回归技术的关键之处是寻找一种较好的方法，而非一种完美的技术和模型，对于其他机器学习技术来说也是如此。

14.2.1 线性回归

线性回归背后的思想十分简单，我们可尝试利用一次方程对数据建模。这里，一次方程可表示为 y = a x + b。

相应地，存在多种方法获取数据建模的一次方程，而所有方法均计算 a 和 b。

14.2.2 实现线性回归

本节的 Go 代码被保存于 regression.go 文件中，该文件将被分为 3 部分内容加以讨论。另外，该程序的输出结果为两个浮点数，即定义于一次方程中的 a 和 b。

regression.go 文件的第 1 部分内容如下所示。

```go
package main

import (
    "encoding/csv"
    "flag"
    "fmt"
    "gonum.org/v1/gonum/stat"
    "os"
    "strconv"
)

type xy struct {
    x []float64
    y []float64
}
```

其中，xy 结构用于保存数据，并根据数据格式和数值而变化。

regression.go 文件的第 2 部分内容如下所示。

```go
func main() {
    flag.Parse()
    if len(flag.Args()) == 0 {
        fmt.Printf("usage: regression filename\n")
        return
    }

    filename := flag.Args()[0]
    file, err := os.Open(filename)
    if err != nil {
        fmt.Println(err)
        return
    }
```

```
    defer file.Close()

    r := csv.NewReader(file)

    records, err := r.ReadAll()
    if err != nil {
        fmt.Println(err)
        return
    }
    size := len(records)

    data := xy{
        x: make([]float64, size),
        y: make([]float64, size),
    }
```

regression.go 文件的第 3 部分内容如下所示。

```
    for i, v := range records {
        if len(v) != 2 {
            fmt.Println("Expected two elements")
            continue
        }

        if s, err := strconv.ParseFloat(v[0], 64); err == nil {
            data.y[i] = s
        }

        if s, err := strconv.ParseFloat(v[1], 64); err == nil {
            data.x[i] = s
        }
    }

    b, a := stat.LinearRegression(data.x, data.y, nil, false)
    fmt.Printf("%.4v x + %.4v\n", a, b)
    fmt.Printf("a = %.4v b = %.4v\n", a, b)
}
```

这里，数据文件中的数据被读取至 data 变量中。另外，stat.LinearRegression()函数实现了线性回归，并以 b 和 a 的顺序返回两个数字。

此时应下载 gonum 包，如下所示。

```
$ go get -u gonum.org/v1/gonum/stat
```

利用存储于 reg_data.txt 文件中的输入数据执行 regression.go 文件，将输出下列输出结果。

```
$ go run regression.go reg_data.txt
0.9463 x + -0.3985
a = 0.9463 b = -0.3985
```

其中，返回后的两个数字为 y = a x + b 方程中的 a 和 b。

这里，reg_data.txt 文件的内容如下所示。

```
$ cat reg_data.txt
1,2
3,4.0
2.1,3
4,4.2
5,5.1
-5,-5.1
```

14.2.3　绘制数据

接下来将绘制结果和数据集，进而测试线性回归技术中相应结果的准确程度。对此，可使用 plotLR.go 文件中的 Go 代码，该文件将被分为 4 部分内容加以讨论，其中，plotLR.go 需要 3 个命令行参数，即 y = a x + b 方程中的 a 和 b，以及包含数据点的文件。实际上，plotLR.go 文件并不会自行计算 a 和 b，因而可使用自己的值或其他工具计算得出的值来尝试求解 a 和 b。

plotLR.go 文件的第 1 部分内容如下所示。

```
package main

import (
    "encoding/csv"
    "flag"
    "fmt"
    "gonum.org/v1/plot"
    "gonum.org/v1/plot/plotter"
    "gonum.org/v1/plot/vg"
    "image/color"
    "os"
    "strconv"
)
```

```go
type xy struct {
    x []float64
    y []float64
}

func (d xy) Len() int {
    return len(d.x)
}

func (d xy) XY(i int) (x, y float64) {
    x = d.x[i]
    y = d.y[i]
    return
}
```

其中，Len()和 XY()函数供绘制过程使用，而 image/color 包则用于修改输出结果中的颜色。

plotLR.go 文件的第 2 部分内容如下所示。

```go
func main() {
    flag.Parse()
    if len(flag.Args()) < 3 {
        fmt.Printf("usage: plotLR filename a b\n")
        return
    }

    filename := flag.Args()[0]
    file, err := os.Open(filename)
    if err != nil {
        fmt.Println(err)
        return
    }
    defer file.Close()

    r := csv.NewReader(file)

    a, err := strconv.ParseFloat(flag.Args()[1], 64)
    if err != nil {
        fmt.Println(a, "not a valid float!")
        return
    }

    b, err := strconv.ParseFloat(flag.Args()[2], 64)
```

```
    if err != nil {
        fmt.Println(b, "not a valid float!")
        return
    }

    records, err := r.ReadAll()
    if err != nil {
        fmt.Println(err)
        return
    }
```

上述代码负责处理命令行参数和数据的读取操作。

plotLR.go 文件的第 3 部分内容如下所示。

```
size := len(records)

data := xy{
    x: make([]float64, size),
    y: make([]float64, size),
}

for i, v := range records {
    if len(v) != 2 {
        fmt.Println("Expected two elements per line!")
        return
    }

    s, err := strconv.ParseFloat(v[0], 64)
    if err == nil {
        data.y[i] = s
    }

    s, err = strconv.ParseFloat(v[1], 64)

    if err == nil {
        data.x[i] = s
    }
}
```

plotLR.go 文件的第 4 部分内容如下所示。

```
    line := plotter.NewFunction(func(x float64) float64 { return a*x + b })
    line.Color = color.RGBA{B: 255, A: 255}
```

第 14 章　Go 语言中的机器学习

```
    p, err := plot.New()
    if err != nil {
        fmt.Println(err)
        return
    }

    plotter.DefaultLineStyle.Width = vg.Points(1)
    plotter.DefaultGlyphStyle.Radius = vg.Points(2)

    scatter, err := plotter.NewScatter(data)
    if err != nil {
        fmt.Println(err)
        return
    }
    scatter.GlyphStyle.Color = color.RGBA{R: 255, B: 128, A: 255}

    p.Add(scatter, line)

    w, err := p.WriterTo(300, 300, "svg")
    if err != nil {
        fmt.Println(err)
        return
    }

    _, err = w.WriteTo(os.Stdout)
    if err != nil {
        fmt.Println(err)
        return
    }
}
```

绘制函数通过 plotter.NewFunction() 方法加以定义。
此时应执行下列命令并下载某些外部包。

```
$ go get -u gonum.org/v1/plot
$ go get -u gonum.org/v1/plot/plotter
$ go get -u gonum.org/v1/plot/vg
```

执行 plotLR.go 文件将生成下列输出结果。

```
$ go run plotLR.go reg_data.txt
usage: plotLR filename a b
$ go run plotLR.go reg_data.txt 0.9463 -0.3985
<?xml version="1.0"?>
```

```
<!-- Generated by SVGo and Plotinum VG -->
<svg width="300pt" height="300pt" viewBox="0 0 300 300"
    xmlns="http://www.w3.org/2000/svg"
    xmlns:xlink="http://www.w3.org/1999/xlink">
<g transform="scale(1, -1) translate(0, -300)">
.
.
.
```

因此，在使用 plotLR.go 文件前应将生成后的输出结果保存至一个文件中。

```
$ go run plotLR.go reg_data.txt 0.9463 -0.3985 > output.svg
```

由于输出结果表示为可缩放向量图形（SVG）格式，因此应将其加载至浏览器中以查看结果。图 14.1 显示了基于当前数据的输出结果。

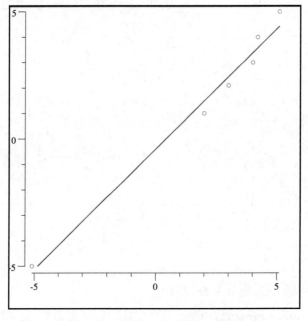

图 14.1　plotLR.go 程序的输出结果

图像的输出结果展示了基于线性方程的数据建模的准确度。

14.3　分　类

在统计学和机器学习中，分类是指将元素置于现有集合（称作类别）中的过程。在机器学习中,分类被视为是一种监督式技术,在使用实际数据之前,使用一组被认为包含正确识别的观察数据进行训练。

一种较为常见且易于实现的分类方法是 k 近邻算法(k-NN)。k-NN 算法背后的理念是,可根据数据项与其他项的相似性对数据项进行分类。k-NN 中的 k 表示将要包含在决策中的近邻数,这意味着 k 是一个正整数,通常很小。

算法的输入由特征空间中 k 个最邻近的训练样本组成。一个对象是通过其邻居的多数投票来分类的,对象被分配给它的 k-NN 中最常见的类。如果 k 值为 1,那么根据所采用的距离度量,元素将被简单地分配予最近的邻居。其中,距离度量取决于正在处理的数据。例如,在处理复数时需要一个不同的距离度量,而在处理三维空间中的点时则需要另一个距离度量。

分类的 Go 代码位于 classify.go 文件中,该文件将被分为 3 部分内容加以讨论。

classify.go 文件的第 1 部分内容如下所示。

```go
package main

import (
    "flag"
    "fmt"
    "strconv"

    "github.com/sjwhitworth/golearn/base"
    "github.com/sjwhitworth/golearn/evaluation"
    "github.com/sjwhitworth/golearn/knn"
)
```

classify.go 文件的第 2 部分内容如下所示。

```go
func main() {
    flag.Parse()
    if len(flag.Args()) < 2 {
        fmt.Printf("usage: classify filename k\n")
        return
    }

    dataset := flag.Args()[0]
    rawData, err := base.ParseCSVToInstances(dataset, false)
    if err != nil {
        fmt.Println(err)
        return
    }
```

```
k, err := strconv.Atoi(flag.Args()[1])
if err != nil {
    fmt.Println(err)
    return
}

cls := knn.NewKnnClassifier("euclidean", "linear", k)
```

其中，knn.NewKnnClassifier()方法返回一个新的分类器。该方法的最后一个参数表示为分类器将持有的邻居数量。

classify.go 文件的第 3 部分内容如下所示。

```
train, test := base.InstancesTrainTestSplit(rawData, 0.50)
cls.Fit(train)

p, err := cls.Predict(test)
if err != nil {
    fmt.Println(err)
    return
}

confusionMat, err := evaluation.GetConfusionMatrix(test, p)
if err != nil {
    fmt.Println(err)
    return
}

fmt.Println(evaluation.GetSummary(confusionMat))
}
```

其中，Fit()函数存储训练数据以供后续使用，而 Predict()方法则使用 k-NN 算法并根据训练数据返回输入分类。最后，针对给定的混淆矩阵（ConfusionMatrix），evaluation.GetSummary()方法为每个类返回一个包含查准率、查全率、真正类、假正类、真负类值的表，该表通过 evaluation.GetConfusionMatrix()函数调用计算。

> **提示：**
> 由于 base.InstancesTrainTestSplit()函数并不总是返回相同值，因此训练和测试数据在每次执行 classify.go 文件时将有所不同，这意味着我们将得到不同的结果。

此时应安装 github.com/sjwhitworth/golearn 包，如下所示。

```
$ go get -t -u -v github.com/sjwhitworth/golearn
github.com/sjwhitworth/golearn (download)
github.com/sjwhitworth/golearn
$ cd ~/go/src/github.com/sjwhitworth/golearn
$ go get -t -u -v ./...
```

返回上一层目录并在此执行 classify.go 文件。执行 classify.go 文件将生成下列输出结果。

```
$ go run classify.go class_data.txt 2
Reference ClassnTrue Positives False Positives True Negatives Precision
Recall    F1 Score
---------------  --------------  ---------------  ---------------  -
--------  ------  --------
Iris-versicolor        25         0         41         1.0000         0.9259
0.9615
Iris-virginica         5          2         61         0.7143         1.0000
0.8333
Iris-setosa            36         0         32         1.0000         1.0000
1.0000
Overall accuracy: 0.9706
$ go run classify.go class_data.txt 30
Reference ClassnTrue Positives False Positives True Negatives Precision
Recall F1 Score
---------------  --------------  ---------------  ---------------  -
--------  ------  --------
Iris-versicolor        27         5         36         0.8438         1.0000
0.9153
Iris-virginica         0          0         63         NaN            0.0000         NaN
Iris-setosa            36         0         32         1.0000         1.0000
1.0000
Overall accuracy: 0.9265
```

class_data.txt 文件中的内容十分简单，如下所示。

```
$ head -4 class_data.txt
6.7,3.1,5.6,2.4,Iris-virginica
6.9,3.1,5.1,2.3,Iris-virginica
5.8,2.7,5.1,1.9,Iris-virginica
6.8,3.2,5.9,2.3,Iris-virginica
```

相关数据取自 Iris 数据集。

由于 class_data.txt 文件中的元素数量较少，因此当前算法的精确度较高。考虑到 golearn 包含了一些样本数据，因而可在 macOS Mojave 机器上使用整个 Iris 数据集，如下所示。

```
$ go run classify.go
~/go/src/github.com/sjwhitworth/golearn/examples/datasets/iris.csv 2
Reference ClassnTrue Positives False Positives True Negatives Precision
Recall    F1 Score
--------------    --------------    --------------    --------------    -
--------    ------    --------
Iris-setosa        30        0        58        1.0000        1.0000
1.0000
Iris-virginica     28        3        56        0.9032        0.9655
0.9333
Iris-versicolor    26        1        58        0.9630        0.8966
0.9286
Overall accuracy: 0.9545
$ go run classify.go
~/go/src/github.com/sjwhitworth/golearn/examples/datasets/iris.csv 50
Reference ClassnTrue Positives False Positives True Negatives Precision
Recall F1 Score
--------------    --------------    --------------    --------------    -
--------    ------    --------
Iris-setosa        0         0        58        NaN           0.0000    NaN
Iris-virginica     4         5        54        0.4444        0.1379
0.2105
Iris-versicolor    24        55       4         0.3038        0.8276
0.4444
Overall accuracy: 0.3182
```

如果与 Iris 数据集协同工作,并针对邻居数量尝试不同的值,则会发现,邻居数量越大,最终结果的准确度就越小。然而,k-NN 算法的进一步讨论则超出了本书的范围。

14.4 聚 类

聚类是一类无监督分类版本,其中将根据某些相似性或距离度量将数据分组为类别。本节将使用 k-means 这一较为流行且易于实现的技术。再次强调,我们将使用外部库,对应网址为 https://github.com/mash/gokmeans。

本节的实用程序名称为 cluster.go 文件,该文件将被分为 3 部分内容加以讨论。该实用程序需要一个命令行参数,即将要创建的聚类数量。

cluster.go 文件的第 1 部分内容如下所示。

```go
package main

import (
    "flag"
    "fmt"
    "github.com/mash/gokmeans"
    "strconv"
)

var observations []gokmeans.Node = []gokmeans.Node{
    gokmeans.Node{4},
    gokmeans.Node{5},
    gokmeans.Node{6},
    gokmeans.Node{8},
    gokmeans.Node{10},
    gokmeans.Node{12},
    gokmeans.Node{15},
    gokmeans.Node{0},
    gokmeans.Node{-1},
}
```

出于简单考虑,当前数据包含在程序中。此外,也可从一个或多个外部文件中读取数据。

cluster.go 文件的第 2 部分内容如下所示。

```go
func main() {
    flag.Parse()
    if len(flag.Args()) == 0 {
        fmt.Printf("usage: cluster k\n")
        return
    }

    k, err := strconv.Atoi(flag.Args()[0])
    if err != nil {
        fmt.Println(err)
        return
    }
}
```

cluster.go 文件的第 3 部分内容如下所示。

```go
    if success, centroids := gokmeans.Train(observations, k, 50); success {
        fmt.Println("The centroids are the following:")
        for _, centroid := range centroids {
```

```
            fmt.Println(centroid)
        }

        fmt.Println("The clusters are the following:")
        for _, observation := range observations {
            index := gokmeans.Nearest(observation, centroids)
            fmt.Println(observation, "belongs in cluster", index+1, ".")
        }
    }
}
```

此处需要通过执行下列命令获取外部库。

```
$ go get -v -u github.com/mash/gokmeans
github.com/mash/gokmeans (download)
github.com/mash/gokmeans
```

当需要持有单聚类时，执行 cluster.go 文件将生成下列输出结果。

```
$ go run cluster.go 1
The centroids are the following:
[6.555555555555555]
The clusters are the following:
[4] belongs in cluster 1 .
[5] belongs in cluster 1 .
[6] belongs in cluster 1 .
[8] belongs in cluster 1 .
[10] belongs in cluster 1 .
[12] belongs in cluster 1 .
[15] belongs in cluster 1 .
[0] belongs in cluster 1 .
[-1] belongs in cluster 1 .
```

由于持有单聚类，每项均属于该聚类，因此 cluster.go 返回的输出结果也属于该聚类。调整 k 值将生成下列输出结果。

```
$ go run cluster.go 5
The centroids are the following:
[5]
[-0.5]
[13.5]
[10]
[8]
The clusters are the following:
```

```
[4] belongs in cluster 1 .
[5] belongs in cluster 1 .
[6] belongs in cluster 1 .
[8] belongs in cluster 5 .
[10] belongs in cluster 4 .
[12] belongs in cluster 3 .
[15] belongs in cluster 3 .
[0] belongs in cluster 2 .
[-1] belongs in cluster 2 .
$ go run cluster.go 8
The centroids are the following:
[0]
[4.5]
[-1]
[9]
[-1]
[6]
[12]
[15]
The clusters are the following:
[4] belongs in cluster 2 .
[5] belongs in cluster 2 .
[6] belongs in cluster 6 .
[8] belongs in cluster 4 .
[10] belongs in cluster 4 .
[12] belongs in cluster 7 .
[15] belongs in cluster 8 .
[0] belongs in cluster 1 .
[-1] belongs in cluster 3 .
```

14.5 异常检测

异常检测技术尝试查找给定集合包含异常行为的概率，这可能是一类异常或模式。

本节所开发的实用程序名为 anomaly.go 文件，该文件将被分为 3 部分内容加以讨论。该实用程序借助于 anomalyzer 包使用了概率异常检测，并计算给定数字值集合包含异常行为的概率。

anomaly.go 文件的第 1 部分内容如下所示。

```
package main
```

```go
import (
    "flag"
    "fmt"
    "math/rand"
    "strconv"
    "time"

    "github.com/lytics/anomalyzer"
)

func random(min, max int) int {
    return rand.Intn(max-min) + min
}
```

anomaly.go 文件的第 2 部分内容如下所示。

```go
func main() {
    flag.Parse()
    if len(flag.Args()) == 0 {
        fmt.Printf("usage: anomaly MAX\n")
        return
    }

    MAX, err := strconv.Atoi(flag.Args()[0])
    if err != nil {
        fmt.Println(err)
        return
    }

    conf := &anomalyzer.AnomalyzerConf{
        Sensitivity: 0.1,
        UpperBound:  5,
        LowerBound:  anomalyzer.NA,
        ActiveSize:  1,
        NSeasons:    4,
        Methods:     []string{"diff", "fence", "magnitude", "ks"},
    }
```

anomalyzer 包支持 cdf、diff、高阶、低阶、量级、fence 和 bootstrap ks 算法测试。在将其部分或全部用作方法值时，anomalyzer 包将执行全部内容。其间，每个算法测试将返回一个异常行为概率，anomalyzer 包计算一个加权平均值，以确定当前数据集是否包含异常行为。

Sensitivity 字段用于量级测试,其默认值为 0.1。UpperBound 和 LowerBound 字段则用于 fence 测试。另外,ActiveSize 字段不可或缺,其值至少应为 1。最后,如果未加定义,NSeasons 字段的默认值为 4。

anomaly.go 文件的第 3 部分内容如下所示。

```
data := []float64{}
SEED := time.Now().Unix()
rand.Seed(SEED)

for i := 0; i < MAX; i++ {
    data = append(data, float64(random(0, MAX)))
}
fmt.Println("data:", data)
```

anomaly.go 文件中的代码自行生成随机数据。元素的数量定义为程序的命令行参数。anomaly.go 文件的第 4 部分内容如下所示。

```
    anom, _ := anomalyzer.NewAnomalyzer(conf, data)
    prob := anom.Push(8.0)
    fmt.Println("Anomalous Probability:", prob)
}
```

此处应下载外部包,如下所示。

```
$ go get -v -u github.com/lytics/anomalyzer
github.com/lytics/anomalyzer (download)
github.com/drewlanenga/govector (download)
github.com/drewlanenga/govector
github.com/lytics/anomalyzer
```

执行 anomaly.go 文件将生成下列输出结果。

```
$ go run anomaly.go 20
data: [18 3 2 19 2 16 5 15 3 14 2 9 11 10 2 17 17 14 19 1]
Anomalous Probability: 0.8612730015082957
$ go run anomaly.go 20
data: [17 8 19 10 0 14 12 7 7 13 2 5 18 1 15 4 0 14 13 9]
Anomalous Probability: 0.7885470085470085
$ go run anomaly.go 100
data: [85 5 64 32 69 55 0 67 11 96 75 92 25 54 2 49 58 6 16 38 55 11 93 90
90 47 66 97 37 61 85 92 15 45 33 43 61 44 73 18 10 86 17 15 67 28 26 7 25
76 79 51 9 32 70 99 9 39 6 25 10 57 50 84 20 67 42 89 0 1 8 96 49 6 20 33
```

```
57 18 48 84 53 98 51 84 41 97 69 62 11 44 21 13 90 25 52 85 48 27 90 20]
Anomalous Probability: 0.8977395577395577
```

14.6 神经网络

神经网络尝试以人类大脑的方式工作，并根据给定示例学习执行任务。神经网络包含多个层，最小的神经网络至少需要包含两层，即输入层和输出层。在训练阶段，数据在神经网络各层间流动。训练数据的实际输出值可被用于修正训练数据的计算后的输出值，以使下一次迭代更加准确。

本节的实用程序名称为 neural.go 文件，该文件将实现一个简单的神经网络。neural.go 文件将被分为 4 部分内容加以讨论。

neural.go 文件的第 1 部分内容如下所示。

```go
package main

import (
    "fmt"
    "math/rand"
    "time"

    "github.com/goml/gobrain"
)
```

import 列表中的换行符通知 gofmt 工具在以换行符分隔的代码块中排序包名。neural.go 文件的第 2 部分内容如下所示。

```go
func main() {
    seed := time.Now().Unix()
    rand.Seed(seed)

    patterns := [][][]float64{
        {{0, 0, 0, 0}, {0}},
        {{0, 1, 0, 1}, {1}},
        {{1, 0, 1, 0}, {1}},
        {{1, 1, 1, 1}, {1}},
    }
```

patterns 切片保存稍后使用的训练数据。rand.Seed()函数初始化新的随机数生成器，该生成器供 github.com/goml/gobrain 包自动使用。

第 14 章 Go 语言中的机器学习

neural.go 文件的第 3 部分内容如下所示。

```
ff := &gobrain.FeedForward{}
ff.Init(4, 2, 1)
ff.Train(patterns, 1000, 0.6, 0.4, false)
```

上述代码初始化神经网络。其中，Init()方法的第 1 个参数表示为输入的数量；第 2 个参数表示为隐藏节点的数量；第 3 个参数表示为输出的数量。patterns 切片的维度和数据应该与 Init()方法中的值一致，反之亦然。

neural.go 文件的第 4 部分内容如下所示。

```
    in := []float64{1, 1, 0, 1}
    out := ff.Update(in)
    fmt.Println(out)

    in = []float64{0, 0, 0, 0}
    out = ff.Update(in)
    fmt.Println(out)
}
```

此处出现了两个测试。对于第 1 个测试，输入表示为{1, 1, 0, 1}；对于第 2 个测试，输入则表示为{0, 0, 0, 0}。

这里，相信读者已经了解如何使用 go get 命令下载相应的 Go 包，因而应在运行 neural.go 文件之前下载该包。

执行 neural.go 文件将生成下列输出结果。

```
$ go run neural.go
[0.9918648920317314]
[0.02826477691747802]
```

其中，第 1 个值接近于 1，第 2 个值则接近于 0。

考虑到引入了随机性，因而执行 neural.go 文件多次将生成略有不同的输出结果，如下所示。

```
$ go run neural.go
[0.9920127780655835]
[0.028029429851140687]

go run neural.go
[0.9913803776914417]
[0.028875009295811015]
```

14.7 离群值分析

离群值分析是指寻找不属于其他值的数值。简单地讲，离群值是一类极端值，且与其他观测结果明显不同。关于离群值，读者可参考 Charu C.Aggarwal 编写的 *Outlier Analysis, 2nd Edition* 一书（Springer，2017）。

离群值技术实现于 outlier.go 文件中，该文件基于标准偏差方法。outlier.go 文件将被分为 4 部分内容加以讨论。

outlier.go 文件的第 1 部分内容如下所示。

```go
package main

import (
    "bufio"
    "flag"
    "fmt"
    "io"
    "math"
    "os"
    "sort"
    "strconv"
    "strings"
)
```

这里，所实现的技术仅需要使用标准库中的包。

outlier.go 文件的第 2 部分内容如下所示。

```go
func variance(x []float64) float64 {
    mean := meanValue(x)
    sum := float64(0)
    for _, v := range x {
        sum = sum + (v-mean)*(v-mean)
    }
    return sum / float64(len(x))
}

func meanValue(x []float64) float64 {
    sum := float64(0)
    for _, v := range x {
        sum = sum + v
```

```
    }
    return sum / float64(len(x))
}
```

上述两个函数曾出现于 stats.go 文件中。如果发现一直在使用相同的函数，较好的做法是创建一个或多个库，以对 Go 代码进行组织。

outlier.go 文件的第 3 部分内容如下所示。

```
func outliers(x []float64, limit float64) []float64 {
    deviation := math.Sqrt(variance(x))
    mean := meanValue(x)
    anomaly := deviation * limit
    lower_limit := mean - anomaly
    upper_limit := mean + anomaly
    fmt.Println(lower_limit, upper_limit)

    y := make([]float64, 0)
    for _, val := range x {
        if val < lower_limit || val > upper_limit {
            y = append(y, val)
        }
    }

    return y
}
```

上述函数保存了程序的逻辑内容，并计算标准偏差和样本的平均值，进而计算上限和下限。位于这两个限制条件之外的一切数据均被视为离群值。

outlier.go 文件的第 4 部分内容如下所示。

```
func main() {
    flag.Parse()
    if len(flag.Args()) != 2 {
        fmt.Printf("usage: stats filename limit\n")
        return
    }

    file := flag.Args()[0]
    f, err := os.Open(file)
    if err != nil {
        fmt.Println(err)
        return
    }
```

```go
    defer f.Close()

    limit, err := strconv.ParseFloat(flag.Args()[1], 64)
    if err != nil {
        fmt.Println(err)
        return
    }

    data := make([]float64, 0)
    r := bufio.NewReader(f)
    for {
        line, err := r.ReadString('\n')
        if err == io.EOF {
            break
        } else if err != nil {
            fmt.Printf("error reading file %s", err)
            break
        }
        line = strings.TrimRight(line, "\r\n")
        value, err := strconv.ParseFloat(line, 64)
        if err == nil {
            data = append(data, value)
        }
    }

    sort.Float64s(data)
    out := outliers(data, limit)
    fmt.Println(out)
}
```

这里，main()函数处理命令行参数，并在调用 outliers()函数之前处理输入文件的读取操作。

执行 outlier.go 文件将生成下列输出结果。

```
$ go run outlier.go data.txt 2
-94.21189713007178 95.36745268562734
[-100 100]
$ go run outlier.go data.txt 5
-236.3964094918461 237.55196504740167
[]
$ go run outlier.go data.txt 0.02
-0.3701189713007176 1.5256745268562737
[-100 -10 -2 2 3 10 100]
```

如果减少 limit 变量值，则会在数据中发现更多的离群值。

相应地，data.txt 文件中的内容如下所示。

```
$ cat data.txt
1.2
-2
1
2.0
not valid
3
10
100
-10
-100
```

14.8　与 TensorFlow 协同工作

TensorFlow 是一个著名的机器学习开源平台。当与 Go 语言结合使用时，首先需要下载 Go 包，如下所示。

```
$ go get github.com/tensorflow/tensorflow/tensorflow/go
```

然而，为了使上述命令能够正常工作，还需要安装 TensorFlow 的 C 接口。在 macOS Mojave 机器上，其安装过程如下所示。

```
$ brew install tensorflow
```

如果未安装 C 接口，并尝试安装 TensorFlow 的 Go 包时，将得到下列错误消息。

```
$ go get github.com/tensorflow/tensorflow/tensorflow/go
# github.com/tensorflow/tensorflow/tensorflow/go
ld: library not found for -ltensorflow
clang: error: linker command failed with exit code 1 (use -v to see invocation)
```

考虑到 TensorFlow 复杂性，较好的做法是执行下列命令激活安装。

```
$ go test github.com/tensorflow/tensorflow/tensorflow/go
ok      github.com/tensorflow/tensorflow/tensorflow/go        0.109s
```

除了 Go 测试，还可执行下列 Go 程序，这将输出所用的 Go TensorFlow 包的版本。

```
package main
```

```go
import (
    tf "github.com/tensorflow/tensorflow/tensorflow/go"
    "github.com/tensorflow/tensorflow/tensorflow/go/op"
    "fmt"
)

func main() {
    s := op.NewScope()
    c := op.Const(s, "Using TensorFlow version: " + tf.Version())
    graph, err := s.Finalize()

    if err != nil {
        fmt.Println(err)
        return
    }

    sess, err := tf.NewSession(graph, nil)
    if err != nil {
        fmt.Println(err)
        return
    }

    output, err := sess.Run(nil, []tf.Output{c}, nil)
    if err != nil {
        fmt.Println(err)
        return
    }

    fmt.Println(output[0].Value())
}
```

如果将当前程序保存为 tfVersion.go 文件并执行该文件，将得到下列输出结果。

```
$ go run tfVersion.go
2019-06-10 22:30:12.880532: I
tensorflow/core/platform/cpu_feature_guard.cc:141] Your CPU supports
instructions that this TensorFlow binary was not compiled to use: AVX2 FMA
Using TensorFlow version: 1.13.1
```

其中，第 1 条消息表示为 TensorFlow Go 包生成的警告信息，此时可忽略该消息内容。

接下来将查看实际的 TensorFlow 程序及其工作方式。相关代码被保存于 tFlow.go 文件中，该文件将被分为 4 部分内容加以讨论。程序的任务是将两个数字相加和相乘，而这两个数字将作为程序的命令行参数给出。

tFlow.go 文件的第 1 部分内容如下所示。

```go
package main

import (
    "fmt"
    "os"
    "strconv"

    tf "github.com/tensorflow/tensorflow/tensorflow/go"
    "github.com/tensorflow/tensorflow/tensorflow/go/op"
)
```

tFlow.go 文件的第 2 部分内容如下所示。

```go
func Add(sum_arg1, sum_arg2 int8) (interface{}, error) {
    sum_scope := op.NewScope()
    input1 := op.Placeholder(sum_scope.SubScope("a1"), tf.Int8)
    input2 := op.Placeholder(sum_scope.SubScope("a2"), tf.Int8)
    sum_result_node := op.Add(sum_scope, input1, input2)

    graph, err := sum_scope.Finalize()
    if err != nil {
        fmt.Println(err)
        return 0, err
    }

    a1, err := tf.NewTensor(sum_arg1)
    if err != nil {
        fmt.Println(err)
        return 0, err
    }

    a2, err := tf.NewTensor(sum_arg2)
    if err != nil {
        fmt.Println(err)
        return 0, err
    }

    session, err := tf.NewSession(graph, nil)
    if err != nil {
        fmt.Println(err)
        return 0, err
```

```
    }
    defer session.Close()

    sum, err := session.Run(
        map[tf.Output]*tf.Tensor{
            input1: a1,
            input2: a2,
        },
        []tf.Output{sum_result_node}, nil)

    if err != nil {
        fmt.Println(err)
        return 0, err
    }

    return sum[0].Value(), nil
}
```

其中，Add()函数负责相加两个 int8 数字，且代码的篇幅量较大，这也说明了 TensorFlow 的特定工作方式，因为 TensorFlow 是一个包含多项功能的高级环境。

tFlow.go 文件的第 3 部分内容如下所示。

```
func Multiply(sum_arg1, sum_arg2 int8) (interface{}, error) {
    sum_scope := op.NewScope()
    input1 := op.Placeholder(sum_scope.SubScope("x1"), tf.Int8)
    input2 := op.Placeholder(sum_scope.SubScope("x2"), tf.Int8)

    sum_result_node := op.Mul(sum_scope, input1, input2)
    graph, err := sum_scope.Finalize()
    if err != nil {
        fmt.Println(err)
        return 0, err
    }

    x1, err := tf.NewTensor(sum_arg1)
    if err != nil {
        fmt.Println(err)
        return 0, err
    }

    x2, err := tf.NewTensor(sum_arg2)
    if err != nil {
        fmt.Println(err)
```

```
        return 0, err
    }

    session, err := tf.NewSession(graph, nil)
    if err != nil {
        fmt.Println(err)
        return 0, err
    }
    defer session.Close()

    sum, err := session.Run(
        map[tf.Output]*tf.Tensor{
            input1: x1,
            input2: x2,
        },
        []tf.Output{sum_result_node}, nil)

    if err != nil {
        fmt.Println(err)
        return 0, err
    }

    return sum[0].Value(), nil
}
```

这里，Multiply()函数乘以两个 int8 值并返回相应的结果。
tFlow.go 文件的第 4 部分内容如下所示。

```
func main() {
    if len(os.Args) != 3 {
        fmt.Println("Need two integer parameters!")
        return
    }

    t1, err := strconv.Atoi(os.Args[1])
    if err != nil {
        fmt.Println(err)
        return
    }
    n1 := int8(t1)

    t2, err := strconv.Atoi(os.Args[2])
    if err != nil {
```

```
        fmt.Println(err)
        return
    }
    n2 := int8(t2)

    res, err := Add(n1, n2)
    if err != nil {
    fmt.Println(err)
    } else {
        fmt.Println("Add:", res)
    }

    res, err = Multiply(n1, n2)
    if err != nil {
        fmt.Println(err)
    } else {
        fmt.Println("Multiply:", res)
    }
}
```

执行 tFlow.go 文件将生成下列输出结果。

```
$ go run tFlow.go 1 20
2019-06-14 18:46:52.115676: I
tensorflow/core/platform/cpu_feature_guard.cc:141] Your CPU supports
instructions that this TensorFlow binary was not compiled to use: AVX2 FMA
Add: 21
Multiply: 20
$ go run tFlow.go -2 20
2019-06-14 18:47:23.104918: I
tensorflow/core/platform/cpu_feature_guard.cc:141] Your CPU supports
instructions that this TensorFlow binary was not compiled to use: AVX2 FMA
Add: 18
Multiply: -40
```

输出结果中所包含的警告消息表明，在当前机器上，TensorFlow 的运行速度并没有那么快，它会通知用户需要从头开始编译 TensorFlow，以便解决这一警告消息。

14.9　与 Apache Kafka 协同工作

本节将学习如何利用 Kafka 读、写 JSON 记录。Kafka 一名称的灵感源自作家弗兰兹·卡夫卡,因为 Kafka 软件针对写入机制进行优化,Kafka 采用 Scala 和 Java 语言编写。Kafka 最初由 LinkedIn 发布,并于 2011 年后期赠予 Apache Software Foundation。最后,Kafka 的设计理念受到了事务日志的影响。

Kafka 的主要优点是可快速存储大量的数据,因而它适用于与巨量的实时数据协同工作。然而,其缺点是,为了维护这种速度,数据是只读方式并以一种简单的方式存储。

本节程序 writeKafka.go 将展示如何将数据写入 Kafka 中。在 Kafka 术语中,writeKafka.go 文件表示为一个生产者。当前实用程序(writeKafka.go 文件)将被分为 4 部分内容加以讨论。

writeKafka.go 文件的第 1 部分内容如下所示。

```
package main

import (
    "context"
    "encoding/json"
    "fmt"
    "github.com/segmentio/kafka-go"
    "math/rand"
    "os"
    "strconv"
    "time"
)
```

Kafka 驱动程序需要使用外部包,因而读者需要自行下载。

writeKafka.go 文件的第 2 部分内容如下所示。

```
type Record struct {
    Name    string  `json:"name"`
    Random  int     `json:"random"`
}

func random(min, max int) int {
    return rand.Intn(max-min) + min
}

func main() {
    MIN := 0
    MAX := 0
    TOTAL := 0
    topic := ""
    if len(os.Args) > 4 {
```

```
        MIN, _ = strconv.Atoi(os.Args[1])
        MAX, _ = strconv.Atoi(os.Args[2])
        TOTAL, _ = strconv.Atoi(os.Args[3])
        topic = os.Args[4]
    } else {
        fmt.Println("Usage:", os.Args[0], "MIX MAX TOTAL TOPIC")
        return
    }
```

这里，Record 结构用于存储写入所需 Kafka 主题中的数据。

writeKafka.go 文件的第 3 部分内容如下所示。

```
    partition := 0
    conn, err := kafka.DialLeader(context.Background(), "tcp",
"localhost:9092", topic, partition)
    if err != nil {
        fmt.Printf("%s\n", err)
        return
    }

    rand.Seed(time.Now().Unix())
```

上述代码定义了 Kafka 服务器的地址（localhost:9092）。

writeKafka.go 文件的第 4 部分内容如下所示。

```
    for i := 0; i < TOTAL; i++ {
        myrand := random(MIN, MAX)
        temp := Record{strconv.Itoa(i), myrand}
        recordJSON, _ := json.Marshal(temp)

        conn.SetWriteDeadline(time.Now().Add(1 * time.Second))
        conn.WriteMessages(
            kafka.Message{Value: []byte(recordJSON)},
        )

        if i%50 == 0 {
            fmt.Print(".")
        }
        time.Sleep(10 * time.Millisecond)
    }

    fmt.Println()
    conn.Close()
}
```

下列 readKafka.go 程序将展示如何将数据写入 Kafka 中。相应地，在 Kafka 术语中，从 Kafka 中读取数据的程序被称作消费者。readKafka.go 文件将被分为 4 部分内容加以讨论。

readKafka.go 文件的第 1 部分内容如下所示。

```
package main

import (
    "context"
    "encoding/json"
    "fmt"
    "github.com/segmentio/kafka-go"
    "os"
)
```

同样，readKafka.go 实用程序也需要使用外部包。

readKafka.go 文件的第 2 部分内容如下所示。

```
type Record struct {
    Name     string  `json:"name"`
    Random   int     `json:"random"`
}

func main() {
    if len(os.Args) < 2 {
        fmt.Println("Need a Kafka topic name.")
        return
    }

    partition := 0
    topic := os.Args[1]
    fmt.Println("Kafka topic:", topic)
```

上述代码定义了 Go 结构，用于保存 Kafka 记录，并处理程序的命令行参数。

readKafka.go 文件的第 3 部分内容如下所示。

```
r := kafka.NewReader(kafka.ReaderConfig{
    Brokers:    []string{"localhost:9092"},
    Topic:      topic,
    Partition:  partition,
    MinBytes:   10e3,
    MaxBytes:   10e6,
})
r.SetOffset(0)
```

kafka.NewReader()结构保存连接至 Kafka 服务器进程和 Kafka 主题的数据。
readKafka.go 文件的第 4 部分内容如下所示。

```go
    for {
        m, err := r.ReadMessage(context.Background())
        if err != nil {
            break
        }
        fmt.Printf("message at offset %d: %s = %s\n", m.Offset, string(m.Key), string(m.Value))

        temp := Record{}
        err = json.Unmarshal(m.Value, &temp)
        if err != nil {
            fmt.Println(err)
        }
        fmt.Printf("%T\n", temp)
    }

    r.Close()
}
```

其中，for 循环读取所需 Kafka 主题中的数据，并将其输出至屏幕上。注意，当前程序将等待数据且不会结束。

出于演示目的，我们将 Docker 镜像与 Kafka 结合使用，进而执行 readKafka.go 和 writeKafka.go 文件。首先，我们需要执行下列命令下载所需的 Kafka 镜像（如果本地机器上不存在）。

```
$ docker pull landoop/fast-data-dev:latest
```

docker images 命令的输出结果将验证所需的 Kafka Docker 镜像是否存在。随后可作为容器运行该镜像，如下所示。

```
$ docker run --rm --name=kafka-box -it -p 2181:2181 -p 3030:3030 -p 8081:8081 -p 8082:8082 -p 8083:8083 -p 9092:9092 -p 9581:9581 -p 9582:9582 -p 9583:9583 -p 9584:9584 -e ADV_HOST=127.0.0.1 landoop/fast-data-dev:latest
Setting advertised host to 127.0.0.1.
Starting services.
This is Landoop's fast-data-dev. Kafka 2.0.1-L0 (Landoop's Kafka Distribution).
```

```
You may visit http://127.0.0.1:3030 in about a minute.
.
.
.
```

为了保证当前实用程序能够正常工作,需要下载相应的 Go 包,进而与 Kafka 通信,如下所示。

```
$ go get -u github.com/segmentio/kafka-go
```

接下来可使用 Kafka 的 Docker 镜像执行两个 Go 实用程序。执行 writeKafka.go 文件将生成下列输出结果。

```
$ go run writeKafka.go 1 1000 500 my_topic
..........
$ go run writeKafka.go 1 1000 500 my_topic
..........
```

执行 readKafka.go 文件将生成下列输出结果。

```
$ go run readKafka.go my_topic | head
Kafka topic: my_topic
message at offset 0: = {"name":"0","random":134}
main.Record
message at offset 1: = {"name":"1","random":27}
main.Record
message at offset 2: = {"name":"2","random":168}
main.Record
message at offset 3: = {"name":"3","random":317}
main.Record
message at offset 4: = {"name":"4","random":455}
signal: broken pipe
```

14.10 附加资源

- 关于 Kafka 的更多内容,读者可访问 https://kafka.apache.org/。
- 关于 TensorFlow 的更多内容,读者可访问 https://www.tensorflow.org/。
- Lenses 是 Kafka 和 Kafka 记录协同工作时的一款优秀产品。关于 Lenses 的更多内容,读者可访问 https://lenses.io/。
- 读者可访问 https://godoc.org/github.com/tensorflow/tensorflow/tensorflow/go 查看

TensorFlow 的文档页面。
- 关于 Iris 数据集的更多内容，读者可访问 https://archive.ics.uci.edu/ml/datasets/iris。
- 访问 https://machinebox.io，网站中所介绍的内容是一个机器学习软件，它向开发人员免费开放，并采用 Docker 镜像工作。
- 读者可访问 https://github.com/lytics/anomalyzer 查看 anomalyzer 包的文档页面。

14.11 本章练习

- 尝试开发自己的 Kafka 生产者，它将包含 3 个字段的 JSON 记录写入 Kafka 主题中。
- 协方差是一个十分有趣的统计学属性，试查找其公式并通过 Go 语言实现。
- 修改 stats.go 文件中的代码，以使其仅与整数值协同工作。
- 修改 cluster.go 文件，以从外部文件中获取数据。该文件将作为程序的命令行参数给出。
- 修改 outlier.go 文件中的代码，以便将输入划分为两个切片，以使二者可协同工作。
- 修改 outlier.go 文件中的代码，以便接收来自用户输入的上限和下限，而无须对其进行计算。
- 如果读者感觉 TensorFlow 难以使用，则可尝试使用 tfgo，对应网址为 https://github.com/galeone/tfgo。

14.12 本章小结

本节讨论了诸多与机器学习相关的内容，包括回归、分类、聚类、异常检查和离群值等。针对机器学习领域，Go 语言是一种功能强大且健壮的语言，值得读者在机器学习项目中加以使用。

14.13 接下来的工作

从理论上讲，没有一本编程书籍可做到尽善尽美，本书也是如此并受到篇幅所限省略了一些内容。这一点与程序规范十分类似：我们可添加令人激动的新特性，但如果未对其规范做出限制，程序将永远处于开发状态且不会结束。

好的一方面是，在阅读完本书后，读者即可开启自学之路，这也是从任何一本优秀的编程书籍中获得的最大好处。本书的主要目标是帮助读者如何利用 Go 语言编程，并获得一些实际经验。然而，没有什么方法可替代尝试，并经常失败，因为学习一种语言的唯一方法是尝试不断开发一些高级内容。现在，读者可使用 Go 语言开始编写自己的软件，并感受不同的新鲜事物。

最后，祝贺并感谢读者选择本书，也希望本书能够发挥其应有的作用，继续陪伴读者在未来的道路上不断前行。Go 语言是一种非常棒的编程语言，我也相信读者不会后悔学习这门语言。对笔者来说，这是一本书结尾的话；而对于读者来说，这更像是旅途的开始。

Soli Deo gloria